市政工程造价员培训教材

(第2版)

本书编写组　编

中国建材工业出版社

图书在版编目(CIP)数据

市政工程造价员培训教材/《市政工程造价员培训教材》编写组编 .—2 版 .—北京:中国建材工业出版社,2014.1(2019.1 重印)

ISBN 978-7-5160-0664-1

Ⅰ.①市… Ⅱ.①市… Ⅲ.①市政工程—工程造价—技术培训—教材 Ⅳ.①TU723.3

中国版本图书馆 CIP 数据核字(2013)第 288421 号

内容提要

本书第 2 版以 GB 50500—2013《建设工程工程量清单计价规范》、GB 50857—2013《市政工程工程量计算规范》和 GYD—301—1999～GYD—308—1999、GYD—309—2001《全国统一市政工程预算定额》为依据,系统介绍了市政工程工程量清单计价与定额计价的基础知识和方法。全书主要内容包括概论、市政工程施工图识读、建设工程工程量清单计价规范、市政工程清单项目工程量计算、市政工程工程量清单编制与计价、市政工程定额及定额计价、市政建设工程造价审查与管理等。

本书具有依据明确、内容翔实、通俗易懂、实例具体、可操作性强等特点,可供市政工程设计、施工、建设、造价咨询、造价审计、造价管理等专业人员岗位培训和初学者自学使用,也可供高等院校相关专业师生学习时参考。

市政工程造价员培训教材(第 2 版)

本书编写组 编

出版发行:中国建材工业出版社

地 址:北京市海淀区三里河路 1 号

邮 编:100044

经 销:全国各地新华书店

印 刷:北京紫瑞利印刷有限公司

开 本:787mm×1092mm 1/16

印 张:24

插 页:3

字 数:642 千字

版 次:2014 年 1 月第 2 版

印 次:2019 年 1 月第 4 次

定 价:68.00 元

本社网址:www.jccbs.com.cn

本书如出现印装质量问题,由我社市场营销部负责调换。电话:(010)88386906

对本书内容有任何疑问及建议,请与本书责编联系。邮箱:dayi51@sina.com

造价员培训教材编写组

组　长　张忠孝　郑俊耀

组　员　宋新军　时永亮　张生录　李红娟

鲁西萍　宋文霞　刘清晨　宋澄宇

别新存　宋文军　胡春芳　宋澄清

联络员　江　海　江　河

市政工程造价员培训教材

主　编　时永亮　张忠孝
主　审　张生录　宋新军
描　图　别新存　宋文霞

第2版前言

《市政工程造价员培训教材》一书自出版发行以来，深受广大读者的关注和喜爱，对指导广大市政工程造价编制与管理人员更好地工作提供了力所能及的帮助，编者备感荣幸。在图书使用过程中，编者还陆续收到了不少读者及专家学者对图书内容、深浅程度及图书编排等方面的反馈意见，对此，编者向广大读者及相关专家学者表示衷心的感谢。

随着我国工程建设市场的快速发展，招标投标制、合同制的逐步推行，工程造价计价依据的改革正不断深化，工程量清单计价制度也得到了越来越广泛地应用，对于《市政工程造价员培训教材》一书来说，其中部分内容已不能满足当前市政工程造价编制与管理工作的需要。

另外，为规范建设市场计价行为，维护建设市场秩序，促进建设市场有序竞争，控制建设项目投资，合理利用资源，从而进一步适应建设市场发展的需要，住房和城乡建设部标准定额司组织有关单位对 GB 50500－2008《建设工程工程量清单计价规范》进行了修订，并于 2012 年 12 月 25 日正式颁布了 GB 50500－2013《建设工程工程量清单计价规范》及 GB 50854－2013《房屋建筑与装饰工程工程量计算规范》、GB 50857－2013《市政工程工程量计算规范》等 9 本工程量计算规范。这 10 本规范的颁布实施，不仅对广大市政工程造价编制人员的专业技术能力提出了更高的要求，也促使编者对《市政工程造价员培训教材》进行了必要的修订。

本书的修订以 GB 50500－2013《建设工程工程量清单计价规范》及 GB 50857－2013《市政工程工程量计算规范》为依据进行。修订时主要对书中不符合当前市政工程造价工作发展需要及涉及清单计价的内容进行了重新梳理与修改，从而使广大市政工程造价工作者能更好地理解 2013 版清单计价规范和市政工程工程量计算规范的内容。本次修订主要做了以下工作：

(1)以本书原有体例为框架，结合 GB 50500－2013《建设工程工程量清单计价规范》内容，对清单计价体系方面的内容进行了调整、修改与补充，重点补充了工程合同签订、工程计量与价款支付、合同价款调整、索赔和竣工结算等内容，从而使结构体系更加完整。

(2)根据 GB 50857－2013《市政工程工程量计算规范》中对市政工程工程量清单项目的设置进行了较大改动的情况，本书修订时即严格依据 GB 50857－2013《市政工程工程量计算规范》，对已发生了变动的工程量清单项目，重新组织相关内容进行了介绍，并对照新版规范修改了其计量单位、工程量计算规则、工作内容等。

(3)根据 GB 50500－2013《建设工程工程量清单计价规范》对工程量清单与工程量清单计价表格的样式进行了修订。为强化图书的实用性，本次修订时还依据 GB 50857－2013《市政工程工程量计算规范》中有关清单项目设置、清单项目特征描述及工程量计算规则等方面的规定，结合最新工程计价表格，对书中的市政工程计价实例进行了修改。

本书修订过程中参阅了大量市政工程造价编制与管理方面的书籍与资料，并得到了有关单位与专家学者的大力支持与指导，在此表示衷心的感谢。书中错误与不当之处，敬请广大读者批评指正。

第1版前言

市政工程造价是建设工程造价的组成部分之一，建设工程造价（Project Construction cost）一般是指进行一项工程建设所需消耗货币资金数额的总和，即一个建设项目有计划地进行固定资产再生产和形成最低量流动资金的一次性费用总和。随着我国建设工程造价计价模式改革的不断深化，国家对事关公关利益的建设工程造价专业人员实行了准入制度——持执业资格证上岗。

为了满足我国建设工程造价人员培训教学和热爱工程造价工作人员自学工程造价基础知识的需要，本书编写组以国家标准《建设工程工程量清单计价规范》（GB 50500—2008）、《全国统一市政工程预算定额》（GYD—301～309—1999、2001）为依据，以《全国建设工程造价员资格考试大纲》为准则，特编写了《市政工程造价员培训教材》一书，以供培训市政工程造价员教学和热爱工程造价工作者自学工程造价基础知识和实际操作参考。

与同类书籍相比较，本书具有以下几方面特点：

（1）理论性与知识性相结合，以使读者达到知晓“是什么”和“为什么”的目的。

（2）依据明确，内容新颖，本书的内容和论点都符合国家现行工程造价有关管理制度的规定。

（3）深入浅出，通俗易懂，本书叙述语言大众化，以满足初中以上文化程度读者和农民工培训、自学的需要。

（4）技巧灵活，可操作性强，本书以透彻的论理方式，介绍了工程造价确定的依据、步骤、方法和程序，并在每章之后都列有思考重点题目，以使读者达到“知其然”和“所以然”的目的。

（5）图文并茂，示例多样，为使读者加深对某些内容的理解，结合有关内容绘制了示意性图样，以达到以图代言的目的。同时，书中从不同方面列举了多个计算示例，以帮助初学者掌握有关问题的计算方法。

虽然本书编写组的成员多数是从事造价编审工作几十年的老同志，但由于工程量清单计价是一种与国际惯例接轨的新模式，尚有许多新的内容需要在实际工作中不断摸索、不断总结、不断完善。因此，书中不当之处在所难免，敬请广大读者批评指正，以利于及时修改和完善。

本教材编写组特聘杨永娥、贺桂华（以姓氏笔划为序）二位律师为常年法律顾问，有关法律事宜请和他们联系。

杨永娥　tel:(029)81989817　13659199554

网址：西安律师咨询在线 http:www.029 law yer.com

贺桂华　陕西华秦律师事务所律师（长安大学法学研究所所长）

tel:(029)81023360　13008417665

E-mail:heguihualy@yahoo.com.cn

本书编写组全体人员

目　　录

第一章　概　　论

第一节　市政工程建设概述

一、市政工程的概念

城市(镇)公共基础设施建设工程简称市政工程。市政建设工程按照专业不同,通常主要包括道路工程、桥涵工程、隧道工程、管网工程、水处理工程、生活垃圾处理工程、路灯工程等。市政建设工程属于建筑行业范畴,是国家工程建设的一个重要组成部分,也是城市(镇)发展和建设水平的一个衡量标准。在新建、扩建的城市(镇)中,如果没有相应配套的市政基础设施,城市(镇)居民是无法生活和工作的。改革开放30年来,我国各级人民政府加强了市政建设的力度和建设步伐,并取得了辉煌成就——道路宽了,路面平了;生活供水足了,污水、雨水排泄通畅了;桥梁、隧道多了;路灯亮了,出行安全了……

二、市政工程的分类

市政工程是一个总概念,按照专业工种不同和建设方式不同,可以图1-1对其分类表达。

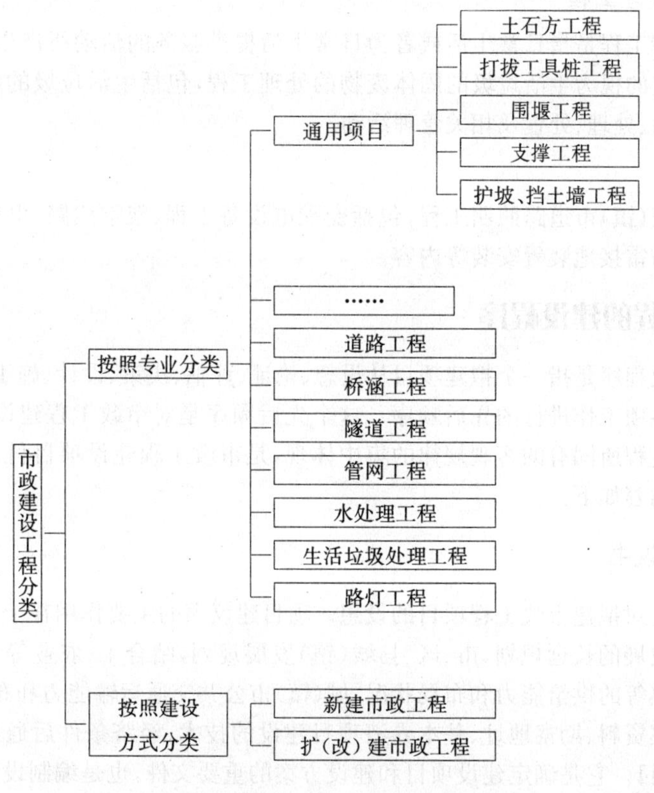

图1-1　市政建设工程分类框图

三、市政工程的内容

按照市政工程建设的分类,市政工程建设的内容包括以下几个方面:

1. 城(镇)市道路

城(镇)市道路建设主要包括城(镇)市中的主干道、次干道、广场、停车场以及路边的绿化、美化工程等。

2. 桥涵隧道

城(镇)市桥涵隧道是指各种造型和各种结构的桥梁、涵洞、隧道。如人行街道桥(俗称"过人天桥")、立交桥、高架桥、跨线桥、地下通道以及箱涵、板涵、拱涵等。

3. 管网工程

城(镇)市管网工程主要是指属于城镇的排水管道(渠)、给水管道、燃气管道以及热力管道及其附属构筑物和设备的安装工程,城(镇)市自来水厂和污水处理厂的各种处理构筑物和专业设备的安装范围。

4. 水处理工程

城(镇)市水处理工程是通过物理及化学的手段,去除水中一些对生产、生活不需要的物质所做的一个项目,是为了满足特定的用途而对水进行的沉降、过滤、混凝、絮凝、缓蚀以及阻垢等水质调理的一个项目。

5. 生活垃圾处理工程

生活垃圾处理工程是指日常生活或者为日常生活提供服务的活动所产生的固体废弃物,以及法律法规所规定的视为生活垃圾的固体废物的处理工程,包括生活垃圾的源头减量、清扫、分类收集、储存、运输、处理、处置及相关管理活动。

6. 路灯工程

路灯工程是城(镇)市道路照明工程,包括变配电设备工程、架空线路、电缆敷设、配管配线、照明器具安装和防雷接地装置安装等内容。

四、市政工程的建设程序

市政工程建设程序是指一个拟建项目从设想、论证、评估、决策、设计、施工到竣工验收、交付使用整个过程中各项工作进行的先后顺序。这个先后顺序是对市政工程建设工作的科学总结,是市政工程建设过程所固有的客观规律的集中体现,是市政工程建设项目科学决策和顺利建设的重要保证。其内容如下:

(一)项目建议书

项目建议书是对拟建市政工程项目的设想。项目建议书的主要作用在于市政建设部门根据国民经济和社会发展的长远规划,市、区、县城(镇)发展规划,结合工、农业等生产资源条件和现有给水、排水、供热等的供给能力和布局状况,城(镇)市公共交通运输能力和布局状况,在广泛调查、预测分析、收集资料、勘察地址、基本弄清项目建设的技术、经济条件后通过项目建议书的形式,向国家推荐项目。它是确定建设项目和建设方案的重要文件,也是编制设计文件的依据。项目建议书通常包括以下内容:

(1)提出建设项目的目的、意义和依据。

(2)建设规模、主要工程内容、工程用地、居民拆迁安置的初步设想。

(3)城市(镇)性质、历史特点、行政区划、人口规模及社会经济发展水平。

(4)建设所需资金的估算数额和筹措设想。

(5)项目建设工期的初步安排。

(6)要求达到的技术水平和预计取得的经济效益和社会效益。

(二)可行性研究

可行性研究，顾名思义，就是对工程项目的投资兴建在技术上是否先进，经济上是否合理，效益上是否合算的一种科学论证方法。可行性研究是建设项目前期工作的一项重要工作，是工程项目建设决策的重要依据，必须运用科学研究的成果，对拟建项目的经济效果、社会效益进行综合分析、论证和评价。国家规定："所有新建、扩建大中型项目，不论用什么资金安排的，都必须先由主管部门对项目的产品方案和资源地质情况，以及原料、材料、煤、电、水、运输等协作配套条件，经过反复周密的论证和比较后，提出可行性研究报告"。可行性研究报告的内容随项目性质和行业不同而有所差别，不同行业各有侧重，但基本内容是相同的。市政工程建设可行性研究的内容等分述如下：

1. 可行性研究的依据

市政工程可行性研究以批准的项目建议书和委托书为依据，其主要任务是在充分调查研究、评价预测和必要的勘察工作基础上，对项目建设的必要性、经济合理性、技术可行性、实施可能性，进行综合性的研究和论证，以不同建设方案进行比较，提出推荐建设方案。

市政工程可行性研究的工作成果是提出可行性研究报告，批准后的可行性研究报告是编制设计任务书和进行初步设计的依据。

2. 可行性研究的内容

市政工程建设的专业工种较多，各专业工种可行性研究的内容各不相同，以城市道路工程可行性研究报告来说，一般要求的内容如下：

(1)工程项目的背景，建设的必要性以及项目研究过程；(2)现状评价及建设条件；(3)道路规划及交通量预测；(4)采用的规范和标准；(5)工程建设必要性论证；(6)工程方案内容(进行多方案比选)；(7)环境评价；(8)新技术应用及科研项目建议；(9)工程建设阶段划分和进度计划安排设想；(10)征地拆迁及主要工程数量；(11)资金筹措；(12)投资估算及经济评价；(13)结论和存在问题。

3. 可行性研究的作用

市政工程建设项目可行性研究报告的作用主要有以下几个方面：

(1)项目投资决策的依据；(2)向银行申请贷款的依据；(3)与有关单位商谈合同、协议的依据；(4)是建设项目初步设计的基础；(5)是安排建设计划和开展各项建设前期工作的参考。

(三)工程设计

工程设计就是给拟建工程项目从经济和技术上做一个详细的规划。工程设计是指运用工程设计理论及技术经济方法，按照国家现行设计规范、技术标准以及工程建设的方针政策，对新建、扩建、改建项目的生产工艺、设备选型、房屋建筑、公用工程、环境保护、生产运行等方面所做的统筹安排及技术经济分析，并提供作为建设项目实施过程中直接为依据的设计图纸和设计文件的技术活动。

工程设计是把先进科学技术成果运用于国民经济建设的重要途径。工程设计在工程建设工作中处于主导地位，是工程建设工作中的一个重要阶段。设计的质量、深度、技术水平，对未来的工程质量、建设周期、投资效果和经济效益有着决定性的作用，因此，可行性研究报告经批准后，根据建设项目规模的大小，项目的主管部门或业主可委托具有相应设计资质的设计单位按照可行性研究报告规定的内容承担设计任务，编制设计文件。凡是有条件的大中型项目都应采用公开招标方式，选择设计单位，以利于进行公平竞争。

工程设计应根据批准的可行性研究报告书进行。大中型建设项目一般采用两阶段设计，即初步设计和施工图设计。对于技术上复杂而又缺乏经验的项目，经主管部门同意，可按三阶段进行设计，即初步设计和施工图设计之间增加技术设计阶段。

1. 初步设计

初步设计是从技术和经济上，对建设项目进行综合全面规划和设计，论证技术上的先进性、可能性和经济上的合理性。初步设计具有一定程度的规划性质，是拟建工程项目的"纲要"设计。建设项目不同，初步设计的内容也就不完全相同，以市政工程建设方面的城市道路工程初步设计来说，其内容主要包括：(1)设计说明书——道路地理位置图(显示出道路在地区交通网络中的关系及沿线主要建筑物的概略位置)、现状评价及沿线自然地理状况、工程状况、工程设计图；(2)工程概算；(3)主要材料及设备表；(4)主要技术经济指标；(5)设计图纸(包括平面总体设计图、平面设计图、纵断面图、典型横断设计图……)。

经过批准的初步设计和总概算，是进行施工图设计或技术设计确定建设项目总投资，编制工程建设计划，签订工程总承包合同和工程贷款合同，控制工程价款，进行主要设备订货和施工准备等工作的依据。

经上级主管部门审查批准的初步设计及总概算，一般不得随意修改。凡涉及总平面布置(包括路面和路基宽度、路面结构种类及强度、交通流量情况、车速、排水方式等)、主要设备、建筑面积、技术标准及设计技术指标和总概算等方面的修改，必须经过原设计审批机关批准。

2. 技术设计

技术设计是对某些技术上复杂而又缺乏设计经验的项目，继初步设计之后进行的一个设计阶段。需要增加技术设计的工程项目，应经主管部门指定方可进行。技术设计是初步设计的深化，它使建设项目的设计工作更具体、更完善，其主要任务是解决类似以下几个方面的问题：

(1)特殊工艺流程、新型设备、材料等的试验、研究及确定。

(2)大型、特殊建(构)筑物中某些关键部位或构件的试验、研究和确定。

(3)某些新技术的采用中需慎重对待的问题的研究和确定。

(4)某些复杂工艺技术方案的逐项落实，关键工艺设备的规格、型号、数量等的进一步落实。

(5)对有关的建筑工程、公用工程和配套工程的项目，内容、规格的进一步研究和确定。

技术设计的具体内容，国家没有统一规定，应根据工程项目的特点和具体需要情况而定，但其设计深度应满足下一步施工图设计的要求，技术设计阶段必须编制修正总概算。

3. 施工图设计

施工图设计是根据已批准的初步设计或技术设计进行的，也是初步设计或技术设计进一步的具体化。施工图设计是建设项目进行建筑安装施工的依据，设计深度必须满足以下要求：

(1)施工图必须绘制正确、完整，以便据以进行工程施工和安装。

(2)据以安排设备、材料的订货和采购以及非标设备的制造。

(3)满足工程量清单编制和施工图预算编制。

(四)招标投标

工程建设招标与投标是改革工程建设管理制度以来大力推行的一种承建建设工程的交易方式，在建筑业已基本形成制度。实行工程招标的目的，是为列入计划的建设项目选择一个社会信誉高、技术装备先进、组织管理水平高的承包单位，使拟建项目能按期优质完成。有关工程招标的特点及优越性等问题见《中华人民共和国招标投标法》及原国家计委 2000 年 5 月 1 日发布的《工程建设项目招标范围和规模标准规定》。但市政工程建设项目的勘察、设计、施工、监理以及与工程建设有关的重要设备、材料等的采购，达到下列标准之一的，必须进行招标。

(1)施工单项合同估算价在 200 万元人民币以上的。

(2)重要设备、材料等货物的采购，单项合同估算价在 100 万元人民币以上的。

(3)勘察、设计、监理等服务的采购，单项合同估算价在 50 万元人民币以上的。

(4)项目总投资额在 3000 万元人民币以上，但分标单项合同估算价低于第“(1)、(2)、(3)”项规定标准的项目原则上也必须招标。

(五)工程施工

工程施工是市政工程建设项目的实施阶段，在做好施工前期工作和施工准备工作后，工程就可全面开工，进入施工和安装阶段。工程施工前期工作虽然千头万绪，但归结起来主要有编制施工组织设计和开工报告两个方面的内容。施工组织设计是施工准备、指导现场施工而编制的技术经济性文件。

施工组织设计可分为施工组织总设计和单位工程施工组织设计两类。单位工程的施工组织设计，要受施工组织总设计的约束和限制。

施工组织设计应根据工程的规模、种类、特点、施工复杂程度等编制，其在内容和深度上差异很大，但一般来说，施工组织设计应主要包括以下内容：

(1)工程概况、特点和主要工程量。

(2)工程施工进度、施工方法和施工力量。

(3)施工组织技术措施包括：①工程质量措施；②安全技术措施；③环境污染保护措施等。

(4)施工现场总平面图布置包括：①设备、材料的运输路线和堆放位置的设计；②场内临时建筑物位置的设计；③合理安排施工顺序，如厂房的施工，应先进行土建，后进行安装。

(5)人力、物力的计划与组织。

(6)调整机构和部署任务。

(7)对有特殊工艺要求的工人进行技术培训的方案。

(六)验收投产(使用)

任何一个市政工程建设工程项目，建成后都必须办理交工验收手续。工程验收后，还要经过试运转和试生产(使用)阶段，待生产(使用)正常后，经考核全面达到设计要求，由地方和主管部门组织多方协调验收，办理交工验收。

1. 市政建设工程竣工验收和交付需具备的条件

(1)工程质量情况。工程质量应符合国家现行有关法律、行政法规、技术标准、设计合同规定的要求,并经质量监督机构核定为合格者或优良者。

(2)任务完成情况。施工企业应完成工程设计和合同中规定的各项工作内容,达到国家规定的竣工条件。

(3)设备、材料使用情况。工程所用的设备和主要材料、构件应具有产品质量出厂检验合格证明和技术标准规定必要的进场试验报告。

(4)完整的设计及施工技术资料档案。

2. 组织验收

(1)大中型和限额以上的项目。大中型和限额以上的建设项目和技术改造项目,由国家发改委或国家发改委委托的项目主管部门、地方政府部门组织验收。

(2)小型和限额以下的项目。小型和限额以下的工程建设与技术改造项目,由主管部门或地方政府部门组织验收。

(3)参加单位。主管单位、建设单位、施工单位、勘察设计单位、施工监理单位及有关单位等参加验收工作。

第二节　市政工程建设的项目组成和特点

一、市政工程建设的项目组成

市政工程建设与工业工程建设一样,按照国家主管部门的统一规定,将一项建设工程划分为建设项目、单项工程、单位工程、分部工程、分项工程五个等级,这个规定适用于任何部门的基本建设工程。

(一)建设项目

建设项目通常是指市政工程建设中按照一个总体设计来进行施工,经济上实行独立核算,行政上具有独立组织形式的建设工程,如北京市的四环路工程就是一个建设项目,陕西省西安市地下铁路二号线也是一个建设项目。从行政和技术管理角度来说,它是编制和执行工程建设计划的单位,所以建设项目也称建设单位。但是严格地讲,建设项目和建设单位并非完全一致,建设项目的含义是指总体建设工程的物质内容,而建设单位的含义是指该总体建设工程的组织者代表。

一个建设项目可能是一个独立工程,也可能包括较多的工程,一般以一个企事业单位或独立的工程作为一个建设项目。例如,在工业建设中,一座工厂为一个建设项目;在民用建设中,一所学校为一个建设项目;在市政建设中,一条城市(镇)道路、一条给水或排水管网、一座立交桥、一座涵洞等均为一个建设项目。

(二)单项工程

单项工程又称作工程项目。单项工程是建设项目的组成部分,一般是指在一个建设项目中,具有独立设计文件,竣工后能够独立发挥生产能力或使用效益的工程。工业建设项目的单项工程,一般是指各个主要生产车间、辅助生产车间、行政办公楼、职工食堂、宿舍楼、住宅楼等;非工业建设项目中的商业大厦、影剧院、教学楼、门诊楼、展销楼等;市政建设中的防洪渠、隧道、地铁售票处等。单项工程是具有独立存在意义的一个完整工程,也是一个极为复杂的综合组成体,一般都是由多个单位工程构成。

(三)单位工程

单位工程一般是指具有独立设计文件,可以单独组织施工,但建成后不能独立进行生产或发挥效益的工程。单位工程是单项工程的组成部分。为了便于组织施工,通常根据工程具体情况和独立施工的可能性,可以把一个单项工程划分为若干个单位工程,这样的划分,便于按设计专业计算各单位工程的造价。

民用建设项目的单位工程容易划分,如一幢综合办公楼,通常可以划分为一般土建工程、室内给排水工程、暖通空调工程、电气工程和信息网络工程等;工业项目的单位工程也比较容易划分,以一个化工企业的主要生产车间来说,通常可以划分为一般土建工程、工艺设备安装工程、工艺管道安装工程、电动设备安装工程、电气照明工程、防雷接地工程、自动化仪表设备安装工程、给排水工程(含消防)等多个单位工程;但市政项目由于内在关系联系紧密,且有时出现交叉,所以单位工程的划分较为困难。以一条城市道路工程来说,通常可以划分为土石方工程、道路工程、给排水工程、隧道(涵洞)工程、桥梁工程、路灯工程、树木和草被绿化工程等多个单位工程。但市政工程的单位工程与工业或民用项目的单位工程比较,有其突出的特点,即有的单位工程既是单位工程,又是单项工程,还可以是一个建设项目,如道路工程、桥梁工程、隧道(涵洞)工程等。

(四)分部工程

单位工程仍然是由许多结构构件、部件或更小的部分组成的综合体。在单位工程中,按部位、材料和工种或设备种类、型号、材质等进一步分解出来的工程,称作分部工程。如城市道路工程可以分解为路床(槽)整形、道路基层、道路面层、人行道侧平石及其他等分部工程;路灯工程可以分解为变配电设备工程、架空线路工程、电缆工程、配管配线工程、照明器具安装工程、防雷接地工程等多个分部工程。分部工程是由许许多多的分项工程构成的,应做进一步分解。

(五)分项工程

从对市政建设工程估价角度来说,分部工程仍然很大,不能满足估价的需要,因为在每一分部工程中,影响工料消耗多少的因素仍然很多。例如,同样是“石灰、粉煤灰、土基层”,由于拌和方法不同——人工拌和、拌合机拌和、厂拌人铺;石灰、粉煤灰、土配合比不同——12∶35∶53、8∶80∶12;铺设厚度不同——15、20(cm)等,则每一计量单位“石灰、粉煤灰、土基层”工程所消耗的人工、材料、机械等数量有较大的差异。因此,还必须把分部工程按照不同的施工方法、不同的构造、不同的材料及不同的规格等,加以更细致的分解,分解为通过简单的施工过程就能生产出来,并且可以用适当的计量单位计算工料消耗的基本构造要素,如“简易路面(磨耗层)”、“沥青贯入式路面”、“黑色碎石路面”等,都属于分项工程。

分项工程是分部工程的组成部分,它只是为了便于计算市政建设项目工程造价而分解出来的假定“产品”。在不同的市政建设项目中,完成相同计量单位的分项工程,所需要的人工、材料和施工机械台班等的消耗量,基本上是相同的。因此,分项工程单位是最基本的计量单位。

综上所述,通过对一个市政建设项目由大到小的逐步分解,找出最容易计算工程造价的计量单位,然后分别计算其工程量及价值〔即∑(工程量×单价)〕。按照一定的计价程序计算出来的价值总和,就是市政建筑安装工程的直接工程费。接着再按照国家或地区规定的各项应取费用标准,以直接工程费(或其中的人工费,或人工费+机械费)为基础,计算出直接费(直接工程费+措施费)、间接费(规费+企业管理费)、利润和税金等。直接费、间接费、利润、税金的四项费用之和,就是市政建设工程项目的建筑安装单位工程造价。各个单位建筑安装工程造价相加(∑单位工程造价)之和,就是一个"工程项目"的造价,各个工程项目造价相加(∑单项工程造价)之和,再加上国家规定的其他有关费用,就可以得到欲知的市政建设项目总造价。因此,市政建设项目工程造价确定的方法是将一个庞大、复杂的建设项目,先由大→小→大,层层分解,逐项计算,逐个汇总而求得。

二、市政工程建设项目的界限划分

(一)道路、桥梁工程

城市(镇)区域内的道路、桥梁、涵洞均属市政工程。由其他有关部门或厂矿企业自行设计、自行投资建设的专用道路、桥梁、涵洞、高速公路不属于市政工程。

(二)给水、排水管道敷设工程

由市政工程设计单位设计、建设的室外公共给水、排水管道工程设施及其构筑物等属于市政工程。由市政总管或干管接至小区、庭院及厂(矿)区的支线划分是给水工程原则上以水表井为分界线,无水表井者,以与市政管道碰头点为界;排水工程也以与市政管道碰头点为分界线。

(三)燃(煤)气、热力管道安装工程

从城市燃(煤)气干管至小区、庭院及厂(矿)区的支线以与市政管道的设计红线或碰头点为分界线。

热力管道从热力厂(站)外第一块流量孔板(或管件、焊口)起,至热力用户建筑墙外1.5m止,或户外第一个闸门止为分界线,分界线以外为城市热力工程。

(四)防洪工程

城市内防洪、防汛筑堤及附属设施工程,河、湖围堰及疏浚均属市政工程,但各种公园、旅游点内人造河湖的围堰疏浚等属于园林工程。

三、市政工程建设项目的特点

市政工程建设属建筑行业的范畴,但从设计、施工等方面与建筑工程相比较,它有以下几个方面的特点:

(1)涉及面广。市政工程建设项目覆盖面广,受益的用户多。如建设一条给水干管或集中供热干管,沿线的用户可以是一个区域以至一个地区或半个城市(镇),当然用户是很多的。而建设一幢楼房或一个小区建筑群体只限于一个局部范围内,与市政工程项目相比较,受益者少,设计师构思的方方面面因素就少,施工期间给市民带来的诸多不便,影响面当然也小。

(2)建设环境复杂。市政工程施工特别是老城区,地下管网、线路交错纵横,收集掌握的地下管网、线路资料有限,且其准确性难以保证,这给新建项目施工都会造成不便,如果处理失误,将会导致极大的不良后果。

(3)不安全因素多。市政工程建设项目多数是建在地下的隐蔽工程,如地下隧道、涵洞、管沟、线缆沟等,都是挖掘很深的土方。土方工程不仅工程量大、劳动强度大,需要劳动力多,而且施工条件复杂多变,极易形成塌方,造成人员伤亡事故,如某市××路供水管道管沟施工中一名安徽籍青年农民工被塌方夺去了生命。

(4)工期要求紧迫。市政工程一般多位于市区,管路、线路埋地沟槽开挖,道路铺设作业,桥梁、隧道、涵洞施工等均会给城市(镇)交通及市民生活带来一定程度的影响,这就要求项目施工必须以最短的工期完成,从而使其对城市生产、市民生活的影响降低到最低程度。

(5)安全文明施工要求高。市政建设施工项目一般都为公共工程,具有很大的公益性,且其施工过程直接暴露在民众的视野中,为市民密切所关注,从而对项目的安全文明施工要求很高。

第三节 市政工程造价的构成及计算

一、市政工程造价的概念

市政建设工程造价就是市政建设工程的建造价格,它具有两种含义。

(1)第一种含义。市政工程造价是指建设一项工程预期开支或实际开支的全部固定资产投资费用,也就是一项市政工程通过策划、决策、立项、设计、施工等一系列生产经营活动所形成相应的固定资产、无形资产所需用的一次性费用的总和。这一含义是从投资者、业主的角度来定义的。投资者选定一个市政投资项目,为了获得预期效益,就要通过项目评估进行决策,然后进行设计招标、施工招标,直至工程竣工验收等一系列投资管理活动。在这一投资管理活动中所支付的全部费用形成了固定资产和无形资产。所有这些开支就构成了市政工程造价,简称“工程造价”。显然,从这个意义上来说,市政工程造价就是市政工程投资费用。非生产性建设项目的工程总造价就是建设项目固定资产投资的总和;而生产性建设项目的工程总造价是固定资金投资与铺底流动资金投资的总和。

(2)第二种含义。市政工程造价是指为建成一项市政工程,预计或实际在土地市场,设备市场、技术劳务市场以及工程承包市场等交易活动中所形成的市政建筑安装工程的价格和市政建设项目的总价格。显然,这一含义是以社会主义市场经济为前提的,其以市政工程这种特定的商品形式作为交易对象,通过招标、承发包和其他交易方式,在进行多次预估的基础上,最终由市场形成的价格。通常把市政工程造价的第二种含义认定为市政工程承发包价格,它是在建筑市场通过招标投标,由需求主体和供给主体共同认定的价格。应该肯定,在我国建筑领域大力推行招投标承建制条件下,这种价格是工程造价中一种重要的、最典型的价格形式。因此,市政工程承发包价格被界定为市政工程造价的第二种含义,具有重要的现实意义。也可以说这一含义是在市场经济条件下,从承包商、供应商、土地市场、设计市场供给等主体来定义的,或者说是从市场交易角度定义的。

市政建设工程造价的两种含义是从不同角度把握同一事物的本质。从市政建设工程的投资者角度来说,面对市场经济条件下的市政工程造价就是项目投资,是“购买”项目要付出的价格,同时也是投资者在作为市场供给主体出售项目时定价的基础。对承包商来说,市政工程造价是他们作为市场供给主体出售商品和劳务价格的总和,或是指特定范围的工程造价,如建筑安装工程造价,园林工程造价,绿化工程造价等。市政工程造价的两种含义是对客观存在的概括。它们既是一个统一体,又是相互区别的,最主要的区别在于需求主体和供给主体在市场上追求的经济利益不同,因而管理的性质和管理的目标不同,从管理性质来看,前者属于投资管理范畴,后者属于价格管理范畴,但两者又相互联系,相互交叉。

二、市政工程造价的分类

市政建设工程造价按照建设项目实施阶段不同,通常分为估算造价、概算造价、预算造价、竣工结(决)算造价等。

(一)估算造价

对拟建市政工程所需费用数额在前期工作阶段(编制项目建议书和可行性研究报告书)过程中按照投资估算指标进行一系列计算后所形成的金额数量,称为估算造价。投资估算书是项目建议书和可行性研究报告书内容的重要组成部分。市政建设项目估算造价是判断拟建项目可行性和进行项目决策的重要依据之一,同时,经批准的投资估算造价将是拟建项目各实施阶段中控制工程造价的最高限额。

(二)概算造价

在建设项目的初步设计或扩大初步设计阶段,由设计总承包单位根据设计图纸、设备材料一览表、概算定额(或概算指标)、设备材料价格、取费标准及有关造价管理文件等资料,编制出反映建设项目所需费用的文件,称为概算。因为初步设计概算通常都是由设计总承包单位负责编制的,所以又称为设计概算造价。

初步设计概算书是建设项目初步设计文件的重要组成内容之一,建设单位(业主)在报批设计文件时,必须报批初步设计概算。初步设计概算,按照它所反映费用内容范围的不同,通常划分为单位工程概算、单项工程概算和建设项目总概算三级。单位工程概算是确定单项工程中各单位工程造价的文件,是编制单项工程综合概算的依据。市政建设项目单位工程概算分为建筑工程概算和安装工程概算两类。

经批准的初步设计概算造价,是编制市政建设项目年度建设计划、考核项目设计方案合理性和工程招标及签订总承包合同的依据,也是控制施工图预算造价的依据。

(三)预算造价

在施工图设计阶段依据施工图设计的内容和要求并结合市政工程预算定额的规定,计算出每一单位工程的全部实物工程数量(以下称"工程量"),选套市政工程定额地区单价,并按照市政部门或工程所在地工程建设主管部门发布的有关工程造价管理文件规定,详细地计算出相应建设项目的预算价格,也称作预算造价。由于市政工程预算造价是依据施工设计图纸和预算定额对建设项目所需费用的预先测算,因此又称为施工图预算造价。经审查的预算造价,是编制工程项目年度建设计划,签订施工合同,实行市政工程造价包干和支付工程价款的依据。实行招标承建的工程,施工图预算造价是制定标底价的重要基础。

市政工程施工图预算造价与初步设计概算造价的区别主要是,(1)包括内容不同——初步设计概算一般来说包括建设项目从筹建到竣工验收过程中发生的全部费用,而施工图预算一般来说只编制单位工程预算和单项工程综合预算,因此,施工图预算造价不包括市政工程建设的其他有关费用,如勘察设计费、建设单位管理费、总预备费等;(2)编制依据不同——初步设计概算采用概算定额或概算指标或已完类似工程预(结)算资料编制,而施工图预算采用预算定额编制;(3)精确程度不同——初步设计概算精确程度低(按规定误差率为±10%~±15%),而施工图预算精确程度高(误差率要求为5%~10%);(4)作用不同——初步设计概算造价起宏观控制作用,而施工图预算造价起微观控制作用。但二者的构成实质却是相同的,即它们都是由$c+v+m$构成的。

(四)竣工结算造价

市政工程竣工结算造价简称“结算价”,是当一个单项工程施工完毕并经工程质量监督部门验收合格后,由施工单位将该单项工程在施工建造活动中与原设计图纸规定内容产生的一些变化,以设计变更通知单、材料代用单、现场签证单、竣工验收单、预算定额及材料预算价格等资料为依据,编制出反映该工程实际造价经济文件所确定的价格,就称为竣工结算造价。竣工结算价经建设单位(业主)认签后,是建设单位(业主)拨付工程价款和甲、乙双方终止承包合同关系的依据,同时,单项工程结算文件又是编制建设项目竣工决算的依据。

(五)竣工决算造价

市政工程竣工决算造价简称“决算价”,是指一个建设项目在全部工程或某一期工程完工后,由建设单位根据该建设项目的各个单项工程结算造价文件及有关费用支出等资料为依据,编制出反映该建设项目从立项到交付使用全过程各项资金使用情况的总结性文件所确定的总价值,称为决算造价。建设工程决算造价是工程竣工报告的组成内容。经竣工验收委员会或竣工验收小组核准的竣工决算造价,是办理工程竣工交付使用验收的依据;是建立新增固定资产账目的依据;是国家行政主管部门考核建设成果和国民经济新增生产(使用)能力的依据。

根据有关文件规定,建设项目的竣工决算是以它的所有工程项目的竣工结算以及其他有关费用支出为基础进行编制的。建设项目或工程项目竣工决算和工程项目或单位工程的竣工结算的区别主要表现在以下几个方面:

(1)编制单位不同。竣工结算由施工单位编制,而竣工决算由建设单位编制。

(2)编制范围不同。竣工结算一般主要是以单位工程或单项工程为单位进行编制,单位工程或单项工程竣工并经初验后即可着手编制,而竣工决算是以一个建设项目(如一座化工厂、一所学校等)为单位进行编制的,只有在整个建设项目所有的工程项目全部竣工后才能进行编制。

(3)编制费用内容不同。竣工结算费用仅包括发生在单位工程或单项工程以内的各项费用,而竣工决算费用包括该项目从开始筹建到全部竣工验收过程中所发生的一切费用,即有形资产费用和无形资产费用两大部分。

(4)编制作用不同。竣工结算是建设单位(业主)与施工单位结算工程价款的依据,是核定施工企业生产成果、考核工程成本的依据,是施工企业确定经营活动最终收益的依据,也是建设单位检查计划完成情况和编制竣工决算的依据。而竣工决算是建设单位考核工程建设投资效果、正确确定有形资产价值和正确计算投资回收期的依据,同时,也是建设项目竣工验收委员会或验收小组对建设项目进行全面验收、办理固定资产交付使用的依据。

三、市政工程造价的特点

(一)造价的大额性

能够发挥投资效用的任一项市政工程,不仅实物体形庞大,而且造价高昂。动辄数百万、数千万、数亿、数十亿,特大型工程项目的造价可达百亿、千亿元人民币。市政工程造价的大额性使其关系到有关各方面的重大经济利益,同时,也会对宏观经济产生重大影响,这就决定了工程造价的特殊地位,也说明了造价管理的重要意义。

(二)造价的个别性、差异性

任何一项市政工程都有它特定的用途、功能、规模。因此,对每一项市政工程的结构、造型、空间分割、设备配置和装饰装修都有具体的要求,因而使工程内容和实物形态都具有个别性、差异性。工程的差异性决定了工程造价的个别性。同时,每项工程所处地区、地段和地理环境的不相同,使得工程造价的个别性更加突出。

(三)造价的动态性

任何一项市政工程从决策到竣工交付使用,都有一个较长的建设期,而且由于不可控因素的影响,在预计工期内,许多影响工程造价的动态因素,如工程变更,设备材料价格,工资标准以及费率、利率、汇率会发生变化。这种变化必然会影响到造价的变动。所以,市政工程造价在整个建设期中处于不确定状态,直至竣工决算后才能最终确定工程的实际造价。

(四)造价的层次性

市政工程造价的层次性取决于市政工程的层次性。一个市政建设项目往往含有多个能够独立发挥设计效能的单项工程(隧道、过人天桥、立交桥等)。一个单项工程又是由能够各自发挥专业效能的多个单位工程(土建工程、管道安装工程等)组成。与此相适应,市政工程造价有三个层次,即建设项目总造价、单项工程造价和单位工程造价。如果专业分工更细,单位工程(如土建工程)的组成部分——分部、分项工程也可以成为交换对象,如大型土方工程、基础工程、路灯工程等,这样,工程造价的层次就增加分部工程和分项工程而成为五个层次。

(五)造价的兼容性

市政工程造价的兼容性首先表现在它具有两种含义;其次表现在工程造价构成因素的广泛性和复杂性,在工程造价中,成本因素非常复杂,其中为获得建设工程用地支出的费用、项目可行性研究和规划设计费用、与政府一定时期政策(特别是产业政策和税收政策)相关的费用占有相当的份额,再次赢利的构成也较为复杂,资金成本较大。

四、市政工程造价的计价特征

了解市政工程造价的特征,对市政工程造价的确定与控制是非常必要的。市政工程造价主要具有以下计价特征:

(一)单件性计价

市政工程项目生产过程的单件性及其产品的固定性,导致了其不能像一般商品那样,统一定价。每一项工程都有其专门的功能和用途,都是按不同的使用要求、不同的建设规模、标准、造型等,单独设计、单独生产的。即使用途相同,按同一标准设计和生产的产品,也会因其具体建设地点的水文地质及气候等条件不同,引起结构及其他方面的变化,这就造成工程项目在建造过程中,所消耗的活劳动和物化劳动差别很大,其价值也必然不同。首先为衡量其投资效果,就需要对每项工程产品进行单独定价;其次每一项工程,其建造地点在空间上是固定不动的,这势必导致施工生产的流动性,施工企业必须在一个个不同的建设地点组织施工,各地不同的自然条件和技术经济条件,使构成工程产品价格的各种要素变化很大,诸如地区材料价格、工人工资标准、运输条件等，另外工程项目建设周期长、程序复杂、环节多、涉及面广，在项目建设周期的不同阶段构成产品价格的各种要素差异较大，最终导致工程造价的千差万别；总之，工程项目在实物形态上的差别和构成产品价格要素的变化，使得工程产品不同于一般商品，不能统一定价，只能就各个项目，通过特殊的程序和方法单件计价。

(二)多次性计价

市政建设工程周期长、规模大、造价高，因此按建设程序要分阶段进行，相应地也要在不同阶段多次性计价，以保证工程造价确定与控制的科学性。多次性计价是个逐步深化、逐步细化和逐步接近实际造价的过程。其过程如图 1-2 所示。

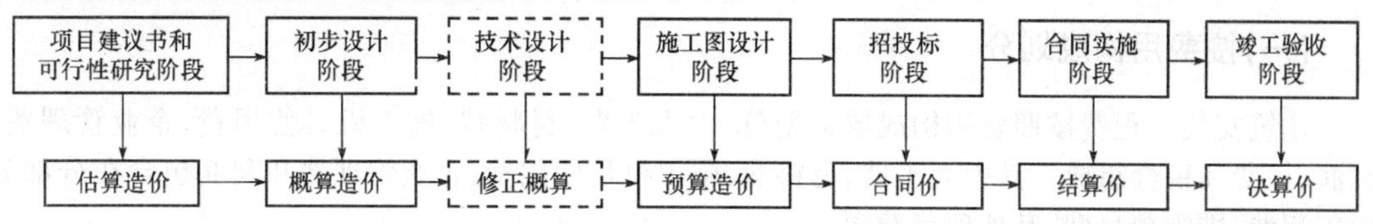

图 1-2 工程多次性计价示意图

连线表示对应关系，箭头表示多次计价流程及逐步深化过程，
“[虚线框]”表示经批准才可增加的设计阶段。

(三)组合性计价

市政工程造价的计算是分步组合而成的，这一特征和建设项目的组合性有关。一个建设项目是一个工程综合体。这个综合体可以分解为许多有内在联系的独立使用和不能独立使用的工程。建设项目的这种组合性决定了计价的过程是一个逐步组合的过程。这一特征在计算概算造价和预算造价时尤为明显，所以也反映到合同价和结算价，其计算过程和计算顺序是：

分部分项工程合价(工程量×定额单价)──►单位工程造价──►单项工程造价──►建设项目总造价

(四)计价方法的多样性

市政工程为适应多次性计价有各不相同计价依据，以及对造价的不同精确度要求，计价方法有多样性特征。计算和确定概、预算造价有两种基本方法，即单价法和实物法。计算和确定投资估算造价的方法有设备系数法、资金周转率法和系数估算法等。不同的方法利弊不同，适应条件也不同，所以计价时要结合具体情况加以选择。

(五)计价依据的复杂性

由于影响造价的因素多，计价依据复杂，种类较多，除《建设工程工程量清单计价规范》(GB 50500—2013)(以下简称《计价规范》)规定的依据外，实际工作中主要还有以下七类：

(1)计算设备和工程量依据，包括项目建议书、可行性研究报告、设计文件等。

(2)计算人工、材料、机械等实物消耗量依据，包括投资估算指标、概算定额、预算定额、工程量消耗定额等。

(3)计算工程单价的价格依据，包括人工单价、材料价格、材料运杂费、机械台班费等。

(4)计算设备单价依据，包括设备原价、设备运杂费、进口设备关税等。

(5)计算间接费和工程建设其他费用的依据，主要是相关的费用定额和费率。

(6)政府规定的税费。

(7)物价指数和工程造价指数、造价指标。

工程造价计价依据的复杂性不仅使计算过程复杂,而且要求计价人员熟悉各类依据,并加以正确利用。

五、市政工程造价的构成

根据我国现行规定,市政建设项目工程造价按费用构成要素组成划分为人工费、材料费(包含工程设备,下同)、施工机具使用费、企业管理费、利润、规费和税金,按工程造价形成顺序划分为分部分项工程费、措施项目费、其他项目费、规费和税金。

(一)按费用构成划分

建筑安装工程费按照费用构成要素划分:由人工费、材料费、施工机具使用费、企业管理费、利润、规费和税金组成。其中人工费、材料费、施工机具使用费、企业管理费和利润包含在分部分项工程费、措施项目费、其他项目费中。

1.人工费

人工费是指按工资总额构成规定,支付给从事建筑安装工程施工的生产工人和附属生产单位工人的各项费用。内容包括:

(1)计时工资或计件工资:是指按计时工资标准和工作时间或对已做工作按计件单价支付给个人的劳动报酬。

(2)奖金:是指对超额劳动和增收节支等原因支付给个人的劳动报酬。如节约奖、劳动竞赛奖等。

(3)津贴补贴:是指为了补偿职工特殊或额外的劳动消耗和因其他特殊原因支付给个人的津贴,以及为了保证职工工资水平不受物价影响支付给个人的物价补贴。如流动施工津贴、特殊地区施工津贴、高温(寒)作业临时津贴、高空津贴等。

(4)加班加点工资:是指按规定支付的在法定节假日工作的加班工资和在法定日工作时间外延时工作的加点工资。

(5)特殊情况下支付的工资:是指根据国家法律、法规和政策规定,因病、工伤、产假、计划生育假、婚丧假、事假、探亲假、定期休假、停工学习、执行国家或社会义务等原因按计时工资标准或计时工资标准的一定比例支付的工资。

2.材料费

材料费是指施工过程中耗费的原材料、辅助材料、构配件、零件、半成品或成品、工程设备的费用。内容包括:

(1)材料原价:是指材料、工程设备的出厂价格或商家供应价格。

(2)运杂费:是指材料、工程设备自来源地运至工地仓库或指定堆放地点所发生的全部费用。

(3)运输损耗费:是指材料在运输装卸过程中不可避免的损耗。

(4)采购及保管费:是指为组织采购、供应和保管材料、工程设备的过程中所需要的各项费用,包括采购费、仓储费、工地保管费、仓储损耗。

工程设备是指构成或计划构成永久工程一部分的机电设备、金属结构设备、仪器装置及其他类似的设备和装置。

3.施工机具使用费

施工机具使用费是指施工作业所产生的施工机械、仪器仪表使用费或其租赁费。

(1)施工机械使用费:是指以施工机械台班耗用量乘以施工机械台班单价表示,施工机械台班单价应由下列七项费用组成:

1)折旧费:指施工机械在规定的使用年限内,陆续收回其原值的费用。

2)大修理费:指施工机械按规定的大修理间隔台班进行必要的大修理,以恢复其正常功能所需的费用。

3)经常修理费:指施工机械除大修理以外的各级保养和临时故障排除所需的费用。包括为保障机械正常运转所需替换设备与随机配备工具附具的摊销和维护费用,机械运转中日常保养所需润滑与擦拭的材料费用及机械停滞期间的维护和保养费用等。

4)安拆费及场外运费:安拆费指施工机械(大型机械除外)在现场进行安装与拆卸所需的人工、材料、机械和试运转费用以及机械辅助设施的折旧、搭设、拆除等费用;场外运费指施工机械整体或分体自停放地点运至施工现场或由一施工地点运至另一施工地点的运输、装卸、辅助材料及架线等费用。

5)人工费:指机上司机(司炉)和其他操作人员的人工费。

6)燃料动力费:指施工机械在运转作业中所消耗的各种燃料及水、电等。

7)税费:指施工机械按照国家规定应缴纳的车船使用税、保险费及年检费等。

(2)仪器仪表使用费:是指工程施工所需使用的仪器仪表的摊销及维修费用。

4.企业管理费

企业管理费是指建筑安装企业组织施工生产和经营管理所需的费用。内容包括:

(1)管理人员工资:是指按规定支付给管理人员的计时工资、奖金、津贴补贴、加班加点工资及特殊情况下支付的工资等。

(2)办公费:是指企业管理办公用的文具、纸张、账表、印刷、邮电、书报、办公软件、现场监控、会议、水电、烧水和集体取暖降温(包括现场临时宿舍取暖降温)等费用。

(3)差旅交通费:是指职工因公出差、调动工作的差旅费、住勤补助费,市内交通费和误餐补助费,职工探亲路费,劳动力招募费,职工退休、退职一次性路费,工伤人员就医路费,工地转移费以及管理部门使用的交通工具的油料、燃料等费用。

(4)固定资产使用费:是指管理和试验部门及附属生产单位使用的属于固定资产的房屋、设备、仪器等的折旧、大修、维修或租赁费。

(5)工具用具使用费:是指企业施工生产和管理使用的不属于固定资产的工具、器具、家具、交通工具和检验、试验、测绘、消防用具等的购置、维修和摊销费。

(6)劳动保险和职工福利费:是指由企业支付的职工退职金、按规定支付给离休干部的经费,集体福利费、夏季防暑降温、冬季取暖补贴、上下班交通补贴等。

(7)劳动保护费:是企业按规定发放的劳动保护用品的支出。如工作服、手套、防暑降温饮料以及在有碍身体健康的环境中施工的保健费用等。

(8)检验试验费:是指施工企业按照有关标准规定,对建筑以及材料、构件和建筑安装物进行一般鉴定、检查所发生的费用,包括自设试验室进行试验所耗用的材料等费用,不包括新结构、新材料的试验费,对构件做破坏性试验及其他特殊要求检验试验的费用和建设单位委托检测机构进行检测的费用,对此类检测发生的费用,由建设单位在工程建设其他费用中列支。但对施工企业提供的具有合格证明的材料进行检测不合格的,该检测费用由施工企业支付。

(9)工会经费:是指企业按《工会法》规定的全部职工工资总额比例计提的工会经费。

(10)职工教育经费:是指按职工工资总额的规定比例计提,企业为职工进行专业技术和职业技能培训,专业技术人员继续教育、职工职业技能鉴定、职业资格认定以及根据需要对职工进行各类文化教育所发生的费用。

(11)财产保险费:是指施工管理用财产、车辆等的保险费用。

(12)财务费:是指企业为施工生产筹集资金或提供预付款担保、履约担保、职工工资支付担保等所发生的各种费用。

(13)税金:是指企业按规定缴纳的房产税、车船使用税、土地使用税、印花税等。

(14)其他:包括技术转让费、技术开发费、投标费、业务招待费、绿化费、广告费、公证费、法律顾问费、审计费、咨询费、保险费等。

5.利润

利润是指施工企业完成所承包工程获得的盈利。

6.规费

规费是指按国家法律、法规规定,由省级政府和省级有关权力部门规定必须缴纳或计取的费用。包括:

(1)社会保险费。

1)养老保险费:是指企业按照规定标准为职工缴纳的基本养老保险费。

2)失业保险费:是指企业按照规定标准为职工缴纳的失业保险费。

3)医疗保险费:是指企业按照规定标准为职工缴纳的基本医疗保险费。

4)生育保险费:是指企业按照规定标准为职工缴纳的生育保险费。

5)工伤保险费:是指企业按照规定标准为职工缴纳的工伤保险费。

(2)住房公积金:是指企业按规定标准为职工缴纳的住房公积金。

(3)工程排污费:是指按规定缴纳的施工现场工程排污费。

其他费用应列而未列入的规费,按实际发生计取。

7.税金

税金是指国家税法规定的应计入建筑安装工程造价内的营业税、城市维护建设税、教育费附加以及地方教育附加。

(二)按造价形成划分

建筑安装工程费按照工程造价形成由分部分项工程费、措施项目费、其他项目费、规费、税金组成,分部分项工程费、措施项目费、其他项目费包含人工费、材料费、施工机具使用费、企业管理费和利润。

1.分部分项工程费

分部分项工程费是指各专业工程的分部分项工程应予列支的各项费用。

(1)专业工程:是指按现行国家计量规范划分的房屋建筑与装饰工程、仿古建筑工程、通用安装工程、市政工程、园林绿化工程、矿山工程、构筑物工程、城市轨道交通工程、爆破工程等各类工程。

(2)分部分项工程:是指按现行国家计量规范对各专业工程划分的项目,如房屋建筑与装饰工程划分的土石方工程、地基处理与桩基工程、砌筑工程、钢筋及钢筋混凝土工程等。各类专业工程的分部分项工程划分见现行国家或行业计量规范。

2.措施项目费

措施项目费是指为完成建设工程施工,发生于该工程施工前和施工过程中的技术、生活、安全、环境保护等方面的费用。内容包括：

(1)安全文明施工费。

1)环境保护费:是指施工现场为达到环保部门要求所需要的各项费用。

2)文明施工费:是指施工现场文明施工所需要的各项费用。

3)安全施工费:是指施工现场安全施工所需要的各项费用。

4)临时设施费:是指施工企业为进行建设工程施工所必须搭设的生活和生产用的临时建筑物、构筑物和其他临时设施费用。包括临时设施的搭设、维修、拆除、清理费或摊销费等。

(2)夜间施工增加费:是指因夜间施工所发生的夜班补助费、夜间施工降效、夜间施工照明设备摊销及照明用电等费用。

(3)二次搬运费:是指因施工场地条件限制而发生的材料、构配件、半成品等一次运输不能到达堆放地点,必须进行二次或多次搬运所发生的费用。

(4)冬雨季施工增加费:是指在冬季或雨季施工需增加的临时设施、防滑、排除雨雪,人工及施工机械效率降低等费用。

(5)已完工程及设备保护费:是指竣工验收前,对已完工程及设备采取的必要保护措施所发生的费用。

(6)工程定位复测费:是指工程施工过程中进行全部施工测量放线和复测工作的费用。

(7)特殊地区施工增加费:是指工程在沙漠或其边缘地区、高海拔、高寒、原始森林等特殊地区施工增加的费用。

(8)大型机械设备进出场及安拆费:是指机械整体或分体自停放场地运至施工现场或由一个施工地点运至另一个施工地点,所发生的机械进出场运输及转移费用及机械在施工现场进行安装、拆卸所需的人工费、材料费、机械费、试运转费和安装所需的辅助设施的费用。

(9)脚手架工程费:是指施工需要的各种脚手架搭、拆、运输费用以及脚手架购置费的摊销(或租赁)费用。

措施项目及其包含的内容详见各类专业工程的现行国家或行业计量规范。

3.其他项目费。

(1)暂列金额:是指建设单位在工程量清单中暂定并包括在工程合同价款中的一笔款项。用于施工合同签订时尚未确定或者不可预见的所需材料、工程设备、服务的采购,施工中可能发生的工程变更、合同约定调整因素出现时的工程价款调整以及发生的索赔、现场签证确认等的费用。

(2)计日工:是指在施工过程中,施工企业完成建设单位提出的施工图纸以外的零星项目或工作所需的费用。

(3)总承包服务费:是指总承包人为配合、协调建设单位进行的专业工程发包,对建设单位自行采购的材料、工程设备等进行保管以及施工现场管理、竣工资料汇总整理等服务所需的费用。

4.规费

同前述“按费用构成要素划分”的相关内容。

5.税金

同前述“按费用构成要素划分”的相关内容。

凡是招标工程投标报价范围内的各项目的报价都应包括组成上述市政工程费的各个项目,不可重复或遗漏。为了学习方便起见,我国市政建设项目造价的构成,可用图 1-3 表示。

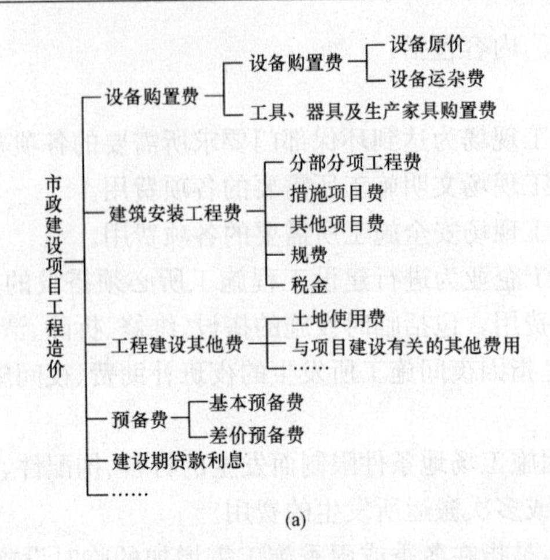

(a)

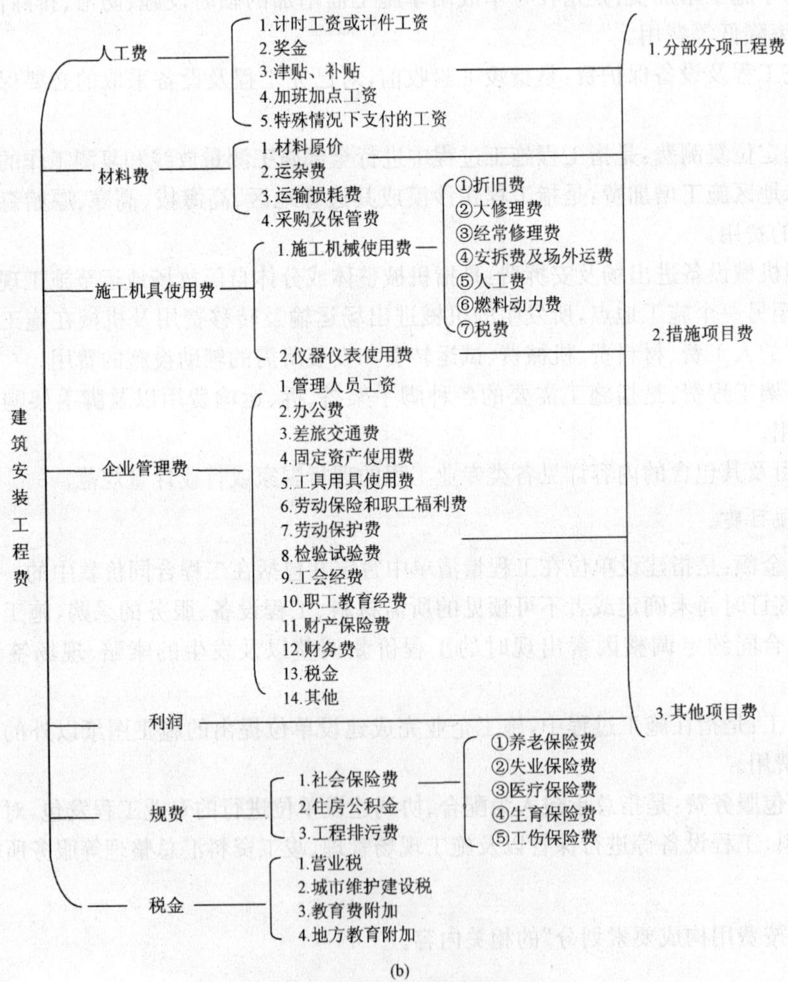

(b)

图1-3　市政工程建设项目费用构成图(一)

(a)市政建设项目工程造价；

(b)市政建筑安装工程造价(按费用构成要素划分)

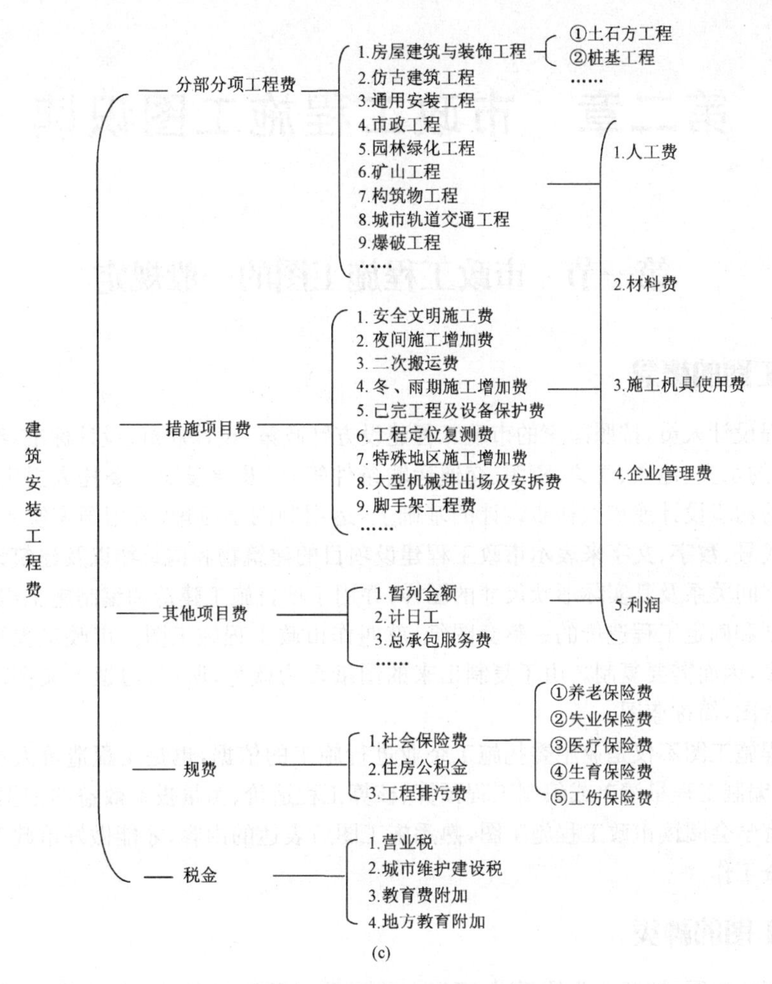

图1-3 市政工程建设项目费用构成图(二)

(c)市政建筑安装工程造价(按造价形成划分)

本章思考重点

1.何谓市政工程建设程序?市政工程建设程序包括哪些内容?

2.市政工程建设项目建议书和可行性研究报告的作用是什么?

3.市政工程建设项目设计通常划分为哪几个阶段?各设计阶段的工程造价分为哪几种?

4.何谓市政工程造价?它的两种含义有何区别?

5.市政工程造价有何特点?计价方法有哪些特征?

6.市政建设工程由哪些项目组成?何谓建设项目、单项工程和单位工程?

7.市政工程建设项目的造价由哪些费用项目构成?

第二章　市政工程施工图识读

第一节　市政工程施工图的一般规定

一、施工图的概念

市政工程设计人员，按照国家的市政工程建设方针政策、设计规范、设计标准，结合有关资料（如建设地点的水文、地质、气象、资源、交通运输条件等）以及建设项目委托人提出的具体要求，在经过批准的初步设计或扩大初步设计的基础上，运用制图学原理，采用国家统一规定的图例、线型、符号、代号、数字、文字来表示市政工程建设项目的建筑物和构筑物以及建筑设备各部位或区间之间的空间关系及其实际形状尺寸的图样，并用于项目施工建造和编制施工组织设计、施工进度作业计划和确定工程造价的一整套图纸，就叫作市政工程施工图。市政工程施工图一般需要的份数较多，因而需要复制。由于复制出来的图纸多为蓝色，所以，习惯上又把市政工程施工图称作施工蓝图，简称蓝图。

市政工程施工图不仅是业主委托施工企业进行施工的依据，也是工程造价人员计算分部分项工程数量、编制工程量清单或编制工程预算、核算工程造价、衡量投资效益的依据。因此，工程造价人员只有学会阅读市政工程施工图，熟悉施工图所表达的内容，才能做好市政工程造价文件的编制和审查工作。

二、施工图的种类

市政工程施工图，按照专业的不同，可以分为道路工程施工图，桥涵、隧道工程施工图，给排水工程施工图，燃气与集中供热工程施工图，路灯工程施工图，地铁工程施工图等。

市政工程不同专业的施工图，又可分为土建图和安装图两大部分。土建图包括建筑图和结构图，安装图包括给排水管道图、燃气与集中供热管道图、路灯照明及信号图等。

市政工程每个专业的施工图，根据功能作用的不同，还可以分为基本图和详图两部分。基本图表明全局性的内容，如城市道路工程的平面图、横断面图、纵断面图，都属于基本图；桥梁的平面图、立面图、剖面图也都属于基本图等。市政工程施工详图是表明某一局部或某一构（配）件的详细尺寸和材料、做法等的图样。详图是基本图表达不足的补充，它分为标准详图和非标准详图两种。

三、施工图的一般规定

市政工程项目施工图，主要是表达城市（镇）道路、桥梁、隧道、给排水、防洪等市政工程建筑安装物的图样。这种图样是表达和交流技术思维的重要工具，也是指导市政工程项目施工的主要依据。为了便于工程建设和技术交流，市政工程施工图的图样表达方法和表现形式必须统一，以便满足施工等诸多方面的要求。为此，本教材对“施工图的一般规定”以《房屋建筑制图统一标准》（GB/T 50001—2010）、《建筑制图标准》（GB/T 50104—2010）、《城市规划制图标准》（CJJ/T 97—2003）、《道路工程制图标准》（GB 50162—1992）等为依据作为介绍。

(一)图纸幅面

一张由边框线围成的空白纸面,称为图纸的幅面。我国制图标准规定的图纸幅面共分五类,即 A0～A4(表 2-1)。其中尺寸代号的意义如图 2-1 所示,图纸的短边一般不得加长,长边可以加长,加长后的图纸幅面尺寸见表 2-2。

表 2-1　　幅面及图框尺寸　　(单位:mm)

幅面代号 尺寸代号	A0	A1	A2	A3	A4
$b\times l$	841×1189	594×841	420×594	297×420	210×297
c	10			5	
a	25				

注:表中 b 为幅面短边尺寸,l 为幅面长边尺寸,c 为图框线与幅面线间宽度,a 为图框线与装订边间宽度。

表 2-2　　图纸长边加长尺寸　　(单位:mm)

幅面代号	长边尺寸	长边加长后的尺寸
A0	1189	1486(A0+1/4l)　1635(A0+3/8l)　1783(A0+1/2l) 1932(A0+5/8l)　2080(A0+3/4l)　2230(A0+7/8l) 2378(A0+l)
A1	841	1051(A1+1/4l)　1261(A1+1/2l)　1471(A1+3/4l) 1682(A1+l)　1892(A1+5/4l)　2102(A1+3/2l)
A2	594	743(A2+1/4l)　891(A2+1/2l)　1041(A2+3/4l) 1189(A2+l)　1338(A2+5/4l)　1486(A2+3/2l) 1635(A2+7/4l)　1783(A2+2l)　1932(A2+9/4l) 2080(A2+5/2l)
A3	420	630(A3+1/2l)　841(A3+l)　1051(A3+3/2l) 1261(A3+2l)　1471(A3+5/2l)　1682(A3+3l) 1892(A3+7/2l)

注:有特殊需要的图纸,可采用 $b\times l$ 为 841mm×891mm 与 1189mm×1261mm 的幅面。

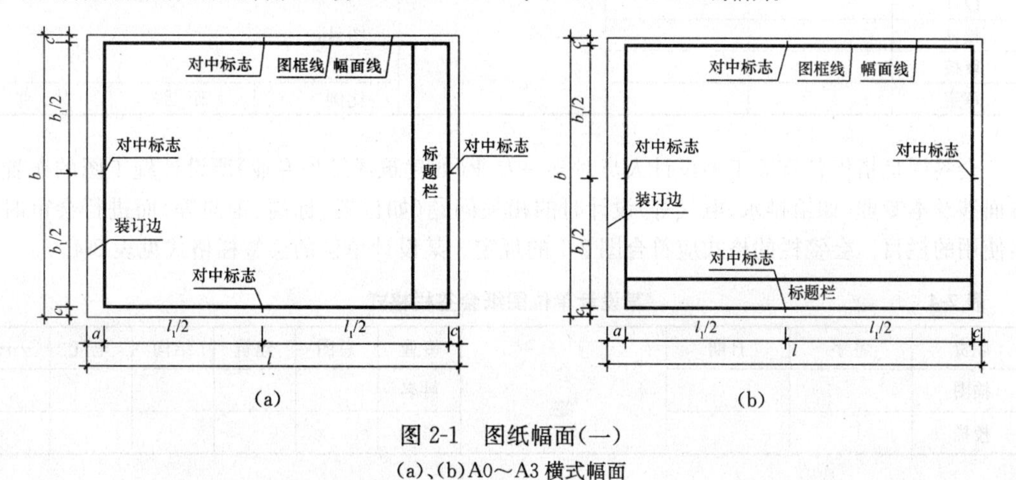

图 2-1　图纸幅面(一)

(a)、(b)A0～A3 横式幅面

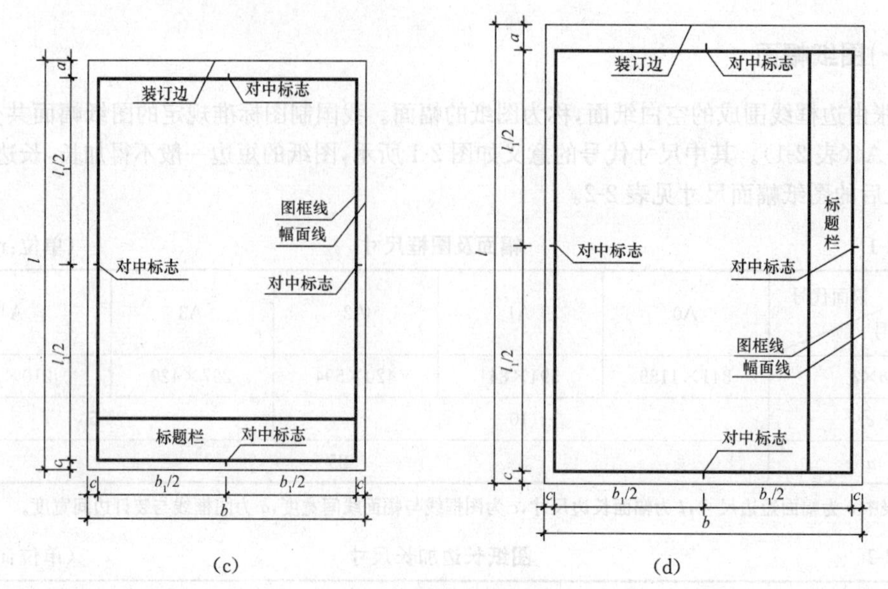

图 2-1 图纸幅面(二)

(c)、(d)A0～A4 立式幅面

(二)标题栏与会签栏

标题栏又称图标或图签栏，是用以标注图纸名称、工程名称、项目名称、图号、张次、设计阶段、更改和有关人员签署等内容的栏目。标题栏的方位一般是在图纸的下方或右下方，但其尺寸大小必须符合《房屋建筑制图统一标准》(GB/T 50001—2010)的规定。标题栏中的文字方向应为看图方向，即图中的说明、符号均应以标题栏的文字方向为准。《房屋建筑制图统一标准》(GB/T 50001—2010)规定标题栏的规格应符合图 2-1 的规定。在实际使用中，各设计单位一般都结合各自的特点对标题栏的格式做了变通。某设计单位的图纸标题栏见表 2-3。

表 2-3　　某设计单位图纸标题栏格式

××工业部第××设计院			××市磁性材料厂	年　西安	
职责	签字	日期	设计项目	$2^{\#}$住宅楼	
制图			设计阶段	施工图	
设计					
校核			图号：		
审核					
审定			比例	第　张	共　张

会签栏是指供各有关工种设计人员对某一专业(如建筑或结构专业)所设计施工图的布置等方面涉及本专业(如给排水、电气等)设计时的相关问题(如位置、标高、走向等)而进行会审时签名使用的栏目。会签栏的格式应符合图 2-1 的规定。某设计单位的会签栏格式见表 2-4。

表 2-4　　某设计单位图纸会签栏格式

职责	签字	日期	会签	专业	总图	建筑	结构	电气	……
描图				姓名					
校描				日期					

(三)图线

设计人员绘图所采用的各种线条称为图线。为了使图面整洁、清晰、主次分明，市政工程施工图常用图线有6种类型16个规格，见表2-5。

表 2-5　　常用图线规格

名称		线　型	线宽	用　途
实线	粗		b	主要可见轮廓线
	中粗		$0.7b$	可见轮廓线
	中		$0.5b$	可见轮廓线、尺寸线、变更云线
	细		$0.25b$	图例填充线、家具线
虚线	粗		b	见各有关专业制图标准
	中粗		$0.7b$	不可见轮廓线
	中		$0.5b$	不可见轮廓线、图例线
	细		$0.25b$	图例填充线、家具线
单点长画线	粗		b	见各有关专业制图标准
	中		$0.5b$	见各有关专业制图标准
	细		$0.25b$	中心线、对称线、轴线等
双点长画线	粗		b	见各有关专业制图标准
	中		$0.5b$	见各有关专业制图标准
	细		$0.25b$	假想轮廓线、成型前原始轮廓线
折断线	细		$0.25b$	断开界线
波浪线	细		$0.25b$	断开界线

表2-5中的各种图线均有粗、中粗、中、细之分。图线的宽度 b，宜从1.4mm、1.0mm、0.7mm、0.5mm、0.35mm、0.25mm、0.18mm、0.13mm线宽系列中选取。图线宽度不应小于0.1mm。每个图样，应根据复杂程度与比例大小，先选定基本线宽 b，再选用表2-6中相应的线宽组。

表 2-6　　线宽组　　(单位:mm)

线宽比	线宽组			
b	1.4	1.0	0.7	0.5
$0.7b$	1.0	0.7	0.5	0.35
$0.5b$	0.7	0.5	0.35	0.25
$0.25b$	0.35	0.25	0.18	0.13

注:1. 需要微缩的图纸，不宜采用0.18mm及更细的线宽。
2. 同一张图纸内，各不同线宽中的细线，可统一采用较细的线宽组的细线。

同一张图纸内，相同比例的各图样，应选用相同的线宽组。图纸的图框和标题栏线可采用表2-7的线宽。

表 2-7　　图框和标题栏线的宽度　　(单位:mm)

幅面代号	图框线	标题栏外框线	标题栏分格线、会签栏线
A0、A1	b	$0.5b$	$0.25b$
A2、A3、A4	b	$0.7b$	$0.35b$

(四)比例

市政建设项目施工图上设计的物体,有的很大,如道路、桥梁、隧道;有的很小,如精密的机械零件等。由于图纸幅面的限制,实际工作中设计人员不可能以物体原有的大小将它们绘制在图纸上,而必须采用缩小或放大的方法绘画出来。因此,缩小或放大都必须有比例。所谓比例,就是图纸所画图形与实物相对应的线性尺寸之比。例如某一实物长度为1m即1000mm,如果在施工图上画为10mm,就是缩小了100倍,即此图形的比例为1∶100。比例的大小是指比值的大小,如1∶50大于1∶100。市政工程设计中一般都是用缩小比例,采用放大比例的构件除详图外,一般很少使用。比例的符号为"∶",比例的标注以阿拉伯数字表示,如1∶1、1∶2、1∶50等。同一张图中所有图形使用一个比例时,其比值设计人员一般都是写在图纸标题栏内,但也有些设计人员写在图名的右侧,字的基准线与图名取平,比例的字高比图名的字高小一号或两号(图2-2);图纸中各个图形所用比例大小不同时,其比值分别标写在各自图名的右侧。

咸宁东路平面图　1∶100　⑨1∶50

图 2-2　比例的注写

市政工程施工图中所使用的比例,一般是根据图样的用途与被绘对象的繁简程度而确定的,市政工程施工图常用比例如下:

总平面图　1∶500、1∶1000、1∶2000、1∶5000。

基本图纸　1∶100、1∶200、1∶500。

详　　图　1∶2、1∶5、1∶10、1∶20、1∶50。

(五)标高

市政工程施工图中建筑物各部分的高度和被安装物体的高度均用标高来表示。表示方法采用符号"▽"或"△"。总平面图中室外地坪标高以"▼"符号表示。

标高有绝对标高和相对标高之分。绝对标高又称为海拔标高,是以青岛市的黄海平面作为零点而确定的高度尺寸;相对标高是选定建筑物某一参考面或参考点作为零点而确定的高度尺寸。市政工程施工图除总平面图外均采用相对标高,其一般采用室内地面或楼层平面作为零点而计算高度。标高的标注方法以"±0.000",读作"正负零点零零零",标高数值以"m"为单位,标注到小数点后第三位。在总平面图中可注写到小数点后第二位。市政工程施工图中常见的标高标注方法如图2-3所示。

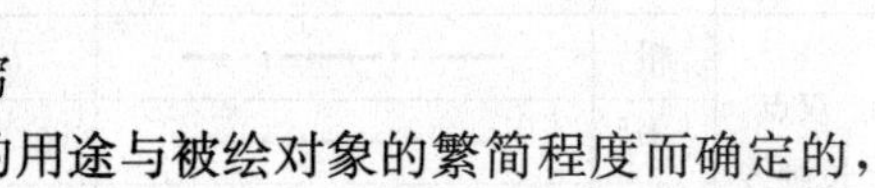

3.240　2.450　-1.200　1.10

(a)　(b)　(c)　(d)

图 2-3　标高标注方法

标高符号尖端指至标注的高度,横线上的数字表示该处的高度。如果标高符号的尖端下面有一引出横线,则用于立面图或剖面图,尖端向下的表示该处的上表面高度;尖端向上的,表示该处的下表面高度。如图2-3(a)、(b)、(c)、(d)分别表示该处上、下表面高度为3.240m、2.450m、-1.200m及1.10m。比相对标高"±0.000"高的部位,其数字前不冠以"+"号,比"±0.000"低的部位,在其数字前必须冠以"-"号。如图2-3(c)表示该处比相对标高“±0.000”低 1.200m。市政工程施工图除水准点标注至小数点后第三位外，其余标注至小数点后第二位，但房屋建筑图上标注至小数点后第三位。

(六)定位轴线

凡标明建(构)筑物承重墙、柱、梁等主要承重构件位置所画的轴线，称为定位轴线。施工图中的定位轴线是施工放线、设备安装定位的重要依据。定位轴线编号的基本原则是在水平方向，用阿拉伯数字从左至右顺序编写；在垂直方向采用大写拉丁字母由下至上顺序编写(I、O、Z 不得用作轴线编号)；数字和字母分别用细点画线引出。轴线标注式样如图 2-4 所示。

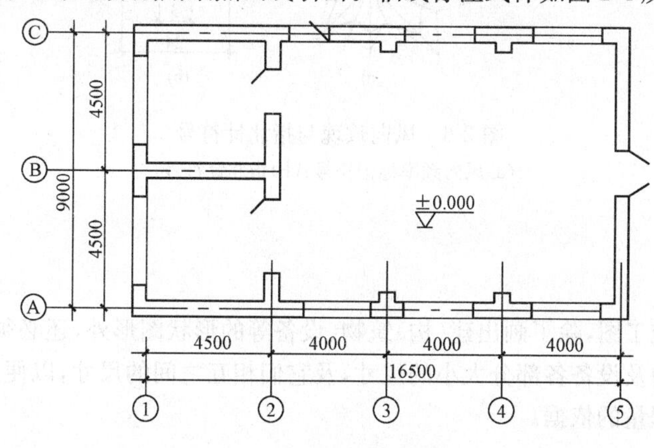

图 2-4　定位轴线及编号

对于一些与主要承重构件相联系的次要构件，施工图中常采用附加轴线表示其位置，其编号用分数表示。如图 2-5(a)中分母表示前一轴线的编号，分子表示附加轴线的编号。

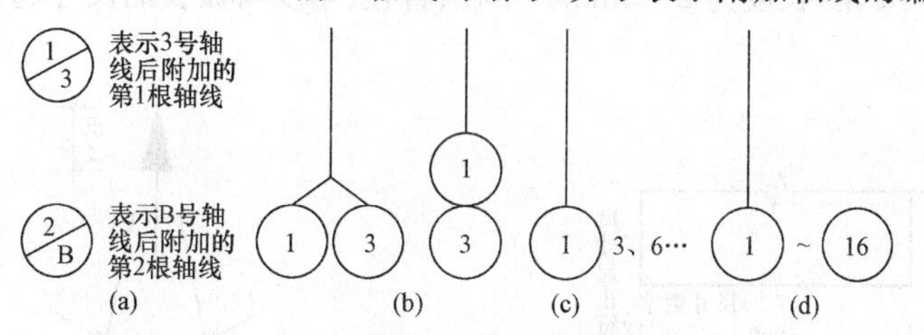

图 2-5　定位轴线编号的不同标注法

若一个详图适用于几根定位轴线时，应同时注明各有关轴线的编号。如图 2-5(b)表示详图适用于两根轴线；如图 2-5(c)表示详图适用于两根或三根以上轴线；如图 2-5(d)表示详图适用于三根以上连续编号的轴线。

(七)风向玫瑰与指北针

风向玫瑰又称风向频率标记。为表明工程所在地一年四季的风向情况，在市政工程平面图(特别是总平面图)上须标明风向频率标记(符号)。风向频率标记形似一朵玫瑰花，故又称为风向频率玫瑰图。是根据某一地区多年平均统计的各个方向刮风次数的百分值，按一定比例绘制而成的，其一般用 16 个方位表示，图上所表示的风的吹向是指从外面吹向地区中心的。图 2-6(a)是某地区××工程总平面图上标注的风向频率标记(符号)，其箭头表示正北方向，实线表示全年的风向频率，虚线表示夏季(6～8 月)的风向频率。

指北针就是表明工程所在地东西南北四个朝向的符号，指北针的形状如图 2-6(b)所示，其圆的直径一般为 24mm，用细实线绘制，指北针尾部的宽度通常为 3mm，指北针的上端应注“北”或“N”字。

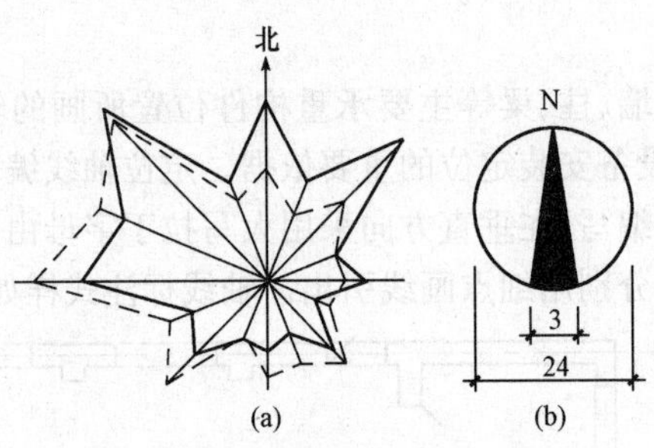

图 2-6　风向玫瑰与指北针符号

(a)风向频率标记符号；(b)指北针符号

(八)尺寸标注

不论何种工程施工图，除了画出建(构)筑物、设备等的形状图形外，还必须完整、准确和清晰地标注出建(构)筑物及设备各部分大小的尺寸，及它们相互之间的尺寸，以便进行施工和作为确定造价计算实物工程量的依据。

1. 尺寸的组成

一个图样上完整的尺寸是由尺寸界线、尺寸线、尺寸起止符号和尺寸数字四个要素组成的。如图 2-7 所示。尺寸线、尺寸界线均用细实线绘制，尺寸界线用中粗斜短线绘制，其倾斜方向与尺寸界线成顺时针 45°角，长度为 2～3mm。半径、直径、角度与弧长的尺寸起止符号采用箭头表示，如图 2-8 所示。

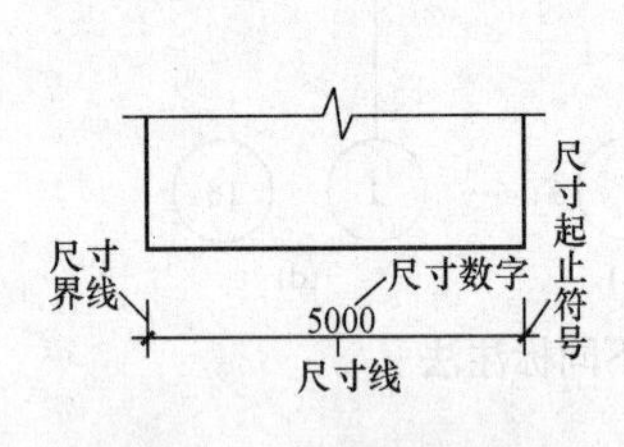

图 2-7　尺寸的组成

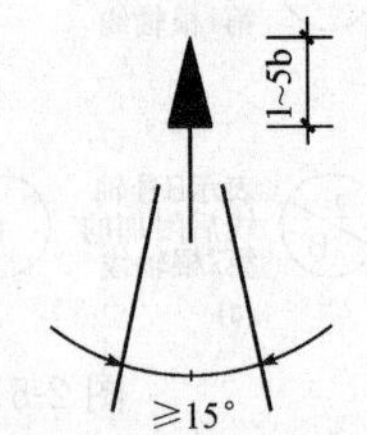

图 2-8　箭头尺寸起止符号

2. 尺寸标注规则

(1)《道路工程制图标准》(GB 50162—1992)规定，图纸中的尺寸单位，标高以“m”计；里程以 km 或公里计；钢筋直径及钢结构构件尺寸以“mm”计，其余的以“cm”计。当设计者不按上述规定采用时，应在图纸中予以说明。

(2)《房屋建筑制图统一标准》(GB/T 50001—2010)、《总图制图标准》(GB/T 50103—2010)分别规定为“图样上的尺寸单位，除标高及总平面以米为单位外，其他必须以毫米为单位”；“总图中的坐标、标高、距离以米为单位。坐标以小数点标注三位，不足以‘0’补齐；标高、距离以小数点后两位数标注，不足以‘0’补齐，详图可以毫米为单位。”

(3)图样上标注的所有尺寸数字是物体的实际大小值，与图的比例无关。

3. 坡度的标注

图样斜线的倾斜度称坡度，其标注方法有两种：

(1)用比例形式表示。如图 2-9(a)中的 1∶n 和图 2-9(b)中的 1∶25。前者数字为竖直方向的高度，后者数字为水平方向的距离。市政工程中的路基边坡、挡土墙及桥墩墩身的坡度都用这种方法表示。

(2)用百分数表示。当坡度较小时，常用百分数表示，并标注坡度符号“i=3%”。坡度符号由细实线、单边箭头以及在其上标注的百分数组成。箭头的方向指向下坡，如图 2-9(a)中的 1.5%，城市道路、长途公路的纵坡、横坡通常都是采用这种方法表示。

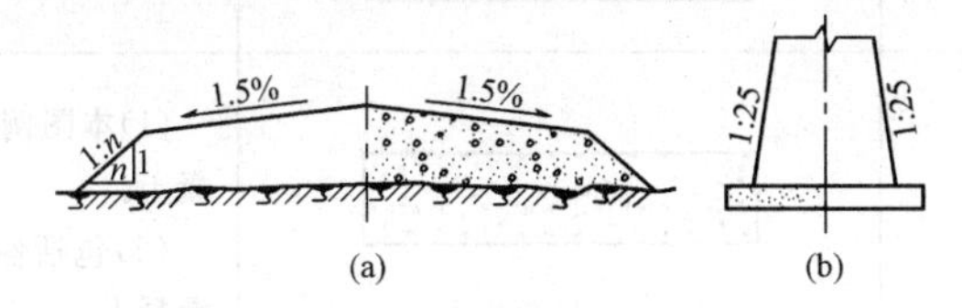

图 2-9　坡度标注方法

(a)路基；(b)桥墩

第二节　市政工程施工图图例

一、常用建筑材料图例

市政工程施工图常用建筑材料图例见表 2-8。

表 2-8　　**常用建筑材料图例**

序号	名　称	图　　例	备　　注
1	自然土壤	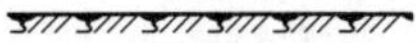	包括各种自然土
2	夯实土壤	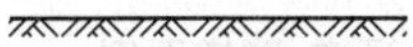	
3	砂、灰土	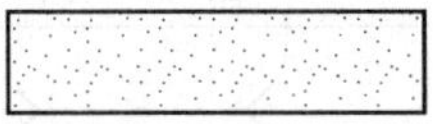	靠近轮廓线绘较密的点
4	砂砾石、碎砖三合土	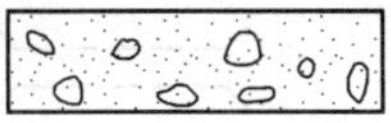	
5	石　材	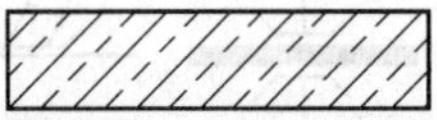	
6	毛　石	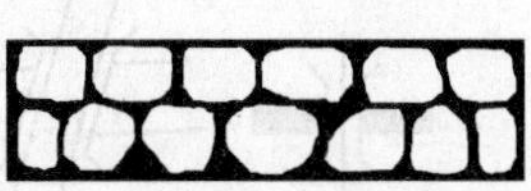	

(续表)

序号	名 称	图 例	备 注
7	普通砖	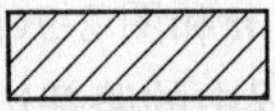	包括实心砖、多孔砖、砌块等砌体
8	饰面砖		包括铺地砖、人造大理石等
9	焦渣、矿渣	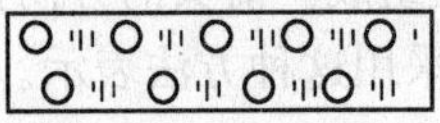	包括与水泥、石灰等混合而成的材料
10	混凝土		(1)本图例指能承重的混凝土及钢筋混凝土。 (2)包括各种强度等级、集料、添加剂的混凝土。 (3)在剖面图上画出钢筋时,不画图例线。 (4)断面图形小,不易画出图例线时,可涂黑
11	钢筋混凝土	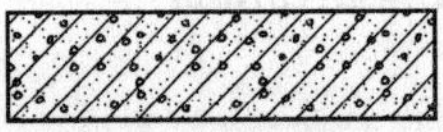	
12	木 材		
13	金 属	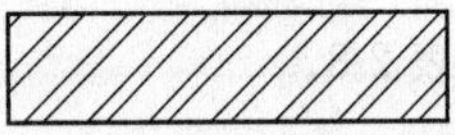	包括各种金属

注:其他有关材料图例详见《道路工程制图标准》(GB 50162—1992)表6.0.1。

二、桥梁、通道、隧道图例

市政工程施工图桥梁、通道、隧道等构筑物图例见表2-9。

表2-9 桥梁、通道、隧道图例

序号	名 称	图 例	项 目
1	涵 洞	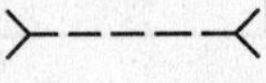	平 面
2	通 道	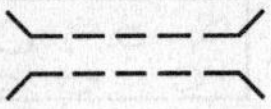	
3	分离式立交 (a)主线上跨 (b)主线下穿	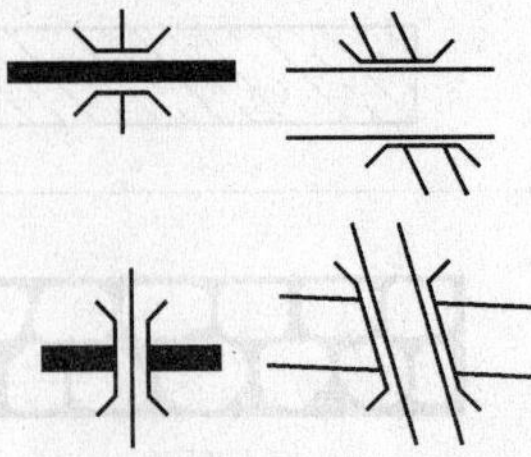	

（续表）

序　号	名　　称	图　　例	项　　目
4	桥　梁 （大、中桥按实际长度绘）	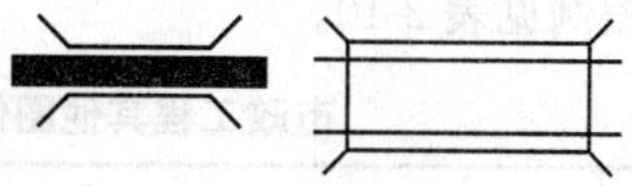	平　　面
5	互通式立交 （按采用形式绘）	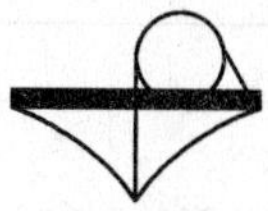	
6	隧　道		
7	养护机构	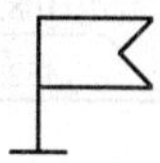	
8	管理机构		
9	防护网		
10	防护栏		
11	隔离墩		
12	箱　涵		纵　　断
13	管　涵		
14	盖板涵		
15	拱　涵		
16	箱型通道		
17	桥　梁	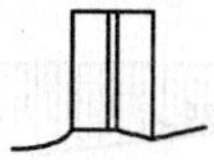	
18	分离式立交 (a)主线上跨 (b)主线下穿	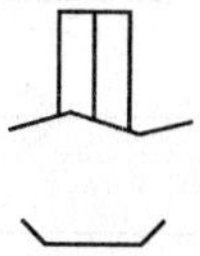	
19	互通式立交 (a)主线上跨 (b)主线下穿	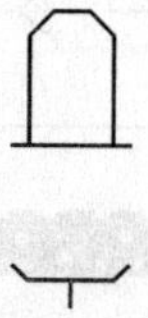	

三、其他图例

市政工程施工图其他图例见表 2-10。

表 2-10　　市政工程其他图例

序号	名称	图例	备注
1	拆除的建筑物		用细实线表示
2	坐标	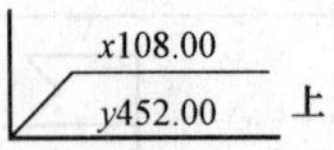 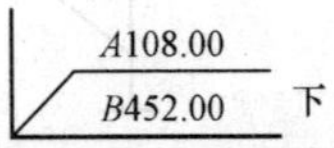 x108.00 y452.00 上 A108.00 B452.00 下	上图表示测量坐标 下图表示建筑坐标
3	方格网交叉点标高	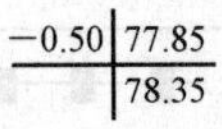 −0.50 │ 77.85 │ 78.35	“78.35”为原地面标高 “77.85”为设计标高 “−0.50”为施工高度 “−”表示挖方(“+”表示填方)
4	填方区、挖方区、未整平区及零点线	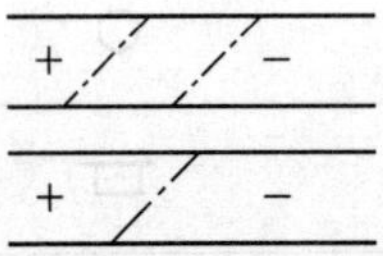 + −	“+”表示填方区 “−”表示挖方区 中间为未整平区 点画线为零点线
5	填挖边坡	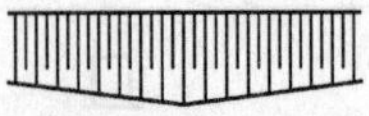	(1)边坡较长时,可在一端或两端局部表示。 (2)下边线为虚线表示填方
6	护　坡	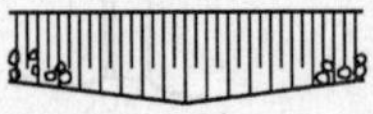	
7	分水脊线与谷线	  上 下	上图表示脊线 下图表示谷线
8	洪水淹没线		阴影部分表示淹没区

（续表）

序　号	名　　称	图　　例	备　　注
9	地面排水方向		
10	截水沟或排水沟	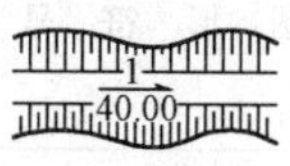 1 40.00	“1”表示1%的沟底纵向坡度，“40.00”表示变坡点间距离，箭头表示水流方向
11	排水明沟	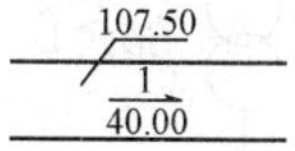 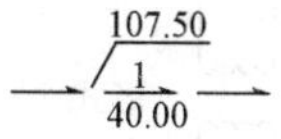 107.50 1 40.00 107.50 1 40.00	1. 上图用于比例较大的图面，下图用于比例较小的图面。 2. “1”表示1%的沟底纵向坡度，“40.00”表示变坡点间距离，箭头表示水流方向。 3. “107.50”表示沟底标高
12	铺砌的排水明沟	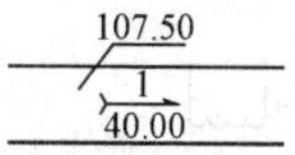 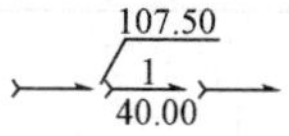 107.50 1 40.00 107.50 1 40.00	1. 上图用于比例较大的图面，下图用于比例较小的图面。 2. “1”表示1%的沟底纵向坡度，“40.00”表示变坡点间距离，箭头表示水流方向。 3. “107.50”表示沟底标高
13	有盖的排水沟	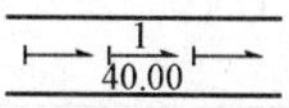 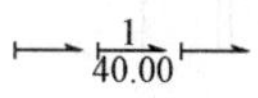 1 40.00 1 40.00	1. 上图用于比例较大的图面，下图用于比例较小的图面。 2. “1”表示1%的沟底纵向坡度，“40.00”表示变坡点间距离，箭头表示水流方向
14	雨水口		
15	道路曲线段	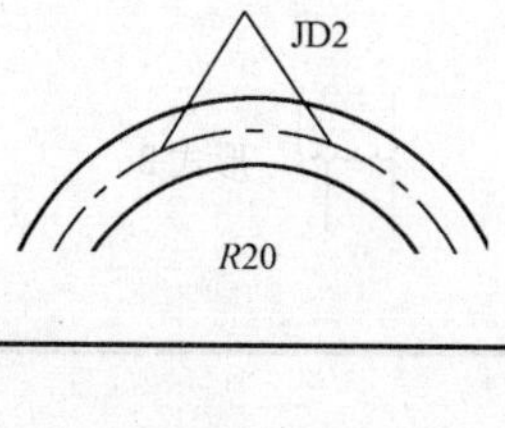 JD2 *R*20	“JD2”为曲线转折点编号。 “*R*20”表示道路中心曲线半径为20m

四、路灯工程图例

城市(镇)路灯工程施工图图例见表 2-11。

表 2-11　　路灯工程施工图图例

序号		图形名称	图形符号	说明
本书序号	图册序号			
1	06—09—01	双绕组变压器	形式 1	
	06—09—02		形式 2	瞬时电压的极性可以在形式 2 中表示
	06—09—03		形式 3	示出瞬时电压极性的双绕组变压器流入绕组标记端的瞬时电流产生助磁通
2	06—09—04	三绕组变压器	形式 1	
	06—09—05		形式 2	
3	06—09—06	自耦变压器	形式 1	
	06—09—07		形式 2	

（续一）

序号		图形名称	图形符号	说明
本书序号	图册序号			
4	03—01—01	导线、导线组、电线、电缆、电路、传输通路、线路、母线一般符号		
	03—01—02			示例：三根导线
	03—01—03		3	示例：三根导线
			n	示例：n 根导线
	03—01—04		=110V 2×120mm²AL	示例：直流电路 110V，2 根铝导线，导线截面均为 120mm²
	03—01—06	柔性导线		
	03—01—07	屏蔽导线		
	03—01—09	电缆中的导线	形式1 形式2 3	示出 3 根
	03—B1—01 （03—01—10）			
	03—01—14	导线或电缆的终端未连接		
	03—01—15	导线或电缆的终端未连接，并有专门的绝缘		
5	11—03—01	地下线路		
6	11—03—02	水下（海底）线路		
7	11—03—03	架空线路		

(续二)

序号		图形名称	图形符号	说明
本书序号	图册序号			
8	11—03—04	管道线路		
	11—03—05		6	示例:6孔管道的线路
9	11—03—07	具有埋入地下连接点的线路		
10	08—10—01 11—15—02	灯的一般符号		(1)靠近符号处标有代码时,表示颜色,即: RD—红 YE—黄 GN—绿 BU—蓝 WH—白 (2)靠近符号处标有代码时,表示灯的类型,即: Ne—氖 Xe—氙 Na—钠气 Hg—汞 I—碘 IN—白炽 EL—电发光 ARC—弧光 FL—荧光 IR—红外线 UV—紫外线 LED—发光二极管
11	08—10—02	闪光型信号灯		
12	11—15—04	荧光灯		一般符号
	11—15—05			三管荧光灯
	11—15—06		5	五管荧光灯
13	11—15—07	投光灯		一般符号
14	11—15—08	聚光灯		

（续三）

序号		图形名称	图形符号	说明
本书序号	图册序号			
15	11—15—09	泛光灯		
16	11—18—01	高架的地面航行灯		一般符号
17	11—18—02	地面的航行灯	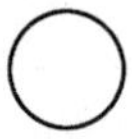	一般符号
18	11—18—18	障碍灯，危险灯	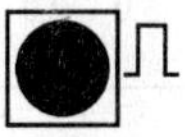	红色闪烁，全向光束
19	11—18—19	地面航行灯	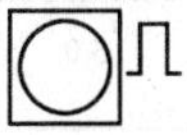	红色闪烁，全向光束

第三节　城市规划图要素图例

实际工作中，城市规划要素图例，在确定市政工程建设项目造价时也会经常遇到。为此，将这些图例编录于下（表 2-12）。

表 2-12　城市规划要素图例

序号	名称	图例	说明
1. 城镇			
1	直辖市	 6	数字尺寸单位：mm（下同）
2	省会城市	 6	也适用于自治区首府
3	城区行署驻地城市	 4	也适用于盟、州、自治州首府
4	副省级城市、地级城市	 4	
5	县级市	 4	县级设市城市
6	县城	 2	县（旗）人民政府所在地镇
7	镇	 2	镇人民政府驻地

(续一)

序号	名称	图例	说明
2. 行政区界			
8	国界	5.0 4号界碑 1.0 0.8 3.6	界桩、界碑、界碑编号数字单位 mm(下同)
9	省界	0.6 5.0 4.0	也适用于直辖市、自治区界
10	地区界	0.4 5.0 3.0 2.0	也适用于地级市、盟、州界
11	县界	0.3 3.0 5.0	也适用于县级市、旗、自治县界
12	镇界	0.2 3.0 3.0 5.0	也适用于乡界、工矿区界
13	(1)通用界线	0.4 1.0 4.0	适用于城市规划区界、规划用地界、地块界、开发区界、文物古迹用地界、历史地段界、城市中心区范围等等
14	(2)通用界线	0.2 2.0 8.0	适用于风景名胜区、风景旅游地等地名要写全称
3. 交通设施			
15	机场	民用 军用	适用于民用机场 适用于军用机场
16	码头		500吨位以上码头
17	铁路	干线 10.0 支线 地方线	站场部分加宽

（续二）

序　号	名　　称	图　　例	说　　明
18	公　路	G104(二)	G——国道(省、县道写省、县) 104——公路编号 (二)——公路等级(高速、一、二、三、四)
19	公路客运站		
20	公路用地		
4. 地形、地质			
21	坡度标准	i_3　i_2　i_1	$i_1=0\sim5\%$，$i_2=5\%\sim10\%$， $i_3=10\%\sim25\%$，$i_4\geqslant25\%$
22	滑坡区		虚线内为滑坡范围
23	崩塌区		
24	溶洞区		
25	泥石流区		小点之内示意泥石流边界
26	地下采空区		小点围合以内示意地下采空区范围

(续三)

序号	名称	图例	说明
27	地面沉降区	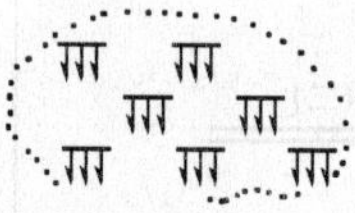	小点围合以内示意地面沉降范围
28	活动性地下断裂带		符号交错部位是活动性地下断裂带
29	地震烈度		×用阿拉伯数字表示地震烈度等级
30	灾害异常区		小点围合之内为灾害异常区范围
31	地质综合评价类别		Ⅰ—适宜修建地区 Ⅱ—采取工程措施方能修建地区 Ⅲ—不宜修建地区

5. 城镇体系

序号	名称	图例	说明
32	城镇规模等级	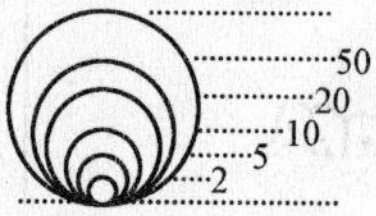 50 20 10 5 2	单位:万人
33	城镇职能等级	 工	分为:工、贸、交、综等

6. 郊区规划

序号	名称	图例	说明
34	村镇居民点	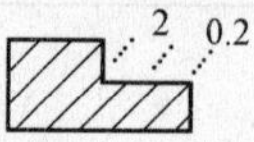 2 0.2	居民点用地范围 应标明地名
35	村镇居民 规划集居点	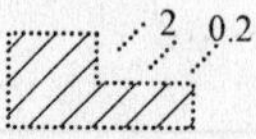 2 0.2	居民点用地范围 应标明地名
36	水源地		应标明水源地地名

（续四）

序 号	名 称	图 例	说 明
37	危险品库区		应标明库区地名
38	火葬场		应标明火葬场所在地名
39	公 墓		应标明公墓所在地名
40	垃圾处理消纳地		应标明消纳地所在地名
41	农业生产用地		不分种植物种类
42	禁止建设的绿色空间		
43	基本农田保护区		经与土地利用总体规划协调后的范围
7. 城市交通			
44	快速路		
45	城市轨道交通线路		包括：地面的轻轨、有轨电车…… 地下的地下铁道……
46	主干路		
47	次干路		
48	支 路		

(续五)

序　号	名　　称	图　　例	说　　明
49	广　场		应标明广场名称
50	停车场	P	应标明停车场名称
51	加油站		
52	公交车场	交	应标明公交车场名称
53	换乘枢纽		应标明换乘枢纽名称
8. 给水、排水、消防			
54	水源井		应标明水源井名称
55	水　厂		应标明水厂名称、制水能力
56	给水泵站(加压站)		应标明泵站名称
57	高位水池		应标明高位水池名称、容量
58	贮水池		应标明贮水池名称、容量
59	给水管道 (消火栓)	2	小城市标明100mm以上管道、管径大中城市根据实际可以放宽

（续六）

序 号	名 称	图 例	说 明
60	消防站	 119	应标明消防站名称
61	雨水管道	 2	小城市标明 250mm 以上管道、管径大中城市根据实际可以放宽
62	污水管道	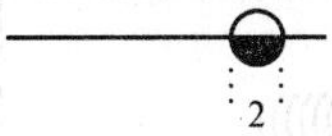 2	小城市标明 250mm 以上管道、管径大中城市根据实际可以放宽
63	雨、污水排放口	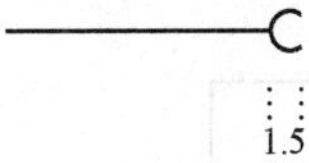 1.5	
64	雨、污泵站		应标明泵站名称
65	污水处理厂	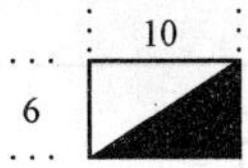 10 6	应标明污水处理厂名称

9. 电力、电信

序 号	名 称	图 例	说 明
66	电源厂	 kW	kW 之前写上电源厂的规模容量值
67	变电站	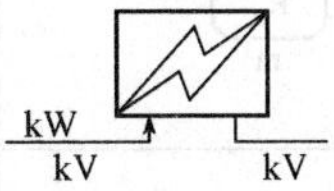 kW kV kV	kW 之前写上变电总容量 kV 之前写上前后电压值
68	输、配电线路	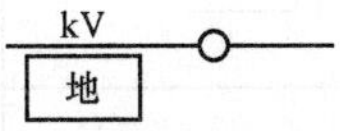 kV 地	kV 之前写上输、配电线路电压值 方框内：地——地埋，空——架空
69	高压走廊	 kV P	*P* 宽度按高压走廊宽度填写 kW 之前写上线路电压值
70	电信线路		

(续七)

序 号	名 称	图 例	说 明
71	电信局 支局 所	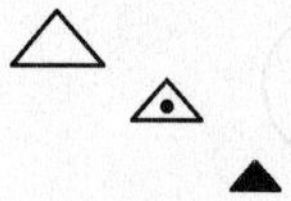	应标明局、支局、所的名称
72	收、发讯区	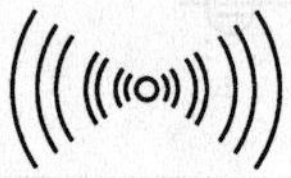	
73	微波通道		
74	邮政局、所	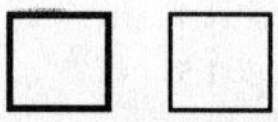	应标明局、所的名称
75	邮件处理中心		

10. 燃气

序 号	名 称	图 例	说 明
76	气源厂	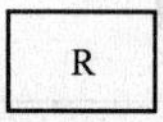 R	应标明气源厂名称
77	输气管道	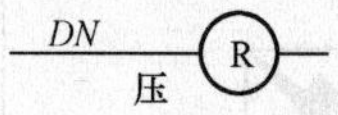 *DN* R 压	*DN*——输气管道管径 压——压字之前填高压、中压、低压
78	储气站	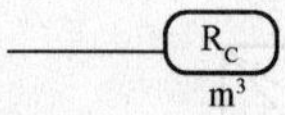 R_C m^3	应标明储气站名称,容量
79	调压站	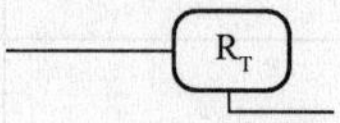 R_T	应标明调压站名称
80	门 站	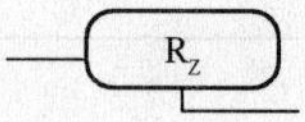 R_Z	应标明门站地名
81	气化站	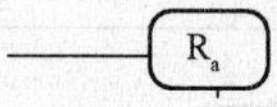 R_a	应标明气化站名称

（续八）

序号	名　　称	图　　例	说　　明
11. 绿化			
82	苗　圃		应标明苗圃名称
83	花　圃		应标明花圃名称
84	专业植物园		应标明专业植物园全称
85	防护林带		应标明防护林带名称
12. 环卫、环保			
86	垃圾转运站	8	应标明垃圾转运站名称
87	环卫码头	H	应标明环卫码头名称
88	垃圾无害化处理厂（场）		应标明处理厂（场）名称
89	贮粪池	H	应标明贮粪池名称
90	车辆清洗站		应标明清洗站名称
91	环卫机构用地	H	
92	环卫车场	HP	

(续九)

序 号	名　　称	图　　例	说　　明
93	环卫人员休息场	HX	
94	水上环卫站(场、所)	HS	
95	公共厕所	WC	
96	气体污染源		
97	液体污染源		
98	固体污染源		
99	污染扩散范围	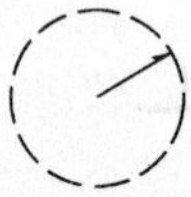	
100	烟尘控制范围	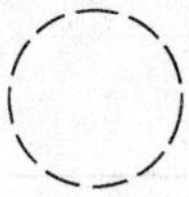	
101	规划环境标准分区		

13. 防洪

序 号	名　　称	图　　例	说　　明
102	水　库	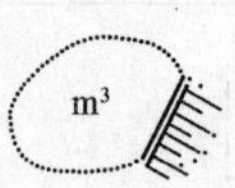 m^3	应标明水库全称 m^3 之前应标明水库容量
103	防洪堤	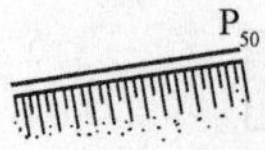 P_{50}	应标明防洪标准

(续十)

序号	名称	图例	说明
104	闸门		应标明闸门口宽、闸名
105	排涝泵站	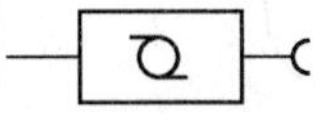	应标明泵站名称、—C 朝向排出口
106	泄洪道	 泄洪道	
107	滞洪区	滞洪区	

14. 人防

序号	名称	图例	说明
108	单独人防工程区域	 人防	指单独设置的人防工程
109	附建人防工程区域	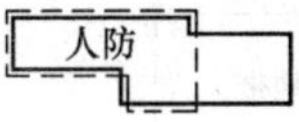 人防	虚线部分指附建于其他建筑物、构筑物底下的人防工程
110	指挥所	 人防	应标明指挥所名称
111	升降警报器	 警报器	应标明警报器代号
112	防护分区		应标明分区名称
113	人防出入口	 人防	应标明出入口名称
114	疏散道	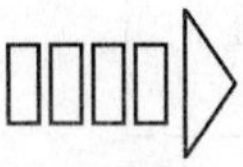	

(续十一)

序　号	名　　称	图　　例	说　　明
15. 历史文化保护			
115	国家级文物保护单位	国保	标明公布的文物保护单位名称
116	省级文物保护单位	省保	标明公布的文物保护单位名称
117	市县级文物保护单位	市县保	标明公布的文物保护单位名称，市、县保是同一级别，一般只写市保或县保
118	文物保护范围	文保	指文物本身的范围
119	文物建设控制地带	建设控制地带	文字标在建设控制地带内
120	建设高度控制区域	50m 30m	控制高度以"m"为单位，虚线为控制区的边界线
121	古城墙		与古城墙同长
122	古建筑		应标明古建筑名称
123	古遗址范围	××遗址	应标明遗址名称

第四节　市政工程施工图识读

一、概述

(一)市政工程施工图的种类

市政工程建设施工图的种类,本章第一节已作了轮廓介绍。为了便于对市政工程施工图的识读,这里以图 2-10 再作如下说明。

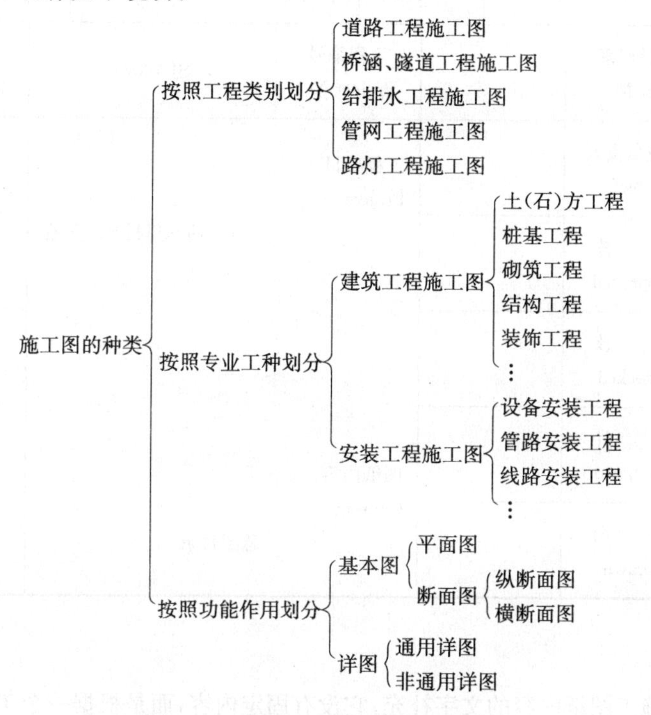

图 2-10　市政工程施工图种类框图

(二)市政工程施工图的组成

与其他工种专业一样,一套完整新建市政工程项目的施工图纸,也是由图纸目录、设计说明、施工图纸、设备材料表等几大部分组成。

1. 图纸目录

一套完整的市政工程城市道路施工图纸,少则几张、十几张,多则几十张。对于众多的施工图纸,当该工程项目的全部图纸设计完成后,设计人员按照一定的次序将全部图纸的名称、图号、张数等填写在“图纸目录”中,以方便管理和查阅。图纸目录幅面大小相当于 A4 图,即 210mm×297mm。某设计单位图纸目录的格式见表 2-13。

表 2-13　　　　某设计单位图纸目录的格式

序号 NO.	说明书或图纸名称 Spec. or Dwg. Name	图　号 Dwg. NO.	图纸规格 An×Pages	新旧分别 Kind	折合 Egual Al	附　注 Remark
1	室外设计说明	01	A2	1		设施
2	供热地沟、管道横断面图	02	A2	1		设施
⋮	⋮	⋮	⋮	⋮		⋮
	采用国家标准图集					
16	室外热力管道安装	03R411—1	自备			
⋮	⋮	⋮	⋮			

会签专业、姓名 Joint Check Up	设计经理 E. M		工程编号 Project NO	CSJ 100610	图号 Dwg. NO	
	专业负责人 Chief		工程项目 Project	西八里村××工程	专业 Dept	
	审　核 Approved				阶段 Stage	
	校　核 Checked				比例 Scale	
	设　计 Designed		图纸内容 Content		日期 Date	
	制　图 Drawn			总图目录	修改 Rev	

2. 设计说明

设计说明是施工图纸内容的文字补充，它没有固定内容，而是根据一个工程项目的具体情况由设计人编写，就一般情况而言，它主要说明工程的概况和工程施工的具体要求等。某市西八里村城中村改造工程室外管网设计说明部分内容编录如下：

(1)本图为西八里村城中村改造工程室外给排水管道及构筑物施工图设计图纸。

(2)室外直埋生活给水管道采用钢丝网骨架复合塑料管(PSP)，热熔连接；管沟内生活给水管道采用 DS—X 衬塑钢管，丝扣连接($DN\leqslant80$)，卡箍连接($DN>80$)；消防管道采用热浸镀锌管道，丝扣连接($DN\leqslant80$)，卡箍连接($DN>80$)；废水提升管道采用焊接钢管，焊接连接。

(3)管沟内消防管道及生活冷水给水管道外刷红丹漆两道后再刷沥青漆两道。

(4)室外雨、污水管采用 UPVC—SN8 加筋管，承插式橡胶密封圈接口；基础做法详见图示(具体参见《埋地硬聚氯乙烯排水管道工程技术规程》)。

(5)……

3. 施工图纸

市政工程建设项目施工图纸，按照不同的划分方法可以划分为如图 2-10 所示三大类，但不论采用哪种方法划分的施工图，它们都包括平面图、立面图(或系统图)、剖面图(或断面图)、详图等。

(1)平面图。市政工程建设项目的平面图有建(构)筑物平面图和安装平面图两大类。安装平面图可以划分为燃气与集中供热管道平面图、给水排水管道平面图(包括“消防”及“雨水排水”平面图)。市政工程建设项目的管道平面施工图主要表明管道的平面布置情况，包括管道敷设方式(直埋、管沟敷设)、管道走向、敷设标高、管道直径、坡度、坡向、管道输送介质、管道沿途构筑物以及它们之间的关系等。工程造价人员阅视平面图后，对这项工程就有了大致的了解，为下一步计算管道安装工程数量打好了基础。

(2)剖(断)面图。剖面图是通过假想的切割平面，把物体内部形状、构造、尺寸和材料显示出来的图样；断面图也是通过假想的切割平面，把物体内部形状、构造、尺寸和材料显示出来的图样。按照这样的说法，剖面图与断面图似乎没有什么区别，两者都是显示物体内部形状、构造、尺寸和材料的图样。但是，剖面图与断面图(又称“截面图”)是有很大区别的，两者的区别主要是剖视符号标注方法的不同。关于剖视符号标注方法问题，鉴于篇幅关系这里不作详述，请阅读相关制图标准。

市政工程建设项目剖(断)面图，以给排水施工图来说，主要表明管道竖向排列方式、管道直径尺寸、横向走向、敷设标高、坡度大小等内容。剖(断)面图是平面图某些内容不足的补充，是造价人员计算工程量的主要依据。

(3)详图。详图是表明某些设备、器具和构(配)件详细构造、尺寸和施工具体要求的图样。详图按照使用性质的不同，分为标准详图和非标准详图两大类。

标准详图按照适用范围大小的不同，又可分为国家标准(简称“国标”)详图和部门标准(简称“部标”)详图及地方标准(简称“省标”)详图。“国标”详图是指全国各地区各部门建设工程中都能适用的详图。“部标”详图及“省标”详图是指仅适用于本部门(行业)、本地区建设工程的详图。

非标准详图是指根据建设工程某一部位或某一构配件的具体情况，在标准详图不能满足需要的情况下，由设计人员另行绘制出该建设工程某一部位或某一构配件制作安装材质、尺寸及施工做法要求的图样。非标准详图只能供给本工程某一部位或某种构配件一次性使用，其他工程项目不能使用。

(4)节点大样图。节点大样图是表明工程项目中某个节点详细构造和尺寸的图样。由于这种图样将工程中某个节点进行了放大，所以实际工作中称为节点大样图。图 2-11 是某工程“洒水阀门井示意图”。节点大样图实质上也是一种详图。

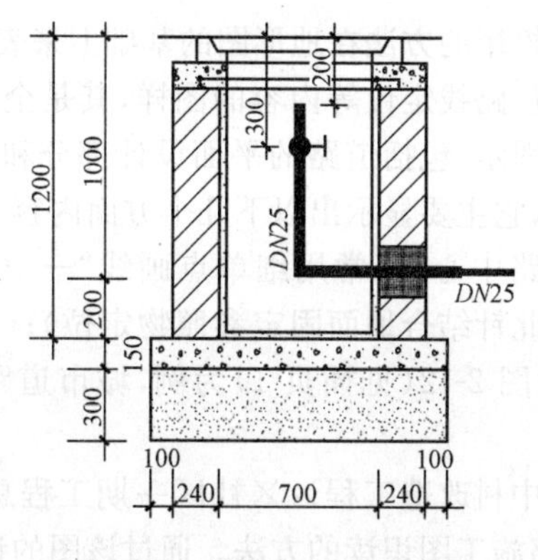

图 2-11 洒水阀门井示意图

4. 设备材料表

设备材料表是指设计人员对其所承担的工程项目设计完成后，对本项目所使用的设备名称、规格、型号、材质、数量、有关参数和所用安装材料的名称、材质、规格、数量等进行统计后填写所用的表格。某设计单位设备材料表的格式见表2-14。

表2-14　　某设计单位设备材料表的格式

<table>
<tr><td colspan="2" rowspan="2">××省市政工程设计院

项目名称：</td><td rowspan="2">设备材料表</td><td>○</td><td>王××</td><td>刘××</td><td>张××</td><td>08/12</td></tr>
<tr><td>版次</td><td>编制</td><td>校核</td><td>审校</td><td>日期</td></tr>
<tr><td colspan="2">装置名称：生活废水及……</td><td></td><td colspan="5">图号</td></tr>
<tr><td colspan="2">设计阶段：详细设计</td><td>第　页共　页</td><td colspan="5">×××××—460—N—1</td></tr>
<tr><td>序号</td><td>名　称</td><td>型号及规格</td><td>单位</td><td>数量</td><td colspan="2">备注</td><td>修改标记</td></tr>
<tr><td>1</td><td>室外地上式消火栓</td><td>SS100/65-1.0</td><td>个</td><td>5</td><td colspan="2">01S201—12</td><td></td></tr>
<tr><td>2</td><td>热浸镀锌钢管</td><td>DN150</td><td>m</td><td>140</td><td colspan="2"></td><td></td></tr>
<tr><td>⋮</td><td>(以下略)</td><td>⋮</td><td>⋮</td><td>⋮</td><td colspan="2">⋮</td><td></td></tr>
</table>

(三)市政工程施工图识读的步骤

市政工程施工图识读的步骤与其他专业施工图一样，也可用程序式表达为：阅视图纸目录→清点图纸张数→阅视设计说明→阅视平面图→阅视剖(断)面图→阅视详图及相关专业有关图纸等。

二、道路工程施工图识读

道路工程是指建成后供各种车辆和行人等通行的一种带状构筑物。道路按其使用特点的不同，可以分为公路、城市道路、厂矿道路、社区道路和乡村道路等。道路的数量、质量和等级是一个国家或地区公益性建设水平高与低的重要标志。

道路工程大家并不陌生，但按照其使用功能的不同，以城市道路来说，它可以划分为主干道、次干道和人行道等。城市道路的主干道又可划分为快车道、慢行道和人行道等。

(一)道路平面图的识读

城市道路平面图是运用正投影的方法在地形图的基础上来表现道路的方向、平面线型、两侧地形地物情况、路线的横向布置、路线定位等内容的图样，其是全线工程构筑物总的平面位置图和沿线狭长地带地形图的综合图示，包括道路的平面设计部分和地形部分两个方面的内容。以平面设计部分的图示内容来说，它主要显示出以下几个方面内容：(1)道路规划红线(常用双点画线"—‐‐—‐‐—"表示)；(2)道路中心线(常用细单点画线"—‐—‐—"表示)；(3)里程桩号；(4)路线定位(采用坐标网或指北针结合地面固定参照物定位)；(5)道路中心曲线的几何要素的表示及控制点位置的图示。以图2-12(见插页1)为例，城市道路平面施工图的识读方法说明如下：

该图系××市西八里村城中村改造工程××社区一期工程总平面规划图，它虽然不是城市道路施工图，但也可以说明道路施工图识读的方法。通过该图的识读可以了解到以下内容：

(1)该社区东边和南边为城市规划道路，北边有一栋需要拆除的住宅楼，西边为空旷地带。

(2)该社区内道路宽度均为4.00m，路面结构为混凝土(详见断面图识读)，社区内设有露天停车场两处，一处设在北边四号楼与五号楼之间，另一处设在南边一号楼与二号楼之间。

(3)该社区拟建地下停车库4000多平米。

(4)该社区东边与规划路的坐标点分别为$\frac{x=3428.367}{y=11800.863}$和$\frac{x=3346.780}{y=11800.863}$。

(二)道路剖(断)面图的识读

道路剖(断)面图有纵、横剖(断)面图两种。通过沿道路中心线用假想的铅垂面进行剖切后对截面所进行的垂直正投影图样，就称作道路纵断面图。道路横断面图是沿道路中心线垂直方向的断面图。

道路纵断面图主要表明了道路的纵向布置情况，即道路沿纵向的设计高程变化、地质情况、填挖土(石)方情况、原地面标高、坡度及距离、桩号等多项图示内容及数据。因此，道路纵断面图的内容一般多采用表格形式表示，如图2-13所示。

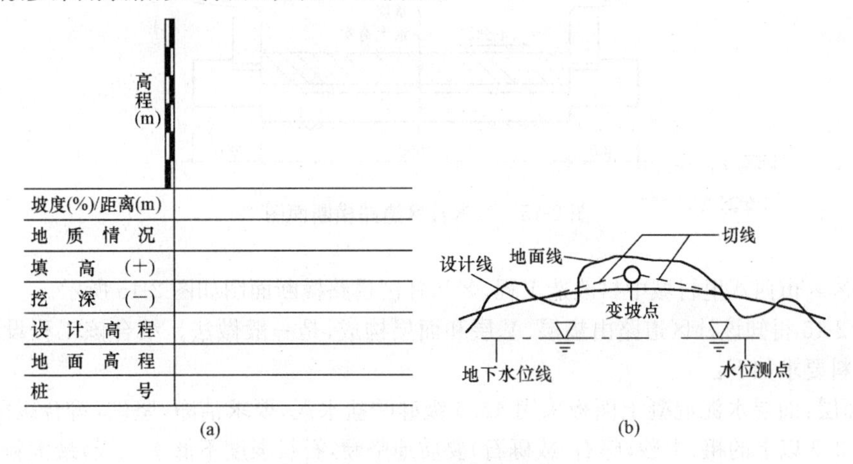

图2-13　道路工程纵断面图

(a)道路纵断面图的布置；(b)道路设计线、原地面线、地下水位线标注

道路横断面图主要表明了快车道、慢车道、人行道、分隔带等部分的横向布置情况。某市××路横断面示意图如图2-14所示。

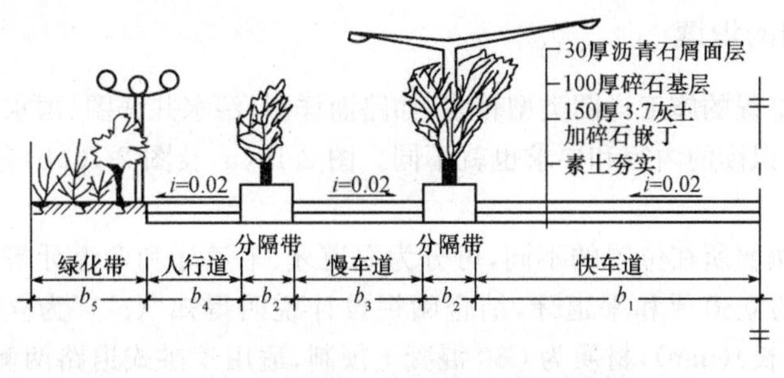

图2-14　某市××路横断面示意图

识读道路横断面图，可以了解到下述几项内容：

(1)道路的基本形式。根据机动车道和非机动车道的布置形式不同，城市道路横断面布置形式有单幅路、双幅路、三幅路、四幅路四种。

1)单幅路是指把所有的车辆都组织在同一个车行道上混合行驶,车行道布置在道路中央。

2)双幅路是指用中间分隔带(墩)把单幅路形式的行车一分为二,使往返交通分离,在交通上起分流渠化作用,但同向交通仍混合行驶。

3)三幅路是指用分隔带(墩)把车行道分隔成三大块,中间的为双向行驶的机动车车行道(即快车道),两侧均为单向行驶的非机动车车道(即慢车道)。

4)四幅路是指在三幅路形式的基础上,再用分隔带把中间的机动车车道分隔为二,分向行驶。图 2-14 所示道路横断面图就是四幅路。

(2)道路的结构组合形式。如图 2-14 所示,该道路由垫层、基层和面层三部分组合而成,同时,也标明了各组合层所用材料和厚度。

(3)道路各部分的宽度。即快车道、慢车道、人行道的宽度尺寸及照明情况。

(4)道路的横向坡度及排水方向、排水口设置位置等情况。

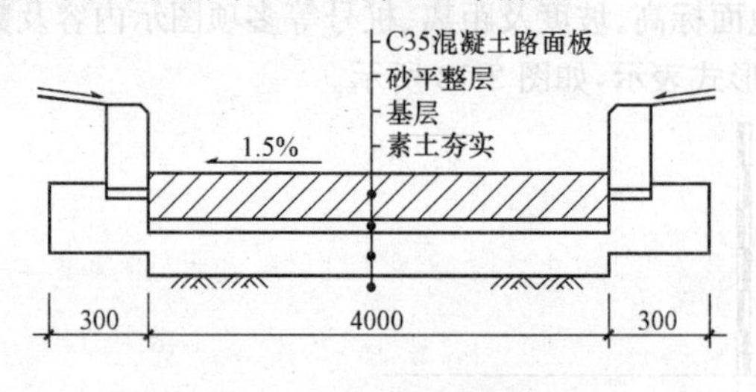

图 2-15　××社区道路横断面图

前述××市西八里村城中村改造工程,××社区道路横断面图如图 2-15 所示。

由图 2-15 得知该社区道路由垫层、基层和面层构成,是一般做法。结合该工程设计说明得知路面材料要求如下:

(1)面层:面层水泥混凝土面板采用 42.5 级硅酸盐水泥,要求洁净、坚硬,符合级配规定,细度模数在 2.5 以上的粗、中砂,碎石(或砾石)要质地坚硬,石料强度不低于三级,最大粒径不大于 40mm……,最大水灰比不大于 0.50,单位水泥用量不少于 300kg/m。

(2)基层:基层灰土基层之石灰质量不宜低于Ⅲ级,灰渣量不多于 12%,土的塑性指数应大于 4,以 10～15 为宜。灰土按重量比为……

(3)素土夯实:素土夯实用压路机碾压至不见轮迹止,路基密实度应满足有关要求。

(三)道路详图的识读

城市道路建设工程的施工详图类型较多,如路面详图、污水井详图、雨水口详图、路灯详图等等。详图类型不同,识读的内容和要求也就不同。图 2-16(a)及图 2-16(b)分别是某工程路牙和路面胀缝施工详图。

城市道路路牙按照所在位置的不同,可分为立道牙、平道牙和弯道牙等几种。图 2-16(a_1)、(a_2)分别为某工程的立道牙和平道牙,结合阅视设计说明得知“(a_1)”为立道牙,规格为 120×300×495(宽×高×长)(mm),材质为 C30 混凝土预制,适用于拱式道路两侧和单坡式道路横断面低处一侧。“(a_2)”为平道牙,规格为 100×250×495(宽×高×长)(mm),材质为 C20 混凝土预制,适用于单坡式道路横断面高处一侧。

图 2-16(b)所示为道路胀缝施工详图,胀缝宽为 25mm,深为 $h/3$,胀缝中木嵌条采用质软而有弹性的木料并做防腐处理。

至此,一项市政工程的道路施工图就识读完毕。道路工程施工图识读的方法和步骤可以归纳为先看平面图，再看断面图和详图。

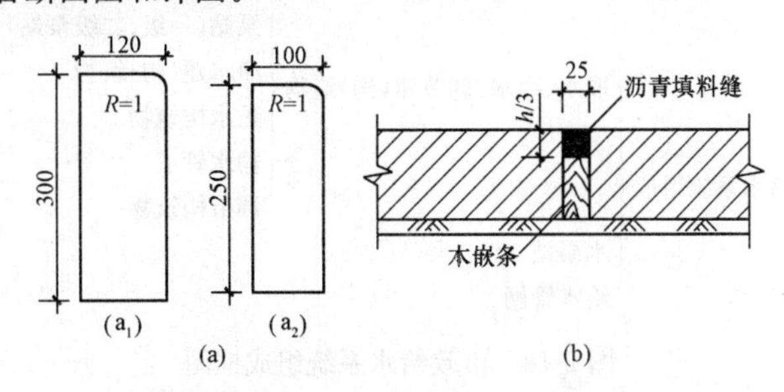

图 2-16　某工程路牙和路面胀缝施工详图

(a_1)立道牙(120×300×495)；(a_2)平道牙(100×250×495)；

(b)道路胀缝结构图

三、给排水管网施工图识读

给排水管网分为室内管网和室外管网两部分，而外管网又分为城镇公共给排水和厂区(庭院)给排水。城镇公共给排水是指一个城镇区域内的给水与排水管网，即本教材所说的市政给排水管网(线)。市政给水管线一般包括取水、净水、输水和配水；排水管线是指将一个城镇、厂区(庭院)的生产、生活污水、废水、雨(雪)水排放到规定地点的管线，市政排水系统通常由污(废)水收集、处理、排放三个部分组成。

(一)市政给排水管道与厂区(庭院)给排水管道划分界限

两者划分界限如图 2-17 所示。

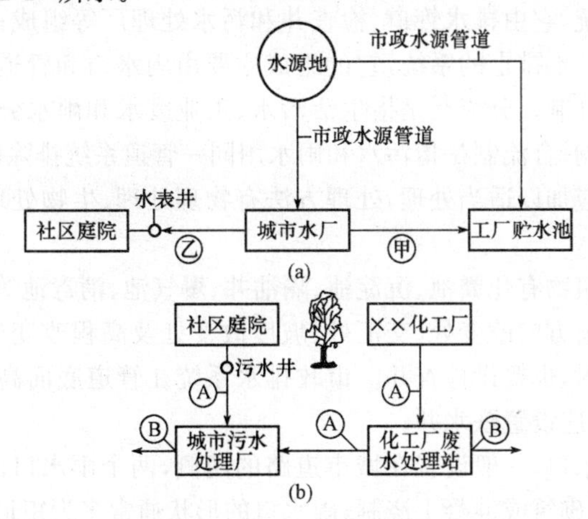

图 2-17　市政给排水与厂区(庭院)给排水管道划分

(a)给水管网；(b)排水管网

㊞、㊅为市政输(配)水管道；Ⓐ、Ⓑ为市政排水管道

(二)城市给排水管网系统的组成

1. 给水系统的组成

市政给水系统是指从水源取水，经净水、贮水，然后将水通过输配水管网输送到用水点的系统。市政给水系统的组成，如图 2-18 所示。

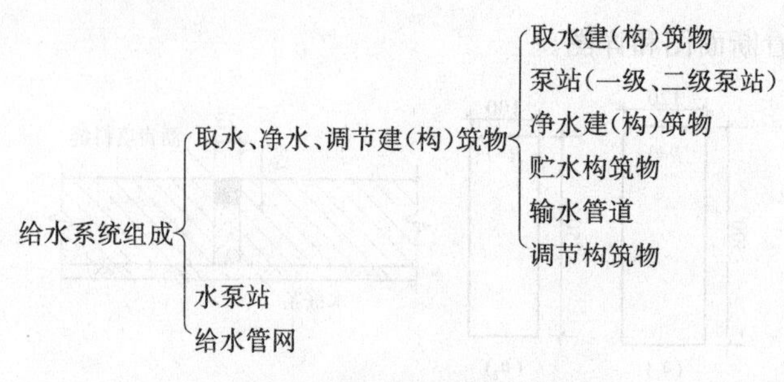

图 2-18　市政给水系统组成框图

图 2-18 所示市政给水系统组成内容的含义分述如下:

(1)取水建(构)筑物——在水源建造的取水建筑物和构筑物。

(2)一级泵站——从吸水井取水,把水送到净水建(构)筑物。

(3)净水建(构)筑物——包括反应池、沉淀池、澄清池、快滤池等对水进行净化处理。

(4)清水池——贮存处理过的清水。

(5)二级泵站——将清水加压送至输水管网。

(6)输水管——由二级泵站至水塔的输水管道。

(7)水塔——保证用户所需的水压和调节二级泵站与用户之间的水量差额。

(8)给水管网——将水送至用户的管网。

通常从取水建(构)筑物到二级泵站都属于自来水厂的范围。

2. 排水系统的组成

市政排水系统可分为污(废)水排除系统和雨水排除系统。污(废)水排除系统是指生活污水和厂矿企业生产废水系统,它由排水管道、检查井和污水处理厂等组成;雨水排除系统是指厂区(庭院)及城市道路雨(雪)水排走的系统,它的组成主要由雨水口和管道等组成。市政排水系统有分流制和合流制两种体制。分流制是指生活污水、工业废水和雨水分别用两个或两个以上的排水系统进行排除的体制;合流制是指污水和雨水用同一管道系统排除的体制。

污(废)水在排放前应加以适当处理,处理方法有物理处理、生物处理、污泥处理和专用回收处理等。

污水的局部处理构筑物有化粪池、沉淀池、隔油井、爆气池、消毒池等。

市政排水管道在管道方向改变处、交汇处、坡度改变处及高程改变处都要设置检查井,直线管段长度超过一定数值时,也要设检查井。市政排水系统在管道底面高程急剧变化的地点和水流流速需要降低的地点,应设置跌水井。

雨水管道系统的雨水口,一般设置在城市道路的两侧,两个雨水口的直线间距最小为 30m,最大为 80m,雨水口以砖砌筑或混凝土浇制,雨水口的形状通常多为矩形,但也有圆形,雨水口盖板为铸铁篦子板或混凝土预制篦子板,雨水口与总管的连接管道长度不得超过 25m。

(三)给排水施工图识读

一项新建市政给排水施工图,一般来说,主要包括图纸目录、设计说明、平面图、断面图、施工详图及设备材料一览表等。其识读步骤与城市道路施工图一样,也是先阅视图纸目录,清查图纸张数,阅视设计说明,阅视平面图、断面图、详图等。

1. 阅视图纸目录

说明本工程由哪些图纸构成,各种图纸的名称、图号、张数和图纸幅面大小等内容的一种表格称作图纸目录，其格式见表 2-13。通过对一套施工图图纸目录的阅读，可以了解本项目的设计单位、项目名称和各张图纸的内容等情况。同时，通过阅视图纸目录，可以检查本套图纸是否齐全。

2. 阅视设计说明

按照工程规模大小、内容繁简程度等不同情况，市政给排水施工图设计说明通常分为两种，一种是总说明；另一种是某张图纸中的分项说明。

总说明主要是说明本工程的设计依据、设计标准和工程施工的总要求等。通过对设计总说明的阅读，可以了解该工程的概况和施工注意事项等。分项说明主要表明分项（系统）采用材料类别、规格和施工方法等。例如，某工程设计说明称："给水管道直埋部分基础采用国标 04S531—1—12，雨污水管道直埋部分基础采用国标 04S531—1—15"。

3. 阅视平面图

市政给排水平面图是施工图中最基本的一种图纸，它主要表明一个城镇区域（或街区，或厂区）给水排水管道平面布置情况。图 2-19 是××市西八里村城中村改造工程××社区一期工程雨水排水管道平面图（见插页 2），识读这张图的方法和主要内容如下：

（1）按照图标所示方向从下至上或从左至右阅读。

（2）阅视管道平面图布置与走向。室外给排水管道设计人员按照建筑制图标准规定，给水管道用粗实线表示，排水管道用粗虚线表示，但也有的施工图均采用带有汉语拼音字母的粗实线表示。图 2-19 室外雨水排水管道因为只有这种管道一种，所以未用汉语拼音字母"*y*"标示（室外管道所用字母及图例见表 2-15）。给水管道的走向是大管径到小管径通向建筑物的；排水管的走向则是从建筑物出来到检查井，各检查之间从高标高到低标高，管道的直径是从小到大的。排水管道上的检查井、雨水口、跌水井等都是按规定的图例"—○—"、"□■"、"⊘"表示的。图 2-19 中一号楼周边共有单口雨水口七个，雨水检查井十八个，其编号分别为 *y*6、*y*7、*y*8 等，同时各个雨水检查井还标注有建筑标高，如检查井 *y*8 的标高为 $\frac{418.133}{416.745}1.39$，其含义表明设计地面绝对标高为 418.133m，设计管内底标高为 416.745m，设计管内底埋深为 1.39m。

（3）市政消防给水管道要阅视消火栓、阀门井的安装位置、规格、型号以及阀门井的砌筑尺寸等内容。

（4）阅视给排水管道的直径尺寸及埋设深度。市政给排水管道标高往往标注绝对标高，识读时要结合设计说明弄清地面的自然标高或设计标高，以便计算管道埋设深度及挖土方工程量。市政给排水管道的标高通常是按管底来标注的，但图 2-19 所示雨水排水管道却是按管道内底标高标注的。

（5）阅读排水管道时，要注意厂区（庭院）室外排水管与市政污水管的连接距离和管道直径及埋设深度等。例如图 2-19 中一号楼南侧由雨水井 *y*12 排至市政雨水井的距离为 6.65m，管道直径为 *De*400mm，管道材质为 UPVC-SN8 加筋管，连接方式为承插式橡胶密封圈接口……

表 2-15　　室外管道常用字母及图例

图　例	名　称	图　例	名　称
——JS——	室外商业给水管道	—W—○—	室外污水检查井
——J0——	室外低区生活给水管道	—Y—○—	室外雨水检查井

(续表)

图例	名称	图例	名称
—— J1 ——	中区变频供水设备供水管	—Y—	单箅雨水口
—— J2 ——	高区变频供水设备供水管		室外消火栓
—— XH ——	消火栓给水管道		闸阀
—— ZP ——	自动喷洒给水管道		防污隔断阀
—— SW ——	水喷雾给水管道		过滤器
—— SD ——	水喷雾传动给水管道		止回阀
—— XW ——	消防稳压给水管道		水泵接合器
—— YF ——	废水提升排水管道	Sx	洒水阀门井
—— W ——	室外污水管道	JxX	管沟检修孔
—— Y ——	室外雨水管道		化粪池

4. 阅视纵断面图

为了更好地表示室外给水排水管道的纵断面布置情况，设计人员通常都绘制有管道纵断面图。城市市政给水排水管道敷设纵断面图主要显示管道敷设的深度、坡度、长度以及交接等情况。因此，识读给排水管道断面图时，应该掌握的主要内容和注意事项有以下几点：

(1)阅视管道、检查井的纵断面情况。有关数据参数均列在下面图样的表格中(图2-20)。其内容通常列有检查井编号及距离、管道埋设深度、管底标高、地面标高、管道坡度和管道直径等。

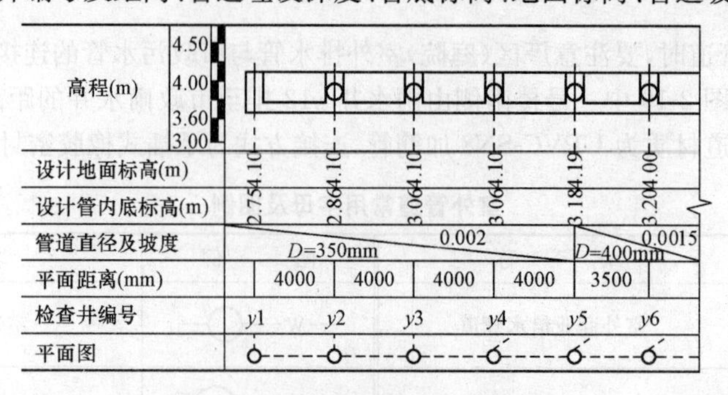

图2-20 某社区雨水管道断面图

(2)阅视图样比例。图样中水平方向表示管道的长度,垂直方向表示管道的直径,由于管道的长度方向比其直径大得多,设计人员绘制纵断面图时,通常在纵断面图中垂直方向的比例按水平方向比例放大10倍,如水平方向1∶1000或1∶2000,则垂直方向1∶100或1∶200。

(3)阅视管道的埋设深度、坡度以及该管段地面的起伏情况。

(4)阅视排水管道上检查井的类型。检查井有落底式和不落底式,图2-20中 $y2$ 检查井为落底式,$y3$、$y4$、$y5$ 检查井为不落底式。

5. 阅视详图

市政给水排水工程方面的施工详图,主要有管道节点详图、检查井、阀门井、雨水口、室外消火栓详图等。它们分别主要表示各自的施工做法和构成材料等,其识读方法通过查阅通用图册中的标注可一目了然。图2-21是某地区通用图册中"埋地管与检查井接点"详图,通过对它的阅读,可以清楚地知道埋地管与检查井接点的具体做法和所使用的材料等。

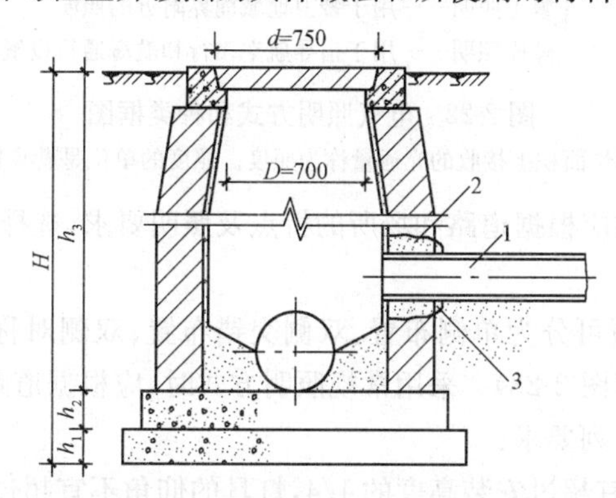

图2-21 埋地管与检查井接点

1—PVC-U管;2—水泥砂浆第一次嵌缝;3—水泥砂浆第二次嵌缝

四、路灯工程施工图识读

这里所说"路灯工程施工图识读",主要是指城市道路路灯照明工程施工图识读。照明是指人们获得光亮与光明的过程。照明可分为天然照明和人工照明两大类。天然照明不言而喻,大家都知道是阳光照明,但由于天然照明诸多缺点的存在,为了满足生产和生活的需要必须采用人工照明。人工照明的方式从古代到现代有很多,笔者不作详述,但笔者对现代人工照明的方式之一——电气照明的有关知识作一较为系统的介绍。

(一)电气照明有关基础知识

1. 电气照明的概念

应用可以将电能转换为光能以保证人们正常从事生产、生活和满足其他特殊需要的一套设施,就称作电气照明。电气照明由照明供电和照明灯具两部分组成:

(1)照明供电部分包括电能的产生、输送、分配、控制和耗用系统。该系统主要由电源、导线、控制设备和用电设备(器具)组成。

(2)照明灯具部分包括光能的产生、传播、分配(反射、折射和透射)和消耗吸收系统。该系统主要由电光源、灯具、室内外空间、建筑物表面和工作面组成。

电气照明供电部分和照明灯具部分既相互独立,又紧密联系。两者所遵循的基本理论、基本物理量,设计所采用的计算方法都不相同,但两套系统又通过电光源紧密联系。电光源既是照明供电系统的末端,又是照明灯具的始端。电光源的技术参数同时采用电量(W)和光量(lm·s)来表示。

电气照明分为室内和室外两大部分,城市道路照明、庭院照明、广场照明等均属室外照明。

2. 照明的方式和种类

电气照明的方式和种类,如图2-22所示。

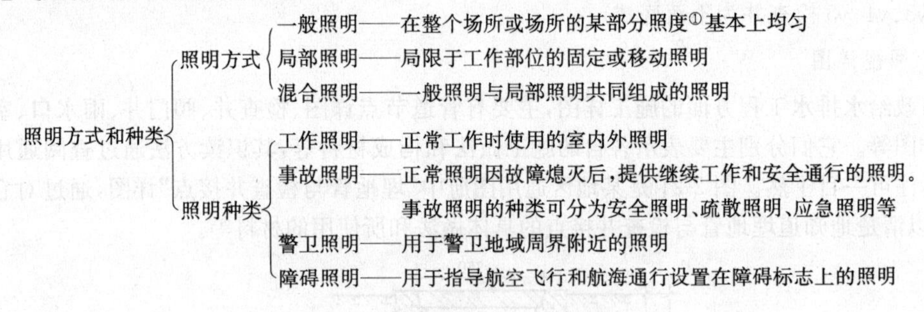

图2-22 电气照明方式和种类框图

注:①照度——在物体表面单位面积上接收的光通量称为照度。照度的单位是勒克斯(lx),符号为E,E=dΦ/ds。

(1)城市道路照明方式应根据道路和场所的特点及照明要求,选择常规照明方式或高杆照明方式。

常规照明①灯具的布置可分为单侧布置、双侧交错布置、双侧对称布置、中心对称布置和横向悬索布置五种基本方式(图2-23)。采用常规照明方式时,应根据道路横断面形式、宽度及照明要求进行选择,并应符合下列要求:

1)灯具的悬挑长度不宜超过安装高度的1/4,灯具的仰角不宜超过15°。

2)灯具的布置方式、安装高度和间距可按表2-16经计算后确定。

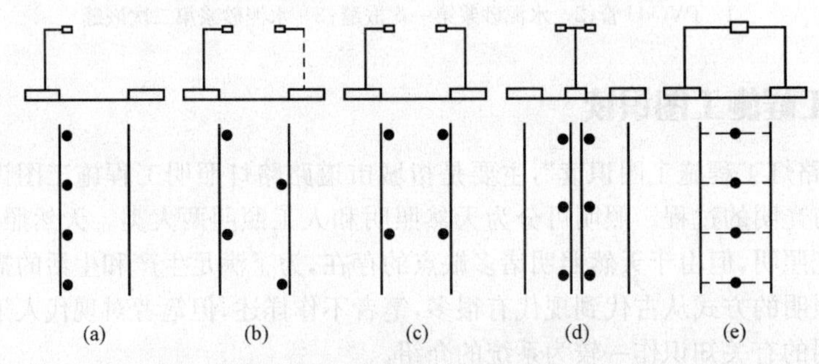

图2-23 常规照明灯具布置的五种基本方式示意图

(a)单侧布置;(b)双侧交错布置;(c)双侧对称布置;
(d)中心对称布置;(e)横向悬索布置

表2-16 灯具的配光类型、布置方式与灯具的安装高度、间距的关系

配光类型	截光型		半截光型		非截光型	
布置方式	安装高度 H(m)	间距 S(m)	安装高度 H(m)	间距 S(m)	安装高度 H(m)	间距 S(m)
单侧布置	$H \geqslant W_{eff}$	$S \leqslant 3H$	$H \geqslant 1.2W_{eff}$	$S \leqslant 3.5H$	$H \geqslant 1.4W_{eff}$	$S \leqslant 4H$
双侧交错布置	$H \geqslant 0.7W_{eff}$	$S \leqslant 3H$	$H \geqslant 0.8W_{eff}$	$S \leqslant 3.5H$	$H \geqslant 0.9W_{eff}$	$S \leqslant 4H$
双侧对称布置	$H \geqslant 0.5W_{eff}$	$S \leqslant 3H$	$H \geqslant 0.6W_{eff}$	$S \leqslant 3.5H$	$H \geqslant 0.7W_{eff}$	$S \leqslant 4H$

注:W_{eff}为路面有效宽度(m)。

表 2-16 中灯具的配光类型——截光型、半截光型和非截光型的含义说明如下：

截光型灯具是指灯具的最大光强方向与灯具向下垂直轴夹角在 0°～65°之间，90°角和 80°角方向上的光强最大允许值分别为 10cd/1000lm 和 30cd/1000lm 的灯具。且不管光源光通量的大小，其在 90°角方向上的光强最大值不得超过 1000cd。

半截光型灯具是指灯具的最大光强方向与灯具向下垂直轴夹角在 0°～75°之间，90°角和 80°角方向上的光强最大允许值分别为 50cd/1000lm 和 100cd/1000lm 的灯具，且不管光源光通量的大小，其在 90°角方向上的光强最大值不得超过 1000cd。

非截光型灯具是指灯具的最大光强方向不受限制，90°角方向上的光强最大值不得超过 1000cd 的灯具。

(2)采用高杆照明[②]方式时，灯具及其配置方式，灯杆安装位置、高度、间距以及灯具最大光强的投射方向，应符合下列要求：

1)可按不同条件选择平面对称、径向对称和非对称三种灯具配置方式(图 2-24)。布置在宽阔道路及大面积场地周边的高杆灯宜采用平面对称配置方式；布置在场地内部或车道布局紧凑的立体交叉的高杆灯宜采用径向对称配置方式；布置在多层大型立体交叉或车道布局分散的立体交叉的高杆灯宜采用非对称配置方式。

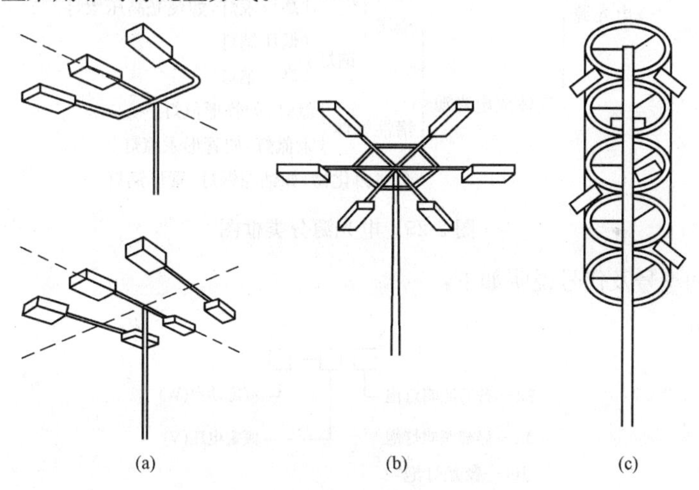

图 2-24 高杆灯灯具配置方式示意图
(a)平面对称；(b)径向对称；(c)非对称

2)灯杆不得设在危险地点或维护时严重妨碍交通的地方。

3)灯具的最大光强投射方向和垂线夹角不宜超过 65°。

4)市区设置的高杆灯应在满足照明功能要求前提下做到与环境协调。

注：①常规照明——灯具安装在高度通常为 15m 以下的灯杆上，按一定间距有规律地连续设置在道路的一侧、两侧或中间分车带上进行照明的一种方式。

②高杆照明——一组灯具安装在高度大于或等于 20m 的灯杆上进行大面积照明的一种照明方式。

3. 照明光源和灯具

国家行业标准《城市道路照明设计标准》(CJJ 45—2006)有关条款对道路照明光源、灯具及其附属装置选择做出了具体的规定。为此，笔者认为有必要对于光源和灯具等相关知识作如下介绍：

(1)光源和灯具的概念。凡能将其他形式的能量转换为光能，从而提供光通量的设备、器具统称为光源。而其中可以将电能转换为光能，从而提供光通量的设备、器具则称为电光源。

电光源是指灯泡和灯管，是提供光源的设备。灯具又称控照器，俗称灯罩，是光源的配套设备，它是用来控制与改变光源的光强分布，以满足不同场合下人们对照度的要求。电光源与灯具的组合称为电气照明器，简称“照明器”。《全国统一市政工程预算定额》第八册“路灯工程”中的照明器具安装工程，就是指灯泡、灯管和灯罩的安装工程。

(2)电光源的分类及代号。按照工作原理，电光源可分为热辐射光源和气体放电光源两大类。

热辐射电光源主要是利用电流的热效应，把具有耐高温、低发挥性的灯丝加热到白炽程度而产生可见光。常用的热辐射光源有白炽灯、卤钨灯等。

气体放电光源主要是利用电流通过气体(蒸气)时，激发气体电离和放电而产生可见光。气体放电光源按其发光物质又可分为金属、惰性气体和金属卤化物三种。

电光源的分类可以图2-25表示如下：

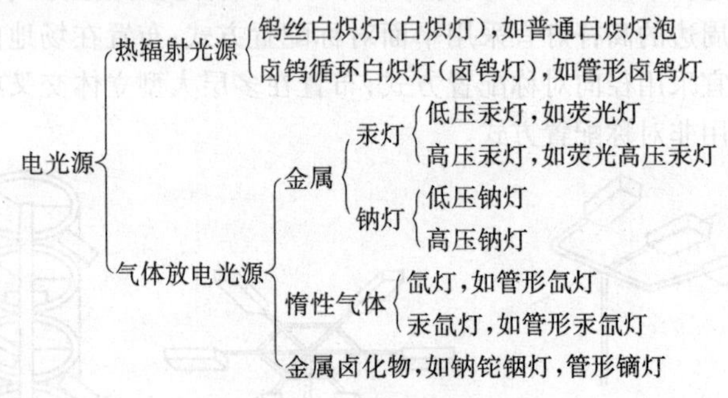

图2-25 电光源分类框图

(3)电光源的型号及代号说明如下：

1)白炽光源。

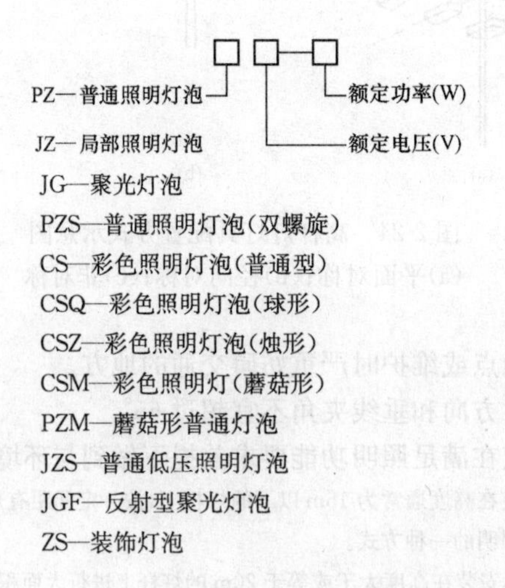

2)低压气体放电光源。

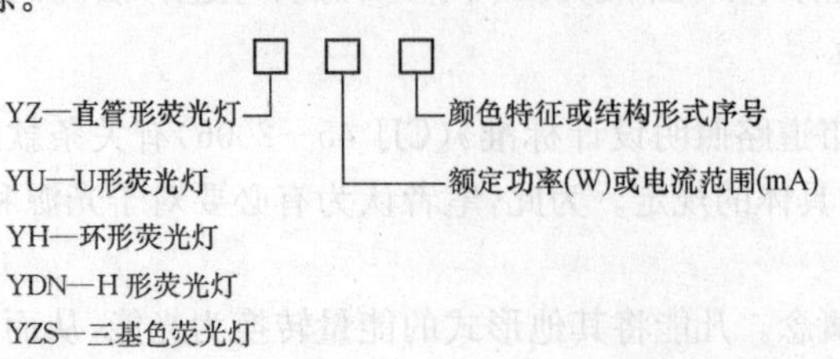

3)电光源种类代号见表2-17。

表2-17　　　　电光源种类代号

电光原类型	代号	电光原类型	代号	电光原类型	代号
白炽灯	IN	碘钨灯	I	电发光灯	EL
荧光灯	FL	氙　灯	Xe	弧光灯	ARC
钠　灯	Na	氖　灯	Ne	紫外线灯	UV
汞　灯	Hg	红外线灯	IR	发光二极管	LED

4)电光源型号说明举例。

【例2-1】 PZ220—100为普通照明灯,额定电压220V,额定功率为100W。

【例2-2】 NG150为直筒型高压钠灯,额定电压220V,额定功率为150W。

注:"【例2-2】"中NG为高压钠灯泡代号。高压钠灯是一种高压钠蒸气放电灯泡,其放电灯管采用抗钠腐蚀半透明多晶氧化铝陶瓷管制成,工作时发出金白色光。该灯管具有发光效率高、耗电少、透雾能力强、寿命长等特点,适用于道路、机场、码头、车站、广场及工矿企业照明。高压钠灯分为直筒型、漫射椭球型、直筒型及漫射椭球型显色改进型四种。高压钠灯外形及接线如图2-26(a)、(b)、(c)所示。

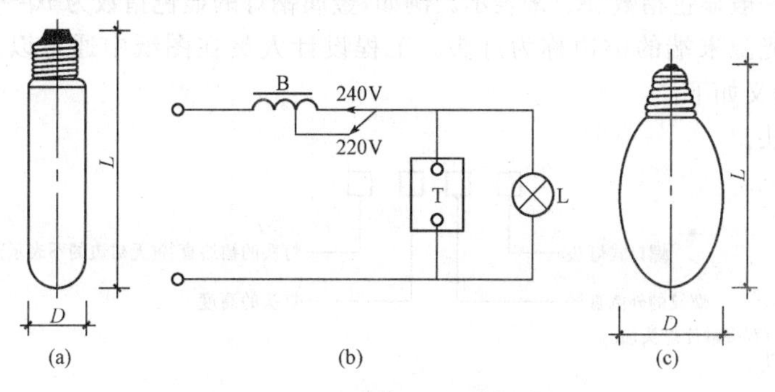

图2-26　高压钠灯外形及接线图

(a)直筒型及显色改进型高压钠灯外形尺寸;

(b)直筒型及显色改进型高压钠灯接线图;

(c)漫射椭球型及显式改进型高压钠灯外形尺寸;

B—镇流器;T—触发器;L—灯泡

(3)光源的主要技术指标释义。当我们打开电气工程技术手册查阅电光源的有关资料时,总会看到在关于技术数据表格中都列有额定电压、额定电流、额定光通量、额定功率、光色、平均寿命、灯头型号等参数。作为一名市政工程造价员,为了正确地确定路灯工程造价,对这些参数的含义应有所了解。为此,分述如下:

1)额定电压和额定电流。额定电压是指电光源的规定工作电压,在额定电压下流过电光源的电流①称为额定电流。

2)额定功率。额定功率是指电光源在额定工作条件下所消耗的有功功率。何谓"有功功率",鉴于篇幅关系不作详述,仅用公式表示之,即$P=UI\cos\varphi$,计算单位是W(瓦)或kW(千瓦)。

3)额定光通量和发光效率。额定光通量是指电光源在额定工作条件下发出的光通量,通常

① 物体里的电子在电场力的作用下,有规则地向一个方向移动,就形成了电流。电流的大小用电流强度"I"来表示,度量单位是"安培"(A),表示每秒内通过导体截面电荷的多少。1安培即1秒钟内通过1库仑的电量,即6.24×10^{18}个电子。

又简称为光通量①。

发光效率是指电光源每消耗1W电功率所发出的光通量。

4)寿命。寿命在这里是指电光源耐用程度。电光源的寿命指标有三种:全寿命、有效寿命和平均寿命。

全寿命是指电光源直到完全不能使用为止的全部时间;有效寿命是指电光源的发光效率下降到初始值的70%时为止的使用时间;平均寿命是指每批抽样试品有效寿命的平均值。通常所指的寿命为平均寿命。

5)光色。电光源的光色包含有两个方面的意义:一是人眼观看到光源所发出的光的颜色,这称为光源的色表;另一方面是光源所发出的光,照射到物体上,它对物体颜色呈现的真实程度,这称为显色性。在电气照明设计中,色表和显色性是两个很重要的技术指标。

①色表:色表是人眼观看到光源所发出的光的颜色,它又以色温来表示。所谓"色温"是指当黑体(能吸收全部光能的物体)被加热到某一温度,它所发出的光的颜色与某种光源所发出的光的颜色相同时,这个温度就称为该光源的颜色温度,简称色温,色温以绝对温标"k"为单位。例如,ZJD100型金属卤化灯的色温为6300k。

②显色性:光源的光,对物体颜色呈现的真实程度,称为光源的显色性。在电气照明技术中,光源的显色性以一般显色指数"R_a"来表示。例如,金属钠灯的显色指数为70~80R_a。

6)灯头。电光源末端的裙边称为灯头。工程设计人员在图纸中通常以E×/××或B×d/××表示,其含义如下:

①螺口式灯头。

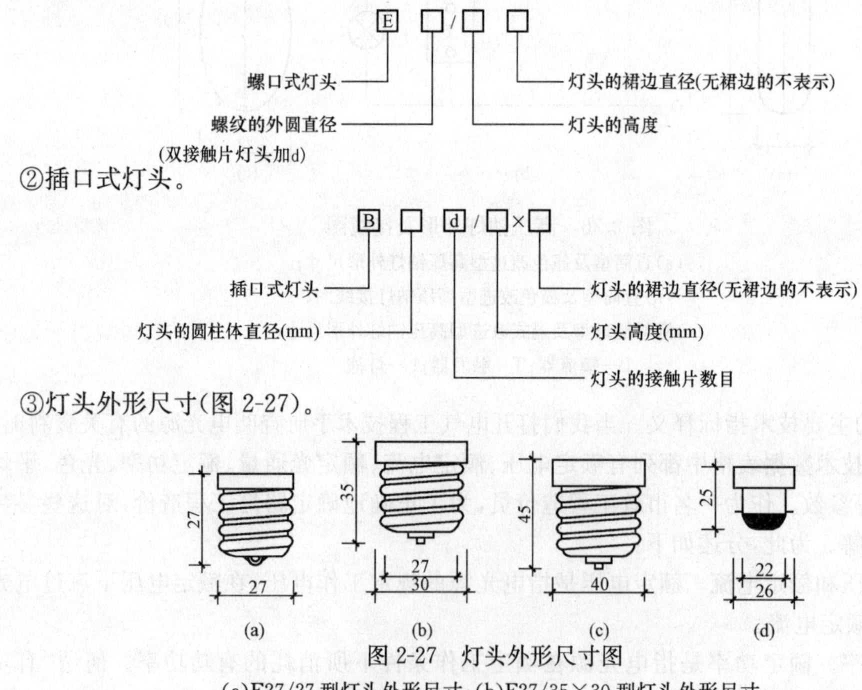

②插口式灯头。

③灯头外形尺寸(图2-27)。

图2-27 灯头外形尺寸图

(a)E27/27型灯头外形尺寸;(b)E27/35×30型灯头外形尺寸;
(c)E40/45型灯头外形尺寸;(d)B22d/25×26型灯头外形尺寸

---

① 光通量是指电光源在单位时间(s)内向空间各方向辐射的并为人眼感觉到的光能(光功率),用符号Φ表示,单位是lm(流明)。

4. 城市路灯照明的分类及标准

根据道路使用功能，城市道路照明可分为主要供机动车使用的机动车交通道路照明和主要供非机动车与行人使用的人行道路照明两类。

机动车交通道路照明应按快速路与主干路、次干路、支路分为三级。

机动车交通道路照明标准值、交会区照明标准值、人行道路照明标准值，分别见表 2-18、表 2-19、表 2-20。

表 2-18　　机动车交通道路照明标准值

级别	道路类型	路面亮度			路面照度		眩光限制阈值增量 TI(%)最大初始值	环境比 SR 最小值
		平均亮度 L_{av}(cd/m²)维持值	总均匀度 U_O 最小值	纵向均匀度 U_L 最小值	平均照度 E_{av}(lx)维持值	均匀度 U_E 最小值		
Ⅰ	快速路、主干路(含迎宾路、通向政府机关和大型公共建筑的主要道路，位于市中心或商业中心的道路)	1.5/2.0	0.4	0.7	20/30	0.4	10	0.5
Ⅱ	次干路	0.75/1.0	0.4	0.5	10/15	0.35	10	0.5
Ⅲ	支路	0.5/0.75	0.4	—	8/10	0.3	15	—

注：(1)表中所列的平均照度仅适用于沥青路面。若系水泥混凝土路面，其平均照度值可相应降低约 30%。根据《城市道路照明设计标准》附录 A 给出的平均亮度系数可求出相同的路面平均亮度，沥青路面和水泥混凝土路面分别需要的平均照度。

(2)计算路面的维持平均亮度或维持平均照度时应根据光源种类、灯具防护等级和擦拭周期，按照《城市道路照明设计标准》附录 B 确定维护系数。

(3)表中各项数值仅适用于干燥路面。

(4)表中对每一级道路的平均亮度和平均照度给出了两档标准值，“/”的左侧为低档值，右侧为高档值。

表 2-19　　交会区照明标准值

交会区类型	路面平均照度 E_{av}(lx)，维持值	照度均匀度 U_E	眩 光 限 制
主干路与主干路交会	30/50	0.4	在驾驶员观看灯具的方位角上，灯具在 80°和 90°角高度方向上的光强分别不得超过 30cd/1000lm 和 10cd/1000lm
主干路与次干路交会			
主干路与支路交会			
次干路与次干路交会	20/30		
次干路与支路交会			
支路与支路交会	15/20		

注：(1)灯具的高度角是在现场安装使用姿态下度量。

(2)表中对每一类道路交会区的路面平均照度给出了两档标准值，“/”的左侧为低档照度值，右侧为高档照度值。

表 2-20　　人行道路照明标准值

夜间行人流量	区域	路面平均照度 E_{av}(lx),维持值	路面最小照度 E_{min}(lx),维持值	最小垂直照度 E_{vmin}(lx),维持值
流量大的道路	商业区	20	7.5	4
	居住区	10	3	2
流量中的道路	商业区	15	5	3
	居住区	7.5	1.5	1.5
流量小的道路	商业区	10	3	2
	居住区	5	1	1

注:最小垂直照度为道路中心线上距路面 1.5m 高度处,垂直于路轴的平面的两个方向上的最小照度。

(二)路灯照明工程施工图的组成和特点

城市道路照明施工图是市政建设项目各类图纸的重要组成部分之一。城市道路照明施工图的任务主要是用来表明城市道路电气照明工程的构造和功能,描述电气照明装置的工作原理,提供设备、线路等的安装技术数据和使用维护依据等。城市道路照明施工图,虽然属于建筑电气工程施工图,但它的组成却与建筑电气工程施工图的组成不完全相同。路灯照明施工图,一般来说仅由图纸目录、设计说明、平面图和详图等几部分组成,没有电气照明系统图,这是路灯照明施工图组成与建筑电气施工图组成的唯一不同点。关于路灯照明工程施工图的组成内容和特点分述如下:

1. 图纸目录和设计说明

图纸目录是用来表明本项市政建设项目路灯照明工程由哪些图纸组成,各类图纸的名称、编号、张数、图幅规格等,其作用主要是为了便于查阅该项工程有关图纸,其格式见表 2-13。

设计说明又称施工说明。它没有固定的内容格式,应视工程具体情况而定。但一般主要阐明工程的概貌、工程规模、设计依据、施工要求等。

2. 施工图纸

路灯工程施工图主要是平面图和详图。

(1)路灯平面图。表明照明线路、照明设备平面布置的图纸,就称为平面图,其一般是在城市道路平面图的基础上绘制出来的,它可以单独绘制,也可以与给排水管道、燃气与集中供热管道等施工图绘制在同一张图纸上。图 2-28 是××市西八里村城中村改造工程××小区管线综合平面图(见插页 3),该图中对各种管线及建(构)筑物均用下列图例及代号表示,如路灯线路及路灯以“——LD——●——”表示。

(2)接线图。电气工程接线图可分为电气装置内部各元件之间及其与其他装置之间的连接关系等图。这里说的接线图,主要是指路灯照明系统中的电缆(线)接线、电缆中间头接线、灯具接线、路灯控制设备接线等。这种图纸是用来指导路灯照明线路、设备安装、接线和查线的图纸,如图 2-29 所示。

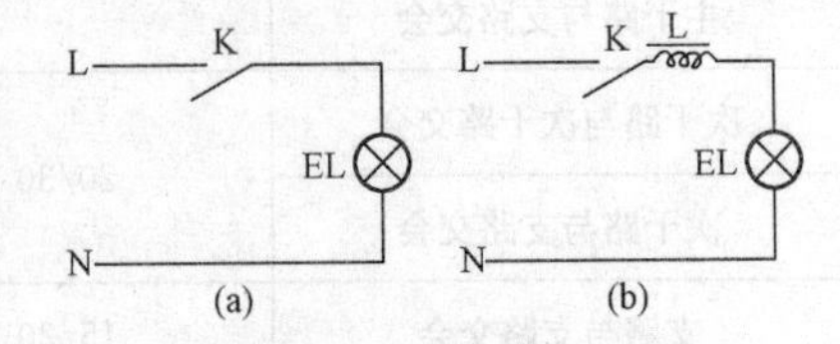

图 2-29　高压汞灯控制线路图

(a)自镇流式接线图;(b)带镇流器式接线图

(3)详图。又称节点大样图,其主要是表明路灯照明工程中设备安装的某一部分的具体安装要求和做法的图纸。路灯照明工程详图按照使用性质的不同,有全国通用详图和非通用详图两大类。图 2-30 是防爆荧光灯立柱式安装全国通用详图。

该详图安装所需材料及规格等,见表 2-21。

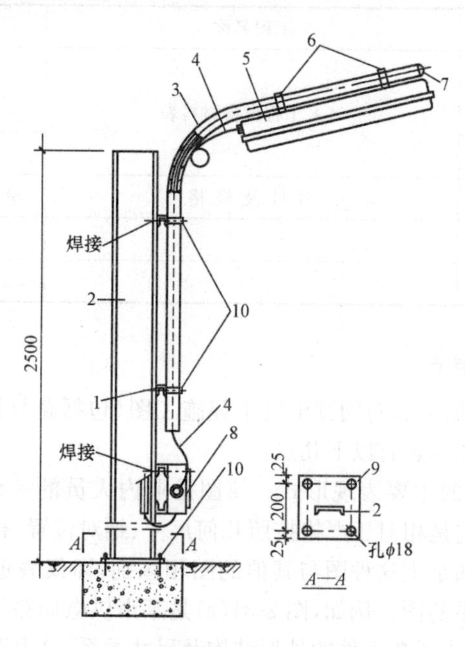

图 2-30 防爆荧光灯立柱式安装详图

表 2-21 防爆荧光灯立柱式安装材料表

编 号	名 称	型号及规格	单 位	数 量	备注
1	槽 钢	[5,l=200	根	4	
2	槽 钢	[14,l=2500	根	1	
3	镀锌钢管	DN32	m	4	
4	电 缆	由工程设计定	m		
5	防爆荧光灯	BYS-80	套	1	上海曙光灯具厂
6	管 卡	由防爆灯具成套供应	个	2	
7	密封头	DN32 钢管用	个	1	
8	防爆接线盒	由工程设计定	个	1	
9	钢 板	250×250×10	块	1	
10	螺栓、螺母、垫圈	U 型 M16/90,AM16,A16	套	4	

3. 设备材料表

设备材料表,又称工程量表。根据工程规模大小不同,有设备材料明细表和综合表分。设备材料表列出了该项电气照明工程所需要的设备和材料的名称、型号(或牌号)、规格和数量等,其用途主要是供建设单位采购材料和造价人员编制工程量清单和工程预算计算工程量时的参考。某设计单位的设备材料表格式见表 2-22。

表 2-22　　　　某设计院设备材料表格式

<table>
<tr><td colspan="3">设计单位名称</td><td>工程名称</td><td colspan="2">设计项目</td><td></td></tr>
<tr><td>编制</td><td></td><td></td><td rowspan="3">××工程设备材料表</td><td colspan="2" rowspan="2">图号</td><td rowspan="2"></td></tr>
<tr><td>校核</td><td></td><td></td></tr>
<tr><td>审核</td><td></td><td></td><td colspan="2">第　页</td><td>共　页</td></tr>
<tr><td>序　号</td><td colspan="2">名　称</td><td>型 号 及 规 格</td><td>单　位</td><td>数　量</td><td>备　注</td></tr>
<tr><td></td><td colspan="2"></td><td></td><td></td><td></td><td></td></tr>
<tr><td></td><td colspan="2"></td><td></td><td></td><td></td><td></td></tr>
</table>

4. 电气工程施工图的特点

掌握电气工程施工图的特点,对阅读电气工程施工图(包括路灯照明施工图)具有很重要的指导作用。电气工程施工图主要有以下几点:

(1)简图是电气工程图的主要表现形式。简图是业内人员的一种专业术语,并不是内容简单,而是指形式的"简化",它是相对于严格按照几何尺寸、绝对位置、相对标高等而绘制的施工图而言。应用这一术语的目的是把这种图与其他的图相区别,即仅表示电路中各设备、元件、部件及装置等的功能和连接关系的图。例如,图 2-31(a)是某市供电局路灯照明变电所变压器安装结构布置图,它比较真实地画出了各元件的外形结构及尺寸关系,这个图虽然与严格的机械图还有区别,但仍可认为是机械图。如果只表示其中的供电关系,则可绘制如图 2-31(b)所示的电气系统图。这个图采用的是电气图形符号"FU"、"FV"等,表示了各部分的组成及相互关系,这样的图属于简图。因此,可以说简图是用图形符号及带注释的围框或简化外形表示系统或设备中各组成部分之间相互关系的一种图。

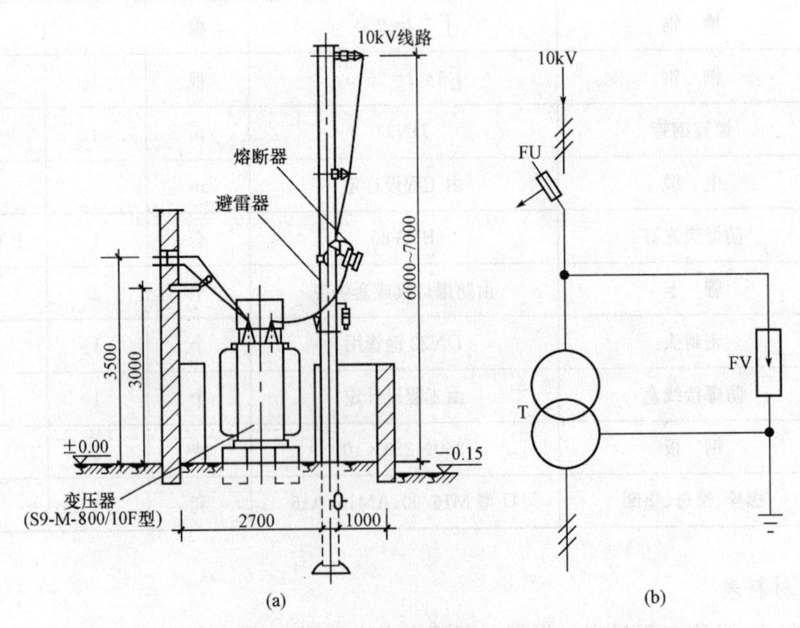

图 2-31　某市高新区路灯照明变电所变压器安装布置及系统图

(a)结构布置图(机械图);(b)系统图(简图)

FU—跌开式熔断器;FV—避雷器;T—变压器

(2)图形符号、文字符号是构成路灯电气照明施工图的基本要素。电气工程施工图除扼要的文字说明外,主要是采用国家统一规定的图形符号并加注文字符号绘制而成。因此,可以说图形符号和文字符号就是构成电气工程施工图的语言“词汇”。因为构成电气工程的设备、元件、部件及线路很多,结构类型不一,安装方式各异,为了达到图面简洁、清晰和内容简化的目的,只有借用统一的图形符号和文字符号来表达,才能促使上述目的的实现。

(3)元件和连接线是电气图描述的主要内容。大家知道,一种电气装置或系统,主要由电气元件和连接线构成,因此,无论是说明电气工作原理的电路图,表示供电关系的电气系统图,还是说明安装位置和接线关系的平面图和接线图等,都是以电气元件和连接线作为描述的主要内容。

(4)电路都必须构成闭合回路。众所周知,只有构成闭合回路的电路,电流才能够流通,电气设备才能起动和正常工作。一个电路的组成,包括四个基本要素,即电源、导线、开关控制设备和用电设备。

(5)电路、设备等构成一个整体。任何一个电路中的电气设备、元件等,彼此之间都是通过导线将其连接起来,构成一个整体。

(6)电气工程施工通常与主体工程(土建工程)及其他安装工程(水暖管道、工艺管道、通风管道、通信线路、消防系统及机械设备安装工程等)施工相互配合进行。例如暗设线路的穿线管敷设、开关、插座安装孔位置等都是在墙体砌筑、地(楼)面铺设的同时进行敷设和预留。

(三)路灯照明工程施工图识读的一般方法

城市道路照明施工图识读没有固定的方法。同时,路灯照明工程施工图比工业建设项目的电气图不仅张数少,而且内容也比较简单,所以,当拿到一套城市道路照明施工图时,应按照下述步骤和方法进行识读,才能获得理想的效果和达到识图的目的:

1. 识读的步骤

(1)查看图纸目录。了解工程项目图纸组成内容、张数、图号及名称等。

(2)阅读设计总说明。了解工程总体概况及设计依据和标准。了解图纸中未能表达清楚的各有关事项,如供电电源的来源、电压等级、线路敷设方式、设备安装高度、安装方式及施工应注意的事项等。有些分项局部问题是在各分项工程图纸上说明的,所以阅读分项工程图纸时,也要先看图纸中的设计说明。

(3)阅读系统图。在关于“路灯照明工程施工图的组成和特点”,题中已说明路灯照明施工图一般没有系统图,但根据工程项目规模大小的不同,有些照明供电电源部分也有系统图,如变配电工程的供电系统图等。阅读系统图的目的是了解系统的基本组成、主要电气设备、元件等连接关系及它们的规格、型号、有关参数等,掌握该系统的基本概况。

(4)阅读电路图和接线图。由电气工程图的特点得知,任何电路都必须由四个基本要素构成一个整体的闭合回路,路灯照明电路也是由电源、开关、导线和光源构成的闭合回路。因此,在识读路灯照明施工图时,要了解各系统中的供电设备、用电设备的电气自动控制原理,以便指导设备的安装和控制系统的调试工作。因为路灯照明工程的电路图设计人员一般是采用功能布局法绘制的,所以,识读时应依据其功能关系从左至右或从上至下一个回路一个回路地进行阅读。但笔者在工作中的阅读方法是从电源的引入处开始,沿着电路走过的路线,一个回路一个回路地阅读。在这一过程中,对电路中所采用的设备、器具、元件的性能、特点、型号、规格等也应同时有所了解,以便为下一步计算工程数量打好基础。造价人员识图就是为了提高工程量计算的基本功和保证工程量的计算质量。

(5)阅读平面布置图。平面布置图是电气设备安装工程图纸中的重要图纸之一,各类电气平面图,都是用来表示设备安装位置、线路敷设部位、敷设方式及所用导线型号、规格、数量、管径大小的,是安装施工、编制工程量清单及工程预算的主要依据,必须具有熟练的阅读功能。

(6)阅读安装大样图(详图)。安装大样图是按照机械制图方法绘制的用来详细表示设备安装方法的图纸,也是用来指导施工、计算工程量和编制工程材料计划的重要依据。特别是对于初学者更显重要,甚至可以说是不可缺少的。

(7)阅读设备材料表。设备材料表提供了该工程所需要的设备、材料的型号、规格和数量,是编制设备、材料采购计划的重要依据,也是编制工程量清单及工程预算计算工程量的重要参考依据。

总之,阅读电气工程施工图,不像阅读建筑工程施工图那样——先左后右,先上后下,先内后外地阅读。为了更好地利用图纸指导施工和编制好电气工程工程量清单和工程预算,对路灯照明施工图的阅读,应根据个人的实际情况,自己灵活掌握,并应有所侧重。

2. 识读的方法

城市路灯照明工程施工的识读方法,概括起来是从电源来源处起,沿电能输送电路的方向,分系统、分道路、分街巷,至用电设备(主要是指“电光源”),一条线一条线地阅读。这种方法可用程序式表达为电源起点──→配电设备──→控制设备──→用电设备(电光源)。

3. 识图注意事项

(1)注意从粗到细,循序看图,切忌粗糙,杂乱无章、无头无绪地看。

(2)注意相互对照,综合看图。

(3)注意由整体到局部及重点看图。

(4)注意在施工现场和日常生活中,结合实际看图。

(5)注意图中说明或附注。

(6)注意索引标志和详图标志。

(7)注意标高和比例。

(8)注意材料规格、数量和做法。

(四)路灯照明工程施工图识读举例

这里以前述图2-28(见插页3)为例,介绍一下路灯照明施工图的识读。该图是××市西八里村城中村改造工程××小区管线综合平面图。该图以图例“──W──○──”、“──RD──”等共标明了三种线路,其中有直埋电力线、直埋路灯线及路灯、直埋弱电电缆。该图仅为各种管线综合平面图,没有系统图和设备材料表,所以,对图中所标注的设备材料规格、型号等无法知晓,若欲知晓,必须另行阅读相关专业设计施工图。由于各有关专业施工图本书编写组工作人员尚未收集到,故仅就图2-28中标明的内容加以介绍。

第一,该小区室外照明线路采用铜芯交联聚乙烯绝缘钢带铠装聚氯乙烯护套电力电缆YJV22—3×95SC100FC型由两处埋地引入,第一处从视图方向的左下侧引入;第二处从视图方向的右下侧引入。

第二,从第一处引入的电缆由图幅区E2处向右拐至图幅分区E4处后分为两条支线,一条斜向引至图幅区D7处的电气装置DM;另一条由E4处向下拐至F4处后,再向右拐去,主要为小区道路照明线,其符号为“──LD──●──”,此符号中“LD”,表示直埋路灯线,“●”表示路灯,但“●”的含义很不确切,即到底是路灯还是路灯杆,如果是表示灯具,则应以灯的符号“⊗”表示。

第三,从第二处引入的电缆由图幅分区G9处引至图幅分区B7、四号楼外侧的电气设备,什么设备，图中未作交代。

第四，该图右下侧活动广场照明电路由图幅区 D7 之间的电气装置 DM 引来，照明灯具为“⊛”，此符号代表什么灯，从图面中难以知晓，应通过阅视该小区路灯照明专业设计图纸才能解决，但本书编写组工作人员未能收集到该专业设计图纸，所以广场照明选用的是什么灯具问题解决不了。

第五，为使读者对路灯照明灯具的了解，这里将高压汞柱灯、高压钠柱灯、大玉兰路灯、中玉兰柱灯、圆球路灯的型号说明及技术数据介绍于下：

1. 灯具型号说明

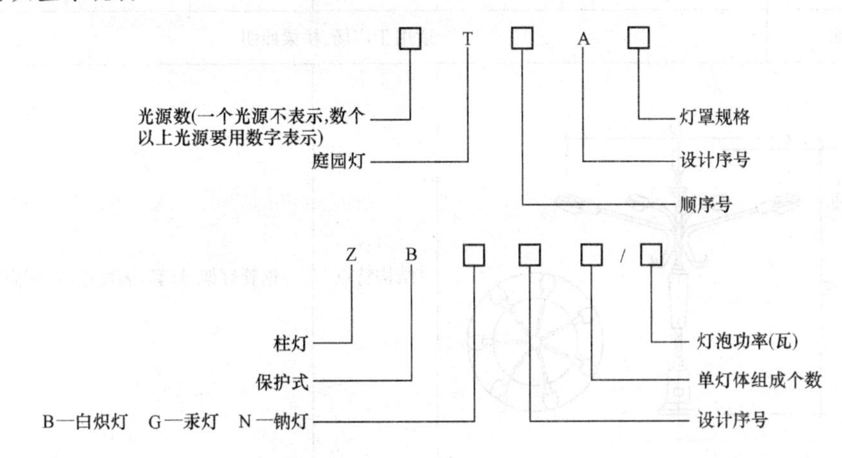

2. 技术参数

(1)高压汞柱灯技术参数，见表 2-23。

表 2-23 高压汞柱灯技术参数

型号	光源			外形尺寸(mm)				
	型号	功率(W)	电压(V)	L	L_1	H	H_1	灯杆梢径
ZBG423 1/125	GGY125	125	220	—	1210	—	1180	150
ZBG423 1/400	GGY400	400	200	2720	—	1760	—	150
ZBG423 2/400+125	GGY 125 400	125+400	220	2720	1210	1760	1180	150
ZBG423 2/400	GGY400	2×400	220	2720	2720	1760	1760	150
2Q04A	GGY 125 400	125+400	220	3500	1400	—	—	150
用途	适用于道路照明							
外形图	L L1 H H1		结构特点	钢管灯架，铸铁套，表面涂漆，配高汞柱灯头				

(2)高压钠柱灯技术参数,见表2-24。

表2-24　　高压钠柱灯技术参数

<table>
<tr><th rowspan="2">型　号</th><th colspan="3">光　源</th><th colspan="3">外形尺寸(mm)</th></tr>
<tr><th>型　号</th><th>功率(W)</th><th>电压(V)</th><th>H</th><th>D</th><th>灯杆梢径</th></tr>
<tr><td>ZBN422　7/400</td><td>NG 250
400</td><td>7×250
7×400</td><td>220</td><td>12000</td><td>6000</td><td>240</td></tr>
<tr><td>用　途</td><td colspan="6">适用于广场、桥梁照明</td></tr>
<tr><td>外形图</td><td colspan="2">D
H</td><td>结构特点</td><td colspan="3">钢管灯架、灯套,表面涂漆,配高压钠灯</td></tr>
</table>

(3)大玉兰路灯及中玉兰柱灯技术参数,分别见表2-25及表2-26。

表2-25　　大玉兰路灯技术参数

<table>
<tr><th rowspan="2">型　号</th><th colspan="3">光　源</th><th colspan="3">外形尺寸(mm)</th></tr>
<tr><th>型　号</th><th>功率(W)</th><th>电压(V)</th><th>ϕ</th><th>H</th><th>灯杆梢径</th></tr>
<tr><td>T06A18</td><td>PZ220-200</td><td>200</td><td>220</td><td>363</td><td>1350</td><td>120</td></tr>
<tr><td>5T06A18</td><td>PZ220-200</td><td>5×200</td><td>220</td><td>1080</td><td>2700</td><td>120</td></tr>
<tr><td>7T06A18</td><td>PZ220-200</td><td>7×200</td><td>220</td><td>1080</td><td>2700</td><td>120</td></tr>
<tr><td>用　途</td><td colspan="6">适用于广场及街道照明</td></tr>
<tr><td>外形图</td><td colspan="2">ϕ
H</td><td>结构特点</td><td colspan="3">钢板制灯架,表面喷漆,乳白玻璃灯罩,水泥灯杆,杆高根据具体情况而定</td></tr>
</table>

表 2-26　　中玉兰柱灯技术参数

型　号	光　源			外形尺寸(mm)		
	型　号	功率(W)	电压(V)	*H*	*D*	*d*
ZBB411　3/200	PZ220-200	3×200	220	1290	800	88.5
ZBB411　5/200	PZ220-200	5×200	220	1290	800	88.5
ZBB411　7/200	PZ220-200	7×200	220	1290	1230	165
GA611	PZ220-200	3×200	220	1390	900	88.5
GA612	PZ220-200	5×200	220	1390	900	88.5
用　途	适用于庭园、小型广场照明					
外形图			结构特点	钢管灯架,铸铁花套,表面涂漆,乳白玻璃灯罩		

(4)圆球路灯技术参数,见表 2-27。

表 2-27　　圆球路灯技术参数

型　号	光　源			外形尺寸(mm)			
	型　号	功率(W)	电压(V)	*L*	*H*	*k*	灯杆梢径
3T02A8	PZ220-150	3×150	220	850	灯杆高	1200	150
5T02A8	PZ220-150	5×150	220	900	灯杆高	1200	150
用　途	适用于公园、广场及街道照明						
外形图			结构特点	钢制灯架,表面喷漆,乳白玻璃灯罩,水泥灯杆,杆高根据具体情况而定			

1.何谓施工图?市政工程施工图可以分为哪几种?

2.何谓比例和标高?标高分为哪两种?2008年5月4日北京奥运圣火传递珠穆朗玛峰登顶8844.43m,属于何种标高?

3.一项新建城市道路工程施工图,一般来说应包括哪几部分内容?图纸部分包括哪几项内容?

4.道路工程施工图识读的步骤是什么?何谓纵断面图和横断面图?

5.电气照明的方式有哪几种?

6.某工程设备材料表中列有灯具型号为2T02A8和光源型号PZ220-150,ZBB4022/100、PZ220-100,请试说明它们的含义是什么?

7.电气工程施工图有哪些主要特点?

第三章　建设工程工程量清单计价规范

第一节　计价规范的特点和作用

一、计价规范的概念

建筑安装工程价格是国家计划价格体系的重要组成之一。为了深化建筑安装工程价格改革，规范建设市场秩序，适应新技术、新工艺、新材料日益发展的需要，2003 年 2 月 17 日，中华人民共和国原建设部公告第 119 号，发布了国家标准《建设工程工程量清单计价规范》(GB 50500—2003)，并自同年 7 月 1 日起实施；2008 年 7 月 9 日，国家主管部门在总结 2003 年版清单计价规范实施以来的经验和基础上，针对执行中存在的问题，对规范正文中不尽合理、可操作性不强的条款及表格格式等进行了修订，并以中华人民共和国住房和城乡建设部公告第 63 号发布了《建设工程工程量清单计价规范》(GB 50500—2008)。

2012 年 12 月 25 日，住房和城乡建设部发布了《建设工程工程量清单计价规范》(GB 50500—2013)(以下简称《13 计价规范》)和《房屋建筑与装饰工程工程量计算规范》(GB 50854—2013)、《仿古建筑工程工程量计算规范》(GB 50855—2013)、《通用安装工程工程量计算规范》(GB 50856—2013)、《市政工程工程量计算规范》(GB 50857—2013)、《园林绿化工程工程量计算规范》(GB 50858—2013)、《矿山工程工程量计算规范》(GB 50859—2013)、《构筑物工程工程量计算规范》(GB 50860—2013)、《城市轨道交通工程工程量计算规范》(GB 50861—2013)、《爆破工程工程量计算规范》(GB 50862—2013)等 9 本计量规范(以下简称《13 工程计量规范》)，全部 10 本规范于 2013 年 7 月 1 日起实施。

《13 计价规范》及《13 工程计量规范》是在《建设工程工程量清单计价规范》(GB 50500—2008)(以下简称《08 计价规范》)基础上，以原建设部发布的工程基础定额、消耗量定额、预算定额以及各省、自治区、直辖市或行业建设主管部门发布的工程计价定额为参考，以工程计价相关的国家或行业的技术标准、规范、规程为依据，收集近年来新的施工技术、工艺和新材料的项目资料，经过整理，在全国广泛征求意见后编制而成。

在工程技术工作中，有设计规范、设计规程、设计标准、施工规范、施工质量验收规范等，在工程造价计价范畴发布了《建设工程工程量清单计价规范》，这是我国在“借鉴国外文明成果”方面的一个“创举”。“计价规范”简单地说，就是工程造价计价工作者，在确定工程造价时应遵循的一种标准。具体地讲，对确定建筑安装工程价格的分部分项工程名称、项目特征、项目编码、计量单位、工程量计算规则、费用项目组成与划分、费用项目计算方法与程序等所做出的全国统一规定标准，就称为《建设工程工程量清单计价规范》。规范是一种标准。国家标准是一个国家的标准中的最高层次，是以国家标准的形式发布实施的。国家标准 GB 50500—2013 中的“GB”是国家、标准汉语拼音第一个字母的顺序连写，“50500”是该标准的编号，“2013”表示发布年份，即 2013 年发布的。因此，《建设工程工程量清单计价规范》是我国国家级层次的标准，其中有些条款为强制性条文，必须严格执行。

二、计价规范制订的依据

《13计价规范》“总则”中指出:“为规范建设工程造价计价行为,统一建设工程计价文件的编制原则和计价方法,根据《中华人民共和国建筑法》、《中华人民共和国合同法》、《中华人民共和国招标投标法》等法律法规,制定本规范”。

三、计价规范的内容

《13计价规范》以及《13工程计量规范》均包括正文和附录两大部分。

(一)《13计价规范》的内容

1. 正文部分

《13计价规范》的正文部分共有16章、54节、329条,包括总则、术语、一般规定、工程量清单编制、招标控制价、投标报价、合同价款约定、工程计量、合同价款调整、合同价款期中支付、竣工结算与支付、合同解除的价款结算与支付、合同价款争议的解决、工程造价鉴定、工程计价资料与档案、工程计价表格等内容。相比2008版工程量清单计价规范而言,分别增加了11章、37节、192条。

(1)总则。总则主要说明了《13计价规范》的制订依据、适用范围、计价活动应当遵循“客观、公正、公平”的原则,以及执行《13计价规范》与执行其他标准之间的关系等内容。

(2)术语。《13计价规范》仅对清单计价特有的专业术语给出了明确统一的定义,包括:工程量清单、分部分项工程、项目编码、项目特征、综合单价、措施项目、暂列金额、计日工、总承包服务费、索赔、现场签证、规费、税金、企业定额等52个方面的术语。《13计价规范》之所以强调这52个方面的术语,一是因为这部分术语在以前传统的定额计价模式中没有出现或很不明确,而实行工程量清单计价模式必须采用和理解这些术语;二是在实行工程量清单计价模式中对这些术语的含义必须有一个统一的权威性解释。

(3)工程量清单编制。

1)一般规定。

①招标工程量清单应由招标人负责编制,若招标人不具有编制工程量清单的能力,则可根据《工程造价咨询企业管理办法》(建设部第149号令)的规定,委托具有工程造价咨询性质的工程造价咨询人编制。

②招标工程量清单必须作为招标文件的组成部分,其准确性(数量不算错)和完整性(不缺项漏项)应由招标人负责。招标人应将工程量清单连同招标文件一起发(售)给投标人。投标人依据工程量清单进行投标报价时,对工程量清单不负有核实的义务,更不具有修改和调整的权力。如招标人委托工程造价咨询人编制工程量清单,其责任仍由招标人负责。

③招标工程量清单是工程量清单计价的基础,应作为编制招标控制价、投标报价、计算或调整工程量以及工程索赔等的依据之一。

④招标工程量清单应以单位(项)工程为单位编制,应由分部分项工程项目清单、措施项目清单、其他项目清单、规费和税金项目清单组成。

⑤编制招标工程量清单应遵循的主要依据。

2)分部分项工程项目。

①分部分项工程项目清单必须载明项目编码、项目名称、项目特征、计量单位和工程量。这是构成一个分部分项工程项目清单的五个要件,在分部分项工程项目清单的组成中缺一不可。

②分部分项工程项目清单必须根据相关工程现行国家计量规范规定的项目编码、项目名称、项目特征、计量单位和工程量计算规则进行编制。

3)措施项目。

①措施项目清单必须根据相关工程现行国家计量规范的规定编制。

②由于工程建设施工特点和承包人组织施工生产的施工装备水平、施工方案及施工管理水平的差异,同一工程由不同承包人组织施工采用的施工技术措施也不完全相同,因此,措施项目清单应根据拟建工程的实际情况列项。

4)其他项目。

①其他项目清单宜按照下列内容列项:

a. 暂列金额。暂列金额是招标人在工程量清单中暂定并包括在合同价款中的一笔款项。清单计价规范中明确规定暂列金额用于施工合同签订时尚未确定或者不可预见的所需材料、设备、服务的采购,施工中可能发生的工程变更、合同约定调整因素出现时的工程价款调整以及发生的索赔、现场签证确认等的费用。

不管采用何种合同形式,工程造价理想的标准,是一份合同的价格,是其最终的竣工结算价格,或者至少两者应尽可能接近。我国规定对政府投资工程实行概算管理,经项目审批部门批复的设计概算是工程投资控制的刚性指标,即使商业性开发项目也有成本的预先控制问题,否则,无法相对准确预测投资的收益和科学合理地进行投资控制。但工程建设自身的特性决定了工程的设计,需要根据工程进展不断地进行优化和调整,业主需求可能会随工程建设进展出现变化,工程建设过程还会存在一些不能预见、不能确定的因素。消化这些因素必然会影响合同价格的调整,暂列金额正是为这类不可避免的价格调整而设立,以便达到合理确定和有效控制工程造价的目标。

另外,暂列金额列入合同价格不等于就属于承包人所有了,即使是总价包干合同,也不等于列入合同价格的所有金额就属于承包人,是否属于承包人应得金额取决于具体的合同约定,只有按照合同约定程序实际发生后,才能成为承包人的应得金额,纳入合同结算价款中。扣除实际发生金额后的暂列金额余额仍属于发包人所有。设立暂列金额并不能保证合同结算价格就不会再出现超过合同价格的情况,是否超出合同价格完全取决于工程量清单编制人暂列金额预测的准确性,以及工程建设过程是否出现了其他事先未预测到的事件。

b. 暂估价。暂估价是指招标阶段直至签订合同协议时,招标人在招标文件中提供的用于支付必然发生但暂时不能确定价格的材料以及专业工程的金额。暂估价包括材料暂估单价、工程设备暂估单价和专业工程暂估价。暂估价类似于FIDIC合同条款中的Prime Cost Items,在招标阶段预见肯定要发生,只是因为标准不明确或者需要由专业承包人完成,暂时无法确定价格。暂估价数量和拟用项目应当结合工程量清单中的"暂估价表"予以补充说明。

为方便合同管理,需要纳入分部分项工程项目清单综合单价中的暂估价应只是材料费、工程设备费,以方便投标人组价。

专业工程的暂估价一般应是综合暂估价,应当包括除规费和税金以外的管理费、利润等取费。总承包招标时,专业工程设计深度往往是不够的,一般需要交由专业设计人设计,国际上,出于提高可建造性考虑,一般由专业承包人负责设计,以发挥其专业技能和专业施工经验的优势。这类专业工程交由专业分包人完成是国际工程的良好实践,目前,在我国工程建设领域也已经比较普遍。公开透明、合理地确定这类暂估价的实际开支金额的最佳途径,就是通过施工总承包人与工程建设项目招标人共同组织的招标。

c. 计日工。计日工是为解决现场发生的零星工作的计价而设立的,其为额外工作和变更的计价提供了一个方便快捷的途径。计日工适用的所谓零星工作一般是指合同约定之外的或者因变更而产生的、工程量清单中没有相应项目的额外工作,尤其是那些时间不允许事先商定价格的额外工作。计日工以完成零星工作所消耗的人工工时、材料数量、机械台班进行计量,并按照计日工表中填报的适用项目的单价进行计价支付。

国际上常见的标准合同条款中,大多数都设立了计日工(Daywork)计价机制。但在我国以往的工程量清单计价实践中,由于计日工项目的单价水平一般要高于工程量清单项目的单价水平,因而经常被忽略。从理论上讲,由于计日工往往是用于一些突发性的额外工作,缺少计划性,承包人在调动施工生产资源方面难免会影响已经计划好的工作,生产资源的使用效率也有一定的降低,客观上造成超出常规的额外投入,另外,其他项目清单中计日工往往是一个暂定的数量,其无法纳入有效的竞争。所以,合理的计日工单价水平一定是要高于工程量清单的价格水平。为获得合理的计日工单价,发包人在其他项目清单中对计日工一定要给出暂定数量,并需要根据经验尽可能估算一个较接近实际的数量。

d. 总承包服务费。总承包服务费是为了解决招标人在法律、法规允许的条件下进行专业工程发包,以及自行供应材料、设备,并需要总承包人对发包的专业工程提供协调和配合服务,对供应的材料,设备提供收、发和保管服务以及进行施工现场管理时发生,并向总承包人支付的费用。招标人应预计该项费用并按投标人的投标报价向投标人支付该项费用。

②出现上述"第①条"中未列的项目,应根据工程实际情况补充,如办理竣工结算时就需将索赔及现场鉴证列入其他项目中。

5)规费。规费是根据省级政府或省级有关权力部门规定必须缴纳的,应计入建筑安装工程造价的费用。根据住房和城乡建设部、财政部"关于印发《建筑安装工程费用项目组成》的通知"(建标[2013]44号)的规定,规费主要包括社会保险费、住房公积金、工程排污费,其中社会保险费包括养老保险费、医疗保险费、失业保险费、工伤保险费和生育保险费;税金主要包括营业税、城市维护建设税、教育费附加和地方教育附加。规费作为政府和有关权力部门规定必须缴纳的费用,政府和有关权力部门可根据形势发展的需要,对规费项目进行调整,因此,清单编制人对《建筑安装工程费用项目组成》中未包括的规费项目,在编制规费项目清单时,应根据省级政府或省级有关权力部门的规定列项。

6)税金。根据住房和城乡建设部、财政部"关于印发《建筑安装工程费用项目组成》的通知"(建标[2013]44号)的规定,目前我国税法规定应计入建筑安装工程造价的税种包括营业税、城市建设维护税、教育费附加和地方教育附加。如国家税法发生变化,税务部门依据职权增加了税种,应对税金项目清单进行补充。

(4)工程量清单计价。工程量清单计价是投标人投标报价之前的一项主要工作,但并不是唯一的工作。工程量清单计价这项工作的涉及面较广,应当是实行工程量清单计价招投标的建设工程中,招标控制价编制、投标报价编制、确定中标人后发包与承包双方合同价款的约定、合同履行期间工程计量与价款支付、工程价款的调整及完工之后工程价款结算等的工作内容。

工程量清单计价是以招标工程量清单为依据和前提的。所以,进行工程量清单计价必须熟悉和了解招标工程量清单的全部内涵,并且还必须熟知招标工程量清单的编制过程及编制规则。

为了充分体现"企业自主报价"的原则和便于清理拖欠工程价款的突出问题,《13计价规范》对投标人的工程量清单计价工作除了对计价工作做出了原则性的规定外,还对有关问题和有关方面做出了强制性规定,其目的还是统一计价的口径,实现公平竞争。工程量清单计价的强制性规定有以下四点:

1)使用国有资金投资的建设工程发承包,必须采用工程量清单计价。(《13计价规范》第

3.1.1 条)

2)工程量清单应采用综合单价计价。(《13 计价规范》第 3.1.4 条)

3)措施项目中的安全文明施工费必须按国家或省级、行业建设主管部门的规定计算,不得作为竞争性费用。(《13 计价规范》第 3.1.5 条)

4)规费和税金必须按国家或省、行业建设主管部门的规定计算,不得作为竞争性费用。(《13 计价规范》第 3.1.6 条)

建设工程发承包及实施阶段的工程造价应由分部分项工程费、措施项目费、其他项目费、规费和税金组成。

建设工程发承包,必须在招标文件、合同中明确计价中的风险内容及其范围,不得采用无限风险、所有风险或类似语句规定计价中的风险内容及范围。

在这里有两点应当引起读者注意:

第一,《13 计价规范》规定,投标报价依据企业定额和市场价格信息编制,这样就给予了投标人充分的报价自主权;同时还规定,投标报价除依据企业定额和市场价格信息编制外,还可以参照建设行政主管部门发布的社会平均消耗量定额进行编制。《13 计价规范》用"参照"两字表达了建设行政主管部门发布的消耗量定额在工程量清单计价工作中的地位与作用。同时,将建设行政主管部门发布的消耗量定额,定义为"社会平均消耗量定额"。

第二,综合单价并不一定是固定不变的所谓"固定价格",综合单价是否需要进行调整,如何调整,还要以建筑工程施工合同的约定为前提,建筑工程施工合同有约定者,则应当从约。工程量清单计价的"综合单价"与施工合同的"固定价格"属于不同范畴,两者既有联系又有区别。

(5)合同价款约定。实行招标的工程合同价款应在中标通知书发出之日起 30 天内,由发承包双方依据招标问价和中标人的投标文件在书面合同中约定。合同约定不得违背招标、投标文件中关于工期、造价、质量等方面的实质性内容。招标文件与中标人投标文件不一致的地方应以投标文件为准。发承包双方应在合同条款中对下列事项进行约定:

1)预付工程款的数额、支付时间及抵扣方式。

2)安全文明施工措施的支付计划,使用要求等。

3)工程计量与支付工程进度款的方式、数额及时间。

4)工程价款的调整因素、方法、程序、支付及时间。

5)施工索赔与现场签证的程序、金额确认与支付时间。

6)承担计价风险的内容、范围以及超出约定内容、范围的调整办法。

7)工程竣工价款结算编制与核对、支付及时间。

8)工程质量保证金的数额、预留方式及时间。

9)违约责任以及发生合同价款争议的解决方法及时间。

10)与履行合同、支付价款有关的其他事项等。

(6)工程计量。《13 计价规范》第 8.1.1 条规定:"工程量必须按照相关工程现行国家计量规范规定的工程量计算规则计算"。由此可以看出,不论采用何种计价方式,其工程量必须按相关工程的现行国家计量规范规定的工程量计算规则计算。采用统一的工程量计算规则,对于规范工程建设各方的计量计价行为,有效减少计量争议具有重要的意义。另外,工程量的正确计算是合同价款支付的前提和依据,而选择恰当的计量方式也显得尤为重要。工程计量可选择按月或按工程形象进度分段计量,具体计量周期应在合同中约定。

(7)合同价款调整。《13 计价规范》第 9.1.1 条规定,下列事项(但不限于)发生,发承包双方应当按照合同约定调整合同价款:

1)法律法规变化。

2)工程变更。

3)项目特征不符。

4)工程量清单缺项。

5)工程量偏差。

6)计日工。

7)物价变化。

8)暂估价。

9)不可抗力。

10)提前竣工(赶工补偿)。

11)误期赔偿。

12)索赔。

13)现场签证。

14)暂列金额。

15)发承包双方约定的其他调整事项。

出现合同价款调增事项(不含工程量偏差、计日工、现场签证、索赔)后的14天内,承包人应向发包人提交合同价款调增报告并附上相关资料;承包人在14天内未提交合同价款调增报告的,应视为承包人对该事项不存在调整价款请求。出现合同价款调减事项(不含工程量偏差、索赔)后的14天内,发包人应向承包人提供合同价款调减报告并附相关资料;发包人在14天内未提交合同价款调减报告的,应视为发包人对该事项不存在调整价款请求。

(8)合同价款期中支付。《13计价规范》主要是规定了预付款、安全文明施工费、进度款的支付以及违约的责任。

(9)竣工结算。工程完工后,发承包双方必须在合同约定时间内办理工程竣工结算。工程竣工结算应由承包人或受其委托具有相应资质的工程造价咨询人编制,并应由发包人或受其委托具有相应资质的工程造价咨询人核对。当发承包双方或一方对工程造价咨询人出具的竣工结算文件有异议时,可向工程造价管理机构投诉,申请对其进行执业质量鉴定。

(10)合同解除的价款结算与支付。发承包双方协商一致解除合同的,应按照达成的协议办理结算和支付合同的价款。《13计价规范》第12.0.2条规定了由于不可抗力解除合同的,发包人应向承包人支付的合同价款,第12.0.3、12.0.4条分别规定了承包人违约解除合同、发包人违约解除合同时合同价款结算与支付的原则。

(11)合同价款争议的解决。合同价款争议的解决方式主要有监理或造价师暂定、管理机构的解释或认定、协商和解、调解四种。

(12)工程造价鉴定。如今工程造价鉴定在一些施工合同纠纷案件处理中是裁决、判决的主要依据。工程造价咨询人进行工程造价鉴定工作时,应自行收集规定的鉴定资料。《13计价规范》第14.3条规定了工程造价鉴定原则、鉴定意见书的内容、鉴定时限、鉴定缺陷的补充等事项等。

(13)工程计价资料与档案。工程计价的原始资料是正确计价的凭证,也是工程造价争议处理鉴定的有效依据。《13计价规范》规定了工程计价文件的形式、送达、签收以及发承包双方管理人员的职责,并规定发承包双方以及工程造价咨询人对具有保存价值的各种载体的计价文件,均应收集齐全,整理立卷后归档,向接受单位移交档案时,应编制移交清单,双方应签字、盖章后方可交接。

(14)工程计价表格。为了使工程量清单及其计价的编制口径统一,便于对投标人的投标报价进行比较,《13 计价规范》给出了一套计算和表达工程量清单及其计价的统一格式。招标人或投标人编制工程量清单或计算招标控制价及投标报价时,能够满足有关的规定即可。

工程量清单与计价宜采用《13 计价规范》规定的统一格式。各省、自治区、直辖市建设行政主管部门和行业建设主管部门均可根据本地区、本行业的实际情况,在计价规范计价表格的基础上补充完善。

2. 附录部分

《13 计价规范》附录包括附录 A 物价变化合同价款调整方法、附录 B 工程计价文件封面、附录 C 工程计价文件扉页、附录 D 工程计价总说明、附录 E 工程计价汇总表、附录 F 分部分项工程和措施项目计价表、附录 G 其他项目计价表、附录 H 规费、税金项目计价表、附录 J 工程计量申请(核准)表、附录 K 合同价款支付申请(核准)表、附录 L 主要材料、工程设备一览表 12 个部分。

(二)《13 工程计量规范》的内容

《13 工程计量规范》是在 2008 版清单计价规范附录 A～附录 F 的基础上制订的,内容包括房屋建筑与装饰工程、仿古建筑工程、通用安装工程、市政工程、园林绿化工程、矿山工程、构筑物工程、城市轨道交通工程、爆破工程等 9 个专业。正文部分共计 261 条,包括总则、术语、工程计量、工程量清单编制等内容;附录部分共计 3915 条,主要内容包括有项目编码、项目名称、项目特征、计量单位、工程量计算规则、工作内容等,其中项目编码、项目名称、计量单位、工程量计算规则作为"四统一"内容,要求招标人在编制工程量清单时必须执行。

第二节　工程量清单编制概述

《13 计价规范》的发布实施,开创了我国工程造价管理工作的新格局,也是我国建设工程造价计价方式改革的一项重大举措,必将推动我国工程造价管理改革的深入和体制的创新,最终建立由政府宏观调控、市场竞争形成价格的新机制。

《13 计价规范》计价的核心,一是由招标人提供承担风险的工程量清单;二是由投标人进行自主和承担风险的报价。工程量清单计价是一种区别于定额计价模式的新计价模式,是一种主要由市场竞争定价的计价模式,由建筑安装工程的买方和卖方在建设市场上根据供求状况和掌握工程造价信息的情况下进行公开、公平的竞争定价,从而最终形成能够签订工程合同价格的方法。在工程量清单的计价过程中,工程量清单向建设市场的交易双方提供了一个平等的平台,是投标人在投标活动中进行公正、公平、公开竞争的重要基础。

一、工程量及工程量清单的概念

工程量即工程的数量,是以物理计量单位或自然计量单位所表示的各个分部分项工程和构配件的数量。物理计量单位,是指以公制法定计量单位表示的长度、面积、体积、质量等。如给排水管道敷设长度,道路照明线路敷设长度(m),建筑物的建筑面积、楼地面的面积(m^2),道路基础挖土、墙基地槽挖土、墙基础、墙体、钢筋混凝土梁、板、柱的体积(m^3),钢梁、钢柱、钢支架、钢平台、钢爬梯、钢屋架、钢桥架的质量(t)等。自然计量单位一般是指以物体的自然形态表示的计量单位,例如起重机、电动机、变压器安装以台为单位,散热器安装以片为单位,卫生器具安装以组为单位,灯具安装以套为单位等。

工程量清单是指用以表现拟建工程的分部分项工程项目、措施项目、其他项目、规费项目和税金项目的名称和相应数量的明细清单的表格。工程量清单是工程招标文件的组成部分,由工程招标人按照统一的项目名称、统一的项目编码、统一的工程量计算规则和统一的计量单位进行编制,这些表格包括分部分项工程项目清单、措施项目清单、其他项目清单、规费项目清单、税金项目清单等。

二、实行工程量清单计价的目的和意义

长期以来,我国发承包计价、定价以工程预算定额作为主要依据。1992年,为了适应建设市场改革的要求,针对工程预算定额编制和使用中存在的问题,提出了"控制量、指导价、竞争费"的改革措施,工程造价管理由静态管理模式逐步转变为动态管理模式。这一措施在我国实行社会主义经济初期起到了积极的作用,但随着建设市场化进程的发展,这种做法仍然难以改变工程预算定额中国家指令性的状况,难以满足招标、投标和评标的要求。因而,为适应我国建设市场的快速发展,以及加入世界贸易组织(WTO)与国际惯例接轨等要求,为改革工程造价计价方法,推行工程量清单计价,原建设部标准定额研究所受建设部标准定额司的委托,组织了有关部门和地区20多个单位的造价专家60余人,经过一年多时间,编制了《建设工程工程量清单计价规范》,经原建设部批准为国家标准,于2003年7月1日正式实施。国家工程建设主管部根据该《计价规范》五年来施行过程中的成功经验,针对执行中存在的问题,对《建设工程工程量清单计价规范》(GB 50500—2003)正文及附录进行了局部修改,并于2008年7月以国家住房和城乡建设部公告第63号发布,自2008年12月1日起实施。现阶段正在实行的《13计价规范》及《13工程计量规范》是在认真总结我国推行工程量清单计价的实践经验及实施《03计价规范》、《08计价规范》中存在的不足的基础上,经广泛深入征求意见,反复讨论修改而形成。我国建设工程实行工程量清单计价的目的和意义主要有以下几点:

(1)实行工程量清单计价,是工程造价深化改革的产物。

(2)实行工程量清单计价,是规范建设市场秩序,适应社会主义市场经济发展的需要。

(3)实行工程量清单计价,是为促进建设市场有序竞争和企业健康发展的需要。

(4)实行工程量清单计价,有利于我国工程造价管理政府职能的转变。

(5)实行工程量清单计价,是适应我国加入世界贸易组织(WTO),融入世界大市场的需要。

三、工程量清单编制的程序和要求

(一)工程量清单编制的程序

建设项目工程量清单编制的程序,可用程序式表达如下:熟悉施工图纸→计算分部分项工程量、措施项目工程量、其他项目工程量→校审工程量→汇总分部分项工程量→填写工程量清单表→审核工程量清单→发送投标人计价(或招标人自行编制招标控制价)。

(二)工程量清单编制的要求

工程量清单,在建设项目的实施活动中涉及许多方面,如施工进度计划安排方面,材料采购计划安排方面,人力、机具调配计划安排方面,财务核算、计划统计方面等。所以,分部分项工程项目清单包括的内容,应满足两个方面的要求,其一要满足规范管理和方便管理的要求;其二要满足计价的要求。

第三节　工程量清单的组成及编制原则

市政建设项目工程量清单，是招标文件的重要组成内容之一，是编制建设项目标底价与投标报价的依据，它应由具有编制招标文件能力的招标人或受其委托具有相应资质的工程造价咨询人进行编制。

一、工程量清单的组成

一个市政建设项目的工程量清单，按照《13计价规范》中“工程计价表格”的规定，工程量清单由下列各种表格组成：

(1)封面(表5-1)。

(2)扉页(表5-2)。

(3)总说明(表5-3)。

(4)分部分项工程和单价措施项目清单与计价表(表5-4)。

(5)总价措施项目清单与计价表(表5-5)。

(6)其他项目清单与计价汇总表(表5-6)。

(7)暂列金额明细表(表5-7)。

(8)材料(工程设备)暂估单价及调整表(表5-8)。

(9)专业工程暂估价及结算价表(表5-9)。

(10)计日工表(表5-10)。

(11)总承包服务费计价表(表5-11)。

(12)规费、税金项目计价表(表5-12)。

(13)发包人提供材料和工程设备一览表(表5-13)。

(14)承包人提供主要材料和工程设备一览表(适用于造价信息差额调整法)(表5-14)或承包人提供主要材料和工程设备一览表(适用于价格指数差额调整法)(表5-15)。

二、工程量清单编制的依据

(1)《13计价规范》和相关工程的国家计量规范。

(2)国家或省级、行业建设主管部门颁发的计价定额和办法。

(3)建设工程设计文件及相关资料。

(4)与建设工程有关的标准、规范、技术资料。

(5)拟定的招标文件。

(6)施工现场情况、地勘水文资料、工程特点及常规施工方案。

(7)其他相关资料。

三、工程量清单编制的原则

(1)必须能满足建设工程项目招标和招标计价的需要。

(2)必须遵循《13计价规范》中的各项规定(包括项目编码、项目名称、项目特征、计量单位和工程量计算规则等)。

(3)必须能满足控制实物工程量，市场竞争形成价格的价格运行机制和对工程造价进行合理确定与有效控制的要求。

(4)必须有利于规范建设市场的计价行为,能够促进企业的经营管理、技术进步,增加企业的综合能力、社会信誉和在国内、国际建筑市场的竞争能力。

(5)必须适度考虑我国目前工程造价管理工作的现状。我国虽然已经推行了工程量清单计价模式,但由于各地实际情况的差异,工程造价计价方式不可避免地会出现双轨并行的局面——工程量清单计价与定额计价同时存在、交叉执行。

1. 什么是《建设工程工程量清单计价规范》?
2.《建设工程工程量清单计价规范》的内容由哪几部分组成?
3.《建设工程工程量清单计价规范》的特点是什么?
4. 何谓"工程量清单"? 工程量清单由哪几部分构成?
5. 建设工程工程量清单编制的要求是什么?
6. 建设工程工程量清单编制的原则是什么?

第四章　市政工程清单项目工程量计算

任何一个建设项目造价的确定，都是由其工程数量与相应工程单价相结合而求得的。工程量是指以物理计量单位或自然计量单位来表示的各个具体工程的结构构件、配件等各部分实体的数量或非实体项目的数量。清单项目分项工程量计算，是确定工程项目造价很关键的一步，它的计算不仅烦琐复杂，而且花费时间长，要求质量高，涉及相关基础知识面多。

中华人民共和国国家标准《市政工程工程量计算规范》(GB 50857－2013)(以下简称《市政计量规范》)主要包括总则、术语、工程计量、工程量清单编制、附录五部分。其中附录部分共分为11个附录564个项目，包括：

附录A　土石方工程共4节10个项目；

附录B　道路工程共5节80个项目；

附录C　桥涵工程共10节86个项目；

附录D　隧道工程共7节85个项目；

附录E　管网工程共5节51个项目；

附录F　水处理工程共3节76个项目；

附录G　生活垃圾处理工程共3节26个项目；

附录H　路灯工程共8节63个项目；

附录J　钢筋工程共1节10个项目；

附录K　拆除工程共1节11个项目；

附录L　措施项目共10节66个项目。

第一节　土石方工程工程量计算

《市政计量规范》附录A土石方工程分为土方工程、石方工程、回填方、土石方运输和相关问题及说明共4节10个清单项目，各项目内容及工程量计算规则，分别介绍于下：

一、土方工程(编码:040101)

土方工程共有5个清单项目，其清单项目设置及工程量计算规则见表4-1。

表4-1　　土方工程(编码:040101)

项目编码	项目名称	项目特征	计量单位	工程量计算规则	工作内容
040101001	挖一般土方	1. 土壤类别 2. 挖土深度	m^3	按设计图示尺寸以体积计算	1. 排地表水 2. 土方开挖 3. 围护(挡土板)及拆除 4. 基底钎探 5. 场内运输
040101002	挖沟槽土方			按设计图示尺寸以基础垫层底面积乘以挖土深度计算	
040101003	挖基坑土方				

(续表)

项目编码	项目名称	项目特征	计量单位	工程量计算规则	工作内容
040101004	暗挖土方	1. 土壤类别 2. 平洞、斜洞(坡度) 3. 运距	m^3	按设计图示断面乘以长度以体积计算	1. 排地表水 2. 土方开挖 3. 场内运输
040101005	挖淤泥、流砂	1. 挖掘深度 2. 运距		按设计图示位置、界限以体积计算	1. 开挖 2. 运输

注:1. 沟槽、基坑、一般土方的划分为:底宽≤7m 且底长>3 倍底宽为沟槽,底长≤3 倍底宽且底面积≤150m^2 为基坑。超出上述范围则为一般土方。

2. 土壤的分类应按表 4-2 确定。
3. 如土壤类别不能准确划分时,招标人可注明为综合,由投标人根据地勘报告决定报价。
4. 土方体积应按挖掘前的天然密实体积计算。
5. 挖沟槽、基坑土方中的挖土深度,一般指原地面标高至槽、坑底的平均高度。
6. 挖沟槽、基坑、一般土方因工作面和放坡增加的工程量,是否并入各土方工程量中,按各省、自治区、直辖市或行业建设主管部门的规定实施。如并入各土方工程量中,编制工程量清单时,可按表 4-3、表 4-4 规定计算;办理工程结算时,按经发包人认可的施工组织设计规定计算。
7. 挖沟槽、基坑、一般土方和暗挖土方清单项目的工作内容中仅包括了土方场内平衡所需的运输费用,如需土方外运时,按 040103002"余方弃置"项目编码列项。
8. 挖方出现流砂、淤泥时,如设计未明确,在编制工程量清单时,其工程数量可为暂估值。结算时,应根据实际情况由发包人与承包人双方现场签证确认工程量。
9. 挖淤泥、流砂的运距可以不描述,但应注明由投标人根据施工现场实际情况自行考虑决定报价。

表 4-2　　土壤分类表

土壤分类	土壤名称	开挖方法
一、二类土	粉土、砂土(粉砂、细砂、中砂、粗砂、砾砂)、粉质黏土地、弱中盐渍土、软土(淤泥质土地、泥炭、泥炭质土)软塑红黏土、冲填土	用锹,少许用镐、条锄开挖。机械能全部直接铲挖满载者
三类土	黏土、碎石土(圆砾、角砾)、混合土、可塑红黏土、硬塑红黏土、强盐渍土、素填土、压实填土	主要用镐、条锄,少许用锹开挖。机械需部分刨松方能铲挖满载者或可直接铲挖但不能满载者
四类土	碎石土(卵石、碎石、漂石、块石)、坚硬红黏土、超盐渍土、杂填土	全部用镐、条锄挖掘,少许用撬棍挖掘。机械需普通刨松方能铲挖满载者

注:本表土的名称及其含义按现行国家标准《岩土工程勘察规范》(GB 50021—2001)(2009 年局部修订版)定义。

表 4-3　　放坡系数表

土类别	放坡起点(m)	人工挖土	机械挖土		
			在沟槽、坑内作业	在沟槽侧、坑边上作业	顺沟槽方向坑上作业
一、二类土	1.20	1∶0.50	1∶0.33	1∶0.75	1∶0.50
三类土	1.50	1∶0.33	1∶0.25	1∶0.67	1∶0.33
四类土	2.00	1∶0.25	1∶0.10	1∶0.33	1∶0.25

注:1. 沟槽、基坑中土类别不同时,分别按其放坡起点、放坡系数,依不同土类别厚度加权平均计算。

2. 计算放坡时,在交接处的重复工和量不予扣除,原槽、坑做基础垫层时,放坡自垫层上表面开始计算。
3. 本表按《全国统一市政工程预算定额》(GYD—301—1999)整理,并增加机械挖土顺沟槽方向坑上作业的放坡系数。

表 4-4　　管沟施工每侧所需工作面宽度计算表　　(单位:mm)

<table>
<tr><th rowspan="2">管道结构宽</th><th rowspan="2">混凝土管道
基础 90°</th><th rowspan="2">混凝土管道
基础>90°</th><th rowspan="2">金属管道</th><th colspan="2">构　筑　物</th></tr>
<tr><th>无防潮层</th><th>有防潮层</th></tr>
<tr><td>500 以内</td><td>400</td><td>400</td><td>300</td><td rowspan="4">400</td><td rowspan="4">600</td></tr>
<tr><td>1000 以内</td><td>500</td><td>500</td><td>400</td></tr>
<tr><td>2500 以内</td><td>600</td><td>500</td><td>400</td></tr>
<tr><td>2500 以上</td><td>700</td><td>600</td><td>500</td></tr>
</table>

注:1. 管道结构宽:有管座按管道基础外缘,无管座按管道外径计算;构筑物按基础外缘计算。
2. 本表按《全国统一市政工程预算定额》(GYD—301—1999)整理,并增加管道结构宽 2500mm 以上的工作面宽度值。

表 4-1 中相关项目的划分原则及含义说明如下:

(1)挖一般土方、沟槽土方、基坑土方的划分原则,见表 4-1 下方的"注 1"。

(2)市政工程施工常见的构漕断面形式有直槽、梯形槽、混合槽等,当有两条或多条管道共同埋设时,还需采用联合槽。

(3)在基坑开挖期间,设专人检查基坑稳定,发现问题及时能报有关施工负责人员,便于及时处理。在施工中如发现局部边坡位移较大,须立即停止开挖,通知围护单位做好加固或加密锚杆处理,进行边坡喷混凝土,待稳定后继续开挖。如施工过程中发现水量过大,及时增设井点处理。

(4)暗挖土方。是指市政隧道工程中的土方开挖以及市政管网采用不开槽方式埋设而进行的土方开挖。浅埋暗挖法是参考新奥法的基本原理,开挖中采用多种辅助施工措施加固围岩,充分调动围岩的自承能力,开挖后即时支护,封闭成环,使其与围岩共同作用形成联合支护体系,有效地抑制围岩过大变形的一种综合施工技术。

(5)挖淤泥、流砂。淤泥是一种稀软状,不易成形的灰黑色、有臭味、含有半腐朽的植物遗体(占 60%以上),置于水中有动植物残体渣滓浮于水面,并常有气泡由水中冒出的泥土;流砂是土体的一种现象,通常细颗粒、颗粒均匀、松散、饱和的非黏性土容易发生这个现象。

二、石方工程(编码:040102)

石方工程共有 3 个清单项目,其清单项目设置及工程量计算规则见表 4-5。

表 4-5　　石方工程(编码:040102)

<table>
<tr><th>项目编码</th><th>项目名称</th><th>项目特征</th><th>计量
单位</th><th>工程量计算规则</th><th>工作内容</th></tr>
<tr><td>040102001</td><td>挖一般石方</td><td rowspan="3">1. 岩石类别
2. 开凿深度</td><td rowspan="3">m³</td><td>按设计图示尺寸以体积计算</td><td rowspan="3">1. 排地表水
2. 石方开凿
3. 修整底、边
4. 场内运输</td></tr>
<tr><td>040102002</td><td>挖沟槽石方</td><td rowspan="2">按设计图示尺寸以基础垫层底面积乘以挖石深度计算</td></tr>
<tr><td>040102003</td><td>挖基坑石方</td></tr>
</table>

注:1. 沟槽、基坑、一般石方的划分为:底宽≤7m 且底长>3 倍底宽为沟槽;底长≤3 倍底宽且底面积≤150m² 为基坑;超出上述范围则为一般石方。
2. 岩石的分类应按表 4-6 确定。
3. 石方体积应按挖掘前的天然密实体积计算。
4. 挖沟槽、基坑、一般石方因工作面和放坡增加的工程量,是否并入各石方工程量中,按各省、自治区、直辖市或行业建设主管部门的规定实施。如并入各石方工程量中,编制工程量清单时,其所需增加的工程数量可为暂估值,且在清单项目中予以注明;办理工程结算时,按经发包人认可的施工组织设计规定计算。
5. 挖沟槽、基坑、一般石方清单项目的工作内容中仅包括了石方场内平衡所需的运输费用,如需石方外运时,按 040103002"余方弃置"项目编码列项。
6. 石方爆破按现行国家标准《爆破工程工程量计算规范》(GB 50862—2013)相关项目编码列项。

表 4-6　　岩石分类表

岩石分类		代表性岩石	开挖方法
极软岩		1. 全风化的各种岩石 2. 各种半成岩	部分用手凿工具、部分用爆破法开挖
软质岩	软岩	1. 强风化的坚硬岩或较硬岩 2. 中等风化—强风化的较软岩 3. 未风化—微风化的页岩、泥岩、泥质砂岩等	用风镐和爆破法开挖
	较软岩	1. 中等风化—强风化的坚硬岩或较硬岩 2. 未风化—微风化的凝灰岩、千枚岩、泥灰岩、砂质泥岩等	
硬质岩	较硬岩	1. 微风化的坚硬岩 2. 未风化—微风化的大理岩、板岩、石灰岩、白云岩、钙质砂岩等	用爆破法开挖
	坚硬岩	未风化—微风化的花岗岩、闪长岩、辉绿岩、玄武岩、安山岩、片麻岩、石英岩、石英砂岩、硅质砾岩、硅质石灰岩等	

注:本表依据现行国家标准《工程岩体分级级标准》(GB 50218－1994)和《岩土工程勘察规范》(GB 50021—2001)(2009年局部修订版)整理。

三、回填方及土石方运输(编码:040103)

回填方及土石方运输共有2个清单项目,其清单项目设置及工程量计算规则见表4-7。

表 4-7　　回填方及土石方运输(编码:040103)

项目编码	项目名称	项目特征	计量单位	工程量计算规则	工作内容
040103001	回填方	1. 密实度要求 2. 填方材料品种 3. 填方粒径要求 4. 填方来源、运距	m^3	1. 按挖方清单项目工程量加原地面线至设计要求标高间的体积,减基础、构筑物等埋入体积计算 2. 按设计图示尺寸以体积计算	1. 运输 2. 回填 3. 压实
040103002	余方弃置	1. 废弃料品种 2. 运距		按挖方清单项目工程量减利用回填方体积(正数)计算	余方点装料运输至弃置点

注:1. 填方材料品种为土时,可以不描述。
2. 填方粒径,在无特殊要求情况下,项目特征可以不描述。
3. 对于沟、槽坑等开挖后再进行回填方的清单项目,其工程量计算规则按第1条确定;场地填方等按第2条确定。其中,对工程量计算规则1,当原地面线高于设计要求标高时,则其体积为负值。
4. 回填方总工程量中若包括场内平衡和缺方内运两部分时,应分别编码列项。
5. 余方弃置和回填方的运距可以不描述,但应注明由投标人根据施工现场实际情况自行考虑决定报价。
6. 回填方如需缺方内运,且填方材料品种为土方时,是否在综合单价中计入购买土方的费用,由投标人根据工程实际情况自行考虑决定报价。

四、土石方工程量计算说明及计算方法

(一)土石方工程量计算说明

(1)填方以压实(夯实)后的体积计算,挖方以自然密实度体积计算。

(2)挖一般土石方清单工程量按设计图示尺寸以体积计算。

(3)挖沟槽和基坑土石方清单工程量按设计图示尺寸以基础垫层底面积乘以挖土石深度计算。其中挖土石深度为原地面平均标高至坑、槽底平均标高的深度,如图 4-1 所示。

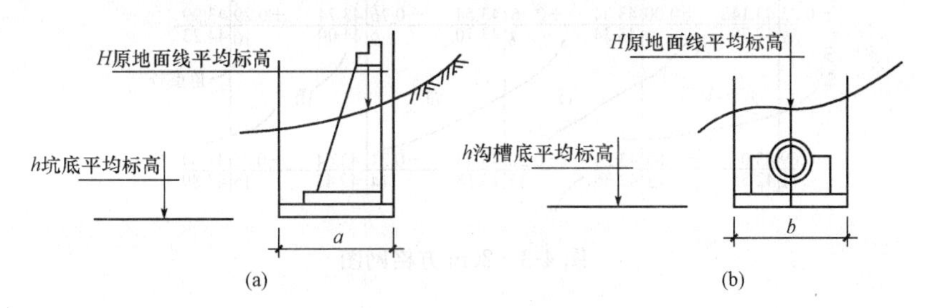

图 4-1　挖沟槽和基坑土石方

(a)基坑挖方;(b)沟槽挖方

a—桥台垫层宽;b—桥台垫层长;$a\times b\times(H-h)$—管沟挖方工程量

(4)市政管网中各种井的井位挖方计算。因为管沟挖方的长度按管网铺设的管道中心线的长度计算,所以,管网中的各种井的井位挖方清单项目工程量必须扣除与管沟重叠部分的土石方量,如图 4-2(a)所示,只计算斜线部分的土石方量。

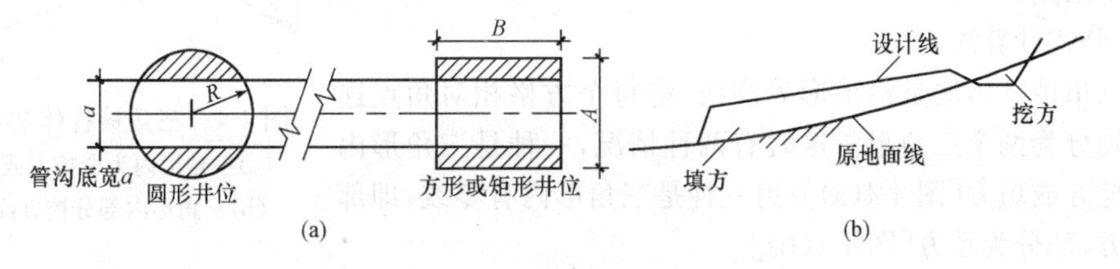

图 4-2　井位挖方示意图

(a)只计算斜线部分土石方量;(b)道路填方工程量计算

(5)回填方工程量计算。

1)道路填方按设计线与原地面线之间的体积计算,如图 4-2(b)所示。

2)基坑回填方按沟槽或基坑挖方清单项目工程量减基础、构筑物等埋入体积计算,如有原地面以上回填方则再加上这部体积即为回填方工程量。

(二)土石方工程量计算方法

1. 大型土石方工程量方格网计算法

大型土石方工程量方格网计算方法,一般是指在有等高线的地形图上,划分为许多正方形的方格。正方形的边长,初步设计阶段一般为 50m 或 40m 方格;在施工图设计阶段为 20m 或 10m 方格。方格边长愈小,计算得出的工程量数值愈正确。在划得方格的各角点上标出推算出的设计高程,同时,也标出自然地面的实际高程。通常是将设计高程填写在角点的右上角,实际地面高程填写在角点的右下角。该地面高程以现场实际测量为准,然后将地面实测标高减设计标高,正号(+)为挖方,负号(-)为填方,带正负号的数值填写在负点的左上角。在角点的左下角的数字为角点的排列号,如图 4-3 所示。

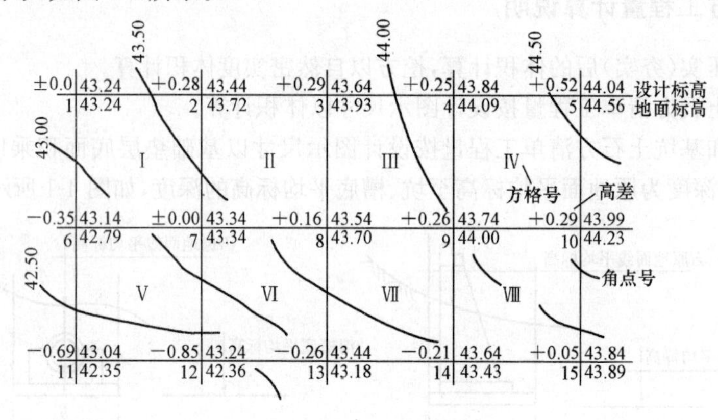

图 4-3 20m 方格网图

大型土石方工程量计算有图解法和公式计算法两种。一般来说,图解法不仅使用不便,而且精度太差,一般均不采用;公式计算法有三种方法,即三角棱柱体法、四方棱柱体法和横断面法。

(1)图解法用于地形比较复杂,高程相差较大的地形,将各测点连成三角形,用比例尺测量距离,以三点平均高程乘以面积得到工程量。此法不利用方格网,而且误差较大,所以实际工作中一般不采用。

(2)公式计算法。

1)三角棱柱体法是沿地形等高线,将每个方格相对角点连接起来划分为两个三角形。这时有两种情况,一种是三角形内全部为挖方或填方[图 4-4(a)];另一种是三角形内有零线,即部分为挖方,部分为填方[图 4-4(b)]。

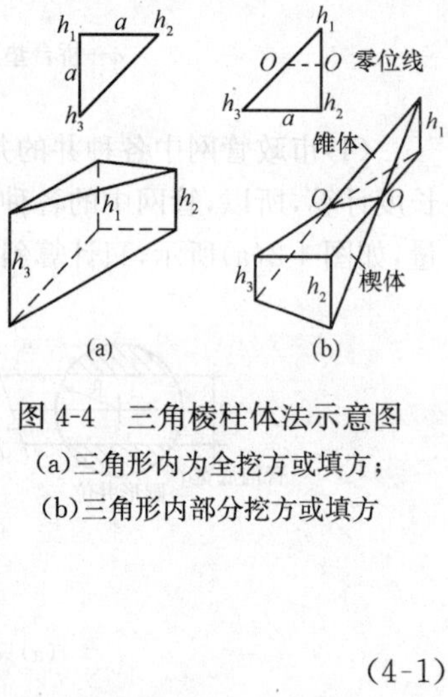

图 4-4 三角棱柱体法示意图
(a)三角形内为全挖方或填方;
(b)三角形内部分挖方或填方

当三角形为全部挖方或填方时,其截棱柱的体积为:

$$V=\frac{a^2}{6}(h_1+h_2+h_3) \tag{4-1}$$

式中 V——挖方或填方的体积(m^3);

a——方格边长;

O—O——零位线(即不挖不填);

h_1、h_2、h_3——各角顶点的施工高度(m),用绝对值代入。

各施工高度若有+、-时应与图符合。

当三角形为部分挖方及部分填方时[图 4-4(b)],必然出现零线,这时小三角形部分为锥体,其体积为:

$$V_{锥}=\frac{a^2}{6}\cdot\frac{{h_1}^3}{(h_1+h_2)(h_1+h_3)} \tag{4-2}$$

斜梯形部分为楔体体积为:

$$V_{楔}=\frac{a^2}{6}\left[\frac{{h_1}^3}{(h_1+h_2)(h_1+h_3)}-h_1+h_2+h_3\right] \tag{4-3}$$

2)四方棱柱体法是用于地形比较平坦或坡度比较一致的地形。一般采用30m方格及20m方格，以20m方格使用为多并且计算亦较方便，一般均可查阅土方量计算表。根据四角的施工高度(高差)符号不同，零位线可能将正方形划分为四种情况：正方形全部为填方(或挖方)；其中一小部分为填方(或挖方)形成三角形和五角形面积；其中近一半为填方(或挖方)形成两个梯形面积。又有两个三角形及一个六角形(假定空白为挖，阴影为填)。

图4-5所示方格边长以a表示，对有零位线的零位距离，计算式中有两种表示方式，一种以b,c表示，另一种以施工高度h_1,h_2……的比值来表示距离，示例如下：

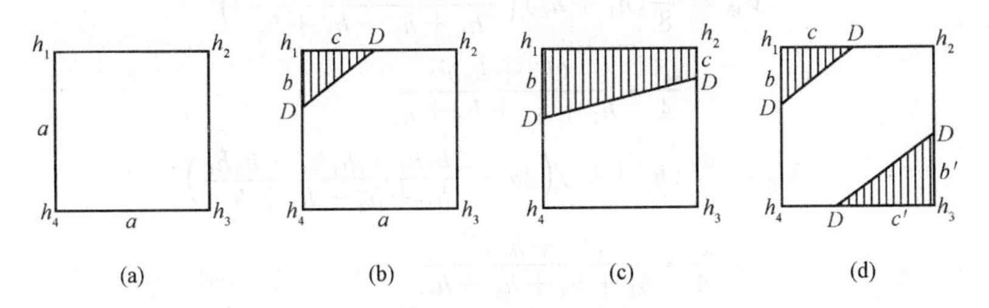

图4-5　四角棱柱体

①当方格内全部为填方(或挖方)时[图4-5(a)]：

$$V_{挖}=\frac{a^2}{4}(h_1+h_2+h_3+h_4) \tag{4-4}$$

②当方格内有底面积为三角形的角锥体的填方(或挖方)及五角形的截棱柱体的挖土(或填方)时，则三角形的角锥体的体积为[图4-5(b)]：

$$V_{填}=\frac{1}{2}b\times c\frac{h_1}{3}=\frac{h_1}{6}(b\times c) \tag{4-5}$$

若以施工高程来表示距离a,b时，则：

$$b=\frac{ab_1}{h_1+h_4},c=\frac{ah_1}{h_1+h_2}\text{代入(4-5)式得}$$

$$V_{填}=\frac{a^2h_1{}^3}{6(h_1+h_4)(h_1+h_2)} \tag{4-5a}$$

五角截棱柱体的体积在一般土石方计算资料中均采用近似值，公式如下[图4-5(b)]：

$$V_{挖}=\left(a^2-\frac{bc}{2}\right)\frac{h_2+h_3+h_4}{6} \tag{4-6}$$

若将b、c以施工高度表示为：

$$V_{挖}=a^2\left[1-\frac{h_1{}^2}{2(h_1+h_4)(h_1+h_2)}\right]\frac{h_2+h_3+h_4}{5} \tag{4-6a}$$

若该截五角棱柱体用较精确计算时其公式为[图4-5(b)]：

$$\begin{aligned}V_{挖}&=a_2\times\frac{h_2+h_3+h_4}{3}-\left[\frac{1}{3}\times\frac{a^2}{2}(h_1+h_3)-V_{填}\right]\\&=\frac{a^2}{6}(2h_2+h_3+h_4-h_1)+V_{填}\\&=\frac{a^2}{6}\left[2h_2+h_3+2h_4-h_1+\frac{h_1{}^3}{(h_1+h_4)(h_1+h_2)}\right]\end{aligned} \tag{4-6b}$$

③当方格两对边有零点，且相邻两点为填方，两点为挖方，底面积为两个梯形时，其计算公式为[图 4-5(c)]：

$$V_{填} = \frac{a}{4}(h_1 + h_2)\left(\frac{b+c}{2}\right) = \frac{a}{8}(b+c)(h_1 + h_2) \tag{4-7}$$

$$V_{挖} = \frac{a}{4}(h_3 + h_4)\left(\frac{a-b+a-c}{2}\right) = \frac{a}{8}(2a-b-c)(h_3 + h_4) \tag{4-8}$$

若以施工高程代替 b、c 时则公式为：

$$V_{填} = \frac{a^2}{8}(h_1 + h_2)\left(\frac{2h_1h_2 + h_1h_3 + h_2h_4}{h_1 + h_2 + h_3 + h_4}\right)$$

$$= \frac{a^2}{4} \cdot \frac{(h_1 + h_2)^2}{h_1 + h_2 + h_3 + h_4} \tag{4-7a}$$

$$V_{挖} = \frac{a_2}{8}(h_3 + h_4)\left(2a - \frac{2h_3h_4 + h_1h_3 + h_2h_4}{h_1 + h_2 + h_3 + h_4}\right)$$

$$= \frac{a^2}{4} \cdot \frac{(h_3 + h_4)^2}{h_1 + h_2 + h_3 + h_4} \tag{4-8a}$$

④当方格四边都有零点时，则填方为对顶点所组成的两个三角形，中间部分为挖方的六角形面积[图 4-5(d)]。则：

$$V_{1填} = \frac{a^2 h_1^{\ 3}}{6(h_1 + h_4)(h_1 + h_2)} \tag{4-5a}$$

$$V_{2填} = \frac{a^2 h_3^{\ 3}}{6(h_3 + h_4)(h_3 + h_3)} \tag{4-5b}$$

$$V_{挖} = \frac{a^2}{6}(2h_2 + 2h_4 - h_3 - h_1) + V_{1填} + V_{2填} \tag{4-9}$$

其他尚有零位线通过 h 点及零位线在相邻三边组成两个相邻三角形等图形(图 4-6)，按三角形及五角形的各角点的符号在上列公式中变换即可。

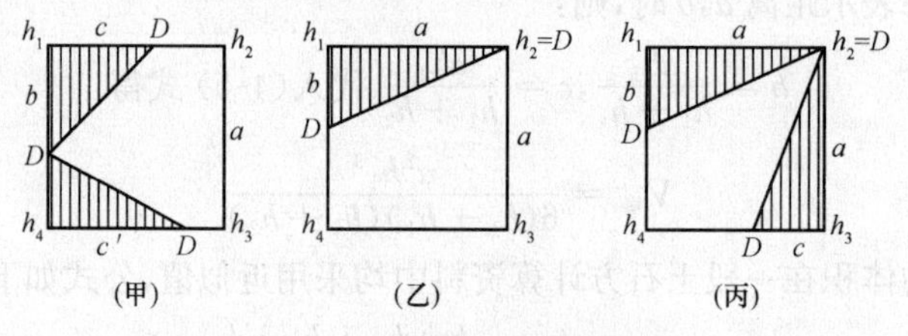

图 4-6　演变的四角棱柱体

3)横断面法是用于地形特别复杂，并且大多用于沟、渠等工程。计算方法是先计算每个变化点的横断面面积，再以两横断面的平均值乘长度即为该段的土方工程量，最后将各段总加成为该工程的全部工程量。

$$V = \frac{F_1 + F_2}{2} \times L \tag{4-10}$$

式中　V——相邻两断面间的土石方工程量(m^3)；

F_1、F_2——相邻两断面的断面面积(m^2)；

L——相邻两断面间的距离(m)。

2. 大型土石方工程量横断面计算法

市政工程大型土(石)方工程量计算方法见表 4-8(a)、表 4-8(b)、表 4-8(c)。

表 4-8(a)　　土方断面面积计算公式

序号	图　示	断面面积计算公式
1	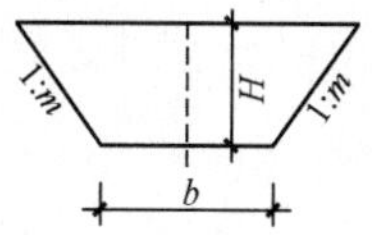 1:m; H; 1:m; b	$F=H(b+mH)$
2	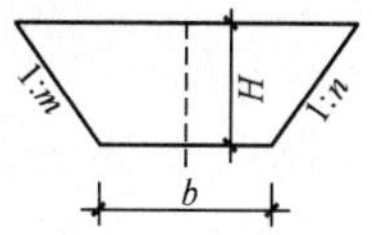 1:m; H; 1:n; b	$F=H\left[b+\frac{h(m+n)}{2}\right]$
3	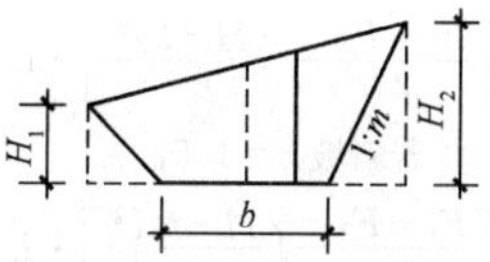 H_1; 1:m; H_2; b	$F=b\frac{H_1+H_2}{2}+mH_1H_2$
4	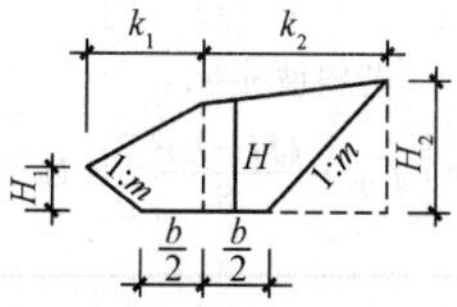 k_1; k_2; H_1; 1:m; H; 1:m; H_2; $\frac{b}{2}$; $\frac{b}{2}$	$F=\frac{H(k_1+k_2)+b(H_1+H_2)}{2}$
5	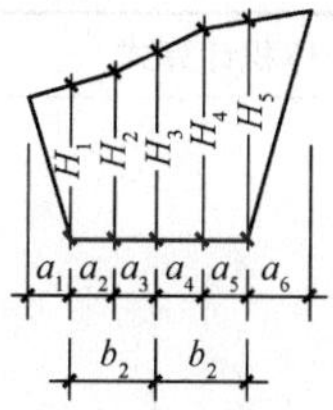 H_1; H_2; H_3; H_4; H_5; a_1; a_2; a_3; a_4; a_5; a_6; b_2; b_2	$F=H_1\frac{a_1+a_2}{2}+H_2\frac{a_2+a_3}{2}+H_3\frac{a_3+a_4}{2}+H_4\frac{a_4+a_5}{2}+H_5\frac{a_5+a_6}{2}$

表 4-8(b)　　土方体积计算公式

序号	图　示	体积计算式
1	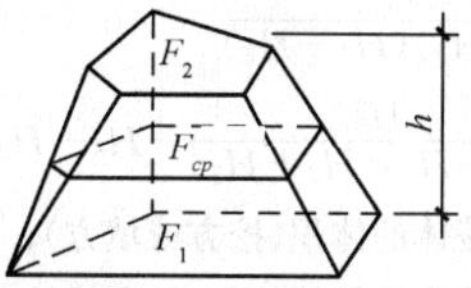 F_2; F_{cp}; F_1; h	$V=\frac{h}{6}(F_1+F_2+4F_{cp})$
2	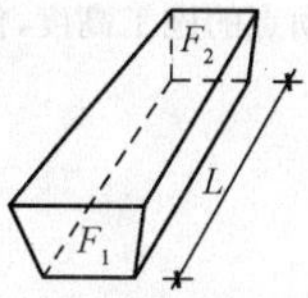 F_2; L; F_1	$V=\frac{F_1+F_2}{2}\cdot L$

(续表)

序号	图示	体积计算式
3		$V=F_{cp}L$
4		$V=\left[\dfrac{F_1+F_2}{2}-\dfrac{n(H-h)^2}{6}\right]\cdot L$ 若斜坡 $n=1.5$： $V=\left[\dfrac{F_1+F_2}{2}-\left(\dfrac{H-h}{2}\right)^2\right]\cdot L$ $V=\left[F_{cp}+n\dfrac{(H-h)^2}{12}\right]\cdot L$ 若斜坡 $n=1$： $V=\left[F_{cp}+\dfrac{(H-h)^2}{8}\right]\cdot L$

表 4-8(c) 广场土方计算公式

序号	图示	体积计算式
1	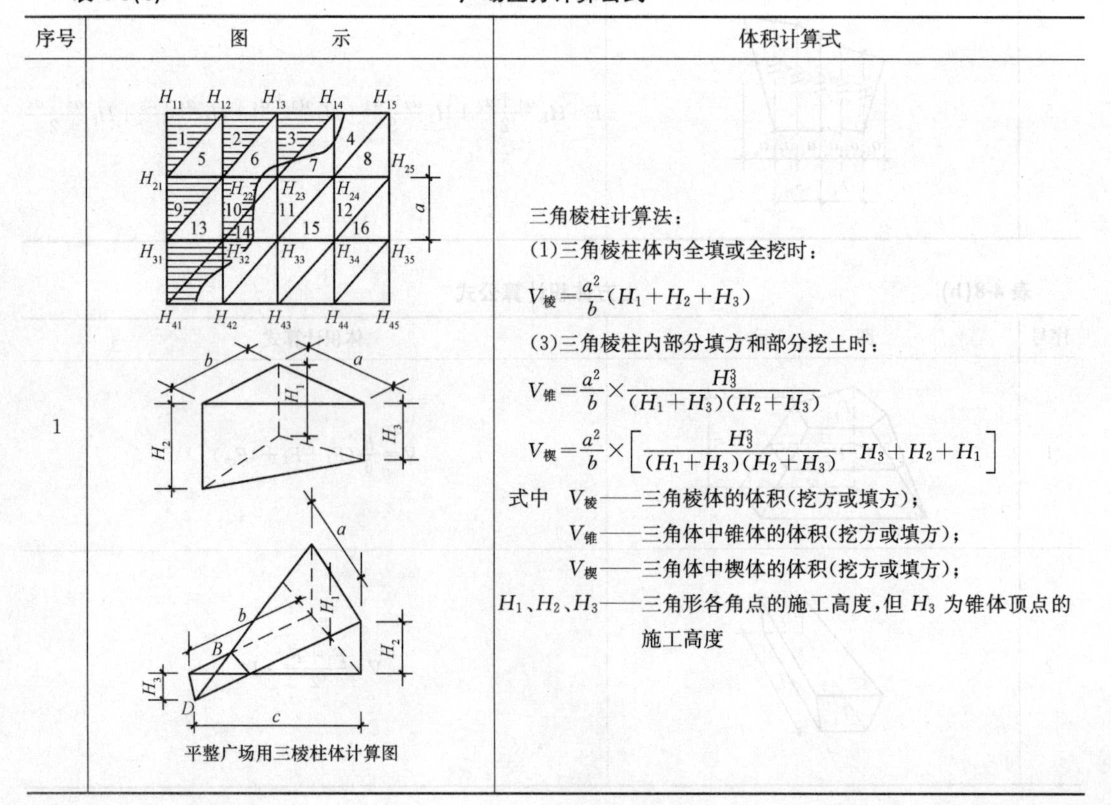 平整广场用三棱柱体计算图	三角棱柱计算法： (1)三角棱柱体内全填或全挖时： $V_{棱}=\dfrac{a^2}{b}(H_1+H_2+H_3)$ (3)三角棱柱内部分填方和部分挖土时： $V_{锥}=\dfrac{a^2}{b}\times\dfrac{H_3^3}{(H_1+H_3)(H_2+H_3)}$ $V_{楔}=\dfrac{a^2}{b}\times\left[\dfrac{H_3^3}{(H_1+H_3)(H_2+H_3)}-H_3+H_2+H_1\right]$ 式中 $V_{棱}$——三角棱体的体积(挖方或填方)； $V_{锥}$——三角体中锥体的体积(挖方或填方)； $V_{楔}$——三角体中楔体的体积(挖方或填方)； H_1、H_2、H_3——三角形各角点的施工高度，但 H_3 为锥体顶点的施工高度

（续表）

序号	图　　示	体积计算式
2	(a)图 (b)图 部分挖方部分填方的正方形平面图	(1)四方形中全为填方时： $V_H=a^2(A-B)$ (2)四方形中全为挖方时： $V_B=a^2(B-A)$ (3)四方形中部分挖方部分填方时： 图 a：$V_H=aP_H(A'-B')$ $V_B=aP_B(B'-A')$ 图 b：$V_H=\frac{dL}{2}(A'-B')$ $V_H=\left(a^2-\frac{dL}{2}\right)(B'-A')$ 式中　V_H、V_B——四方形中挖土及填方土量； A、A'——整个四方形或四方形的一部分计划高度； B、B'——整个方格或方格的一部分中心处原地面的平均高度； P_H-P_B——填方与棱方部分面积的平均纵坐标
3	平整广场用矩形柱体计算图	矩形柱体（分区计算）： $V=F\frac{H_1+H_2+H_3+H_4}{4}$ 式中　V——一个矩形内土方量； H_1、H_2、H_3、H_4——矩形四顶点应填（或挖去）的尺度。各矩形总土方量。 $V=F\frac{(\sum H_1+2\sum H_2+3\sum H_3+4\sum H_4)}{4}$ 式中　H_1、H_2、H_3、H_4——矩形各顶点填土（或挖土）尺度之平均值； ΣH_1、ΣH_2、ΣH_3、ΣH_4——分别代表各顶点之和

3. 沟、槽、坑土石方挖、填工程量计算方法

为了缩短篇幅和冗长的文字叙述，对于沟、槽、坑等项目土石方开挖工程量计算，笔者仅以计算公式作以下介绍：

(1)地沟、地槽土(石)方计算公式：

1)不放坡、不增加工作面的计算公式[图 4-7(a)]。

$$V=LbH \tag{4-11}$$

2)不放坡、增加工作面的计算公式[图 4-7(b)]：

$$V=L\times(b+2c)\times H \tag{4-12}$$

式中　V——地沟(槽)挖土(石)体积(m^3)；

L——地沟(槽)挖土(石)长度(m)；

b——地沟(槽)挖土(石)宽度(m)；

H——地沟(槽)挖土(石)图示深度(m)；

c——地沟(槽)挖土(石)增加工作面宽度(m)。

注：在沟槽、基坑下进行基础施工，需要一定的操作空间。为满足此需要，在挖土时按基础垫层的双向尺寸向周边放出一定范围的操作面积，作为工人施工时的操作空间，这个单边放出宽度[图 4-7(b)]就称为工作面。因工作面而增加的工程量，是否并入各土方工程量中，按各省、自治区、直辖市或行业建设主管部门的规定实施。

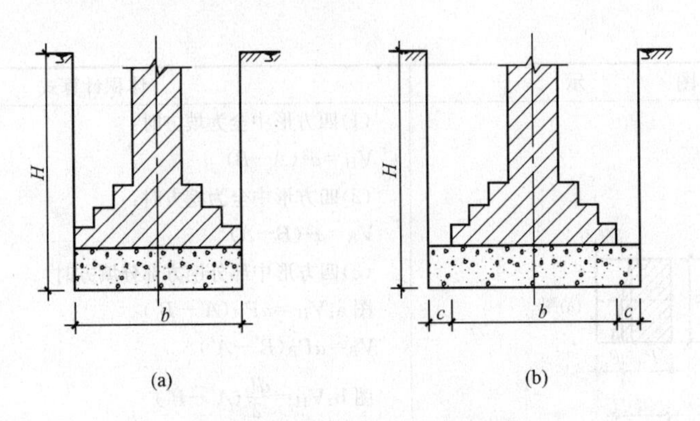

图4-7 地沟(槽)挖土(石)断面图

(a)不增加工作面;(b)增加工作面

基础施工中所需要增加的工作面宽度按表4-9的规定计算;管沟施工每侧所需工作面宽度按表4-4的规定计算。

表4-9 基础施工所需工作面宽度计算表

基础材料	每边增加工作面宽度(mm)
砖基础	200
浆砌毛石、条石基础	150
混凝土基础垫层支模板	300
混凝土基础支模板	300
基础垂直面做防水层	800(防水层面)

注:本表按《全国统一建筑工程预算工程量计算规则》GJD_{GZ}—101—95整理。

3)放坡不支挡土板的计算公式区分下列两种不同情况分别计算:

①由垫层上表面放坡时[图4-8(a)]的计算公式

$$V=L\times[(b+2c)\times h_1+(b+2c+kh_2)\times h_2] \tag{4-13}$$

②由垫层底面放坡时[图4-8(b)]的计算公式

$$V=L\times(b+2c+kH)\times H \tag{4-14}$$

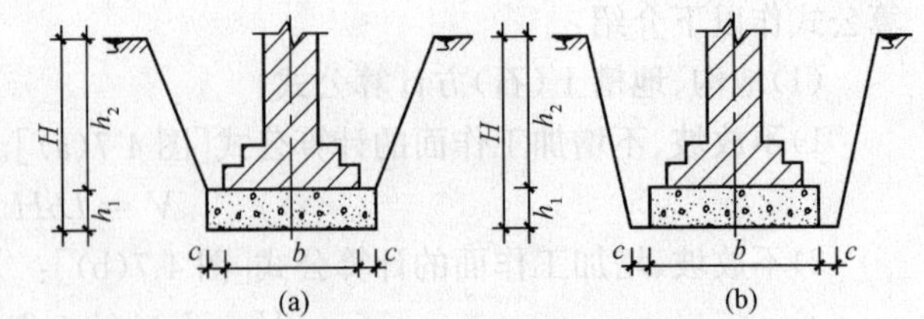

图4-8 地沟(槽)挖土放坡断面图

(a)从垫层上表面放坡;(b)从垫层底面放坡

式中 k——放坡系数(表4-3);

h_1——基础垫层厚度(m);

h_2——地沟(槽)上口面至基础垫层上表面的深度(m)。

注:人工挖沟槽及基坑土如果深度较深、土质较差,为了防止坍塌和保证安全,需要将沟槽或基坑边壁修成一定的倾斜坡度,称作放坡。沟槽边坡坡度以挖沟槽或地坑深度"H"与边坡底宽"b"之比表示(图4-9)。即:

$$\text{土方边坡坡度}=\frac{H}{b}=\frac{1}{\frac{b}{H}}=1:m \tag{4-15}$$

式中,$m=\dfrac{b}{H}$称为坡度系数。

因放坡而增加的工程量，是否并入各土方工程量中，按各省、自治区、直辖市或行业建设主管部门的规定实施。

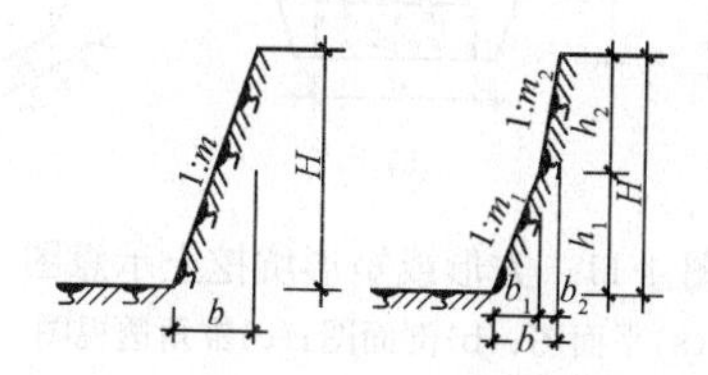

图 4-9 沟(槽)土方边坡示意图

(a)直线形边坡坡度；(b)折线形边坡坡度

4)两边支挡土板的计算公式[图 4-10(a)]：

$$V=L\times(b+2c+2\times0.1)\times H \tag{4-16}$$

式中 0.1——一边支挡土板的厚度(m)。

5)一边支挡土板一边放坡的计算公式[图 4-10(b)]：

$$V=L\times(b+c+\frac{1}{2}kH)\times H \tag{4-17}$$

式中 $\frac{1}{2}$——沟(槽)两边放坡的一半。

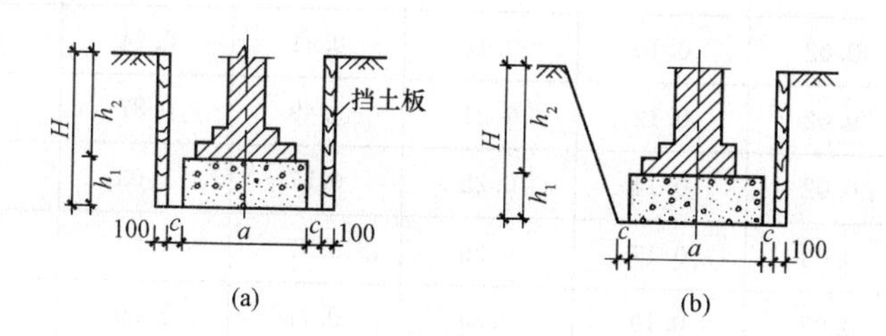

图 4-10 沟(槽)挖土支挡土板与一边放坡示意图

(a)两边支挡土板；(b)一边放坡一边支挡土板

(2)地坑、桩孔土(石)方计算公式：

1)不放坡方形或矩形地坑：

$$V=(a+2c)\times(b+2c)\times H \tag{4-18}$$

式中 a——地坑一边长度(m)；

b——地坑另一边长度或宽度(m)；

c——增加工作面一边宽度(m)。

其他符号含义同前。

2)放坡方形或矩形地坑(图 4-11)：

$$V=(a+2c+kH)\times(b+2c+kH)\times H+\frac{1}{3}k^2H^3 \tag{4-19}$$

式中 $\frac{1}{3}k^2H^3$——地坑四角的锥角体积(m^3)(可从表 4-10 中查得)。

其他符号含义同前。

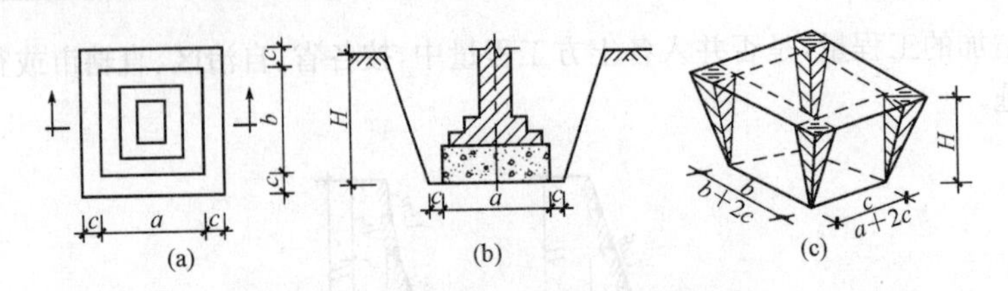

图 4-11 方形或矩形坑挖土示意图

(a)平面图;(b)剖面图;(c)锥角透视图

表 4-10 **地坑放坡四角的角锥体体积表** (单位:m^3)

坑 深 (m)	放 坡 系 数 (k)						
	0.10	0.25	0.33	0.50	0.67	0.75	1.00
1.20	0.01	0.04	0.06	0.14	0.26	0.32	0.58
1.30	0.01	0.05	0.08	0.18	0.33	0.41	0.73
1.40	0.01	0.06	0.10	0.23	0.41	0.51	0.91
1.50	0.01	0.07	0.12	0.28	0.51	0.63	1.13
1.60	0.01	0.09	0.15	0.34	0.61	0.77	1.37
1.70	0.02	0.10	0.18	0.41	0.74	0.92	1.64
1.80	0.02	0.12	0.21	0.49	0.87	1.09	1.94
1.90	0.02	0.14	0.25	0.57	1.03	1.29	2.29
2.00	0.03	0.17	0.29	0.67	1.20	1.50	2.67
2.10	0.03	0.19	0.34	0.77	1.39	1.74	3.09
2.20	0.04	0.22	0.39	0.89	1.59	2.00	3.55
2.30	0.04	0.25	0.44	1.01	1.82	2.28	4.06
2.40	0.05	0.29	0.50	1.15	2.07	2.59	4.61
2.50	0.05	0.33	0.57	1.30	2.34	2.93	5.21
2.60	0.06	0.37	0.64	1.46	2.63	3.30	5.86
2.70	0.07	0.41	0.71	1.64	2.95	3.69	6.56
2.80	0.07	0.46	0.80	1.83	3.28	4.12	7.31
2.90	0.08	0.51	0.89	2.03	3.65	4.57	8.13
3.00	0.09	0.56	0.98	2.25	4.04	5.06	9.00
3.10	0.10	0.62	1.08	2.48	4.46	5.59	9.93
3.20	0.11	0.68	1.19	2.73	4.90	6.14	10.92
3.30	0.12	0.75	1.30	2.99	5.38	6.74	11.98
3.40	0.13	0.82	1.43	3.28	5.88	7.37	13.10

(续表)

坑　深　(m)	放　坡　系　数　(k)						
	0.10	0.25	0.33	0.50	0.67	0.75	1.00
3.50	0.14	0.90	1.56	3.57	6.42	8.04	14.29
3.60	0.16	0.97	1.69	3.89	6.98	8.75	15.55
3.70	0.17	1.06	1.84	4.22	7.58	9.50	16.88
3.80	0.18	1.14	1.99	4.57	8.21	10.29	18.29
3.90	0.20	1.24	2.15	4.94	8.88	11.12	19.77
4.00	0.21	1.33	2.32	5.33	9.58	12.00	21.33
4.10	0.23	1.44	2.50	5.74	10.31	12.92	22.97
4.20	0.25	1.54	2.69	6.17	11.09	13.89	24.69
4.30	0.27	1.66	2.89	6.63	11.90	14.91	26.50
4.40	0.28	1.78	3.09	7.10	12.75	15.97	28.39
4.50	0.30	1.90	3.31	7.59	13.64	17.09	30.38
4.60	0.32	2.03	3.53	8.11	14.56	18.25	32.45
4.70	0.35	2.16	3.77	8.65	15.54	19.47	34.61
4.80	0.37	2.30	4.01	9.22	16.55	20.74	36.86
4.90	0.39	2.45	4.27	9.80	17.60	22.06	39.21
5.00	0.42	2.60	4.54	10.42	18.70	23.44	41.67

3)不放坡圆形地坑、桩孔：

$$V = \frac{1}{4}\pi D^2 H = 0.7854 D^2 H \tag{4-20}$$

或

$$V = \pi R^2 H \tag{4-21}$$

式中　$\frac{1}{4}\pi$——系数(常数)=0.7854；

D——坑、孔底直径(m)；

R——坑、孔底半径(m)；

H——坑、孔底中心线深度(m)。

4)放坡圆形地坑、桩孔(图 4-12)：

$$V = \frac{1}{3}\pi H(R_1{}^2 + R_2{}^2 + R_1 R_2) \tag{4-22}$$

式中　V——挖土体积(m^3)；

H——地坑深度(m)；

R_1——坑底半径(m)；

R_2——坑面半径(m)，$R_2 = R_1 + kH$；

k——放坡系数。

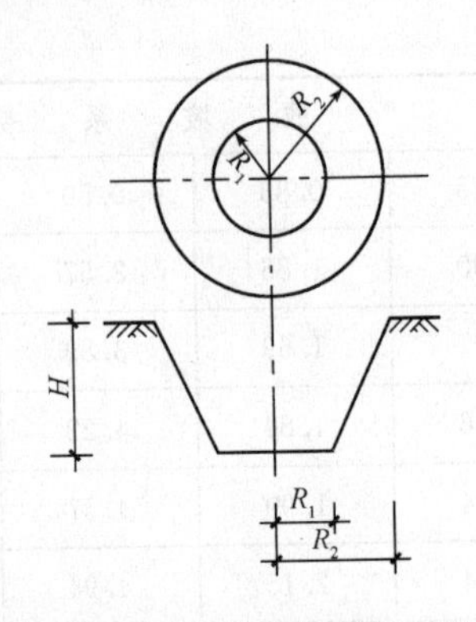

图 4-12　放坡圆形地坑、桩孔

(3)沟、槽、坑回填土(石)方工程量计算公式:

$$V_t = V_w - V_j \tag{4-23}$$

式中　V_t——回填土体积(m^3);

V_w——挖土体积(m^3);

V_j——垫层及基础体积(m^3)。

为了简化回填土工程量计算工作,市政管道沟槽回填土应扣除表 4-11 数值计算。

表 4-11　　管道扣除土方体积表

管道名称	管道直径 (mm)					
	501～600	601～800	801～1000	1001～1200	1201～1400	1401～1600
钢　管	0.21	0.44	0.71			
铸铁管	0.24	0.49	0.77			
混凝土管	0.33	0.60	0.92	1.15	1.35	1.55

注:管道直径在 500mm 以下的不扣除管道所占体积。

第二节　道路工程工程量计算

一、道路、公路和公路工程概念

道路是指供各种无轨车辆和行人等通行的工程设施,按其使用特点分为公路、城市道路、林区道路、厂矿道路及乡村道路等。

公路是指联结城市、乡村和工矿基地等,主要供汽车行驶、具备一定技术条件和设施的道路。按其车辆行驶速度和构造标准的不同,分为高速公路、等级公路、干线公路、支线公路、专用公路和国家干线公路(国道)、省干线公路(省道)、县公路(县道)、乡公路(乡道)等。

公路工程是指以公路为对象而进行的规划、设计、施工、养护与管理工作的全过程及其所从事的工程实体。

二、城市道路基础知识

(一)城市道路的组成

(1)车行道:是指供各种车辆行驶的路面部分,可分为机动车道和非机动车道;供带有动力装置的车辆(大小汽车、电车、摩托车等)行驶的为机动车道,供无动力装置的车辆(自行车、三轮车等)行驶的为非机动车道。

(2)人行道:是指人群步行的道路,包括地下人行通道和人行天桥。

(3)分隔带(隔离带):是安全防护的隔离设施。防止车辆越道逆行的分隔带设在道路中线位置,将左右或上下行车道分开,称为中央分隔带。

(4)排水设施:包括用于收集路面雨水的平式或立式雨水口(进水口)、支管、窨井等。

(5)交通辅助性设施:为组织指挥交通和保障维护交通安全而设置的辅助性设施,如信号灯、标志牌、安全岛、道口花坛、护栏、人行横道线(斑马线)、分车道线及临时停车场和公共交通车辆停靠站等。

(6)街面设施:为城市公用事业服务的照明灯柱、架空电线杆、公交车站牌、广告箱(牌)、消防栓、邮政信箱、清洁箱等。

(7)地下设施:为城市公用事业服务的给水管、污水管、煤(燃)气管、通信电缆、电力电缆等。

(二)城市道路特点

与公路比较,城市道路具有以下特点:

(1)功能多样,组成复杂,艺术要求高。

(2)车辆多,类型混杂,车速差异大。

(3)道路交叉口多,易发生交通阻滞和交通事故。

(4)城市道路需要大量附属设施和交通管理设施。

(5)城市道路规划、设计和施工的影响因素多。

(6)行人交通量大,交通吸引点多,使得车辆和行人交通错综复杂,机、非相互干扰严重。

(7)城市道路规划、设计政策性强,必须贯彻有关的方针和政策。

(三)城市道路分级

除快速路外,每类道路按照所在城市的规模、设计交通量、地形等分为Ⅰ、Ⅱ、Ⅲ级。大城市应采用各类道路中的Ⅰ级标准;中等城市应采用Ⅱ级标准;小城市应采用Ⅲ级标准。

(四)城市道路面层分类

根据路面的力学特性,通常分为沥青路面、水泥混凝土路面和其他类型路面三种。

1. 沥青路面

沥青路面是指在柔性基层、半刚性基层上,铺筑一定厚度的沥青混合料面层的路面结构。沥青面层分为沥青混合料、乳化沥青碎石、沥青贯入式、沥青表面处治四种类型。

沥青混合料又可分为沥青混凝土混合料和沥青碎石混合料。沥青混凝土混合料是由适当比例的粗、细集料及填料组成的符合规定级配的矿料,与沥青拌和而制成的符合技术标准的沥青混合料,简称沥青混凝土,用其铺筑的路面称为沥青混凝土路面。而沥青碎石混合料是由几种不同粒径大小的级配矿料,掺有少量矿粉或不加矿粉,用沥青作结合料,按一定比例配合,均匀拌和,经其压实成型的路面为沥青碎石路面。热拌热铺沥青混合料路面是指沥青与矿料在热态下拌和、铺筑施工成型的沥青路面。热拌热铺沥青混合料适用于各种等级公路的沥青面层。高速公路、一级公路沥青面层均应采用沥青混凝土混合料铺筑,沥青碎石混合料仅适用于过渡层及整平层。其他等级公路的沥青面层的上面层,宜采用沥青混凝土混合料铺筑。

当沥青碎石混合料采用乳化沥青作结合料时,即为乳化沥青碎石混合料。乳化沥青碎石混合料适用于三级及三级以下公路的沥青面层、二级公路的罩面层施工以及各级公路沥青路面的联结层或整平层。乳化沥青碎石混合料路面的沥青面层宜采用双层式,单层式只宜在少雨干燥地区或半刚性基层上使用。

沥青贯入式路面是在初步压实的碎石(或轧制砾石)上,分层浇洒沥青、撒布嵌缝料,经压实而成的路面结构,厚度通常为4～8cm。当采用乳化沥青时称为乳化沥青贯入式路面,其厚度为4～5cm。沥青贯入式路面适用于二级及二级以下公路,也可作为沥青混凝土路面的联结层。

沥青表面处治是用沥青和集料按层铺法或拌和方法裹覆矿料,铺筑成厚度一般不大于3cm的一种薄层路面面层。适用于三级及三级以下公路、城市道路支路、县镇道路、各级公路施工便道以及在旧沥青面层上加铺罩面层或磨耗层。

2. 水泥混凝土路面

水泥混凝土路面是指以水泥混凝土面板和基(垫)层组成的路面,亦称刚性路面。

3. 其他类型路面

其他类型路面主要是指在柔性基层上用一定塑性的细粒土稳定各种集料的中低级路面。

(五)城市道路路面分级

城市道路路面的技术等级主要是按面层的使用品质来划分的,并与道路的等级、交通量相适应,目前我国的路面分为四个等级:

(1)高级路面。高级路面包括由沥青混凝土、水泥混凝土、厂拌沥青碎石、整齐石或条石等材料所组成的路面。这类路面的结构强度高,使用寿命长,适应的交通量大,平整无尘,能保证行车的平稳和较高的车速;路面建成后,养护费用较省,运输成本低。目前,我国城市道路和高等级道路一般都采用高级路面形式。

(2)次高级路面。次高级路面包括由沥青灌入式、路拌沥青碎(砾)石、沥青表面处治和半整齐块石等材料所组成的路面,与高级路面相比,其使用品质稍差,使用寿命较短,造价较低。

(3)中级路面。中级路面包括泥结或级配碎砾石、不整齐块石和其他粒料等材料所组成的路面,它的强度低,使用期限短,平整度差,易扬尘,行车速度不高,适应的交通量较小,且维修工作量大,运输成本也较高。

(4)低级路面。低级路面包括由各种粒料或当地材料将土稍加改善后所形成的路面,如煤渣土、砾石土、砂砾土等。它的强度低,水稳定性和平整度均较差,易扬尘,交通量小,车速低,行车条件差,养护工作量大,运输成本高。

三、清单项目工程量计算规则

《市政计量规范》附录B道路工程分为路基处理、道路基层、道路面层、人行道及其他、交通管理设施共5节80个项目。

(一)路基处理(编码:040201)

路基是道路的基层。路基的形式,主要有填方路基、挖方路基和半填半挖路基等。路基处理共有23个清单项目，其清单项目设置及工程量计算规则见表4-12。

表4-12　　路基处理(编码:040201)

项目编码	项目名称	项目特征	计量单位	工程量计算规则	工作内容
040201001	预压地基	1. 排水竖井种类、断面尺寸、排列方式、间距、深度 2. 预压方法 3. 预压荷载、时间 4. 砂垫层厚度	m^2	按设计图示尺寸以加固面积计算	1. 设置排水竖井、盲沟、滤水管 2. 铺设砂垫层、密封膜 3. 堆载、卸载或抽气设备安拆、抽真空 4. 材料运输
040201002	强夯地基	1. 夯击能量 2. 夯击遍数 3. 地耐力要求 4. 夯填材料种类			1. 铺设夯填材料 2. 强夯 3. 夯填材料运输
040201003	振冲密实(不填料)	1. 地层情况 2. 振密深度 3. 孔距 4. 振冲器功率			1. 振冲加密 2. 泥浆运输
040201004	掺石灰	含灰量	m^3	按设计图示尺寸以体积计算	1. 掺石灰 2. 夯实
040201005	掺干土	1. 密实度 2. 掺土率			1. 掺干土 2. 夯实
040201006	掺石	1. 材料品种、规格 2. 掺石率			1. 掺石 2. 夯实
040201007	抛石挤淤	材料品种、规格			1. 抛石挤淤 2. 填塞垫平、压实
040201008	袋装砂井	1. 直径 2. 填充料品种 3. 深度	m	按设计图示尺寸以长度计算	1. 制作砂袋 2. 定位沉管 3. 下砂袋 4. 拔管
040201009	塑料排水板	材料品种、规格			1. 安装排水板 2. 沉管插板 3. 拔管
040201010	振冲桩(填料)	1. 地层情况 2. 空桩长度、桩长 3. 桩径 4. 填充材料种类	1. m 2. m^3	1. 以米计量，按设计图示尺寸以桩长计算 2. 以立方米计量，按设计桩截面乘以桩长以体积计算	1. 振冲成孔、填料、振实 2. 材料运输 3. 泥浆运输

（续一）

项目编码	项目名称	项目特征	计量单位	工程量计算规则	工作内容
040201011	砂石桩	1. 地层情况 2. 空桩长度、桩长 3. 桩径 4. 成孔方法 5. 材料种类、级配	1. m 2. m^3	1. 以米计量，按设计图示尺寸以桩长(包括桩尖)计算 2. 以立方米计量，按设计桩截面乘以桩长(包括桩尖)以体积计算	1. 成孔 2. 填充、振实 3. 材料运输
040201012	水泥粉煤灰碎石桩	1. 地层情况 2. 空桩长度、桩长 3. 桩径 4. 成孔方法 5. 混合料强度等级	m	按设计图示尺寸以桩长(包括桩尖)计算	1. 成孔 2. 混合料制作、灌注、养护 3. 材料运输
040201013	深层水泥搅拌桩	1. 地层情况 2. 空桩长度、桩长 3. 桩截面尺寸 4. 水泥强度等级、掺量	m	按设计图示尺寸以桩长计算	1. 预搅下钻、水泥浆制作、喷浆搅拌提升成桩 2. 材料运输
040201014	粉喷桩	1. 地层情况 2. 空桩长度、桩长 3. 桩径 4. 粉体种类、掺量 5. 水泥强度等级、石灰粉要求	m	按设计图示尺寸以桩长计算	1. 预搅下钻、喷粉搅拌提升成桩 2. 材料运输
040201015	高压水泥旋喷桩	1. 地层情况 2. 空桩长度、桩长 3. 桩截面 4. 旋喷类型、方法 5. 水泥强度等级、掺量	m	按设计图示尺寸以桩长计算	1. 成孔 2. 水泥浆制作、高压旋喷注浆 3. 材料运输
040201016	石灰桩	1. 地层情况 2. 空桩长度、桩长 3. 桩径 4. 成孔方法 5. 掺合料种类、配合比	m	按设计图示尺寸以桩长(包括桩尖)计算	1. 成孔 2. 混合料制作、运输、夯填
040201017	灰土(土)挤密桩	1. 地层情况 2. 空桩长度、桩长 3. 桩径 4. 成孔方法 5. 灰土级配	m	按设计图示尺寸以桩长(包括桩尖)计算	1. 成孔 2. 灰土拌和、运输、填充、夯实

（续二）

项目编码	项目名称	项目特征	计量单位	工程量计算规则	工作内容
040201018	桩锤冲扩桩	1. 地层情况 2. 空桩长度、桩长 3. 桩径 4. 成孔方法 5. 桩体材料种类、配合比	m	按设计图示尺寸以桩长计算	1. 安拔套管 2. 冲孔、填料、夯实 3. 桩体材料制作、运输
040201019	地基注浆	1. 地层情况 2. 成孔深度、间距 3. 浆液种类及配合比 4. 注浆方法 5. 水泥强度等级、用量	1. m 2. m^3	1. 以米计量，按设计图示尺寸以深度计算 2. 以立方米计量，按设计图示尺寸以加固体积计算	1. 成孔 2. 注浆导管制作、安装 3. 浆液制作、压浆 4. 材料运输
040201020	褥垫层	1. 厚度 2. 材料品种、规格及比例	1. m^2 2. m^3	1. 以平方米计量，按设计图示尺寸已铺设面积计算 2. 以立方米计量，按设计图示尺寸以铺设体积计算	1. 材料拌和、运输 2. 铺设 3. 压实
040102021	土工合成材料	1. 材料品种、规格 2. 搭接方式	m^2	按设计图示尺寸以面积计算	1. 基层整平 2. 铺设 3. 固定
040201022	排水沟、截水沟	1. 断面尺寸 2. 基础、垫层：材料、品种、厚度 3. 砌体材料 4. 砂浆强度等级 5. 伸缩缝填塞 6. 盖板材质、规格	m	按设计图示以长度计算	1. 模板制作、安装、拆除 2. 基础、垫层铺筑 3. 混凝土拌和、运输、浇筑 4. 侧墙浇捣或砌筑 5. 勾缝、抹面 6. 盖板安装
040201023	盲沟	1. 材料品种、规格 2. 断面尺寸			铺筑

注：1. 地层情况按表 4-2 和表 4-6 的规定，并根据岩土工程勘察报告按单位工程各地层所占比例（包括范围值）进行描述。对无法准确描述的地层情况，可注明由投标人根据岩土工程勘察报告自行决定报价。
2. 项目特征中的桩长应包括桩尖，空桩长度＝孔深－桩长，孔深为自然地面至设计桩底的深度。
3. 如采用碎石、粉煤灰、砂等作为路基处理的填方材料时，应按表 4-7 中“回填方”项目编码列项。
4. 排水沟、截水沟清单项目中，当侧墙为混凝土时，还应描述侧墙的混凝土强度等级。

（二）道路基层（编码：040202）

基层是设置在面层之下，并与面层一起将车轮荷载的反复作用传递到基层、垫层、土基层等起主要承重作用的层次。道路基层共有 16 个清单项目，其清单项目设置及工程量计算规则见表 4-13。

表4-13 道路基层(编码:040202)

项目编码	项目名称	项目特征	计量单位	工程量计算规则	工作内容
040202001	路床(槽)整形	1. 部位 2. 范围	m²	按设计道路底基层图示尺寸以面积计算,不扣除各类井所占面积	1. 放样 2. 整修路拱 3. 碾压成型
040202002	石灰稳定土	1. 含灰量 2. 厚度	m²	按设计图示尺寸以面积计算,不扣除各类井所占面积	1. 拌和 2. 运输 3. 铺筑 4. 找平 5. 碾压 6. 养护
040202003	水泥稳定土	1. 水泥含量 2. 厚度			
040202004	石灰、粉煤灰、土	1. 配合比 2. 厚度			
040202005	石灰、碎石、土	1. 配合比 2. 碎石规格 3. 厚度			
040202006	石灰、粉煤灰、碎(砾)石	1. 配合比 2. 碎(砾)石规格 3. 厚度			
040202007	粉煤灰	厚度			
040202008	矿渣				
040202009	砂砾石	1. 石料规格 2. 厚度			
040202010	卵石				
040202011	碎石				
040202012	块石				
040202013	山皮石				
040202014	粉煤灰三渣	1. 配合比 2. 厚度			
040202015	水泥稳定碎(砾)石	1. 水泥含量 2. 石料规格 3. 厚度			
040202016	沥青稳定碎石	1. 沥青品种 2. 石料规格 3. 厚度			

注:1. 道路工程厚度应以压实后为准。

2. 道路基层设计截面如为梯形时,应按其截面平均宽度计算面积,并在项目特征中对截面参数加以描述。

(三)道路面层(编码:040203)

道路面层是直接承受行车荷载、大气降水和温度变化影响的路面结构层次,应具有足够的结构强度、良好的温度稳定性,且耐磨、抗滑、平整和不透水。道路面层共有9个清单项目,其清单项目设置及工程量计算规则见表4-14。

表 4-14　　道路面层(编码:040203)

项目编码	项目名称	项目特征	计量单位	工程量计算规则	工作内容
040203001	沥青表面处治	1. 沥青品种 2. 层数	m²	按设计图示尺寸以面积计算,不扣除各种井所占面积,带平石的面层应扣除平石所占面积	1. 喷油、布料 2. 碾压
040203002	沥青贯入式	1. 沥青品种 2. 石料规格 3. 厚度			1. 摊铺碎石 2. 喷油、布料 3. 碾压
040203003	透层、粘层	1. 材料品种 2. 喷油量			1. 清理下承面 2. 喷油、布料
040203004	封层	1. 材料品种 2. 喷油量 3. 厚度			1. 清理下承面 2. 喷油、布料 3. 压实
040203005	黑色碎石	1. 材料品种 2. 石料规格 3. 厚度			1. 清理下承面 2. 拌和、运输 3. 摊铺、整形 4. 压实
040203006	沥青混凝土	1. 沥青品种 2. 沥青混凝土种类 3. 石料粒径 4. 掺合料 5. 厚度			
040203007	水泥混凝土	1. 混凝土强度等级 2. 掺合料 3. 厚度 4. 嵌缝材料			1. 模板制作、安装、拆除 2. 混凝土拌和、运输、浇筑 3. 拉毛 4. 压痕或刻防滑槽 5. 伸缝 6. 缩缝 7. 锯缝、嵌缝 8. 路面养护
040203008	块料面层	1. 块料品种、规格 2. 垫层:材料品种、厚度、强度等级			1. 铺筑垫层 2. 铺砌块料 3. 嵌缝、勾缝
040203009	弹性面层	1. 材料品种 2. 厚度			1. 配料 2. 铺贴

注:水泥混凝土路面中传力杆和拉杆的制作、安装应按表 4-74 钢筋工程中相关项目编码列项。

(四)人行道及其他(编码:040204)

供人步行的道路称为人行道。人行道及其他共有 8 个清单项目,其清单项目设置及工程量计算规则见表 4-15。

表 4-15　　人行道及其他(编码:040204)

项目编码	项目名称	项目特征	计量单位	工程量计算规则	工作内容
040204001	人行道整形碾压	1. 部位 2. 范围	m²	按设计人行道图示尺寸以面积计算,不扣除侧石、树池和各类井所占面积	1. 放样 2. 碾压
040204002	人行道块料铺设	1. 块料品种、规格 2. 基础、垫层:材料品种、厚度 3. 图形		按设计图示尺寸以面积计算,不扣除各类井所占面积,但应扣除侧石、树池所占面积	1. 基础、垫层铺筑 2. 块料铺设
040204003	现浇混凝土人行道及进口坡	1. 混凝土强度等级 2. 厚度 3. 基础、垫层:材料品种、厚度			1. 模板制作、安装、拆除 2. 基础、垫层铺筑 3. 混凝土拌和、运输、浇筑
040204004	安砌侧(平、缘)石	1. 材料品种、规格 2. 基础、垫层:材料品种、厚度	m	按设计图示中心线长度计算	1. 开槽 2. 基础、垫层铺筑 3. 侧(平、缘)石安砌
040204005	现浇侧(平、缘)石	1. 材料品种 2. 尺寸 3. 形状 4. 混凝土强度等级 5. 基础、垫层:材料品种、厚度			1. 模板制作、安装、拆除 2. 开槽 3. 基础、垫层铺筑 4. 混凝土拌和、运输、浇筑
040204006	检查井升降	1. 材料品种 2. 检查井规格 3. 平均升(降)高度	座	按设计图示路面标高与原有的检查井发生正负高差的检查井的数量计算	1. 提升 2. 降低
040204007	树池砌筑	1. 材料品种 2. 树池尺寸 3. 树池盖面材料品种	个	按设计图示数量计算	1. 基础、垫层铺筑 2. 树池砌筑 3. 盖面材料运输、安装
040204008	预制电缆沟铺设	1. 材料品种 2. 规格尺寸 3. 基础、垫层:材料品种、厚度 4. 盖板品种、规格	m	按设计图示中心线长度计算	1. 基础、垫层铺筑 2. 预制电缆沟安装 3. 盖板安装

(五)交通管理设施(编码:040205)

交通管理设施是指设置于公路和城市道路之上的,用于规范、管理、控制道路交通行为的设施,种类上包括标志、标线、隔离栅栏等安全设施和电子警察、诱导系统等信息设施。交通管理设施共有 24 个清单项目,其清单项目设置及工程量计算规则见表 4-16。

表 4-16　　交通管理设施(编码:040205)

项目编码	项目名称	项目特征	计量单位	工程量计算规则	工作内容
040205001	人(手)孔井	1. 材料品种 2. 规格尺寸 3. 盖板材质、规格 4. 基础、垫层:材料品种、厚度	座	按设计图示数量计算	1. 基础、垫层铺筑 2. 井身砌筑 3. 勾缝(抹面) 4. 井盖安装
040205002	电缆保护管	1. 材料品种 2. 规格	m	按设计图示以长度计算	敷设
040205003	标杆	1. 类型 2. 材质 3. 规格尺寸 4. 基础、垫层:材料品种、厚度 5. 油漆品种	根	按设计图示数量计算	1. 基础、垫层铺筑 2. 制作 3. 喷漆或镀锌 4. 底盘、拉盘、卡盘及杆件安装
040205004	标志板	1. 类型 2. 材质、规格尺寸 3. 板面反光膜等级	块		制作、安装
040205005	视线诱导器	1. 类型 2. 材料品种	只		安装
040205006	标线	1. 材料品种 2. 工艺 3. 线型	1. m 2. m^2	1. 以米计量,按设计图示以长度计算 2. 以平方米计量,按设计图示尺寸以面积计算	1. 清扫 2. 放样 3. 画线 4. 护线
040205007	标记	1. 材料品种 2. 类型 3. 规格尺寸	1. 个 2. m^2	1. 以个计量,按设计图示数量计算 2. 以平方米计量,按设计图示尺寸以面积计算	
040205008	横道线	1. 材料品种 2. 形式	m^2	按设计图示尺寸以面积计算	
040205009	清除标线	清除方法			清除

(续一)

项目编码	项目名称	项目特征	计量单位	工程量计算规则	工作内容
040205010	环形检测线圈	1. 类型 2. 规格、型号	个	按设计图示数量计算	1. 安装 2. 调试
040205011	值警亭	1. 类型 2. 规格 3. 基础、垫层:材料品种、厚度	座	按设计图示数量计算	1. 基础、垫层铺筑 2. 安装
040205012	隔离护栏	1. 类型 2. 规格、型号 3. 材料品种 4. 基础、垫层:材料品种、厚度	m	按设计图示以长度计算	1. 基础、垫层铺筑 2. 制作、安装
040205013	架空走线	1. 类型 2. 规格、型号	m	按设计图示以长度计算	架线
040205014	信号灯	1. 类型 2. 灯架材质、规格 3. 基础、垫层:材料品种、厚度 4. 信号灯规格、型号、组数	套	按设计图示数量计算	1. 基础、垫层铺筑 2. 灯架制作、镀锌、喷漆 3. 底盘、拉盘、卡盘及杆件安装 4. 信号灯安装、调试
040205015	设备控制机箱	1. 类型 2. 材质、规格尺寸 3. 基础、垫层:材料品种、厚度 4. 配置要求	台	按设计图示数量计算	1. 基础、垫层铺筑 2. 安装 3. 调试
040205016	管内配线	1. 类型 2. 材质 3. 规格、型号	m	按设计图示以长度计算	配线
040205017	防撞筒(墩)	1. 材料品种 2. 规格、型号	个	按设计图示数量计算	制作、安装
040205018	警示柱	1. 类型 2. 材料品种 3. 规格、型号	根	按设计图示数量计算	制作、安装
040205019	减速垄	1. 材料品种 2. 规格、型号	m	按设计图示以长度计算	制作、安装

(续二)

项目编码	项目名称	项目特征	计量单位	工程量计算规则	工作内容
040205020	监控摄像机	1. 类型 2. 规格、型号 3. 支架形式 4. 防护罩要求	台		1. 安装 2. 调试
040205021	数码相机	1. 规格、型号 2. 立杆材质、形式 3. 基础、垫层:材料品种、厚度			
040205022	道闸机	1. 类型 2. 规格、型号 3. 基础、垫层:材料品种、厚度	套	按设计图示数量计算	1. 基础、垫层铺筑 2. 安装 3. 调试
040205023	可变信息情报板	1. 类型 2. 规格、型号 3. 立(横)杆材质、形式 4. 配置要求 5. 基础、垫层:材料品种、厚度			
040505024	交通智能系统调试	系统类别	系统		系统调试

注:1. 表中清单项目如发生破除混凝土路面、土石方开挖、回填夯实等,应分别按表 4-69 拆除工程及本章第一节土石方工程中相关项目编码列项。

2. 除清单项目特殊注明外,各类垫层应按《市政计量规范》附录中相关项目编码列项。

3. 立电杆按表 4-53 路灯工程中相关项目编码列项。

4. 值警亭按半成品现场安装考虑,实际采用砖砌等形式的,按现行国家标准《房屋建筑与装饰工程工程量计算规范》(GB 50854—2013)中相关项目编码列项。

5. 与标杆相连的,用于安装标志板的配件应计入标志板清单项目内。

四、城市道路清单项目有关问题说明

(1)道路各层厚度均以压实后的厚度为准。

(2)道路基层和面层均按不同结构分别分层设立清单项目。

(3)路基处理、人行道及其他、交通管理设施等的不同项目分别按《市政计量规范》规定的计量单位和计算规则计算工程量。

(4)为方便道路清单项目工程量计算,将施工图中各类材料的常用图例编列于表 4-17 中。

表4-17　　　　道路常用材料图例

序号	名　称	图　例	序号	名　称	图　例
1	细粒式沥青混凝土	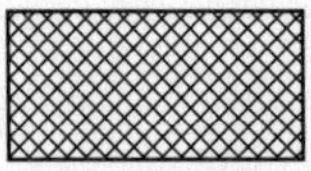	12	石灰粉煤灰土	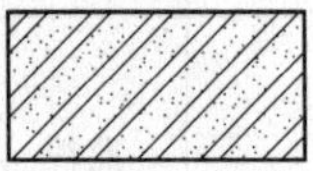
2	中粒式沥青混凝土	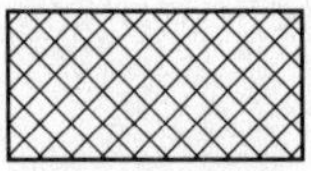	13	石灰粉煤灰砂砾	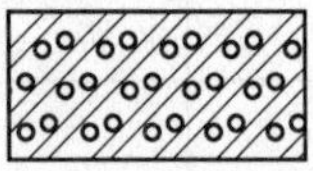
3	粗粒式沥青混凝土	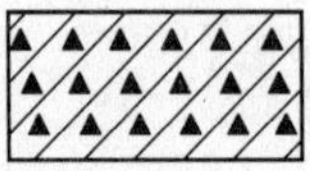	14	石灰粉煤灰碎砾石	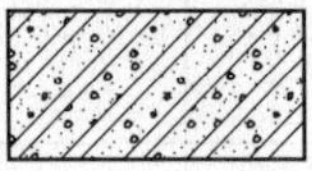
4	沥青碎石	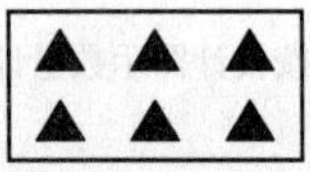	15	泥结碎砾石	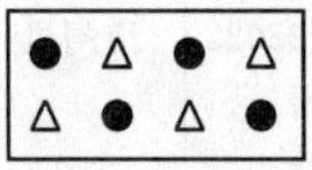
5	沥青贯入碎砾石	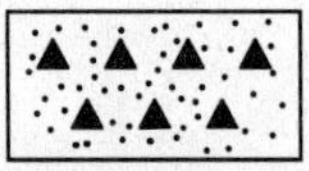	16	泥灰结碎砾石	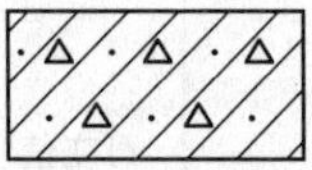
6	沥青表面处治		17	级配碎砾石	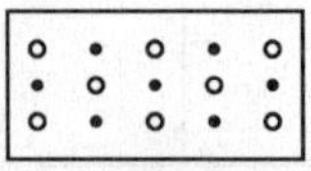
7	水泥稳定土	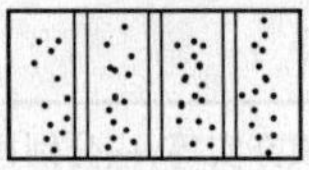	18	填隙碎石	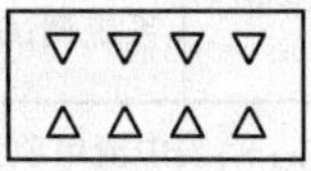
8	水泥稳定砂砾	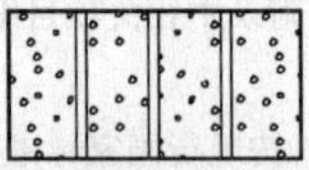	19	天然砂砾	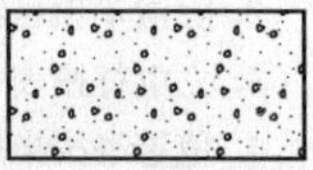
9	水泥稳定碎砾石	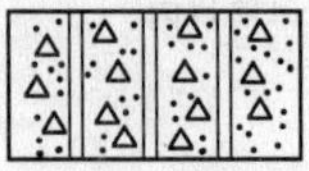	20	干砌片石	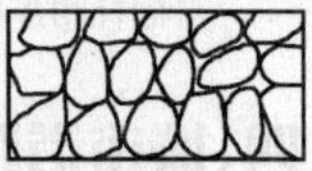
10	石灰土	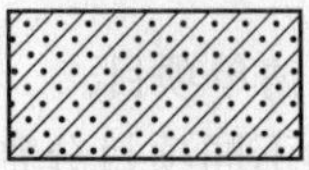	21	浆砌片石	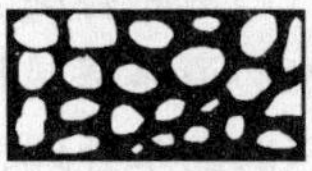
11	石灰粉煤灰	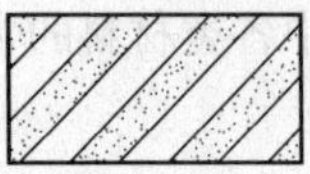	22	浆砌块石	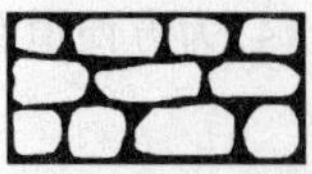

五、城市道路工程量计算示例

某市凤城东路 K0＋000～K0＋950 为沥青混凝土面层(其结构如图 4-13 所示)，路肩各宽 1.20m，路面宽度为 10.00m，路面两边铺侧缘石，路基回填土密实度要求为 95％，土质为三类，余土运至 15km 处弃置点。根据上述情况，该道路各项工程量计算见表 4-18。

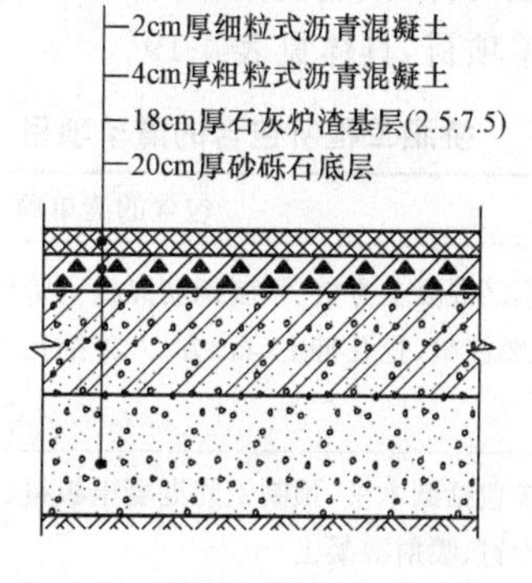

图 4-13　某市凤城东路结构图

表 4-18　　**预(概)算工程量计算表**

工程编号：＿＿＿＿＿＿　　××年×月×日

工程名称：某市凤城东路　　第＿＿＿＿页共＿＿＿＿页

部位	项目名称	计　算　式	单位	工程量
		1　土石方工程		
	人工挖一般土方(三类土)	(10.00＋2×0.50)×0.50×950.00	m^3	5225.00
	人工回填夯实(密度 0.95)	(10.00＋2×0.50)×0.06×950.00×1.67	m^3	1047.00
	余土外运(汽车运距 15km)	5225.00－1047.00	m^3	4178.00
		2　道路基层工程		
	砂砾石底层(20cm)	10.00×950.00	m^2	9500.00
	石灰炉渣层(2.5∶7.5 厚 18cm)	10.00×950.00	m^2	9500.00
		3　道路面层工程		
	粗粒沥青混凝土层(4cm 厚，碎石粒径 5mm，石油沥青)	10.0×950.00	m^2	9500.00
	细粒沥青混凝土层(2cm 厚，碎石粒径 3mm，石油沥青)	10.0×950.00	m^2	9500.00
		4　人行道及其他		
	安砌侧(平缘)石	950.00×2	m	1900.00

计　算　　　　校　核　　　　审　核

第三节　桥涵工程工程量计算

桥涵工程是指城市桥梁、涵洞和护坡等工程的统称。《市政计量规范》附录C桥涵工程分为桩基、基坑与边坡支护、现浇混凝土构件、预制混凝土构件、砌筑、立交箱涵、钢结构，装饰、其他和相关问题及说明共10节86个清单项目，具体见表4-19。

表4-19　桥涵工程所包含的清单项目

名　称	包含的清单项目
桩基	桩基包括预制钢筋混凝土方桩、预制钢筋混凝土管桩、钢管桩、泥浆护壁成孔灌注桩、沉管灌注桩、干作业成孔灌注桩、挖孔桩土(石)方、人工挖孔灌注桩、钻孔压浆桩、灌注桩后注浆、截桩头、声测管
基坑与边坡支护	基坑与边坡支护包括圆木桩、预制钢筋混凝土板桩、地下连续墙、咬合灌注桩、型钢水泥土搅拌墙、锚杆(索)、土钉、喷射混凝土
现浇混凝土构件	现浇混凝土构件包括混凝土垫层、混凝土基础、混凝土承台、混凝土墩(台)帽、混凝土墩(台)身、混凝土支撑梁及横梁、混凝土墩(台)盖梁、混凝土拱桥拱座、混凝土拱桥拱肋、混凝土拱上构件、混凝土箱梁、混凝土连续板、混凝土板梁、混凝土板拱、混凝土挡墙墙身、混凝土挡墙压顶、混凝土楼梯、混凝土防撞护栏、桥面铺装、混凝土桥头搭板、混凝土搭板、混凝土搭板枕梁、混凝土桥塔身、混凝土连系梁、混凝土其他构件、钢管拱混凝土
预制混凝土构件	预制混凝土构件包括预制混凝土梁、预制混凝土柱、预制混凝土板、预制混凝土挡土墙墙身、预制混凝土其他构件
砌筑	砌筑包括垫层、干砌块料、浆砌块料、砖砌体、护坡
立交箱涵	立交箱涵包括透水管、滑板、箱涵底板、箱涵侧墙、箱涵顶板、箱涵顶进、箱涵接缝
钢结构	钢结构包括钢箱梁、钢板梁、钢桁梁、钢拱、劲性钢结构、钢结构叠合梁、其他钢构件、悬(斜拉)索、钢拉杆
装饰	装饰包括水泥砂浆抹面、剁斧石饰面、镶贴面层、涂料、油漆
其他	其他包括金属栏杆、石质栏杆、混凝土栏杆、橡胶支座、钢支座、盆式支座、桥梁伸缩装置、隔声屏障、桥面排(泄)水管、防水层

一、城市桥涵基础知识

(一)城市桥涵的基本概念

城市桥梁是为跨越铁路、河流、道路及人工建筑物等障碍的人工构筑物。为了确保桥梁的正常使用，桥梁的建设必须满足两个方面要求，一方面要保证桥上的车辆运行；另一方面还要保证桥下水流的宣泄、船只的通航或车辆的运行。

城市涵洞是为宣泄地面水流而设置的横穿路堤的小型排水构造物，一般由基础、洞身、洞口等组成。

(二)桥梁的组成

一座桥梁一般可分成上部结构、下部结构、附属结构三个组成部分，如图 4-14 所示为梁桥的基本组成。

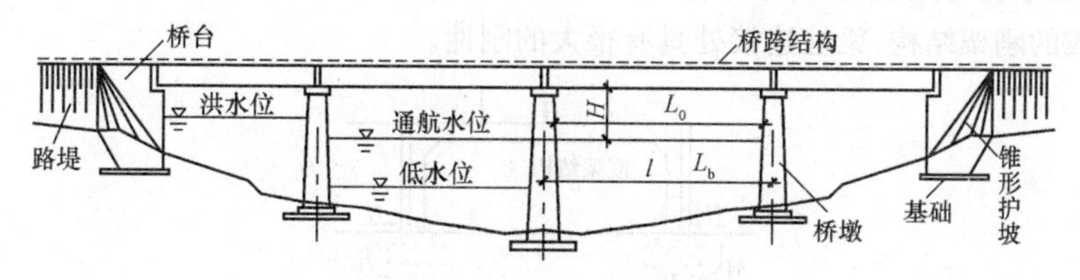

图 4-14　梁桥的基本组成

上部结构又称桥跨结构，是桥梁位于支座以上的部分，它包括承重结构和桥面系，其中，承重结构是桥梁中跨越障碍，并直接承受桥上交通荷载的主要结构部分；桥面系是指承重结构以上的部分，包括桥面铺装、人行道、栏杆、排水和防水系统、伸缩缝等。上部结构的作用是承受车辆等荷载，并通过支座传给墩台。

下部结构是桥梁位于支座以下的部分，它由桥墩、桥台以及它们的基础组成。桥墩是指多跨桥梁的中间结构物，而桥台是将桥梁与路堤衔接的构筑物。下部结构的作用是支承上部结构，并将结构重力等传递给地基；桥台还与路堤连接并抵御路堤土压力，防止路堤滑塌。

附属结构指基本构造以外的附属部分，包括桥头锥形护坡、护岸以及导流结构物等，它的作用是抵御水流的冲刷、防止路堤的坍塌。

(三)城市桥梁的分类

桥梁有各种不同的分类方式，每一种分类方式均可反映桥梁在某一方面的特征。

(1)按结构体系可分为梁式桥、拱桥、刚架桥、悬索桥和组合体系桥。

梁式桥是一种在竖向荷载作用下无水平反力的结构(图 4-15)，它的主要承重构件是梁或板，构件受力以受弯为主。

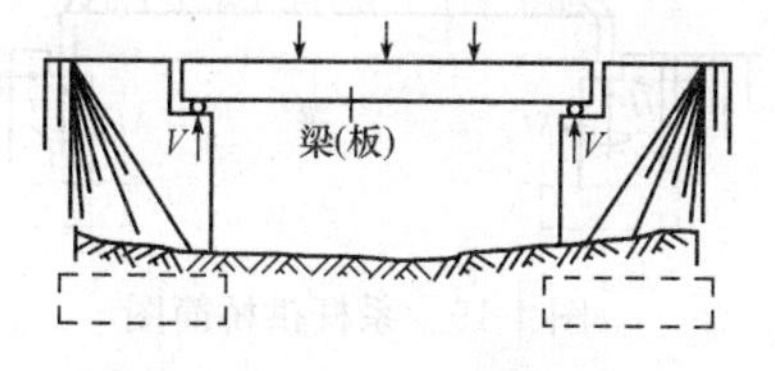

图 4-15　梁式桥简图

拱桥在竖向荷载作用下除产生竖向反力外，在支座处还产生较大的水平推力(图 4-16)，它的

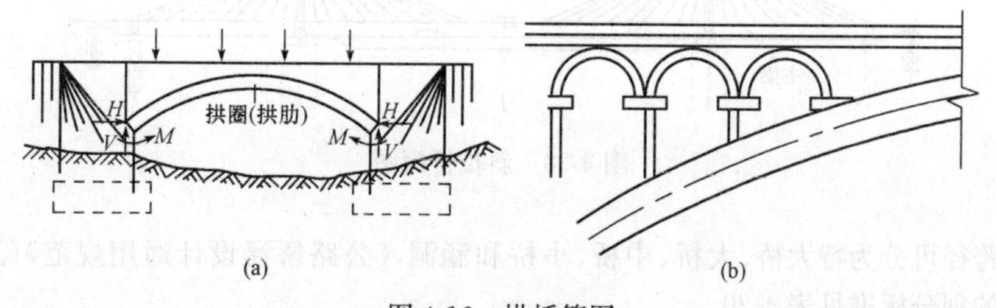

图 4-16　拱桥简图

(a)拱桥简图；(b)腹拱桥简图

主要承重构件是拱圈或拱肋,构件受力以受压为主。当拱圈跨度较大为增强拱圈的荷载,设置在空腹式拱桥拱圈上的小拱称为腹拱。

刚架桥是将上部结构的梁与下部结构的立柱刚性连接的桥梁,在竖向荷载作用下,梁部主要受弯,柱脚则要承受弯矩、轴力和水平推力(图 4-17),受力介于梁和拱之间。它的主要承重结构是梁和柱构成的刚架结构,梁柱连接处具有很大的刚性。

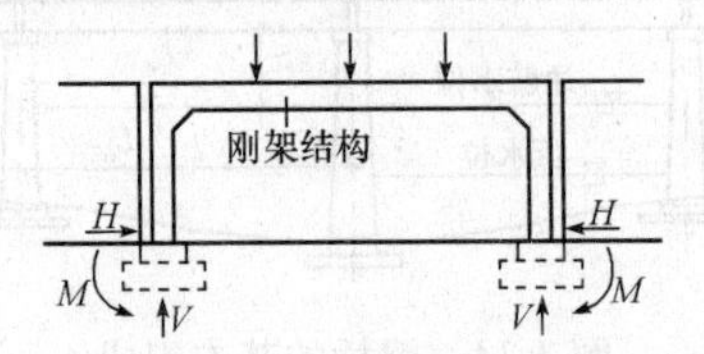

图 4-17 刚架桥简图

悬索桥(吊桥)在竖向荷载作用下,通过吊杆使缆索承受拉力,而塔架除承受竖向力作用外,还要承受很大的水平拉力和弯矩(图 4-18),它的主要承重构件是主缆,以受拉为主。

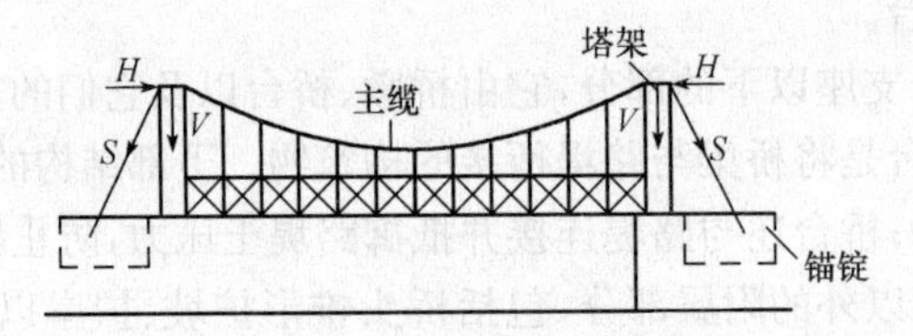

图 4-18 悬索桥简图

组合体系桥是指由上述不同体系的结构组合而成的桥梁。系杆拱桥是由梁和拱组合而成的结构体系,竖向荷载作用下,梁以受弯为主,拱以受压为主(图 4-19)。斜拉桥是由梁、塔和斜拉索组成的结构体系,在竖向荷载作用下,梁以受弯为主,塔以受压为主,斜索则承受拉力(图 4-20)。

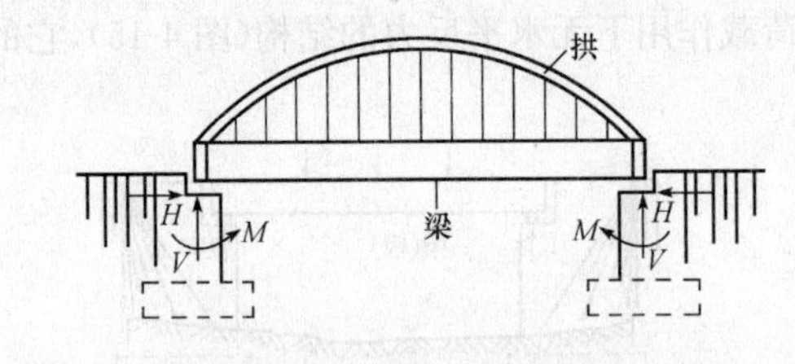

图 4-19 系杆拱桥简图

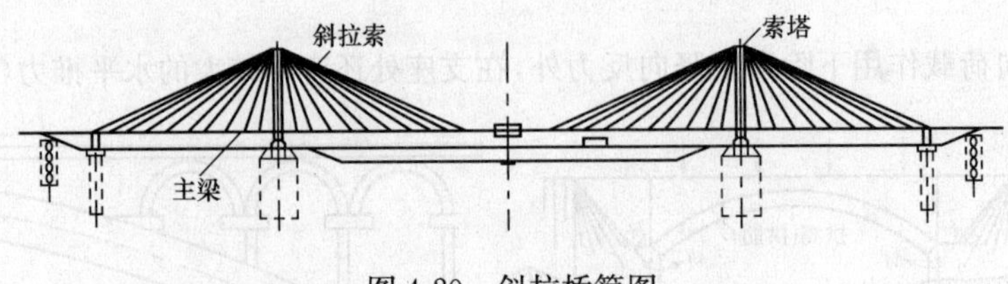

图 4-20 斜拉桥简图

(2)按跨径可分为特大桥、大桥、中桥、小桥和涵洞,《公路桥涵设计通用规范》(JTG D60—2004)规定的划分标准见表 4-20。

表 4-20 桥梁涵洞按跨径分类

桥涵分类	多孔跨径总长 L(m)	单孔跨径 L_k(m)
特大桥	$L>1000$	$L_k>150$
大桥	$100\leqslant L\leqslant 1000$	$40\leqslant L_k\leqslant 100$
中桥	$30<L<100$	$20\leqslant L_k<40$
小桥	$8\leqslant L\leqslant 30$	$5\leqslant L_k<20$
涵洞	—	$L_k<5$

注:单孔跨径是指标准跨径;梁式桥、板式桥的多孔跨径总长为多孔标准跨径的总长,拱式桥为两岸桥台内起拱线间的距离,其他形式桥梁为桥面系车道长度;管涵及箱涵不论管径或跨径大小、孔数多少,均称为涵洞。

(3)按材料可分为木桥、圬工桥、钢筋混凝土桥、预应力混凝土桥、钢桥等。钢筋混凝土和预应力混凝土是目前应用最广泛的桥梁,钢桥的跨越能力较大,跨度位于各类桥梁之首。

(4)按上部结构的行车道位置可分为上承式、下承式和中承式。桥面在主要承重结构之上的称为上承式(图 4-15、图 4-16)为;桥面在主要承重结构之下的称为下承式(图 4-18、图 4-20);桥面布置在主要承重结构中部的称为中承式。

(5)按跨越障碍的性质可分为跨河桥、跨谷桥、跨线桥、地道桥、立交桥等。

二、清单项目工程量计算规则

(一)桩基(编码:040301)

桩基是桩基础的简称。桥涵工程桩基共包括 12 个清单项目,其清单项目设置及工程量计算规则见表 4-21。

表 4-21 桩基(编码:040301)

<table>
<tr><th>项目编码</th><th>项目名称</th><th>项目特征</th><th>计量单位</th><th>工程量计算规则</th><th>工作内容</th></tr>
<tr><td>040301001</td><td>预制钢筋混凝土方桩</td><td>1. 地层情况
2. 送桩深度、桩长
3. 桩截面
4. 桩倾斜度
5. 混凝土强度等级</td><td rowspan="2">1. m
2. m³
3. 根</td><td rowspan="2">1. 以米计量,按设计图示尺寸以桩长(包括桩尖)计算
2. 以立方米计量,按设计图示桩长(包括桩尖)乘以桩的断面积计算
3. 以根计量,按设计图示数量计算</td><td>1. 工作平台搭拆
2. 桩就位
3. 桩机移位
4. 沉桩
5. 接桩
6. 送桩</td></tr>
<tr><td>040301002</td><td>预制钢筋混凝土管桩</td><td>1. 地层情况
2. 送桩深度、桩长
3. 桩外径、壁厚
4. 桩倾斜度
5. 桩尖设置及类型
6. 混凝土强度等级
7. 填充材料种类</td><td>1. 工作平台搭拆
2. 桩就位
3. 桩机移位
4. 桩尖安装
5. 沉桩
6. 接桩
7. 送桩
8. 桩芯填充</td></tr>
</table>

(续一)

项目编码	项目名称	项目特征	计量单位	工程量计算规则	工作内容
040301003	钢管桩	1. 地层情况 2. 送桩深度、桩长 3. 材质 4. 管径、壁厚 5. 桩倾斜度 6. 填充材料种类 7. 防护材料种类	1. t 2. 根	1. 以吨计量，按设计图示尺寸以质量计算 2. 以根计量，按设计图示数量计算	1. 工作平台搭拆 2. 桩就位 3. 桩机移位 4. 沉桩 5. 接桩 6. 送桩 7. 切割钢管、精割盖帽 8. 管内取土、余土弃置 9. 管内填芯、刷防护材料
040301004	泥浆护壁成孔灌注桩	1. 地层情况 2. 空桩长度、桩长 3. 桩径 4. 成孔方法 5. 混凝土种类、强度等级	1. m 2. m³ 3. 根	1. 以米计量，按设计图示尺寸以桩长(包括桩尖)计算 2. 以立方米计量，按不同截面在桩长范围内以体积计算 3. 以根计量，按设计图示数量计算	1. 工作平台搭拆 2. 桩机移位 3. 护筒埋设 4. 成孔、固壁 5. 混凝土制作、运输、灌注、养护 6. 土方、废浆外运 7. 打桩场地硬化及泥浆池、泥浆沟
040301005	沉管灌注桩	1. 地层情况 2. 空桩长度、桩长 3. 复打长度 4. 桩径 5. 沉管方法 6. 桩尖类型 7. 混凝土种类、强度等级	1. m 2. m³ 3. 根	1. 以米计量，按设计图示尺寸以桩长(包括桩尖)计算 2. 以立方米计量，按设计图示桩长(包括桩尖)乘以桩的断面积计算 3. 以根计量，按设计图示数量计算	1. 工作平台搭拆 2. 桩机移位 3. 打(沉)拔钢管 4. 桩尖安装 5. 混凝土制作、运输、灌注、养护
040301006	干作业成孔灌注桩	1. 地层情况 2. 空桩长度、桩长 3. 桩径 4. 扩孔直径、高度 5. 成孔方法 6. 混凝土种类、强度等级			1. 工作平台搭拆 2. 桩机移位 3. 成孔、扩孔 4. 混凝土制作、运输、灌注、振捣、养护
040301008	挖孔桩土(石)方	1. 土(石)类别 2. 挖孔深度 3. 弃土(石)运距	m³	按设计图示尺寸(含护壁)截面积乘以挖孔深度以立方米计算	1. 排地表水 2. 挖土、凿石 3. 基底钎探 4. 土(石)方外运

（续二）

项目编码	项目名称	项目特征	计量单位	工程量计算规则	工作内容
040301008	人工挖孔灌注桩	1. 桩芯长度 2. 桩芯直径、扩底直径、扩底高度 3. 护壁厚度、高度 4. 护壁材料种类、强度等级 5. 桩芯混凝土种类、强度等级	1. m^3 2. 根	1. 以立方米计量，按桩芯混凝土体积计算 2. 以根计量，按设计图示数量计算	1. 护壁制作、安装 2. 混凝土制作、运输、灌注、振捣、养护
040301009	钻孔压浆桩	1. 地层情况 2. 桩长 3. 钻孔直径 4. 骨料品种、规格 5. 水泥强度等级	1. m 2. 根	1. 以米计量，按设计图示尺寸以桩长计算 2. 以根计量，按设计图示数量计算	1. 钻孔、下注浆管、投放骨料 2. 浆液制作、运输、压浆
040301010	灌注桩后注浆	1. 注浆导管材料、规格 2. 注浆导管长度 3. 单孔注浆量 4. 水泥强度等级	孔	按设计图示以注浆孔数计算	1. 注浆导管制作、安装 2. 浆液制作、运输、压浆
040301011	截桩头	1. 桩类型 2. 桩头截面、高度 3. 混凝土强度等级 4. 有无钢筋	1. m^3 2. 根	1. 以立方米计量，按设计桩截面乘以桩头长度以体积计算 2. 以根计量，按设计图示数量计算	1. 截桩头 2. 凿平 3. 废料外运
040301012	声测管	1. 材质 2. 规格型号	1. t 2. m	1. 按设计图示尺寸以质量计算 2. 按设计图示尺寸以长度计算数量计算	1. 检测管截断、封头 2. 套管制作、焊接 3. 定位、固定

注：1. 地层情况按表 4-2 和表 4-6 的规定，并根据岩土工程勘察报告按单位工程各地层所占比例（包括范围值）进行描述。对无法准确描述的地层情况，可注明由投标人根据岩土工程勘察报告自行决定报价。

2. 各类混凝土预制桩以成品桩考虑，应包括成品桩购置费，如果用现场预制，应包括现场预制桩的所有费用。

3. 项目特征中的桩截面、混凝土强度等级、桩类型等可直接用标准图代号或设计桩型进行描述。

4. 打试验桩和打斜桩应按相应项目编码单独列项，并应在项目特征中注明试验桩或斜桩（斜率）。

5. 项目特征中的桩长应包括桩尖，空桩长度＝孔深－桩长，孔深为自然地面至设计桩底的深度。

6. 泥浆护壁成孔灌注桩是指在泥浆护壁条件下成孔，采用水下灌注混凝土的桩。其成孔方法包括冲击钻成孔、冲抓锥成孔、回旋钻成孔、潜水钻成孔、泥浆护壁的旋挖成孔等。

7. 沉管灌注桩的沉管方法包括捶击沉管法、振动沉管法、振动冲击沉管法、内夯沉管法等。

8. 干作业成孔灌注桩是指不用泥浆护壁和套管护壁的情况下，用钻机成孔后，下钢筋笼，灌注混凝土的桩，适用于地下水位以上的土层使用。其成孔方法包括螺旋钻成孔、螺旋钻成孔扩底、干作业的旋挖成孔等。

9. 混凝土灌注桩的钢筋笼制作、安装，按表 4-74 钢筋工程中相关项目编码列项。

10. 本表工作内容未含桩基础的承载力检测、桩身完整性检测。

(二)基坑与边坡支护(编码:040302)

基坑与边坡支护共包括8个清单项目,其清单项目设置及工程量计算规则见表4-22。

表4-22　　基坑与边坡支护(编码:040302)

项目编码	项目名称	项目特征	计量单位	工程量计算规则	工作内容
040302001	圆木桩	1. 地层情况 2. 桩长 3. 材质 4. 尾径 5. 桩倾斜度	1. m 2. 根	1. 以米计量,按设计图示尺寸以桩长(包括桩尖)计算 2. 以根计量,按设计图示数量计算	1. 工作平台搭拆 2. 桩机移位 3. 桩制作、运输、就位 4. 桩靴安装 5. 沉桩
040302002	预制钢筋混凝土板桩	1. 地层情况 2. 送桩深度、桩长 3. 桩截面 4. 混凝土强度等级	1. m^3 2. 根	1. 以立方米计量,按设计图示桩长(包括桩尖)乘以桩的断面积计算 2. 以根计量,按设计图示数量计算	1. 工作平台搭拆 2. 桩就位 3. 桩机移位 4. 沉桩 5. 接桩 6. 送桩
040302003	地下连续墙	1. 地层情况 2. 导墙类型、截面 3. 墙体厚度 4. 成槽深度 5. 混凝土种类、强度等级 6. 接头形式	m^3	按设计图示墙中心线长乘以厚度乘以槽深,以体积计算	1. 导墙挖填、制作、安装、拆除 2. 挖土成槽、固壁、清底置换 3. 混凝土制作、运输、灌注、养护 4. 接头处理 5. 土方、废浆外运 6. 打桩场地硬化及泥浆池、泥浆沟
040302004	咬合灌注桩	1. 地层情况 2. 桩长 3. 桩径 4. 混凝土种类、强度等级 5. 部位	1. m 2. 根	1. 以米计量,按设计图示尺寸以桩长计算 2. 以根计量,按设计图示数量计算	1. 桩机移位 2. 成孔、固壁 3. 混凝土制作、运输、灌注、养护 4. 套管压拔 5. 土方、废浆外运 6. 打桩场地硬化及泥浆池、泥浆沟
040302005	型钢水泥土搅拌墙	1. 深度 2. 桩径 3. 水泥掺量 4. 型钢材质、规格 5. 是否拔出	m^3	按设计图示尺寸以体积计算	1. 钻机移位 2. 钻进 3. 浆液制作、运输、压浆 4. 搅拌、成桩 5. 型钢插拔 6. 土方、废浆外运

（续表）

项目编码	项目名称	项目特征	计量单位	工程量计算规则	工作内容
040302006	锚杆(索)	1. 地层情况 2. 锚杆(索)类型、部位 3. 钻孔直径、深度 4. 杆体材料品种、规格、数量 5. 是否预应力 6. 浆液种类、强度等级	1. m 2. 根	1. 以米计量，按设计图示尺寸以钻孔深度计算 2. 以根计量，按设计图示数量计算	1. 钻孔、浆液制作、运输、压浆 2. 锚杆(索)制作、安装 3. 张拉锚固 4. 锚杆(索)施工平台搭设、拆除
040302007	土钉	1. 地层情况 2. 钻孔直径、深度 3. 置入方法 4. 杆体材料品种、规格、数量 5. 浆液种类、强度等级			1. 钻孔、浆液制作、运输、压浆 2. 土钉制作、安装 3. 土钉施工平台搭设、拆除
040302008	喷射混凝土	1. 部位 2. 厚度 3. 材料种类 4. 混凝土类别、强度等级	m^2	按设计图示尺寸以面积计算	1. 修整边坡 2. 混凝土制作、运输、喷射、养护 3. 钻排水孔、安装排水管 4. 喷射施工平台搭设、拆除

注：1. 地层情况按表 4-2 和表 4-6 的规定，并根据岩土工程勘察报告按单位工程各地层所占比例（包括范围值）进行描述。对无法准确描述的地层情况，可注明由投标人根据岩土工程勘察报告自行决定报价。

2. 地下连续墙和喷射混凝土的钢筋网制作、安装，按表 4-74 钢筋工程中相关项目编码列项。基坑与边坡支护的排桩按表 4-21 中相关项目编码列项。水泥土墙、坑内加固按表 4-12 中相关项目编码列项。混凝土挡土墙、桩顶冠梁、支撑体系按本章第四节隧道工程中相关项目编码列项。

(三)现浇混凝土构件(编码:040303)

现浇混凝土构件共包括 25 个清单项目，其清单项目设置及工程量计算规则见表 4-23。

表 4-23 现浇混凝土构件(编码:040303)

项目编码	项目名称	项目特征	计量单位	工程量计算规则	工作内容
040303001	混凝土垫层	混凝土强度等级	m^3	按设计图示尺寸以体积计算	1. 模板制作、安装、拆除 2. 混凝土拌和、运输、浇筑 3. 养护
040303002	混凝土基础	1. 混凝土强度等级 2. 嵌料(毛石)比例			
040303003	混凝土承台	混凝土强度等级			
040303004	混凝土墩(台)帽	1. 部位 2. 混凝土强度等级			
040303005	混凝土墩(台)身				
040303006	混凝土支撑梁及横梁				
040303007	混凝土墩(台)盖梁				

(续表)

项目编码	项目名称	项目特征	计量单位	工程量计算规则	工作内容
040303008	混凝土拱桥拱座	混凝土强度等级	m³	按设计图示尺寸以体积计算	1. 模板制作、安装、拆除 2. 混凝土拌和、运输、浇筑 3. 养护
040303009	混凝土拱桥拱肋				
040303010	混凝土拱上构件	1. 部位 2. 混凝土强度等级			
040303011	混凝土箱梁				
040303012	混凝土连续板	1. 部位 2. 结构形式 3. 混凝土强度等级			
040303013	混凝土板梁				
040303014	混凝土板拱	1. 部位 2. 混凝土强度等级			
040303015	混凝土挡墙墙身	1. 混凝土强度等级 2. 泄水孔材料品种、规格 3. 滤水层要求 4. 沉降缝要求	m³	按设计图示尺寸以体积计算	1. 模板制作、安装、拆除 2. 混凝土拌和、运输、浇筑 3. 养护 4. 抹灰 5. 泄水孔制作、安装 6. 滤水层铺筑 7. 沉降缝
040303016	混凝土挡墙压顶	1. 混凝土强度等级 2. 沉降缝要求			
040303017	混凝土楼梯	1. 结构形式 2. 底板厚度 3. 混凝土强度等级	1. m² 2. m³	1. 以平方米计量，按设计图示尺寸以水平投影面积计算 2. 以立方米计量，按设计图示尺寸以体积计算	1. 模板制作、安装、拆除 2. 混凝土拌和、运输、浇筑 3. 养护
040303018	混凝土防撞护栏	1. 断面 2. 混凝土强度等级	m	按设计图示尺寸以长度计算	
040303019	桥面铺装	1. 混凝土强度等级 2. 沥青品种 3. 沥青混凝土种类 4. 厚度 5. 配合比	m²	按设计图示尺寸以面积计算	1. 模板制作、安装、拆除 2. 混凝土拌和、运输、浇筑 3. 养护 4. 沥青混凝土铺装 5. 碾压
040303020	混凝土桥头搭板	混凝土强度等级	m³	按设计图示尺寸以体积计算	1. 模板制作、安装、拆除 2. 混凝土拌和、运输、浇筑 3. 养护
040303021	混凝土搭板枕梁				
040303022	混凝土桥塔身	1. 形状 2. 混凝土强度等级			
040303023	混凝土连系梁				
040303024	混凝土其他构件	1. 名称、部位 2. 混凝土强度等级			
040303025	钢管拱混凝土	混凝土强度等级			混凝土拌和、运输、压注

注：台帽、台盖梁均应包括耳墙、背墙。

(四)预制混凝土构件(编码:040304)

在施工现场或构件预制厂按照施工图要求,事先制作好的构件,就叫作预制混凝土构件。预制混凝土构件共包括5个清单项目,其清单项目设置及工程量计算规则见表4-24。

表4-24　　预制混凝土构件(编码:040304)

项目编码	项目名称	项目特征	计量单位	工程量计算规则	工作内容
040304001	预制混凝土梁	1. 部位 2. 图集、图纸名称 3. 构件代号、名称 4. 混凝土强度等级 5. 砂浆强度等级	m^3	按设计图示尺寸以体积计算	1. 模板制作、安装、拆除 2. 混凝土拌和、运输、浇筑 3. 养护 4. 构件安装 5. 接头灌浆 6. 砂浆制作 7. 运输
040304002	预制混凝土柱				
040304003	预制混凝土板				
040304004	预制混凝土挡土墙墙身	1. 图集、图纸名称 2. 构件代号、名称 3. 结构形式 4. 混凝土强度等级 5. 泄水孔材料种类、规格 6. 滤水层要求 7. 砂浆强度等级			1. 模板制作、安装、拆除 2. 混凝土拌和、运输、浇筑 3. 养护 4. 构件安装 5. 接头灌缝 6. 泄水孔制作、安装 7. 滤水层铺设 8. 砂浆制作 9. 运输
040304005	预制混凝土其他构件	1. 部位 2. 图集、图纸名称 3. 构件代号、名称 4. 混凝土强度等级 5. 砂浆强度等级			1. 模板制作、安装、拆除 2. 混凝土拌和、运输、浇筑 3. 养护 4. 构件安装 5. 接头灌缝 6. 砂浆制作 7. 运输

(五)砌筑(编码:040305)

以砖、石材料为主构成建(构)筑物实体的工程项目,就称为砌筑工程或砖石工程。砌筑工程共包括5个清单项目,其清单项目设置及工程量计算规则见表4-25。

表 4-25　　　　砌筑(编码:040305)

项目编码	项目名称	项目特征	计量单位	工程量计算规则	工作内容
040305001	垫层	1. 材料品种、规格 2. 厚度	m^3	按设计图示尺寸以体积计算	垫层铺筑
040305002	干砌块料	1. 部位 2. 材料品种、规格 3. 泄水孔材料品种、规格 4. 滤水层要求 5. 沉降缝要求			1. 砌筑 2. 砌体勾缝 3. 砌体抹面 4. 泄水孔制作、安装 5. 滤层铺设 6. 沉降缝
040305003	浆砌块料	1. 部位 2. 材料品种、规格 3. 砂浆强度等级 4. 泄水孔材料品种、规格 5. 滤水层要求 6. 沉降缝要求			
040305004	砖砌体				
040305005	护坡	1. 材料品种 2. 结构形式 3. 厚度 4. 砂浆强度等级	m^2	按设计图示尺寸以面积计算	1. 修整边坡 2. 砌筑 3. 砌体勾缝 4. 砌体抹面

注:1. 干砌块料、浆砌块料和砖砌体应根据工程部位不同,分别设置清单编码。
2. 本表清单项目中“垫层”指碎石、块石等非混凝土类垫层。

(六)立交箱涵(编码:040306)

立交箱涵是指同一平面内相互交错的箱涵,或由几层相互叠交的箱涵构成。立交箱涵有单孔和多孔之分。单孔箱涵是指新建城市道路需从已建成且运行的道路下穿过时,由于不能明挖,常采用箱形预制结构顶入法施工。立交箱涵共包括 7 个清单项目,其清单项目设置及工程量计算规则见表 4-26。

表 4-26　　　　立交箱涵(编码:040306)

项目编码	项目名称	项目特征	计量单位	工程量计算规则	工作内容
040306001	透水管	1. 材料品种、规格 2. 管道基础形式	m	按设计图示尺寸以长度计算	1. 基础铺设 2. 管道铺设、安装
040306002	滑板	1. 混凝土强度等级 2. 石蜡层要求 3. 塑料薄膜品种、规格	m^3	按设计图示尺寸以体积计算	1. 模板制作、安装、拆除 2. 混凝土拌和、运输、浇筑 3. 养护 4. 涂石蜡层 5. 铺塑料薄膜

（续表）

项目编码	项目名称	项目特征	计量单位	工程量计算规则	工作内容
040306003	箱涵底板	1. 混凝土强度等级 2. 混凝土抗渗要求 3. 防水层工艺要求	m^3	按设计图示尺寸以体积计算	1. 模板制作、安装、拆除 2. 混凝土拌和、运输、浇筑 3. 养护 4. 防水层铺涂
040306004	箱涵侧墙				1. 模板制作、安装、拆除 2. 混凝土拌和、运输、浇筑 3. 养护 4. 防水砂浆 5. 防水层铺涂
040306005	箱涵顶板				
040306006	箱涵顶进	1. 断面 2. 长度 3. 弃土运距	kt · m	按设计图示尺寸以被顶箱涵的质量，乘以箱涵的位移距离分节累计计算	1. 顶进设备安装、拆除 2. 气垫安装、拆除 3. 气垫使用 4. 钢刃角制作、安装、拆除 5. 挖土实顶 6. 土方场内外运输 7. 中继间安装、拆除
040306007	箱涵接缝	1. 材质 2. 工艺要求	m	按设计图示止水带长度计算	接缝

注：除箱涵顶进土方外，顶进工作坑等土方应按本章第一节土石方工程中相关项目编码列项。

（七）钢结构（编码：040307）

主要承重构件由钢板、型钢等组成的工程称为钢结构工程。钢结构工程共包括9个清单项目，其清单项目设置及工程量计算规则见表4-27。

表4-27　　钢结构（编码：040307）

项目编码	项目名称	项目特征	计量单位	工程量计算规则	工作内容
040307001	钢箱梁	1. 材料品种、规格 2. 部位 3. 探伤要求 4. 防火要求 5. 补刷油漆品种、色彩、工艺要求	t	按设计图示尺寸以质量计算。不扣除孔眼的质量，焊条、铆钉、螺栓等不另增加质量	1. 拼装 2. 安装 3. 探伤 4. 涂刷防火涂料 5. 补刷油漆
040307002	钢板梁				
040307003	钢桁梁				
040307004	钢拱				
040307005	劲性钢结构				
040307006	钢结构叠合梁				
040307007	其他钢构件				
040307008	悬（斜拉）索	1. 材料品种、规格 2. 直径 3. 抗拉强度 4. 防护方式		按设计图示尺寸以质量计算	1. 拉索安装 2. 张拉、索力调整、锚固 3. 防护壳制作、安装
040307009	钢拉杆				1. 连接、紧锁件安装 2. 钢拉杆安装 3. 钢拉杆防腐 4. 钢拉杆防护壳制作、安装

(八)装饰(编码:040308)

在工程技术与建筑艺术综合创作的基础上,对建(构)筑物的局部或全部进行修饰、打扮与妆饰、点缀的一种再创作的艺术活动——专为增加建(构)筑物美观、耐用或舒适的工程,则称为装饰工程。装饰工程共包括5个清单项目,其清单项目设置及工程量计算规则见表4-28。

表4-28　装饰(编码:040308)

项目编码	项目名称	项目特征	计量单位	工程量计算规则	工作内容
040308001	水泥砂浆抹面	1. 砂浆配合比 2. 部位 3. 厚度	m^2	按设计图示尺寸以面积计算	1. 基层清理 2. 砂浆抹面
040308002	剁斧石饰面	1. 材料 2. 部位 3. 形式 4. 厚度			1. 基层清理 2. 饰面
040308003	镶贴面层	1. 材质 2. 规格 3. 厚度 4. 部位			1. 基层清理 2. 镶贴面层 3. 勾缝
040308004	涂料	1. 材料品种 2. 部位			1. 基层清理 2. 涂料涂刷
040308005	油漆	1. 材料品种 2. 部位 3. 工艺要求			1. 除锈 2. 刷油漆

注:如遇本表清单项目缺项时,可按现行国家标准《房屋建筑与装饰工程工程量计算规范》(GB 50854—2013)中相关项目编码列项。

(九)其他(编码:040309)

其他工程共包括10个清单项目,其清单项目设置及工程量计算规则见表4-29。

表4-29　其他(编码:040309)

项目编码	项目名称	项目特征	计量单位	工程量计算规则	工作内容
040309001	金属栏杆	1. 栏杆材质、规格 2. 油漆品种、工艺要求	1. t 2. m	1. 按设计图示尺寸以质量计算 2. 按设计图示尺寸以延长米计算	1. 制作、运输、安装 2. 除锈、刷油漆
040309002	石质栏杆	材料品种、规格	m	按设计图示尺寸以长度计算	制作、运输、安装
040309003	混凝土栏杆	1. 混凝土强度等级 2. 规格尺寸			

（续表）

项目编码	项目名称	项目特征	计量单位	工程量计算规则	工作内容
040309004	橡胶支座	1. 材质 2. 规格、型号 3. 形式	个	按设计图示数量计算	支座安装
040309005	钢支座	1. 规格、型号 2. 形式			
040309006	盆式支座	1. 材质 2. 承载力			
040309007	桥梁伸缩装置	1. 材料品种 2. 规格、型号 3. 混凝土种类 4. 混凝土强度等级	m	以米计量，按设计图示尺寸以延长米计算	1. 制作、安装 2. 混凝土拌和、运输、浇筑
040309008	隔声屏障	1. 材料品种 2. 结构形式 3. 油漆品种、工艺要求	m^2	按设计图示尺寸以面积计算	1. 制作、安装 2. 除锈、刷油漆
040309009	桥面排(泄)水管	1. 材料品种 2. 管径	m	按设计图示以长度计算	进水口、排(泄)水管制作、安装
040309010	防水层	1. 部位 2. 材料品种、规格 3. 工艺要求	m^2	按设计图示尺寸以面积计算	防水层铺涂

注：支座垫石混凝土按表 4-23 中混凝土基础项目编码列项。

三、桥涵工程清单项目有关问题说明

(1)桩基工程中“桩基竖拆”应按措施项目相关清单项目编码列项；“凿除桩头”及“废料外运”应单独列项；各类预制混凝土桩均按成品桩考虑，其购置费用应计入综合单价中，如采用现场预制，包括预制构件制作的所有费用。

(2)桩基应根据不同需要按“m^3”、“根”或“吨”计算工程量，计算灌注混凝土工程量时应增加超灌部分体积。

(3)当以体积为计量单位计算混凝土工程量时，不扣除构件内钢筋、螺栓、预埋铁件、张拉孔道和单个面积≤0.3m^2的孔洞所占体积，但应扣除型钢混凝土构件中型钢所占体积。

(4)桩基陆上工作平台搭拆工作内容包括在相应的清单项目中，若为水上工作平台搭拆，应按本章第十节措施项目相关项目单独编码列项。

第四节　隧道工程工程量计算

为道路从地层内部或山体内部或水底通过而修筑的建筑物，则称为隧道。隧道主要由洞身和洞门组成。

据报载，陕西省西安市至柞水(县)高速公路上的秦岭终南山公路隧道，全长18.02km。为了保障隧道运营安全、实现各种运营情况下的通风要求，隧道采用三座竖井纵向式通风方式，好像是在隧道上方开了三个“天窗”。三个“天窗”把隧道分成了四个自成体系的送、排风区间，从北向南通风区间长度分别为3930m、4316m、4949m、4825m，从而缩短了送、排风的距离；隧道顶部的射流风机与竖井的轴流风机相结合，形成了“接力传递”式的通风系统，能有效改善隧道内的空气质量。二号竖井井口位于秦岭北坡水洞子沟上游右侧约30m处，井深661m，居世界第一，井口向上延伸52.55m；采用防水钢筋混凝土中隔板，将竖井分成两个半圆部分，分别作为送风通道和出风通道。

一、概述

《市政计量规范》附录D隧道工程包括隧道岩石开挖，岩石隧道衬砌，盾构掘进，管节顶升、旁通道，隧道沉井，混凝土结构，沉管隧道共7节85个清单项目，具体见表4-30。

表4-30 隧道工程所包含的清单项目

名　　称	包含的清单项目
隧道岩石开挖	隧道岩石开挖包括平洞开挖、斜井开挖、竖井开挖、地沟开挖、小导管、管棚、注浆
岩石隧道衬砌	岩石隧道衬砌包括混凝土仰拱衬砌、混凝土顶拱衬砌、混凝土边墙衬砌、混凝土竖井衬砌、混凝土沟道、拱部喷射混凝土、边墙喷射混凝土、拱圈砌筑、边墙砌筑、砌筑沟道、洞门砌筑、锚杆、充填压浆、仰拱填充、透水管、沟道盖板、变形缝、施工缝、柔性防水层
盾构掘进	盾构掘进包括盾构吊装及吊拆、盾构掘进、衬砌壁后压浆、预制钢筋混凝土管片、管片设置密封条、隧道洞口柔性接缝环、管片嵌缝、盾构机调头、盾构机转场运输、盾构基座
管节顶升、旁通道	管节顶升、旁通道包括钢筋混凝土顶升管节，垂直顶升设备安装、拆装，管节垂直顶升，安装止水框、连系梁，阴极保护装置，安装取、排水头，隧道内旁通道开挖，旁通道结构混凝土，隧道内集水井，防爆门，钢筋混凝土复合管片，钢管片
隧道沉井	隧道沉井包括沉井井壁混凝土、沉井下沉、沉井混凝土封底、沉井混凝土底板、沉井填心、沉井混凝土隔墙、钢封门
混凝土结构	混凝土结构包括混凝土地梁，混凝土底板，混凝土柱，混凝土墙，混凝土梁，混凝土平台，顶板，圆隧道内架空路面，隧道内其他结构混凝土
沉管隧道	沉井隧道包括预制沉管底垫层、预制沉管钢底板、预制沉管混凝土板底、预制沉管混凝土侧墙、预制沉管混凝土顶板、沉管外壁防锚层、鼻托垂直剪力键、端头钢壳、端头钢封门、沉管管段浮运临时供电系统、沉管管段浮运临时供排水系统、沉管管段浮运临时通风系统、航道疏浚、沉管河床基槽开挖、钢筋混凝土块沉石、基槽抛铺碎石、沉管管节浮运、管段沉放连接、砂肋软体排覆盖、沉管水下压石、沉管接缝处理、沉管底部压浆固封充填

二、清单项目工程量计算规则

(一)隧道岩石开挖(编码:040401)

隧道岩石开挖共包括7个清单项目，其清单项目设置及工程量计算规则见表4-31。

表 4-31　　隧道岩石开挖(编码:040401)

项目编码	项目名称	项目特征	计量单位	工程量计算规则	工作内容
040401001	平洞开挖	1. 岩石类别 2. 开挖断面 3. 爆破要求 4. 弃碴运距	m³	按设计图示结构断面尺寸乘以长度以体积计算	1. 爆破或机械开挖 2. 施工面排水 3. 出碴 4. 弃碴场内堆放、运输 5. 弃碴外运
040401002	斜井开挖				
040401003	竖井开挖				
040401004	地沟开挖	1. 断面尺寸 2. 岩石类别 3. 爆破要求 4. 弃碴运距			
040401005	小导管	1. 类型 2. 材料品种 3. 管径、长度	m	按设计图示尺寸以长度计算	1. 制作 2. 布眼 3. 钻孔 4. 安装
040401006	管棚				
040401007	注浆	1. 浆液种类 2. 配合比	m³	按设计注浆量以体积计算	1. 浆液制作 2. 钻孔注浆 3. 堵孔

注:弃碴运距可以不描述,但应注明由投标人根据施工现场实际情况自行考虑决定报价。

(二)岩石隧道衬砌(编码:040402)

岩石隧道衬砌共包括 19 个清单项目,其清单项目设置及工程量计算规则见表 4-32。

表 4-32　　岩石隧道衬砌(编码:040402)

项目编码	项目名称	项目特征	计量单位	工程量计算规则	工作内容
040402001	混凝土仰拱衬砌	1. 拱跨径 2. 部位 3. 厚度 4. 混凝土强度等级	m³	按设计图示尺寸以体积计算	1. 模板制作、安装、拆除 2. 混凝土拌和、运输、浇筑 3. 养护
040402002	混凝土顶拱衬砌				
040402003	混凝土边墙衬砌	1. 部位 2. 厚度 3. 混凝土强度等级			
040202004	混凝土竖井衬砌	1. 厚度 2. 混凝土强度等级			
040402005	混凝土沟道	1. 断面尺寸 2. 混凝土强度等级			
040402006	拱部喷射混凝土	1. 结构形式 2. 厚度 3. 混凝土强度等级 4. 掺加材料品种、用量	m²	按设计图示尺寸以面积计算	1. 清洗基层 2. 混凝土拌和、运输、浇筑、喷射 3. 收回弹料 4. 喷射施工平台搭设、拆除
040402007	边墙喷射混凝土				

(续表)

项目编码	项目名称	项目特征	计量单位	工程量计算规则	工作内容
040402008	拱圈砌筑	1. 断面尺寸 2. 材料品种、规格 3. 砂浆强度等级	m^3	按设计图示尺寸以体积计算	1. 砌筑 2. 勾缝 3. 抹灰
040402009	边墙砌筑	1. 厚度 2. 材料品种、规格 3. 砂浆强度等级			
040402010	砌筑沟道	1. 断面尺寸 2. 材料品种、规格 3. 砂浆强度等级			
040402011	洞门砌筑	1. 形状 2. 材料品种、规格 3. 砂浆强度等级			
040402012	锚杆	1. 直径 2. 长度 3. 锚杆类型 4. 砂浆强度等级	t	按设计图示尺寸以质量计算	1. 钻孔 2. 锚杆制作、安装 3. 压浆
040402013	充填压浆	1. 部位 2. 浆液成分强度	m^3	按设计图示尺寸以体积计算	1. 打孔、安装 2. 压浆
040402014	仰拱填充	1. 填充材料 2. 规格 3. 强度等级		按设计图示回填尺寸以体积计算	1. 配料 2. 填充
040402015	透水管	1. 材质 2. 规格	m	按设计图示尺寸以长度计算	安装
040402016	沟道盖板	1. 材质 2. 规格尺寸 3. 强度等级			制作、安装
040402017	变形缝	1. 类别 2. 材料品种、规格 3. 工艺要求			
040402018	施工缝				
040402019	柔性防水层	材料品种、规格	m^2	按设计图示尺寸以面积计算	铺设

注:遇本表清单项目未列的砌筑构筑物时,应按本章第三节中相关项目编码列项。

(三)盾构掘进(编码:040403)

"盾构掘进"是"盾构机掘进"的简称。盾构机就是构造比较复杂掘进机,如西安地铁二号线就是采用从日本进口的土压平衡盾构机——"开拓八号"。该机全长74.38m,主机直径6.14m,盾头前端安装了163个刀片"啃食"土层,全机总重量323t,全机部件与零件一共装了20辆大卡车。盾构机的神奇不仅在于"盾"——挖掘时,利用位于前端的圆柱形壳体(护盾)对挖掘出的还未衬砌的隧道段起临时支撑的作用，承受周围土层的压力。更重要的是"构"在挖掘的同时就完成了隧道衬砌修筑。

盾构机不仅具有激光导航盾构掘进不迷路的特点，同时，还具有自动化程度高、掘进速度快、对环境和地面影响小、操作人员少(每班仅需 30 人)等优点。西安市地铁二号线使用的"开拓八号"盾构机外形，如图 4-21 所示。

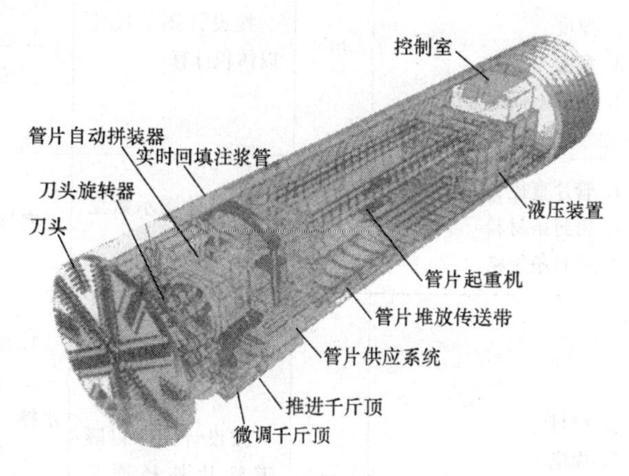

图 4-21　"开拓八号"盾构机外形图

盾构掘进共包括 10 个清单项目，其清单项目设置及工程量计算规则见表 4-33。

表 4-33　　盾构掘进(编码:040403)

项目编码	项目名称	项目特征	计量单位	工程量计算规则	工作内容
040403001	盾构吊装及吊拆	1. 直径 2. 规格型号 3. 始发方式	台·次	按设计图示数量计算	1. 盾构机安装、拆除 2. 车架安装、拆除 3. 管线连接、调试、拆除
040403002	盾构掘进	1. 直径 2. 规格 3. 形式 4. 掘进施工段类别 5. 密封舱材料品种 6. 弃土(浆)运距	m	按设计图示掘进长度计算	1. 掘进 2. 管片拼装 3. 密封舱添加材料 4. 负环管片拆除 5. 隧道内管线路铺设、拆除 6. 泥浆制作 7. 泥浆处理 8. 土方、废浆外运
040403003	衬砌壁后压浆	1. 浆液品种 2. 配合比	m^3	按管片外径和盾构壳体外径所形成的充填体积计算	1. 制浆 2. 送浆 3. 压浆 4. 封堵 5. 清洗 6. 运输

(续表)

项目编码	项目名称	项目特征	计量单位	工程量计算规则	工作内容
040403004	预制钢筋混凝土管片	1. 直径 2. 厚度 3. 宽度 4. 混凝土强度等级	m^3	按设计图示尺寸以体积计算	1. 运输 2. 试拼装 3. 安装
040403005	管片设置密封条	1. 管片直径、宽度、厚度 2. 密封条材料 3. 密封条规格	环	按设计图示数量计算	密封条安装
040403006	隧道洞口柔性接缝环	1. 材料 2. 规格 3. 部位 4. 混凝土强度等级	m	按设计图示以隧道管片外径周长计算	1. 制作、安装临时防水环板 2. 制作、安装、拆除临时止水缝 3. 拆除临时钢环板 4. 拆除洞口环管片 5. 安装钢环板 6. 柔性接缝环 7. 洞口钢筋混凝土环圈
040403007	管片嵌缝	1. 直径 2. 材料 3. 规格	环	按设计图示数量计算	1. 管片嵌缝槽表面处理、配料嵌缝 2. 管片手孔封堵
040403008	盾构机调头	1. 直径 2. 规格型号 3. 始发方式	台·次	按设计图示数量计算	1. 钢板、基座铺设 2. 盾构拆卸 3. 盾构调头、平行移运定位 4. 盾构拼装 5. 连接管线、调试
040403009	盾构机转场运输				1. 盾构机安装、拆除 2. 车架安装、拆除 3. 盾构机、车架转场运输
040403010	盾构基座	1. 材质 2. 规格 3. 部位	t	按设计图示尺寸以质量计算	1. 制作 2. 安装 3. 拆除

注:1. 衬砌壁后压浆清单项目在编制工程量清单时,其工程数量可为暂估量,结算时按现场签证数量计算。

2. 盾构基座是指常用的钢结构,如果是钢筋混凝土结构,应按表 4-37 沉管隧道中相关项目进行列项。

3. 钢筋混凝土管片按成品编制,购置费用应计入综合单价中。

(四)管片顶升、旁通道(编码:040404)

管片顶升、旁通道共包括 12 个清单项目,其清单项目设置及工程量计算规则见表 4-34。

（续表）

表 4-34　　管片顶升、旁通道（编码：040404）

项目编码	项目名称	项目特征	计量单位	工程量计算规则	工作内容
040404001	钢筋混凝土顶升管节	1. 材质 2. 混凝土强度等级	m^3	按设计图示尺寸以体积计算	1. 钢模板制作 2. 混凝土拌和、运输、浇筑 3. 养护 4. 管节试拼装 5. 管节场内外运输
040404002	垂直顶升设备安装、拆除	规格、型号	套	按设计图示数量计算	1. 基座制作和拆除 2. 车架、设备吊装就位 3. 拆除、堆放
040404003	管节垂直顶升	1. 断面 2. 强度 3. 材质	m	按设计图示以顶升长度计算	1. 管节吊运 2. 首节顶升 3. 中间节顶升 4. 尾节顶升
040404004	安装止水框、连系梁	材质	t	按设计图示尺寸以质量计算	制作、安装
040404005	阴极保护装置	1. 型号 2. 规格	组	按设计图示数量计算	1. 恒电位仪安装 2. 阳极安装 3. 阴极安装 4. 参变电极安装 5. 电缆敷设 6. 接线盒安装
040404006	安装取、排水头	1. 部位 2. 尺寸	个	按设计图示数量计算	1. 顶升口揭顶盖 2. 取排水头部安装
040404007	隧道内旁通道开挖	1. 土壤类别 2. 土体加固方式	m^3	按设计图示尺寸以体积计算	1. 土体加固 2. 支护 3. 土方暗挖 4. 土方运输
040404008	旁通道结构混凝土	1. 断面 2. 混凝土强度等级	m^3	按设计图示尺寸以体积计算	1. 模板制作、安装 2. 混凝土拌和、运输、浇筑 3. 洞门接口防水
040404009	隧道内集水井	1. 部位 2. 材料 3. 形式	座	按设计图示数量计算	1. 拆除管片建集水井 2. 不拆管片建集水井
040404010	防爆门	1. 形式 2. 断面	扇	按设计图示数量计算	1. 防爆门制作 2. 防爆门安装

(续表)

项目编码	项目名称	项目特征	计量单位	工程量计算规则	工作内容
040404011	钢筋混凝土复合管片	1. 图集、图纸名称 2. 构件代号、名称 3. 材质 4. 混凝土强度等级	m^3	按设计图示尺寸以体积计算	1. 构件制作 2. 试拼装 3. 运输、安装
040404012	钢管片	1. 材质 2. 探伤要求	t	按设计图示以质量计算	1. 钢管片制作 2. 试拼装 3. 探伤 4. 运输、安装

(五)隧道沉井(编码:040405)

隧道沉井共包括 7 个清单项目,其清单项目设置及工程量计算规则见表 4-35。

表 4-35　　隧道沉井(编码:040405)

项目编码	项目名称	项目特征	计量单位	工程量计算规则	工作内容
040405001	沉井井壁混凝土	1. 形状 2. 规格 3. 混凝土强度等级	m^3	按设计尺寸以外围井筒混凝土体积计算	1. 模板制作、安装、拆除 2. 刃脚、框架、井壁混凝土浇筑 3. 养护
040405002	沉井下沉	1. 下沉深度 2. 弃土运距		按设计图示井壁外围面积乘以下沉深度以体积计算	1. 垫层凿除 2. 排水挖土下沉 3. 不排水下沉 4. 触变泥浆制作、输送 5. 弃土外运
040405003	沉井混凝土封底	混凝土强度等级		按设计图示尺寸以体积计算	1. 混凝土干封底 2. 混凝土水下封底
040405004	沉井混凝土底板	混凝土强度等级			1. 模板制作、安装、拆除 2. 混凝土拌和、运输、浇筑 3. 养护
040405005	沉井填心	材料品种			1. 排水沉井填心 2. 不排水沉井填心
040405006	沉井混凝土隔墙	混凝土强度等级			1. 模板制作、安装、拆除 2. 混凝土拌和、运输、浇筑 3. 养护
040405007	钢封门	1. 材质 2. 尺寸	t	按设计图示尺寸以质量计算	1. 钢封门安装 2. 钢封门拆除

注:沉井垫层按本章第三节桥涵工程中相关项目编码列项。

(六)混凝土结构(编码:040406)

混凝土结构共包括8个清单项目,其清单项目设置及工程量计算规则见表4-36。

表4-36　　混凝土结构(编码:040406)

项目编码	项目名称	项目特征	计量单位	工程量计算规则	工作内容
040406001	混凝土地梁	1. 类别、部位 2. 混凝土强度等级	m^3	按设计图示尺寸以体积计算	1. 模板制作、安装、拆除 2. 混凝土拌和、运输、浇筑 3. 养护
040406002	混凝土底板				
040406003	混凝土柱				
040406004	混凝土墙				
040406005	混凝土梁				
040406006	混凝土平台、顶板				
040406007	圆隧道内架空路面	1. 厚度 2. 混凝土强度等级			
040406008	隧道内其他结构混凝土	1. 部位、名称 2. 混凝土强度等级			

注:1. 隧道洞内道路路面铺装应按本章第二节道路工程中相关清单项目编码列项。
2. 隧道洞内顶部和边墙内衬的装饰应按本章第三节桥涵工程中相关清单项目编码列项。
3. 隧道内其他结构混凝土包括楼梯、电缆沟、车道侧石等。
4. 垫层、基础应按本章第三节桥涵工程中相关清单项目编码列项。
5. 隧道内衬弓形底板、侧墙、支承墙应按本表混凝土底板、混凝土墙的相关清单项目编码列项,并在项目特征中描述其类别、部位。

(七)沉管隧道(编码:040407)

沉管隧道就是将若干个预制段分别浮运到海面(河面)现场,并一个接一个地沉放安装在已疏浚好的基槽内,以此方法修建的水下隧道。沉管隧道共包括22个清单项目,其清单项目设置及工程量计算规则见表4-37。

表4-37　　沉管隧道(编码:040407)

项目编码	项目名称	项目特征	计量单位	工程量计算规则	工作内容
040407001	预制沉管底垫层	1. 材料品种、规格 2. 厚度	m^3	按设计图示沉管底面积乘以厚度以体积计算	1. 场地平整 2. 垫层铺设
040407002	预制沉管钢底板	1. 材质 2. 厚度	t	按设计图示尺寸以质量计算	钢底板制作、铺设
040407003	预制沉管混凝土板底	混凝土强度等级	m^3	按设计图示尺寸以体积计算	1. 模板制作、安装、拆除 2. 混凝土拌和、运输、浇筑 3. 养护 4. 底板预埋注浆管
040407004	预制沉管混凝土侧墙				1. 模板制作、安装、拆除 2. 混凝土拌和、运输、浇筑 3. 养护
040407005	预制沉管混凝土顶板				

(续一)

项目编码	项目名称	项目特征	计量单位	工程量计算规则	工作内容
040407006	沉管外壁防锚层	1. 材质品种 2. 规格	m^2	按设计图示尺寸以面积计算	铺设沉管外壁防锚层
040407007	鼻托垂直剪力键	材质	t	按设计图示尺寸以质量计算	1. 钢剪力键制作 2. 剪力键安装
040407008	端头钢壳	1. 材质、规格 2. 强度	t	按设计图示尺寸以质量计算	1. 端头钢壳制作 2. 端头钢壳安装 3. 混凝土浇筑
040407009	端头钢封门	1. 材质 2. 尺寸	t	按设计图示尺寸以质量计算	1. 端头钢封门制作 2. 端头钢封门安装 3. 端头钢封门拆除
040407010	沉管管段浮运临时供电系统	规格	套	按设计图示管段数量计算	1. 发电机安装、拆除 2. 配电箱安装、拆除 3. 电缆安装、拆除 4. 灯具安装、拆除
040407011	沉管管段浮运临时供排水系统	规格	套	按设计图示管段数量计算	1. 泵阀安装、拆除 2. 管路安装、拆除
040407012	沉管管段浮运临时通风系统	规格	套	按设计图示管段数量计算	1. 进排风机安装、拆除 2. 风管路安装、拆除
040407013	航道疏浚	1. 河床土质 2. 工况等级 3. 疏浚深度	m^3	按河床原断面与管段浮运时设计断面之差以体积计算	1. 挖泥船开收工 2. 航道疏浚挖泥 3. 土方驳运、卸泥
040407014	沉管河床基槽开挖	1. 河床土质 2. 工况等级 3. 挖土深度	m^3	按河床原断面与槽设计断面之差以体积计算	1. 挖泥船开收工 2. 沉管基槽挖泥 3. 沉管基槽清淤 4. 土方驳运、卸泥
040407015	钢筋混凝土块沉石	1. 工况等级 2. 沉石深度	m^3	按设计图示尺寸以体积计算	1. 预制钢筋混凝土块 2. 装船、驳运、定位沉石 3. 水下铺平石块
040407016	基槽抛铺碎石	1. 工况等级 2. 石料厚度 3. 沉石深度	m^3	按设计图示尺寸以体积计算	1. 石料装运 2. 定位抛石、水下铺平石块
040407017	沉管管节浮运	1. 单节管段质量 2. 管段浮运距离	kt · m	按设计图示尺寸和要求以沉管管节质量和浮运距离的复合单位计算	1. 干坞放水 2. 管段起浮定位 3. 管段浮运 4. 加载水箱制作、安装、拆除 5. 系缆柱制作、安装、拆除

（续二）

项目编码	项目名称	项目特征	计量单位	工程量计算规则	工作内容
040407018	管段沉放连接	1. 单节管段重量 2. 管段下沉深度	节	按设计图示数量计算	1. 管段定位 2. 管段压水下沉 3. 管段端面对接 4. 管节拉合
040407019	砂肋软体排覆盖	1. 材料品种 2. 规格	m^2	按设计图示尺寸以沉管顶面积加侧面外表面积计算	水下覆盖软体排
040407020	沉管水下压石		m^3	按设计图示尺寸以顶、侧压石的体积计算	1. 装石船开收工 2. 定位抛石、卸石 3. 水下铺石
040407021	沉管接缝处理	1. 接缝连接形式 2. 接缝长度	条	按设计图示数量计算	1. 按缝拉合 2. 安装止水带 3. 安装止水钢板 4. 混凝土拌和、运输、浇筑
040407022	沉管底部压浆固封充填	1. 压浆材料 2. 压浆要求	m^3	按设计图示尺寸以体积计算	1. 制浆 2. 管底压浆 3. 封孔

三、隧道工程清单项目有关问题说明

隧道工程清单项目工程量计算，对下列问题应予以说明：

(1)岩石隧道开挖分为平洞开挖、斜井开挖、竖井开挖、地沟开挖、小导管、管棚、注浆。平洞(平巷)是指隧道设计轴线与水平线平行，或与水平线形成夹角较小的隧道。斜洞开挖包括横洞开挖、平行导坑和斜井。竖井指设计轴线垂直于水平线的隧道。竖井开挖深度一般不超过150m，位置可设在隧道一侧，或设置在正上方，与隧道的距离一般情况下为15～25m。小导管是隧道工程掘进施工过程中的一种工艺方法，主要用于自稳时间短的软弱破碎带、浅埋段、洞口偏压段、砂层段、砂卵石段、断层破碎带等地段的预支护。管棚通常可分为长管棚和短管棚，一般是沿地下工程断面的一部分或全部，以一定的间距环向布设，形成钢管棚护。注浆是浅埋暗挖隧道支护的一种措施。在软弱、破碎地层中凿空后极易塌孔，且施作超前锚杆比较困难或者结构断面较大时，应采取超前小导管支护。工程量按《市政计量规范》规定的项目编码、项目名称、项目特征、计量单位、工程量计算规则、工作内容等进行计算。

(2)岩石隧道衬砌包括混凝土衬砌和块料衬砌，按拱部、边墙、竖井、沟道分别列项。工程量按设计图示尺寸计算，如设计要求超挖回填部分要以与衬砌同质混凝土来回填，则这部分回填量由投标者在组价中考虑，如超挖回填设计用浆砌块石和干砌块石回填的，则按设计要求另列清单项目，其工程量按设计的回填量以体积计算。

(3)沉管隧道实体部分包括沉管的预制，河床基槽开挖，航道疏浚、浮运、沉管、下沉连接、压石稳管等均设立了相应的清单项目。但预制沉管的预制场地这次没有列清单项目，沉管预制场地一般有用干坞(相当于船厂的船坞)或船台来作为预制场地,这是属于施工手段和方法部分,这部分可列为措施项目。

(4)市政隧道一般用于越江、地铁和水工工程方面,如图4-22所示。

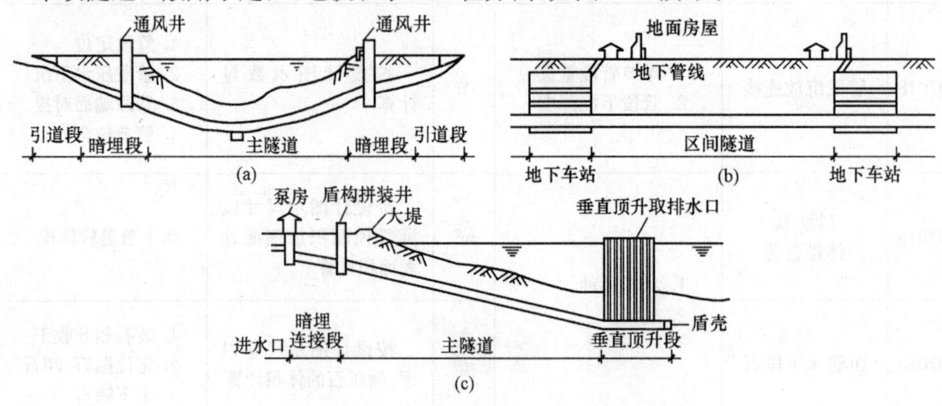

图4-22 市政隧道几种示意图

(a)越江隧道示意图;(b)地铁示意图;(c)水工隧道示意图

第五节 管网工程工程量计算

《市政计量规范》附录E管网工程分为管道铺设,管件、阀门及附件安装,支架制作及安装、管道附属构筑物和其他问题及说明共5节51个清单项目。本部分适用于市政管网工程及市政管网专用设备安装工程等。

一、市政管网工程基础知识

(一)给水工程

城市给水工程相关知识在本书第二章第四节中已作了简单介绍。为了传统起见,这里再作以必要的补充。城市给水工程一般来说,都是由给水水源和取水建(构)筑物、输水管道、一级泵站、净水设施、清水池、二级泵站、配水管网等组成,分别起取集和输送原水,改善原水水质和输送合格生活用水和饮用水的作用。在一般情况下,给水系统还包括必要的贮水和抽升设施,如图4-23所示。

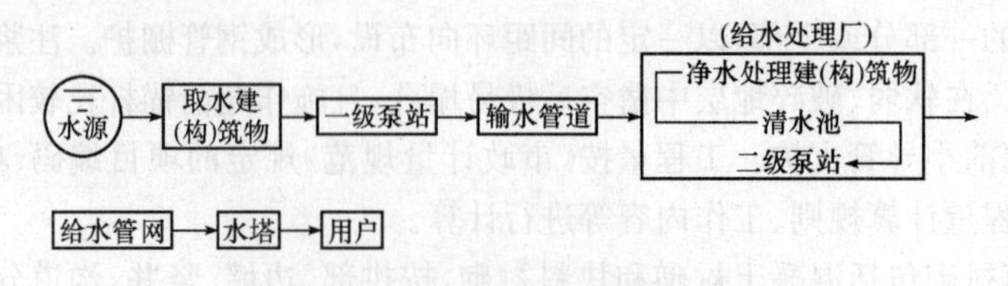

图4-23 城市给水工程组成图

根据水源环境地形及用水要求的特点,给水水源工程可分为"地面水源给水系统"(图4-24)、"地下水源给水系统"(图4-25)、"重力供水系统"。水从取水建(构)筑物到用水点,或者从给水处理厂到用水点,都是靠重力输送,不必抽升;分质供水系统,根据用水对象对水质的不同要求可以分为完全处理、部分处理和不需处理等几个系统供水。

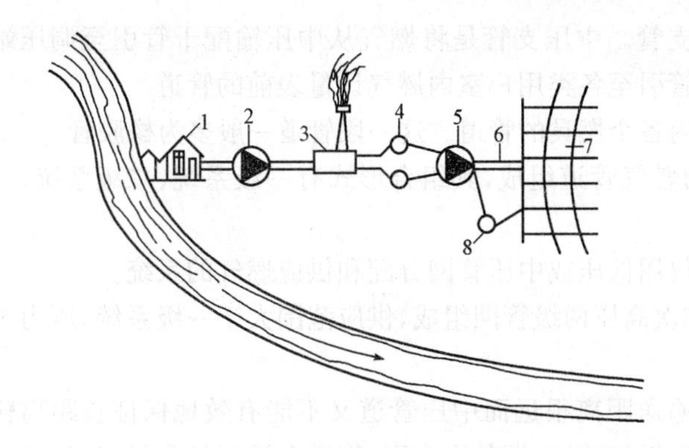

图 4-24　地面水源给水系统图

1—取水建(构)筑物;2——级泵站;3—给水处理厂;
4—清水池;5—二级泵站;6—输水管;
7—管网;8—水塔

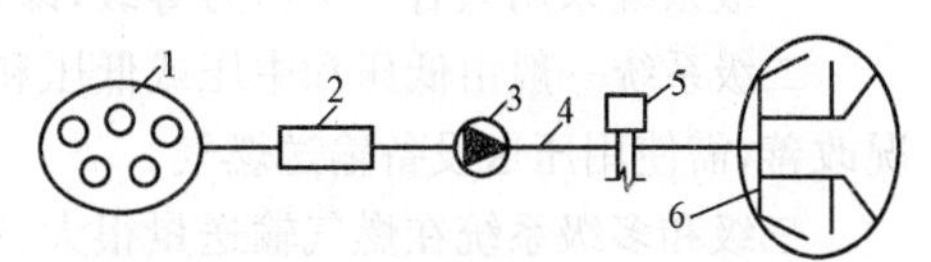

图 4-25　地下水源给水系统图

1—深井群;2—水池;3—加压泵站;
4—输水管;5—水塔;6—管网

(二)排水工程

有首歌词称“鱼儿离不开水”,同样,人也离不开水。水是人们日常生活和从事一切活动不可缺少的物质,为了保障人们正常生活和从事一切活动,现代化城市(镇)就需要建设一整套完善的管渠系统、泵站及处理厂等各种设施,有组织地对生活污水、工业废水和雨(雪)水加以排除和处理,以达到保护环境、变废为宝、保证人们的正常生活和生产的目的工程,就称为排水工程。

排水工程是国民经济建设的重要组成部分,对保护环境、促进工农业生产和保障人民的健康,具有重要的现实意义和深远的影响。城市排水工程(系统),一般来说,主要是由管道系统(排水管网)和污水处理系统(污水处理厂)组成。排水系统的基本任务主要包括以下几点:

(1)收集城市(镇)区域各种降水并及时排至各种自然水体中。

(2)收集各种污(废)水并及时地将其输送到规定地点。

(3)对污(废)水妥善处理后排放或再利用。

(三)燃气与集中供热工程

燃气是指可供工业与民用燃烧的一种气体燃料。城市(镇)燃气是指符合国家规范要求的,供给居民生活、公共建筑和工业企业生产作燃料用的,公用性质的燃气。燃气燃烧时温度高,容易点燃,容易调节,干净卫生,使用方便,污染性小,为现代生活广泛采用是一种理想的燃料。

燃气种类很多,按其来源不同可分为天然气和人工气两大类。

燃气系统主要由燃气管道系统、燃气输配系统和燃气系统附属设备三大部分构成。

1. 燃气管道系统

城市(镇)燃气管道系统由输气干管、中压输配干管、低压输配干管、配气支管和用气管道组成。

(1)输气干管。将燃气从气源厂或门站送至城市各高中压调压站的管道,燃气压力一般为高压 A 级及高压 B 级。

(2)中压输配干管。将燃气从气源厂或储配站送至城市各用气区域的管道,包括出厂管、出站管和城市(镇)道路干管。

(3)低压输配干管。将燃气从调压站送至燃气供应地区,并沿途分配给各类用户的管道。

(4)配气支管。分为中压支管和低压支管。中压支管是将燃气从中压输配干管引至调压站的管道,低压支管是将燃气从低压输配干管引至各类用户室内燃气计量表前的管道。

(5)用气管道。从燃气计量表引向室内各个燃具的管道。这一段管道一般多为橡胶管。

城市(镇)燃气管道系统由各种压力的燃气管道组成,其组合形式有一级系统、二级系统、三级系统和多级系统。

一级系统采用只有一个压力等级,即仅用低压或中压管网分配和供应燃气的系统。

二级系统一般由低压和中压或低压和次高压两级管网组成,供应范围大于一级系统,压力工况改善,需使用压送设备输送燃气。

三级和多级系统在燃气输送量很大、输送距离很远而中压管道又不能有效地保证长距离输送大量燃气时;或由于城市内难以敷设高压燃气管道,而敷设中压,管道金属耗量和投资过大时;或以天然气为气源时采用。例如,由陕西靖边送往北京市的燃气管道,就是采用三级系统。三级系统由高压、中压和低压三级管网组成。

城市(镇)燃气管道按输送燃气的压力分级,见表4-38及表4-39。

表4-38　城市(镇)燃气输送压力(表压)分级

名称		压力(MPa)
高压燃气管道	A	$0.8<P\leqslant 1.6$
	B	$0.4<P\leqslant 0.8$
中压燃气管道	A	$0.2<P\leqslant 0.4$
	B	$0.005<P\leqslant 0.2$
低压燃气管道		$P\leqslant 0.005$

表4-39　液态液化石油气管道设计压力(表压)分级

名称	压力(MPa)
Ⅰ级管道	$P>4.0$
Ⅱ级管道	$1.6\leqslant P\leqslant 4.0$
Ⅲ级管道	$P<1.6$

2. 燃气输配系统

燃气输配系统,通常由燃气长距离输送系统和燃气压送储存系统两部分构成。

燃气长距离输送系统通常由集输管网、气体净化设备、起点站、输气干线、支线、中间调压计量站、压气站、分配站、电保护装置等组成,按燃气种类、压力、质量及输送距离的不同,在系统的设置上有所差异。

燃气压送储存系统主要由压送设备和储存装置组成。

压送设备是用来提高燃气压力或输送燃气,是燃气输配系统的心脏。目前,在中、低压两级系统中使用的压送设备有罗茨式鼓风机和往复式压送机。

储存装置的作用是保证不间断地供应燃气,平衡、调度燃气供应变量。其设置主要有低压湿式储气柜、低压干式储气柜、高压储气柜。关于湿式、干式储气柜的含义及构造,鉴于叙述内容很多、篇幅较大,故这里不作详细介绍。

3. 燃气系统附属设备

燃气系统附属设备，一般来说主要有凝水器、补偿器、调压器、过滤器等。它们的结构特征、功能作用等，为缩小篇幅不作介绍。

集中供热，是指在一个城市或一个城市的某一个区域(如高新区、经开区等)，由一个热源给该区域内所有用户供热的工程。集供热工程也是由热源、管网等组成，其具体内容及设施等，这里不再作一一介绍。

二、城市燃气管道安装

(一)概述

(1)进行城镇燃气输配工程的施工单位，必须具有与工程规模相适应的施工资质；进行城镇燃气输配工程监理的单位，必须具有相应的监理资质。工程项目必须取得建设行政主管部门批准的施工许可文件后方可开工。

(2)承担燃气钢质管道、设备焊接的人员，必须具有锅炉压力容器压力管道特种设备操作人员资格证(焊接)焊工合格证书，且在证书的有效期及合格范围内从事焊接工作。间断焊接时间超过六个月，再次上岗前应重新考试；承担其他材质燃气管道安装的人员，必须经过专门培训，并经考试合格，间断安装时间超过六个月，再次上岗前应重新考试和技术评定。当使用的安装设备发生变化时，应针对该设备操作要求进行专门培训。

(3)工程施工必须按设计文件进行，如发现施工图有误或燃气设施的设置不能满足现行国家标《城镇燃气设计规范》(GB 50028)时，不得自行更改，应及时向建设单位和设计单位提出变更设计要求。修改设计或材料代用应经原设计部门同意。

(4)工程施工所用设备、管道组成件等，应符合国家现行有关产品标准的规定，且必须具有生产厂质量检验部门的产品合格文件。

(5)在入库和进入施工现场安装前，应对管道组成件进行检查，其材质、规格、型号应符合设计文件和合同的规定，并应按现行的国家产品标准进行外观检查；对外观质量有异议、设计文件或《城镇燃气输配工程施工及验收规范》(CJJ 33—2005)有要求时，应进行有关质量检验，不合格者不得使用。

(6)参与工程项目的各方在施工过程中，应遵守国家和地方有关安全、文明施工、劳动保护、防火、防爆、环境保护和文物保护等有关方面的规定。

(7)城镇燃气输配工程施工及验收除应遵守中华人民共和国行业标准CJJ 33—2005外，尚应遵守国家现行有关强制性标准的规定。

(二)管道安装基本要求

(1)地下燃气管道埋设的最小覆土厚度应符合如下要求：

1)埋设在车行道下时，不得小于0.8m。

2)埋设在非车行道(或街道)下时，不得小于0.6m。

3)埋设在庭院内时，不得小于0.3m。

4)埋设在水田下时，不得小于0.8m。

当采取行之有效的防护措施后，经批准上述规定可适当降低。

(2)地下燃气管道与建筑物和其他管线间最小水平净距离，与各类地下管道交叉的最小垂直净距,与交流电力线接地体的净距不应小于有关规定的要求。

(3)与水管、热力管、燃油管和惰性气体管道在同一管架敷设时,其上、下敷设的垂直净距不宜小于250mm,与同一管架上平行敷设的其他管道的最小水平净距不宜小于150mm。

(4)与输送腐蚀性介质的管道共架敷设时,燃气管道应架在上方。对于容易漏气、漏油、漏腐蚀性液体的部位,如法兰、阀门等,应在燃气管道上采取保护措施。

(5)煤气管道调压器的室外进口管处,应设置阀门,但当调压站距中压分支管起点阀门间距小于50m时可不设置。天然气管道长度50m以上通向高中压调压站或中低调压站的站外进出口管处也应设置阀门。

(6)煤气管道管径 $DN \geqslant 500$mm中压管、天然气管道管径 $DN \geqslant 300$mm的高中压干管上阀门的两侧宜设置放散管(孔);地下液态液化石油气管道分段阀门之间应设置放散阀,其放散管管口距地面距离不应小于2m,地上液态液化石油气管道两阀门之间的管段上应设置管道安全阀。

(7)燃气管道所用钢管(除镀锌钢管外)在安装前应做防腐处理,其中架空钢管的外壁应涂环氧铁红等防锈漆两遍,埋地钢管外壁应按设计要求做外防腐。当设计无规定时,埋地钢管外防腐可采用环氧煤沥青或聚乙烯胶粘带,埋地镀锌钢管外壁及螺纹连接部位应做普通级防腐绝缘,螺纹连接部位的修补可用水柏油涂刷并包扎玻璃布做三油二布处理,或用环氧煤沥青涂刷并包扎玻璃布做二油一布处理。

(8)室外燃气钢管道焊接对焊工的要求及焊缝的无损探伤要求同室内管道。对穿越铁路、公路、跨越河流及铺设在重要道路下的管道焊口,应做100%的无损探伤。

(9)煤气管道敷设时,其坡向应符合干管坡向凝水器、支管坡向干管、小口径管坡向大口径管的原则,其坡度要求为:中压管不小于0.003,低压干管不小于0.004,低压支管不小于0.005,引入管不小于0.01。

(10)位于防雷保护区之外的架空燃气管道及放散管应接地,接地电阻不得大于10Ω,接地点不得少于2点。

(11)地下燃气管道阀门的安装应平整,不得歪斜。阀门吊装时绳索应拴在法兰上,不得拴在手轮、阀杆或传动机构上。阀门口径 $DN \leqslant 400$mm时一般采用立式,阀杆顶端离地面0.2~1.0m,大于1.0m时加装延伸轴;阀门口径 $DN \geqslant 500$mm时多采用卧式,通过斜齿轮进行启闭。高中压天然气钢管阀门应加设波纹管。

(12)铸铁管的连接应采用S型机械接口,接口填料使用燃气用橡胶圈,接口时两管中心线应保持一直线,压轮上螺栓拧紧的扭力矩为60N·m;铸铁管接口使用的橡胶圈,其性能应符合燃气输送的使用要求。

(13)铸铁管与钢管之间的连接,应采用法兰连接。螺栓宜采用可锻铸铁,如采用钢制螺栓,应采取防腐措施。

(14)聚乙烯燃气管道采用电熔连接(电熔承插连接、电熔鞍形连接)或热熔连接(热熔承插连接、热熔对接连接、热熔鞍形连接),不得采用螺纹连接和粘接。与金属管道连接时,采用钢塑过渡接头连接。钢塑过渡接头钢管端与钢管焊接时,应采取降温措施。

(15)钢塑过渡接头一般有两种形式,对小口径聚乙烯管($D \leqslant 63$mm),一般采用一体式钢塑过渡接头;对大口径聚乙烯管($D > 63$mm),一般采用钢塑法兰组件进行转换连接。一体式钢塑过渡接头由钢制接头和聚乙烯管端组成,钢制接头采用螺纹式、焊接式或法兰式;钢塑法兰组件由聚乙烯法兰或专用钢法兰组成,钢法兰外包覆塑料。

(16)聚乙烯燃气管道敷设时，宜随管道走向埋设金属示踪线；距管顶不小于 300mm 处埋设警示带，警示带上应标有醒目的提示字样。

(三)管道埋设基本要求

1. 沟槽开挖

(1)沟槽应按设计所规定平面位置和标高开挖。人工开挖且无地下水时，沟底预留值宜为 0.05～0.10m；机械开挖或有地下水时，沟底预留值不小于 0.15m，管道铺设前人工清底至设计标高。

(2)沟槽开挖过程中要进行监测、记录，局部超挖部分应回填夯实。当沟底无地下水时，超挖在 0.15m 以内者，可用原土回填夯实，其密度不低于原土基地基天然土的密实度；超挖在 0.15m 以上者，可用石灰土或砂处理，其密度不低于 95%。当沟底有地下水或沟底土层含水量较大时，可用天然砂回填。

(3)沟槽开挖前应摸清地下构筑物或其他管线的情况，对地下设施比较复杂的地段应先进行手工开挖，以核实设计图纸的正确性。

(4)铸铁管、钢管单沟底组装时，管沟沟底宽度宜按表 4-40 执行。

表 4-40　　**沟底宽尺寸**

管的公称直径(mm)	50～80	100～200	250～350	400～450	500～600	700～800	900～1000	1100～1200	1300～1400
沟底宽度(m)	0.6	0.7	0.8	1.0	1.3	1.6	1.8	2.0	2.2

(5)钢管、聚乙烯管单沟边组装时，管沟沟底宽度为：

$$a = D + 0.3 \tag{4-24}$$

双管同沟铺设时，管沟沟底宽度为：

$$a = D_1 + D_2 + S + C \tag{4-25}$$

式中　a——沟底宽度(m)；

D——管道外径(m)；

D_1——第一根管道外径(m)；

D_2——第二根管道外径(m)；

S——两管之间的设计净距(m)；

C——工作宽度(m)，当在沟底组装时为 0.6，在沟边组装时为 0.3。

(6)梯形槽(图 4-26)上口宽度可按下式确定：

$$b = a + 2nh \tag{4-26}$$

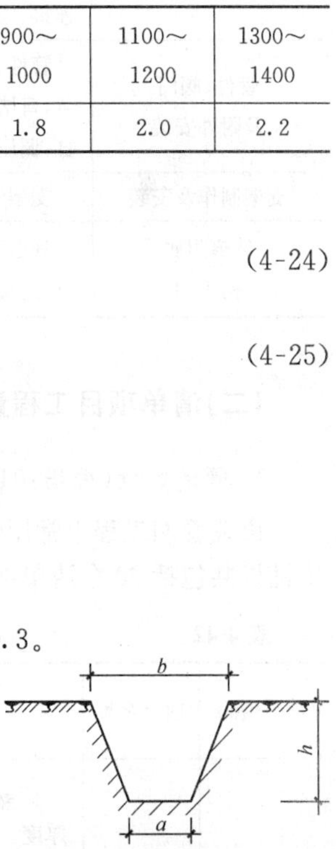

图 4-26　梯形槽断面图

式中　b——沟槽上口宽度(m)；

a——沟槽底宽度(m)(按表 4-40 确定)；

n——沟槽边坡率(边坡的水平投影与垂直投影的比值)；

h——沟槽深度(m)。

2. 回填土

(1)管沟回填土时应排除沟内积水，清除沟内杂物，先填实管底，再回填管道两侧，然后回填至管顶以上 0.3～0.5m 处(未经检验的接口应留出)。天然气管道在回填至管顶以上 0.3m 处设置警示带。

(2)为保护管道防腐层,管道两侧及管顶以上0.3～0.5m范围内的回填土,不得含有碎石、砖块、垃圾等杂物,也不得用冻土回填。距离管顶0.5m以上的回填土,允许有少量直径不大于0.1m的石块。聚乙烯管回填时,管道两侧及管顶以上0.3m内用砂土或细土原状土填充,在气温较高季节施工时,应使管道冷却到土壤温度方可回填。

(3)回填土应分层夯实,每层厚度0.2～0.3m,管道两侧及管顶以上0.5m内的填土必须人工夯实,超过管顶0.5m,可使用小型机械夯实,每层松土厚度为0.25～0.4m。

三、清单项目划分及工程量计算规则

(一)清单项目的划分

《市政计量规范》附录E管网工程所包含的清单项目见表4-41。

表4-41　管网工程所包含的清单项目

名称	包含的清单项目
管道铺设	管道铺设包括混凝土管、钢管、铸铁管、塑料管、直埋式预制保温管、管道架空跨越、隧道(沟、管)内管道、水平导向钻进、夯管、顶(夯)管工作坑、预制混凝土工作坑、顶管、土壤加固、新旧管连接、临时放水管线、砌筑方沟、混凝土方沟、砌筑渠道、混凝土渠道、警示(示踪)带铺设
管件、阀门及附件安装	管件、阀门及附件安装包括铸铁管管件,钢管管件制作、安装,塑料管管件,转换件,阀门,法兰,盲堵板制作、安装,套管制作、安装,水表,消火栓,补偿器(波纹管),除污器组成、安装,凝水缸,调压器,过滤器,分离器,安全水封,检漏(水)管
支架制作及安装	支架制作及安装包括砌筑支墩、混凝土支墩、金属支架制作、安装、金属吊架制作、安装
管道附属构筑物	管道附属构筑物包括砌筑井、混凝土井、塑料检查井、砖砌井筒、预制混凝土井筒、砌体出水口、混凝土出水口、整体化粪池、雨水口

(二)清单项目工程量计算规则

1. 管道铺设(编码:040501)

市政管网工程中常用管道主要有混凝土管、钢管、铸铁管、塑料管、直埋式预制保温管等。管道铺设共包括20个清单项目,其清单项目设置及工程量计算规则见表4-42。

表4-42　管道铺设(编码:040501)

项目编码	项目名称	项目特征	计量单位	工程量计算规则	工作内容
040501001	混凝土管	1. 垫层厚度、基础材质及厚度 2. 管座材质 3. 规格 4. 接口方式 5. 铺设深度 6. 混凝土强度等级 7. 管道检验及试验要求	m	按设计图示中心线长度以延长米计算。不扣除附属构筑物、管件及阀门等所占长度	1. 垫层、基础铺筑及养护 2. 模板制作、安装、拆除 3. 混凝土拌和、运输、浇筑、养护 4. 预制管枕安装 5. 管道铺设 6. 管道接口 7. 管道检验及试验

（续一）

项目编码	项目名称	项目特征	计量单位	工程量计算规则	工作内容
040501002	钢管	1. 垫层、基础材质及厚度 2. 材质及规格 3. 接口方式 4. 铺设深度 5. 管道检验及试验要求 6. 集中防腐运距	m	按设计图示中心线长度以延长米计算。不扣除附属构筑物、管件及阀门等所占长度	1. 垫层、基础铺筑及养护 2. 模板制作、安装、拆除 3. 混凝土拌和、运输、浇筑、养护 4. 管道铺设 5. 管道检验及试验 6. 集中防腐运输
040501003	铸铁管				
040501004	塑料管	1. 垫层、基础材质及厚度 2. 材质及规格 3. 连接形式 4. 铺设深度 5. 管道检验及试验要求			1. 垫层、基础铺筑及养护 2. 模板制作、安装、拆除 3. 混凝土拌和、运输、浇筑、养护 4. 管道铺设 5. 管道检验及试验
040501005	直埋式预置保温管	1. 垫层材质及厚度 2. 材质及规格 3. 接口方式 4. 铺设深度 5. 管道检验及试验的要求			1. 垫层铺筑及养护 2. 管道铺设 3. 接口处保温 4. 管道检验及试验
040501006	管道架空跨越	1. 管道架设高度 2. 管道材质及规格 3. 接口方式 4. 管道检验及试验要求 5. 集中防腐运距	m	按设计图示中心线长度以延长米计算。不扣除管件及阀门等所占长度	1. 管道架设 2. 管道检验及试验 3. 集中防腐运输
040501007	隧道（沟、管）内管道	1. 基础材质及厚度 2. 混凝土强度等级 3. 材质及规格 4. 接口方式 5. 管道检验及试验要求 6. 集中防腐运距		按设计图示中心线长度以延长米计算。不扣除附属构筑物、管件及阀门等所占长度	1. 基础铺筑、养护 2. 模板制作、安装、拆除 3. 混凝土拌和、运输、浇筑、养护 4. 管道铺设 5. 管道检验及试验 6. 集中防腐运输
040501008	水平导向钻进	1. 土壤类别 2. 材质及规格 3. 一次成孔长度 4. 接口方式 5. 泥浆要求 6. 管道检验及试验要求 7. 集中防腐运距		按设计图示长度以延长米计算。扣除附属构筑物（检查井）所占长度	1. 设备安装、拆除 2. 定位、成孔 3. 管道接口 4. 拉管 5. 纠偏、监测 6. 泥浆制作、注浆 7. 管道检测及试验 8. 集中防腐运输 9. 泥浆、土方外运
040501009	夯管	1. 土壤类别 2. 材质及规格 3. 一次夯管长度 4. 接口方式 5. 管道检验及试验要求 6. 集中防腐运距			1. 设备安装、拆除 2. 定位、夯管 3. 管道接口 4. 纠偏、监测 5. 管道检测及试验 6. 集中防腐运输 7. 土方外运

(续二)

项目编码	项目名称	项目特征	计量单位	工程量计算规则	工作内容
040501010	顶(夯)管工作坑	1. 土壤类别 2. 工作坑平面尺寸及深度 3. 支撑、围护方式 4. 垫层、基础材质及厚度 5. 混凝土强度等级 6. 设备、工作台主要技术要求	座	按设计图示数量计算	1. 支撑、围护 2. 模板制作、安装、拆除 3. 混凝土拌和、运输、浇筑、养护 4. 工作坑内设备、工作台安装及拆除
040501011	预制混凝土工作坑	1. 土壤类别 2. 工作坑平面尺寸及深度 3. 垫层、基础材质及厚度 4. 混凝土强度等级 5. 设备、工作台主要技术要求 6. 混凝土构件运距			1. 混凝土工作坑制作 2. 下沉、定位 3. 模板制作、安装、拆除 4. 混凝土拌和、运输、浇筑、养护 5. 工作坑内设备、工作台安装及拆除 6. 混凝土构件运输
040501012	顶管	1. 土壤类别 2. 顶管工作方式 3. 管道材质及规格 4. 中继间规格 5. 工具管材质及规格 6. 触变泥浆要求 7. 管道检验及试验要求 8. 集中防腐运距	m	按设计图示长度以延长米计算。扣除附属构筑物(检查井)所占长度	1. 管道顶进 2. 管道接口 3. 中继间、工具管及附属设备安装拆除 4. 管内挖、运土及土方提升 5. 机械顶管设备调向 6. 纠偏、监测 7. 触变泥浆制作、注浆 8. 洞口止水 9. 管道内检测及试验 10. 集中防腐运输 11. 泥浆、土方外运
040501013	土壤加固	1. 土壤类别 2. 加固填充材料 3. 加固方式	1. m 2. m^3	1. 按设计图示加固段长度以延长米计算 2. 按设计图示加固段体积以立方米计算	打孔、调浆、灌注
040501014	新旧管连接	1. 材质及规格 2. 连接方式 3. 带(不带)介质连接	处	按设计图示数量计算	1. 切管 2. 钻孔 3. 连接
040501015	临时放水管线	1. 材质及规格 2. 铺设方式 3. 接口形式	m	按放水管线长度以延长米计算,不扣除管件、阀门所占长度	管线铺设、拆除

（续三）

项目编码	项目名称	项目特征	计量单位	工程量计算规则	工作内容
040501016	砌筑方沟	1. 断面规格 2. 垫层、基础材质及厚度 3. 砌筑材料品种、规格、强度等级 4. 混凝土强度等级 5. 砂浆强度等级、配合比 6. 勾缝、抹面要求 7. 盖板材质及规格 8. 伸缩缝(沉降缝)要求 9. 防渗、防水要求 10. 混凝土构件运距	m	按设计图示尺寸以延长米计算	1. 模板制作、安装、拆除 2. 混凝土拌和、运输、浇筑、养护 3. 砌筑 4. 勾缝、抹面 5. 盖板安装 6. 防水、止水 7. 混凝土构件运输
040501017	混凝土方沟	1. 断面规格 2. 垫层、基础材质及厚度 3. 混凝土强度等级 4. 伸缩缝(沉降缝)要求 5. 盖板材质、规格 6. 防渗、防水要求 7. 混凝土构件运距			1. 模板制作、安装、拆除 2. 混凝土拌和、运输、浇筑、养护 3. 盖板安装 6. 防水、止水 7. 混凝土构件运输
040501018	砌筑渠道	1. 断面规格 2. 垫层、基础材质及厚度 3. 砌筑材料品种、规格、强度等级 4. 混凝土强度等级 5. 砂浆强度等级、配合比 6. 勾缝、抹面要求 7. 伸缩缝(沉降缝)要求 8. 防渗、防水要求			1. 模板制作、安装、拆除 2. 混凝土拌和、运输、浇筑、养护 3. 渠道砌筑 4. 勾缝、抹面 5. 防水、止水
040501019	混凝土渠道	1. 断面规格 2. 垫层、基础材质及厚度 3. 混凝土强度等级 4. 伸缩缝(沉降缝)要求 5. 防渗、防水要求 6. 混凝土构件运距			1. 模板制作、安装、拆除 2. 混凝土拌和、运输、浇筑、养护 3. 防水、止水 4. 混凝土构件运输
040501020	警示(示踪)带铺设	规格		按铺设长度以延长米计算	铺设

注：1. 管道架空跨越铺设的支架制作、安装及支架基础、垫层应按表 4-44 中支架制作及安装相关清单项目编码列项。
2. 管道铺设项目中的做法如为标准设计，也可在项目特征中标注标准图集号。

2. 管件、阀门及附件安装（编码：040502）

管件、阀门及附件安装共包括 18 个清单项目，其清单项目设置及工程量计算规则见表 4-43。

表 4-43　　　　管件、阀门及附件安装(编码:040502)

项目编码	项目名称	项目特征	计量单位	工程量计算规则	工作内容
040502001	铸铁管管件	1. 种类 2. 材质及规格 3. 接口形式	个	按设计图示数量计算	安装
040502002	钢管管件制作、安装				制作、安装
040502003	塑料管管件	1. 种类 2. 材质及规格 3. 连接方式			安装
040502004	转换件	1. 材质及规格 2. 接口形式			
040502005	阀门	1. 种类 2. 材质及规格 3. 连接方式 4. 试验要求			
040502006	法兰	1. 材质、规格、结构形式 2. 连接方式 3. 焊接方式 4. 垫片材质			
040502007	盲堵板制作、安装	1. 材质及规格 2. 连接方式			制作、安装
040502008	套管制作、安装	1. 形式、材质及规格 2. 管内填料材质			
040502009	水表	1. 规格 2. 安装方式			安装
040502010	消火栓	1. 规格 2. 安装部位、方式			
040502011	补偿器(波纹管)	1. 规格 2. 安装方式	套		
040502012	除污器组成、安装				组成、安装
040502013	凝水缸	1. 材料品种 2. 型号及规格 3. 连接方式	组		1. 制作 2. 安装
040502014	调压器	1. 规格 2. 型号 3. 连接方式			安装
040502015	过滤器				
040502016	分离器				
040502017	安全水封	规格			
040502018	检漏(水)管				

注:040502013 项目的凝水井按表 4-45 管道附属构筑物中相关清单项目编码列项。

3. 支架制作及安装(编码:040503)

支架制作及安装共包括 4 个清单项目,其清单项目设置及工程量计算规则见表 4-44。

表 4-44　　支架制作及安装(编码:040503)

项目编码	项目名称	项目特征	计量单位	工程量计算规则	工作内容
040503001	砌筑支墩	1. 垫层材质、厚度 2. 混凝土强度等级 3. 砌筑材料、规格、强度等级 4. 砂浆强度等级、配合比	m^3	按设计图示尺寸以体积计算	1. 模板制作、安装、拆除 2. 混凝土拌和、运输、浇筑、养护 3. 砌筑 4. 勾缝、抹面
040503002	混凝土支墩	1. 垫层材质、厚度 2. 混凝土强度等级 3. 预制混凝土构件运距			1. 模板制作、安装、拆除 2. 混凝土拌和、运输、浇筑、养护 3. 预制混凝土支墩安装 4. 混凝土构件运输
040503003	金属支架制作、安装	1. 垫层、基础材质及厚度 2. 混凝土强度等级 3. 支架材质 4. 支架形式 5. 预埋件材质及规格	t	按设计图示质量计算	1. 模板制作、安装、拆除 2. 混凝土拌和、运输、浇筑、养护 3. 支架制作、安装
040503004	金属吊架制作、安装	1. 吊架形式 2. 吊架材质 3. 预埋件材质及规格			制作、安装

4. 管道附属构筑物(编码:040504)

管道附属构筑物共包括 9 个清单项目，其清单项目设置及工程量计算规则见表 4-45。

表 4-45　　管道附属构筑物(编码:040504)

项目编码	项目名称	项目特征	计量单位	工程量计算规则	工作内容
040504001	砌筑井	1. 垫层、基础材质及厚度 2. 砌筑材料品种、规格、强度等级 3. 勾缝、抹面要求 4. 砂浆强度等级、配合比 5. 混凝土强度等级 6. 盖板材质、规格 7. 井盖、井圈材质及规格 8. 踏步材质、规格 9. 防渗、防水要求	座	按设计图示数量计算	1. 垫层铺筑 2. 模板制作、安装、拆除 3. 混凝土拌和、运输、浇筑、养护 4. 砌筑、勾缝、抹面 5. 井圈、井盖安装 6. 盖板安装 7. 踏步安装 8. 防水、止水
040504002	混凝土井	1. 垫层、基础材质及深度 2. 混凝土强度等级 3. 盖板、材质规格 4. 井盖、井圈材质及规格 5. 踏步材质、规格 6. 防渗、防水要求			1. 垫层铺筑 2. 模板制作、安装、拆除 3. 混凝土拌和、运输、浇筑、养护 4. 井圈、井盖安装 5. 盖板安装 6. 踏步安装 7. 防水、止水

(续表)

项目编码	项目名称	项目特征	计量单位	工程量计算规则	工作内容
040504003	塑料检查井	1. 垫层、基础材质及厚度 2. 检查井材质、规格 3. 井筒、井盖、井圈材质及规格	座	按设计图示数量计算	1. 垫层铺筑 2. 模板制作、安装、拆除 3. 混凝土拌和、运输、浇筑、养护 4. 检查井安装 5. 井筒、井圈、井盖安装
040504004	砖砌井筒	1. 井筒规格 2. 砌筑材料品种、规格 3. 砌筑、勾缝、抹面要求 4. 砂浆强度等级、配合比 5. 踏步材质、规格 6. 防渗、防水要求	m	按设计图示尺寸以延长米计算	1. 砌筑、勾缝、抹面 2. 踏步安装
040504005	预制混凝土井筒	1. 井筒规格 2. 踏步规格	m	按设计图示尺寸以延长米计算	1. 运输 2. 安装
040504006	砌体出水口	1. 垫层、基础材质及厚度 2. 砌筑材料品种、规格 3. 砌筑、勾缝、抹面要求 4. 砂浆强度等级及配合比	座	按设计图示数量计算	1. 垫层铺筑 2. 模板制作、安装、拆除 3. 混凝土拌和、运输、浇筑、养护 4. 砌筑、勾缝、抹面
040504007	混凝土出水口	1. 垫层、基础材质及厚度 2. 混凝土强度等级	座	按设计图示数量计算	1. 垫层铺筑 2. 模板制作、安装、拆除 3. 混凝土拌和、运输、浇筑、养护
040504008	整体化粪池	1. 材质 2. 型号、规格	座	按设计图示数量计算	安装
040504009	雨水口	1. 雨水箅子及圈口材质、型号、规格 2. 垫层、基础材质及厚度 3. 混凝土强度等级 4. 砌筑材料品种、规格 5. 砂浆强度等级及配合比	座	按设计图示数量计算	1. 垫层铺筑 2. 模板制作、安装、拆除 3. 混凝土拌和、运输、浇筑、养护 4. 砌筑、勾缝、抹面 5. 雨水箅子安装

注:管道附属构筑物为标准定型附属构筑物时,在项目特征中应标注标准图集编号及页码。

(三)管网工程清单项目有关问题说明

(1)管道铺设项目设置中没有明确区分是排水、给水、燃气还是供热管道,它适用于市政管网管道工程。在列工程量清单时可冠以排水、给水、燃气、供热的专业名称以示区别。

(2)管道铺设中的管件、钢支架制作安装及新旧管连接,应分别列清单项目。

(3)管网工程清单项目所涉及土方工程的内容按本章第一节土石方工程相关项目编码列项。

(4)顶管清单项目,除工作井的制作和工作井的挖、填方不包括外,包括了其他所有顶管过程的全部内容。

(5)管道法兰连接应单独列清单项目内容包括法兰片的焊接和法兰的连接,法兰管件安装的清单项目包括法兰片的焊接和法兰管体的安装。

(6)刷油、防腐、保温工程、阴极保护及牺牲阳极应按现行国家标准《通用安装工程工程量计算规范》(GB 50856－2013)附录M刷油、防腐蚀、绝热工程中相关项目编码列项。

(7)高压管道及管件、阀门安装，不锈钢管及管件、阀门安装，管道焊缝无损探伤应按现行国家标准《通用安装工程工程量计算规范》(GB 50856－2013)附录H工业管道中相关项目编码列项。

(8)管道检验及试验要求应按各专业的施工验收规范设计要求，对已完管道工程进行的管道吹扫、冲洗消毒、强度试验、严密性试验、闭水试验等内容进行描述。

(9)阀门电动机需单独安装，应按现行国家标准《通用安装工程工程量计算规范》(GB 50856－2013)附录K给排水、采暖、燃气工程中相关项目编码列项。

(10)雨水口连接管应按表4-45管道铺设中相关项目编码列项。

四、管网工程量计算示例

(1)工程名称：××市安仁坊城中村改造工程。

(2)项目名称：室外排水管道安装。

(3)施工图纸：该项目全套图纸(平面图如图4-27所示，纵断面图如图4-28所示，钢筋混凝土管180°混凝土基础如图4-29所示，ϕ1000砖砌圆形雨水检查井标准图如图4-30所示，平箅式单箅雨水口标准图如图4-31所示)。

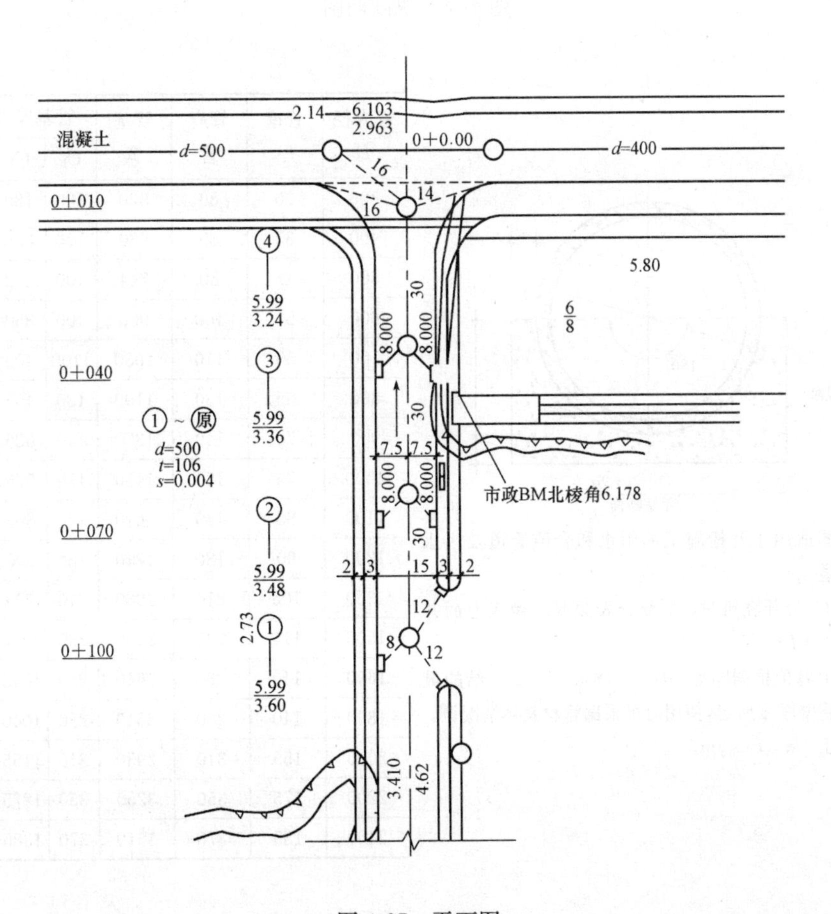

图4-27　平面图

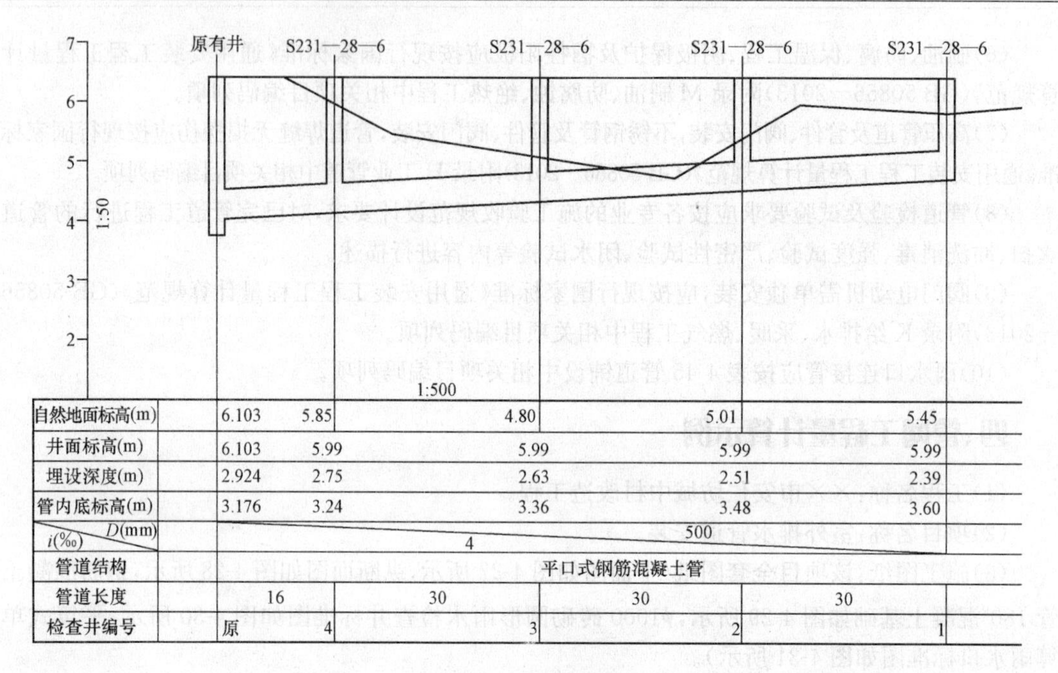

图 4-28 纵断面图

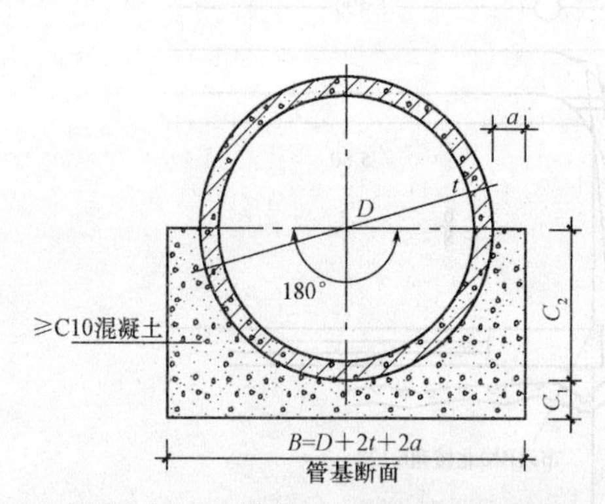

说明:1. 本图适用于开槽施工的雨水和合流管道及污水管道。

2. C_1、C_2 分开浇筑时,C_1 部分表面要求做成毛面并冲洗干净。

3. 表中 B 值根据国标 GB/T 11836—2009 所给的最小管壁厚度所定,使用时可根据管材具体情况调。

4. 覆土 4m<H≤6m。

管内径 D	管壁厚	管肩管	管基宽	管基厚		基础混凝土 (m^3/m)
				C_1	C_2	
300	30	80	520	100	180	0.947
400	35	80	630	100	235	0.1243
500	42	80	744	100	292	0.1577
600	50	100	900	100	350	0.2126
700	55	110	1030	1100	405	0.2728
800	65	130	1190	130	465	0.3684
900	70	140	1320	140	520	0.4465
1000	75	150	1450	150	575	0.5319
1100	85	170	1610	170	635	0.6627
1200	90	180	1740	180	690	0.7659
1350	105	210	1980	210	780	1.0045
1500	115	230	2190	230	865	1.2227
1650	140	280	2640	280	1040	1.7858
1800	140	280	2640	280	1040	1.7858
2000	155	310	2930	310	1155	2.1970
2200	175	350	3250	350	1275	2.7277
2400	185	370	3510	370	1385	3.1469

图 4-29 钢筋混凝土管 180°混凝土基础

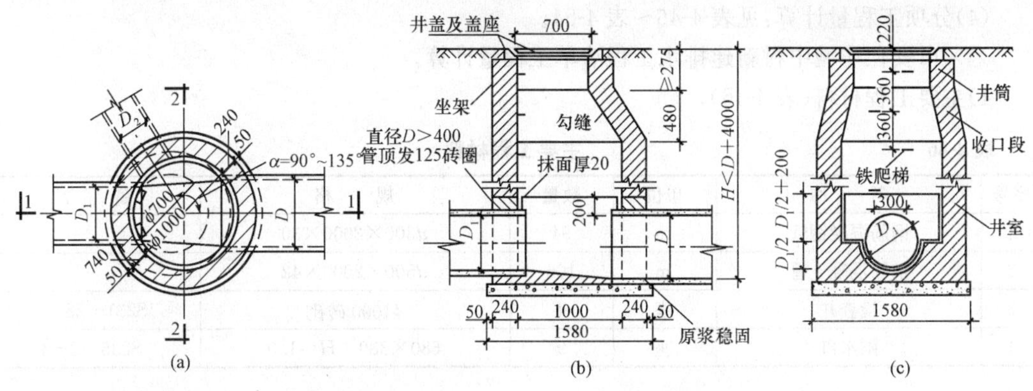

管径 D	砖砌体(m^3)			C10 混凝土(m^3)	砂浆抹面(m^2)
	收口段	井室	井筒(m)		
200	0.39	1.76	0.71	0.20	2.48
300	0.39	1.76	0.71	0.20	2.60
400	0.39	1.76	0.71	0.02	2.70
500	0.39	1.76	0.71	0.22	2.79
600	0.39	1.76	0.71	0.24	2.86

说明：1. 单位：mm。
2. 井墙用 M7.5 水泥砂浆砌 MU10 砖，无地下水时，可用 M5.0 混合砂浆砌 MU10 砖。
3. 抹面、勾缝、坐浆均用 1∶2 水泥砂浆。
4. 遇地下水时井外壁抹面至地下水位以上 500，厚 20，井底铺碎石，厚 100。
5. 接入支管超挖部分用级配砂石，混凝土或砌砖填实。
6. 井室高度：自井底至收口段一般为 1800，当埋深不允许时可酌情减小。
7. 井基材料采用 C10 混凝土，厚度等于干管管基厚；若干管为土基时，井基厚度为 100。

图 4-30　φ1000 砖砌圆形雨水检查井标准图

(a)平面图；(b)1—1 剖面；(c)2—2 剖面

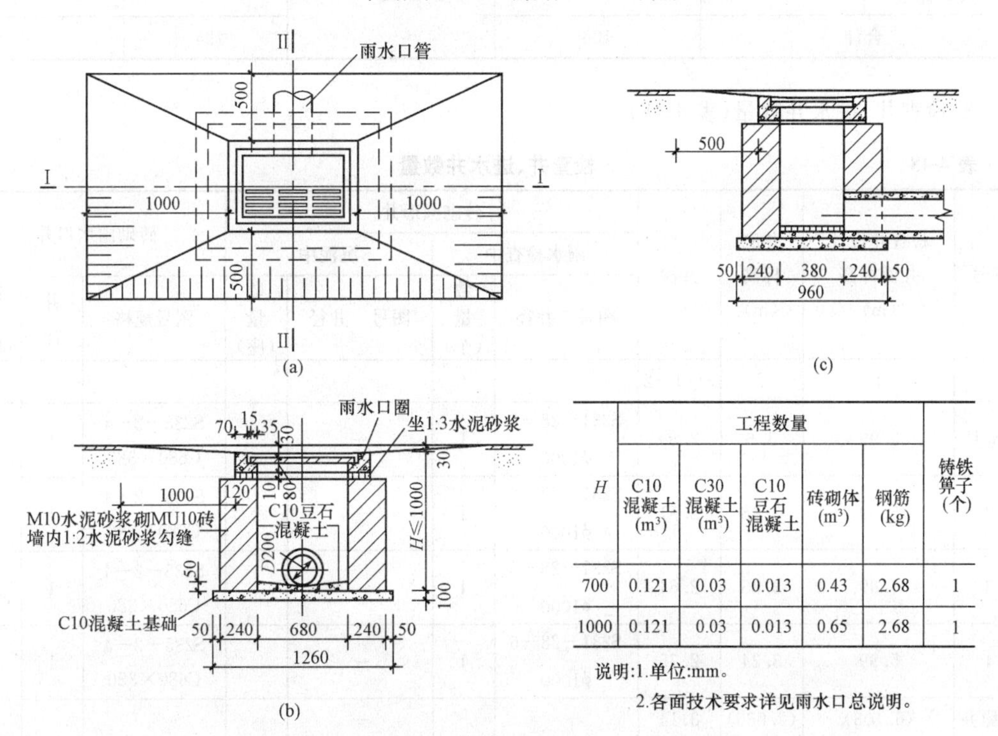

H	工程数量					铸铁算子(个)
	C10 混凝土(m^3)	C30 混凝土(m^3)	C10 豆石混凝土	砖砌体(m^3)	钢筋(kg)	
700	0.121	0.03	0.013	0.43	2.68	1
1000	0.121	0.03	0.013	0.65	2.68	1

说明:1.单位:mm。
2.各面技术要求详见雨水口总说明。

图 4-31　平箅式单箅雨水口标准图

(a)平面图；(b)Ⅰ—Ⅰ剖面；(c)Ⅱ—Ⅱ剖面

(4)分项工程量计算:见表 4-46～表 4-54。

××市安仁坊城中村新建排水工程清单工程量计算。

1)主要工程材料(表 4-46)。

表 4-46　　主要工程材料

序号	名　称	单位	数量	规　格	备　注
1	钢筋混凝钢管	m	94	d300×2000×30	
2	钢筋混凝土管	m	106	d500×2000×42	
3	检查井	座	4	ϕ1000 砖砌	S231－28－6
4	雨水口	座	9	680×380　H=1.0	S235－2－4

2)管道铺设及基础(表 4-47)。

表 4-47　　管道铺设及基础

管段井号	管径(mm)	管道铺设长度(井中至井中)(m)	基础及接口形式	支管及 180°平接口基础铺设	
				d300	d250
起 1	500	30	180°平接口	32	—
2	500	30		16	—
3	500	30		16	—
4	500	16		30	—
止原井					—
合计		106		94	—

3)检查井、进水井数量(表 4-48)。

表 4-48　　检查井、进水井数量

井号	检查井设计井面标高(m)	井底标高(m)	井深	砖砌圆形井				砖砌雨水口井		
				雨水检查中		沉泥中				
				图号　井径	数量(个)	图号　井径	数量(座)	图号规格	井深	数量(座)
	1	2	3=1－2							
起 1	5.99	3.6	2.39	S231－28－6 ϕ1000	1	—		S235－2－4 C680×380	1	3
2	5.99	3.48	2.51	S231－28－6 ϕ1000	1	—		S235－2－4 C680×380	1	2
3	5.99	3.35	2.64	S231－28－6 ϕ1000	1	—		S235－2－4 C680×380	1	2
4	5.99	3.24	2.75	S231－28－6 ϕ1000	1	—		S235－2－4 C680×380	1	2
止原井	(6.103)	(2.936)	3.14			—				
本表综合小　计	(1)砖砌圆形雨水检查井 ϕ1000 平均井深 2.6m,共计 4 座。 (2)砖砌雨水口进水井 680×380　井深 1m　共计 9 座									

4)挖干管管沟土方(表 4-49)。

表 4-49　　挖干管管沟土方

井号或管数	管径(mm)	管沟长(m)	沟底度(m)	原地面标高(综合取定)(m)	井底流水位标高(m)		基础加深(m)	平均挖深(m)	土壤类别	计算式	数量(m^3)
		L	b	平均	流水位	平均		H		$L\times b\times H$	
起 1	500	30	0.744	5.4	3.60	3.54	0.14	2.00	三类土	30×0.744×2.00	44.64
1 2	500	30	0.744	4.75	3.48	3.42	0.14	1.47	三类土	30×0.744×1.47	32.48
3	500	30	0.744	5.28	3.36 3.24	3.30	0.14	2.12	三类土	30×0.744×2.21	47.32
4 止原井	500	16	0.744	5.98	3.176	3.21	0.14	2.91	四类土	16×0.744×2.91	34.64

5)挖支管管沟土方(表 4-50)。

表 4-50　　挖支管管沟土方

管径(mm)	管沟长(m)	沟底宽(m)	平均挖深(m)	土壤类别	计算式	数量(m^3)	备注
	L	b	H		$L\times b\times H$		
d300	94	0.52	1.13	三类土	94×0.52×1.13	55.23	
d250	—	—	—	—	—	—	—

6)挖井位土方(表 4-51)。

表 4-51　　挖井位土方

井号	井底基础尺寸(m)			原地面至流水面高(m)	基础加深(m)	平均挖深(m)	个数	土壤类别	计算式	数量(m^3)
	长	宽	直径							
	L	B	ϕ			H				
雨水井	1.26	0.96		1.0	0.13	1.13	9	三类土	1.26×0.96×1.13×9	12.30
1			1.58	1.86	0.14	2.00	1	三类土	井位 2 块弓形面积为 0.83×2.00	1.66
2			1.58	1.33	0.14	1.47	1	三类土	0.83×1.47	1.22
3			1.58	1.98	0.14	2.12	1	三类土	0.83×2.12	1.76
4			1.58	2.77	0.14	2.91	1	四类土	0.83×2.91	2.42

7)挖混凝土路面及稳定层(表 4-52)。

表4-52　　挖混凝土路面及稳定层

序号	拆除构筑物名称	面积(m^2)	体积(m^3)	备注
1	挖混凝土路面(厚22cm)	16×0.744=11.9	11.9×0.22=2.62	
2	挖稳定层(厚35cm)	16×0.744=11.9	11.9×0.35=4.17	

8)管道及基础所占体积(表4-53)。

表4-53　　管道及基础所占体积

序号	部位名称	计算式	数量(m^3)
1	*d*500管道与基础所占体积	[(0.1+0.292)×(0.5+0.084+0.16)+0.292^2×3.14×1/2]×106	45.16
2	*d*300管道与基础所占体积	[(0.1+0.18)×(0.3+0.06+0.16)+0.18^2×3.14×1/2]×94	18.68
小计			63.84

9)土方工程量汇总(表4-54)。

表4-54　　土方工程量汇总

序号	名　称	计算式	数量(m^3)
1	挖沟槽土方三类土2m以内	44.64+32.81+55.23+12.30+1.66+1.22	147.86
2	挖沟槽土方三类土4m以内	47.32+1.76	49.08
3	挖沟槽土方四类土4m以内	34.64+2.42−2.62−4.17	30.27
4	管道沟回填方	147.86+49.08+30.27−63.68	163.53
5	就地弃土	227.21−163.53	63.84

第六节　水处理工程工程量计算

一、水处理工程基础知识

水处理工程是指通过物理、化学的手段，去除水中一些对生产、生活不需要的物质所做的一个工程，是为了满足特定的用途而对水进行的沉降、过滤、混凝、絮凝，以及缓蚀、阻垢等水质调理的一个项目。

由于社会生产、生活与水密切相关，因此，水处理工程领域涉及的应用范围十分广泛，构成了一个庞大的产业应用工程项目。

水处理主要包括污水处理和饮用水处理两种，有些地方还把污水处理再分为两种，即污水处理和中水回用两种。经常用到的水处理药剂有聚合氯化铝、聚合氯化铝铁、碱式氯化铝，聚丙烯酰胺，活性炭及各种滤料等。

常用的水处理方法有沉淀物过滤法、硬水软化法、活性炭吸附法、去离子法、逆渗透法、超过滤法、蒸馏法、紫外线消毒法、生物化学法、混合离子交换法等。

二、清单项目划分及工程量计算规则

(一)清单项目划分

《市政计量规范》附录 F 水处理工程分为水处理构筑物、水处理设备和相关问题及说明共 3 节76 个清单项目，具体见表 4-55。

表 4-55　　水处理工程所包含的清单项目

名称	包含的清单项目
水处理构筑物	水处理构筑物工程包括现浇混凝土沉井井壁及隔墙，沉井下沉，沉井混凝土底板，沉井内地下混凝土结构，沉井混凝土顶板，现浇混凝土池底，现浇混凝土池壁(隔墙)，现浇混凝土池柱，现浇混凝土池梁，现浇混凝土池盖板，现浇混凝土板，池槽，砌筑导流壁、筒，混凝土导流壁、筒，混凝土楼梯，金属扶梯、栏杆，其他现浇混凝土构件，预制混凝土板，预制混凝土槽，预制混凝土支墩，其他预制混凝土构件，滤板，折板，壁板，滤料铺设，尼龙网板，刚性防水，柔性防水，沉降(施工)缝，井、池渗漏试验
水处理设备	水处理设备工程包括格栅、格栅除污机、滤网清污机、压榨机、刮砂机、吸砂机、刮泥机、吸泥机、刮吸泥机、撇渣机、砂(泥)水分离器、曝气机、曝气器、布气管、滗水器、生物转盘、搅拌机、推进器、加药设备、加氯机、氯吸收装置、水射器、管式混合器、冲洗装置、带式压滤机、污泥脱水机、污泥浓缩机、污泥浓缩脱水一体机、污泥输送机、污泥切割机、闸门、旋转门、堰门、拍门、启闭机、升杆式铸铁泥阀、平底盖闸、集水槽、堰板、斜板、斜管、紫外线消毒设备、臭氧消毒设备、除臭设备、膜处理设备、在线水质检测设备

(二)清单项目工程量计算规则

1. 水处理构筑物(编码:040601)

水处理构筑物共包括 30 个清单项目，其清单项目设置及工程量计算规则见表 4-56。

表 4-56　　水处理构筑物(编码:040601)

项目编码	项目名称	项目特征	计量单位	工程量计算规则	工作内容
040601001	现浇混凝土沉井井壁及隔墙	1. 混凝土强度等级 2. 防水、抗渗要求 3. 断面尺寸	m^3	按设计图示尺寸以体积计算	1. 垫木铺设 2. 模板制作、安装、拆除 3. 混凝土拌和、运输、浇筑 4. 养护 5. 预留孔封口

(续一)

项目编码	项目名称	项目特征	计量单位	工程量计算规则	工作内容
040601002	沉井下沉	1. 土壤类别 2. 断面尺寸 3. 下沉深度 4. 减阻材料种类	m³	按自然面标高至设计垫层底标高间的高度乘以沉井外壁最大断面面积以体积计算	1. 垫木拆除 2. 挖土 3. 沉井下沉 4. 填充减阻材料 5. 余方弃置
040601003	沉井混凝土底板	1. 混凝土强度等级 2. 防水、抗渗要求	m³	按设计图示尺寸以体积计算	1. 模板制作、安装、拆除 2. 混凝土拌和、运输、浇筑 3. 养护
040601004	沉井内地下混凝土结构	1. 部位 2. 混凝土强度等级 3. 防水、抗渗要求	m³	按设计图示尺寸以体积计算	1. 模板制作、安装、拆除 2. 混凝土拌和、运输、浇筑 3. 养护
040601005	沉井混凝土顶板	1. 混凝土强度等级 2. 防水、抗渗要求	m³	按设计图示尺寸以体积计算	1. 模板制作、安装、拆除 2. 混凝土拌和、运输、浇筑 3. 养护
040601006	现浇混凝土池底	1. 混凝土强度等级 2. 防水、抗渗要求	m³	按设计图示尺寸以体积计算	1. 模板制作、安装、拆除 2. 混凝土拌和、运输、浇筑 3. 养护
040601007	现浇混凝土池壁(隔墙)	1. 混凝土强度等级 2. 防水、抗渗要求	m³	按设计图示尺寸以体积计算	1. 模板制作、安装、拆除 2. 混凝土拌和、运输、浇筑 3. 养护
040601008	现浇混凝土池柱	1. 混凝土强度等级 2. 防水、抗渗要求	m³	按设计图示尺寸以体积计算	1. 模板制作、安装、拆除 2. 混凝土拌和、运输、浇筑 3. 养护
040601009	现浇混凝土池梁	1. 混凝土强度等级 2. 防水、抗渗要求	m³	按设计图示尺寸以体积计算	1. 模板制作、安装、拆除 2. 混凝土拌和、运输、浇筑 3. 养护
040601010	现浇混凝土池盖板	1. 混凝土强度等级 2. 防水、抗渗要求	m³	按设计图示尺寸以体积计算	1. 模板制作、安装、拆除 2. 混凝土拌和、运输、浇筑 3. 养护
040601011	现浇混凝土板	1. 名称、规格 2. 混凝土强度等级 3. 防水、防渗要求	m³	按设计图示尺寸以体积计算	1. 模板制作、安装、拆除 2. 混凝土拌和、运输、浇筑 3. 养护
040601012	池槽	1. 混凝土强度等级 2. 防水、抗渗要求 3. 池槽断面尺寸 4. 盖板材质	m	按设计图示尺寸以长度计算	1. 模板制作、安装、拆除 2. 混凝土拌和、运输、浇筑 3. 养护 4. 盖板安装 5. 其他材料铺设

（续二）

项目编码	项目名称	项目特征	计量单位	工程量计算规则	工作内容
040601013	砌筑导流壁、筒	1. 砌体材料、规格 2. 断面尺寸 3. 砌筑、勾缝、抹面砂浆强度等级	m^3	按设计图示尺寸以体积计算	1. 砌筑 2. 抹面 3. 勾缝
040601014	混凝土导流壁、筒	1. 混凝土强度等级 2. 防水、防渗要求 3. 断面尺寸			1. 模板制作、安装、拆除 2. 混凝土拌和、运输、浇筑或预制 3. 养护
040601015	混凝土楼梯	1. 结构形式 2. 底板厚度 3. 混凝土强度等级	1. m^2 2. m^3	1. 以平方米计量，按设计图示尺寸以水平投影面积计算 2. 以立方米计量，按设计图示尺寸以体积计算	1. 模板制作、安装、拆除 2. 混凝土拌和、运输、浇筑 3. 养护 4. 楼梯安装
040601016	金属扶梯、栏杆	1. 材质 2. 规格 3. 防腐刷油材质、工艺要求	1. t 2. m	1. 以吨计量，按设计图示尺寸以质量计算 2. 以米计量，按设计图示尺寸以长度计算	1. 制作、安装 2. 除锈、防腐、刷油
040601017	其他现浇混凝土构件	1. 构件名称、规格 2. 混凝土强度等级	m^3	按设计图示尺寸以体积计算	1. 模板制作、安装、拆除 2. 混凝土拌和、运输、浇筑 3. 养护
040601018	预制混凝土板	1. 图集、图纸名称 2. 构件代号、名称 3. 混凝土强度等级 4. 防水、抗渗要求			1. 模板制作、安装、拆除 2. 混凝土拌和、运输、浇筑 3. 养护 4. 构件安装 5. 接头灌浆 6. 砂浆制作 7. 运输
040601019	预制混凝土槽				
040601020	预制混凝土支墩				
040601021	其他预制混凝土构件	1. 部位 2. 图集、图纸名称 3. 构件代号、名称 4. 混凝土强度等级 5. 防水、抗渗要求			

(续三)

项目编码	项目名称	项目特征	计量单位	工程量计算规则	工作内容
040601022	滤板	1. 材质 2. 规格 3. 厚度 4. 部位	m^2	按设计图示尺寸以面积计算	1. 制作 2. 安装
040601023	折板				
040601024	壁板				
040601025	滤料铺设	1. 滤料品种 2. 滤料规格	m^3	按设计图示尺寸以体积计算	铺设
040601026	尼龙网板	1. 材料品种 2. 材料规格	m^2	按设计图示尺寸以面积计算	1. 制作 2. 安装
040601027	刚性防水	1. 工艺要求 2. 材料品种、规格			1. 配料 2. 铺筑
040601028	柔性防水				涂、贴、粘、刷防水材料
040601029	沉降(施工)缝	1. 材料品种 2. 沉降缝规格 3. 沉降缝部位	m	按设计图示尺寸以长度计算	铺、嵌沉降(施工)缝
040601030	井、池渗漏试验	构筑物名称	m^3	按设计图示储水尺寸以体积计算	渗漏试验

注:1. 沉井混凝土地梁工程量,应并入底板内计算。
2. 各类垫层应按本章第三节桥涵工程中相关项目编码列项。

2. 水处理设备(编码:040602)

水处理设备共包括36个清单项目,其清单项目设置及工程量计算规则见表4-57。

表4-57 水处理设备(编码:040602)

项目编码	项目名称	项目特征	计量单位	工程量计算规则	工作内容
040602001	格栅	1. 材质 2. 防腐材料 3. 规格	1. t 2. 套	1. 以吨计量,按设计图示尺寸以质量计算 2. 以套计量,按设计图示数量计算	1. 制作 2. 防腐 3. 安装
040602002	格栅除污机	1. 类型 2. 材质 3. 规格、型号 4. 参数	台	按设计图示数量计算	1. 安装 2. 无负荷试运转
040602003	滤网清污机				
040602004	压榨机				
040602005	刮砂机				
040602006	吸砂机				
040602007	刮泥机				
040602008	吸泥机				

（续一）

项目编码	项目名称	项目特征	计量单位	工程量计算规则	工作内容
040602009	刮吸泥机	1. 类型 2. 材质 3. 规格、型号 4. 参数	台	按设计图示数量计算	1. 安装 2. 无负荷试运转
040602010	撇渣机				
040602011	砂(泥)水分离器				
040602012	曝气机				
040602013	曝气器		个		
040602014	布气管	1. 材质 2. 直径	m	按设计图示以长度计算	1. 钻孔 2. 安装
040602015	滗水器	1. 类型 2. 材质 3. 规格、型号 4. 参数	套	按设计图示数量计算	1. 安装 2. 无负荷试运转
040602016	生物转盘				
040602017	搅拌机		台		
040602018	推进器				
040602019	加药设备	1. 类型 2. 材质 3. 规格、型号 4. 参数	套		
040602020	加氯机				
040602021	氯吸收装置				
040602022	水射器	1. 材质 2. 公称直径	个		
040602023	管式混合器				
040602024	冲洗装置	1. 类型 2. 材质 3. 规格、型号 4. 参数	套		
040602025	带式压滤机		台		
040602026	污泥脱水机				
040602027	污泥浓缩机				
040602028	污泥浓缩脱水一体机				
040602029	污泥输送机				
040602030	污泥切割机				
040602031	闸门	1. 类型 2. 材质 3. 形式 4. 规格、型号	1. 座 2. t	1. 以座计量，按设计图示数量计算 2. 以吨计量，按设计图示尺寸以质量计算	1. 安装 2. 操纵装置安装 3. 调试
040602032	旋转门				
040602033	堰门				
040602034	拍门				
040602035	启闭机		台	按设计图示数量计算	
040602036	升杆式铸铁泥阀	公称直径	座		
040602037	平底盖闸				

(续二)

项目编码	项目名称	项目特征	计量单位	工程量计算规则	工作内容
040602038	集水槽	1. 材质 2. 厚度 3. 形式 4. 防腐材料	m^2	按设计图示尺寸以面积计算	1. 制作 2. 安装
040602039	堰板				
040602040	斜板	1. 材料品种 2. 厚度			安装
040602041	斜管	1. 斜管材料品种 2. 斜管规格	m	按设计图示以长度计算	
040602042	紫外线消毒设备	1. 类型 2. 材质 3. 规格、型号 4. 参数	套	按设计图示数量计算	1. 安装 2. 无负荷试运转
040602043	臭氧消毒设备				
040602044	除臭设备				
040602045	膜处理设备				
040602046	在线水质检测设备				

三、水处理工程清单项目有关问题说明

(1)水处理工程中建筑物应按现行国家标准《房屋建筑和装饰工程工程量计算规范》(GB 50854－2013)中相关项目编码列项,园林绿化项目应按现行国家标准《园林绿化工程工程量计算规范》(GB 50858－2013)中相关项目编码列项。

(2)水处理工程清单项目工作内容中均未包括土石方开挖、回填夯实等内容,发生时应按本章第一节土石方工程中相关项目编码列项。

(3)水处理设备安装工程只列了水处理工程专用设备的项目,各类仪表、泵、阀门等标准、定型设备应按现行国家标准《通用安装工程工程量计算规范》(GB 50856－2013)中相关项目编码列项。

第七节 生活垃圾处理工程工程量计算

一、生活垃圾处理清单项目划分

《市政计量规范》附录G生活垃圾处理工程分为垃圾卫生填埋、垃圾焚烧和相关问题及说明共3节26个清单项目,具体见表4-58。

表 4-58　　生活垃圾处理工程所包含的清单项目

名　称	包含的清单项目
垃圾卫生填埋	垃圾卫生填埋工程包括场地平整、垃圾坝、压实黏土防渗层、高密度聚乙烯(HDPD)膜、钠基膨润土防水毯(GCL)、土工合成材料、袋装土保护层、帷幕灌浆垂直防渗、碎(卵)石导流层、穿孔管铺设、无孔管铺设、盲沟、导气石笼、浮动覆盖膜、燃烧火炬装置、监测井、堆体整形处理、覆盖植被层、防风网、垃圾压缩装备
垃圾焚烧	垃圾焚烧工程包括汽车衡、自动感应洗车装置、破碎机、垃圾卸料门、垃圾抓斗起重机、焚烧炉体

二、垃圾卫生处理工程工程量计算

1. 垃圾卫生填埋(编码:040701)

垃圾卫生填埋是指利用自然界的代谢机能,按照工程理论和土工标准,对垃圾进行土地填埋处理和有效控制,寻求垃圾的无害化与稳定的一种处置方法。垃圾卫生填埋共包括 20 个清单项目,其清单项目设置及工程量计算规则见表 4-59。

表 4-59　　垃圾卫生填埋(编码:040701)

项目编码	项目名称	项目特征	计量单位	工程量计算规则	工作内容
040701001	场地平整	1. 部位 2. 坡度 3. 压实度	m^2	按设计图示尺寸以面积计算	1. 找坡、平整 2. 压实
040701002	垃圾坝	1. 结构类型 2. 土石种类、密实度 3. 砌筑形式、砂浆强度等级 4. 混凝土强度等级 5. 断面尺寸	m^3	按设计图示尺寸以体积计算	1. 模板制作、安装、拆除 2. 地基处理 3. 摊铺、夯实、碾压、整形、修坡 4. 砌筑、填缝、铺浆 5. 浇筑混凝土 6. 沉降缝 7. 养护
040701003	压实黏土防渗层	1. 厚度 2. 压实度 3. 渗透系数	m^2	按设计图示尺寸以面积计算	1. 填筑、平整 2. 压实
040701004	高密度聚乙烯(HDPD)膜	1. 铺设位置 2. 厚度、防渗系数 3. 材料规格、强度、单位重量 4. 连(搭)接方式			1. 裁剪 2. 铺设 3. 连(搭)接
040701005	钠基膨润土防水毯(GCL)				
040701006	土工合成材料				
040701007	袋装土保护层	1. 厚度 2. 材料品种、规格 3. 铺设位置			1. 运输 2. 土装袋 3. 铺设或铺筑 4. 袋装土放置

(续一)

项目编码	项目名称	项目特征	计量单位	工程量计算规则	工作内容
040701008	帷幕灌浆垂直防渗	1. 地质参数 2. 钻孔孔径、深度、间距 3. 水泥浆配比	m	按设计图示尺寸以长度计算	1. 钻孔 2. 清孔 3. 压力注浆
040701009	碎(卵)石导流层	1. 材料品种 2. 材料规格 3. 导流层厚度或断面尺寸	m^3	按设计图示尺寸以体积计算	1. 运输 2. 铺筑
040701010	穿孔管铺设	1. 材质、规格、型号 2. 直径、壁厚 3. 穿孔尺寸、间距 4. 连接方式 5. 铺设位置	m	按设计图示尺寸以长度计算	1. 铺设 2. 连接 3. 管件安装
040701011	无孔管铺设	1. 材质、规格 2. 直径、壁厚 3. 连接方式 4. 铺设位置			
040701012	盲沟	1. 材质、规格 2. 垫层、粒料规格 3. 断面尺寸 4. 外层包裹材料性能指标			1. 垫层、粒料铺筑 2. 管材铺设、连接 3. 粒料填充 4. 外层材料包裹
040701013	导气石笼	1. 石笼直径 2. 石料粒径 3. 导气管材质、规格 4. 反滤层材料 5. 外层包裹材料性能指标	1. m 2. 座	1. 以米计量，按设计图示尺寸以长度计算 2. 以座计量，按设计图示数量计算	1. 外层材料包裹 2. 导气管铺设 3. 石料填充
040701014	浮动覆盖膜	1. 材质、规格 2. 锚固方式	m^2	按设计图示尺寸以面积计算	1. 浮动膜安装 2. 布置重力压管 3. 四周锚固
040701015	燃烧火炬装置	1. 基座形式、材质、规格、强度等级 2. 燃烧系统类型、参数	套	按设计图示数量计算	1. 浇筑混凝土 2. 安装 3. 调试
040701016	监测井	1. 地质参数 2. 钻孔孔径、深度 3. 监测井材料、直径、壁厚、连接方式 4. 滤料材质	口		1. 钻孔 2. 井筒安装 3. 填充滤料
040701017	堆体整形处理	1. 压实度 2. 边坡坡度	m^2	按设计图示尺寸以面积计算	1. 挖、填及找坡 2. 边坡整形 3. 压实
040701018	覆盖植被层	1. 材料品种 2. 厚度 3. 渗透系数			1. 铺筑 2. 压实
040701019	防风网	1. 材质、规格 2. 材料性能指标			安装

（续二）

项目编码	项目名称	项目特征	计量单位	工程量计算规则	工作内容
040701020	垃圾压缩设备	1. 类型、材质 2. 规格、型号 3. 参数	套	按设计图示数量计算	1. 安装 2. 调试

注：1. 边坡处理应按本章第三节桥涵工程中相关项目编码列项。
　　2. 填埋场渗沥液处理系统应按本章第六节水处理工程中相关项目编码列项。

2. 垃圾焚烧（编码：040702）

垃圾焚烧是一种传统的处理垃圾方法，是现代城市垃圾处理的主要方法之一。将垃圾用焚烧法处理后，垃圾能减量化，节省用地，还可消灭各种病原体，将有毒有害物质转化为无害物。现代的垃圾焚烧炉皆配有良好的烟尘净化装置，减轻对大气的污染。但近年来，垃圾焚烧法在国内外已开始进入萎缩期。目前有很多国家和地区，通过了对焚烧垃圾的部分禁令。

垃圾焚烧共包括6个清单项目，其清单项目设置及工程量计算规则见表4-60。

表4-60　　垃圾焚烧（编码：040702）

<table>
<tr><th>项目编码</th><th>项目名称</th><th>项目特征</th><th>计量单位</th><th>工程量计算规则</th><th>工作内容</th></tr>
<tr><td>040702001</td><td>汽车衡</td><td>1. 规格、型号
2. 精度</td><td>台</td><td rowspan="3">按设计图示数量计算</td><td rowspan="6">1. 安装
2. 调试</td></tr>
<tr><td>040702002</td><td>自动感应洗车装置</td><td rowspan="2">1. 类型
2. 规格、型号
3. 参数</td><td>套</td></tr>
<tr><td>040702003</td><td>破碎机</td><td>台</td></tr>
<tr><td>040702004</td><td>垃圾卸料门</td><td>1. 尺寸
2. 材质
3. 自动开关装置</td><td>m²</td><td>按设计图示尺寸以面积计算</td></tr>
<tr><td>040702005</td><td>垃圾抓斗起重机</td><td>1. 规格、型号、精度
2. 跨度、高度
3. 自动称重、控制系统要求</td><td rowspan="2">套</td><td rowspan="2">按设计图示数量计算</td></tr>
<tr><td>040702006</td><td>焚烧炉体</td><td>1. 类型
2. 规格、型号
3. 处理能力
4. 参数</td></tr>
</table>

三、垃圾处理工程清单项目相关问题说明

（1）垃圾处理工程中的建筑物、园林绿化等应按相关专业计量规范清单项目编码列项。

（2）垃圾处理工程工作内容均未包括土石方开挖、回填夯实等，应按本章第一节土石方工程中相关项目编码列项。

（3）垃圾处理设备安装工程只列了垃圾处理工程专用设备的项目，其余如除尘装置、除渣设备、烟气净化设备、飞灰固化设备、发电设备及各类风机、仪表、泵、阀门等标准、定型设备等应按现行国家标准《通用安装工程工程量计算规范》（GB 50856－2013）中相关项目编码列项。

第八节 路灯工程工程量计算

一、路灯工程清单项目划分

《市政计量规范》附录H路灯工程分为变配电设备工程,10kV以下架空线路工程,电缆工程,配管、配线工程,照明器具安装工程,防雷接地装置工程,电器调整试验,相关问题及说明共8节63个清单项目,具体见表4-61。

表4-61 路灯工程所包含的清单项目

名 称	包含的清单项目
变配电设备工程	变配电设备工程包括杆上变压器,地上变压器,组合型成套箱式变电站,高压成套配电柜,低压成套控制柜,落地式控制箱,杆上控制箱,杆上配电箱,悬挂嵌入式配电箱,落地式配电箱,控制屏,继电,信号屏,低压开关柜(配电屏),弱电控制返回屏,控制台,电力电容器,跌落式熔断器,避雷器,低压熔断器,隔离开关,负荷开关,真空断路器,限位开关,控制器,接触器,磁力启动器,分流器,小电器,照明开关,插座,线缆断线报警装置,铁构件制作、安装,其他电器
10kV以下架空线路工程	10kV以下架空线路工程包括电杆组立、横担组装、导线架设
电缆工程	电缆工程包括电缆,电缆保护管,电缆排管,管道包封,电缆终端头,电缆中间头,铺砂、盖保护板(砖)
配管、配线工程	配管、配线工程包括配管、配线、接线箱、接线盒、带形母线
照明器具安装工程	照明器具安装工程包括常规照明灯、中杆照明灯、高杆照明灯、景观照明灯、桥栏杆照明灯、地道涵洞照明灯
防雷接地装置工程	防雷接地装置工程包括接地极、接地母线、避雷引下线、避雷针、降阻剂
电气调整试验	电气调整试验包括变压器系统调试、供电系统调试、接地装置调试、电缆试验

二、清单项目工程量计算规则

1. 变配电设备工程(编码:040801)

变配电设备是用来改变电压和分配电能的电气设备,由变压器、高低压开关设备、保护电器、测量仪表、母线、蓄电池及整流器等组成。路灯变配电设备工程共包括33个清单项目,其清单项目设置及工程量计算规则见表4-62。

表4-62 变配电设备工程(编码:040801)

项目编码	项目名称	项目特征	计量单位	工程量计算规则	工作内容
040801001	杆上变压器	1. 名称 2. 型号 3. 容量(kV·A) 4. 电压(kV) 5. 支架材质、规格 6. 网门、保护门材质、规格 7. 油过滤要求 8. 干燥要求	台	按设计图示数量计算	1. 支架制作、安装 2. 本体安装 3. 油过滤 4. 干燥 5. 网门、保护门制作、安装 6. 补刷(喷)油漆 7. 接地

（续一）

项目编码	项目名称	项目特征	计量单位	工程量计算规则	工作内容
040801002	地上变压器	1. 名称 2. 型号 3. 容量(kV·A) 4. 电压(kV) 5. 基础形式、材质、规格 6. 网门、保护门材质、规格 7. 油过滤要求 8. 干燥要求	台	按设计图示数量计算	1. 基础制作、安装 2. 本体安装 3. 油过滤 4. 干燥 5. 网门、保护门制作、安装 6. 补刷(喷)油漆 7. 接地
040801003	组合型成套箱式变电站	1. 名称 2. 型号 3. 容量(kV·A) 4. 电压(kV) 5. 组合形式 6. 基础形式、材质、规格	台	按设计图示数量计算	1. 基础制作、安装 2. 本体安装 3. 进箱母线安装 4. 补刷(喷)油漆 5. 接地
040801004	高压成套配电柜	1. 名称 2. 型号 3. 规格 4. 母线配制方式 5. 种类 6. 基础形式、材质、规格	台	按设计图示数量计算	1. 基础制作、安装 2. 本体安装 3. 补刷(喷)油漆 4. 接地
040801005	低压成套控制柜	1. 名称 2. 型号 3. 规格 4. 种类 5. 基础形式、材质、规格 6. 接线端子材质、规格 7. 端子板外部接线材质、规格	台	按设计图示数量计算	1. 基础制作、安装 2. 本体安装 3. 附件安装 4. 焊、压接线端子 5. 端子接线 6. 补刷(喷)油漆 7. 接地
040801006	落地式控制箱	1. 名称 2. 型号 3. 规格 4. 基础形式、材质、规格 5. 回路 6. 附件种类、规格 7. 接线端子材质、规格 8. 端子板外部接线材质、规格	台	按设计图示数量计算	1. 基础制作、安装 2. 本体安装 3. 附件安装 4. 焊、压接线端子 5. 端子接线 6. 补刷(喷)油漆 7. 接地
040801007	杆上控制箱	1. 名称 2. 型号 3. 规格 4. 回路 5. 附件种类、规格 6. 支架材质、规格 7. 进出线管管架材质、规格、安装高度 8. 接线端子材质、规格 9. 端子板外部接线材质、规格	台	按设计图示数量计算	1. 支架制作、安装 2. 本体安装 3. 附件安装 4. 焊、压接线端子 5. 端子接线 6. 进出线管管架安装 7. 补刷(喷)油漆 8. 接地

(续二)

项目编码	项目名称	项目特征	计量单位	工程量计算规则	工作内容
040801008	杆上配电箱	1. 名称 2. 型号 3. 规格 4. 安装方式 5. 支架材质、规格 6. 接线端子材质、规格 7. 端子板外部接线材质、规格	台	按设计图示数量计算	1. 支架制作、安装 2. 本体安装 3. 焊、压接线端子 4. 端子接线 5. 补刷(喷)油漆 6. 接地
040801009	悬挂嵌入式配电箱				
040801010	落地式配电箱	1. 名称 2. 型号 3. 规格 4. 基础形式、材质、规格 5. 接线端子材质、规格 6. 端子板外部接线材质、规格			1. 基础制作、安装 2. 本体安装 3. 焊、压接线端子 4. 端子接线 5. 补刷(喷)油漆 6. 接地
040801011	控制屏	1. 名称 2. 型号 3. 规格 4. 种类 5. 基础形式、材质、规格 6. 接线端子材质、规格 7. 端子板外部接线材质、规格 8. 小母线材质、规格 9. 屏边规格			1. 基础制作、安装 2. 本体安装 3. 端子板安装 4. 焊、压接线端子 5. 盘柜配线、端子接线 6. 小母线安装 7. 屏边安装 8. 补刷(喷)油漆 9. 接地
040801012	继电、信号屏				
040801013	低压开关柜(配电屏)				1. 基础制作、安装 2. 本体安装 3. 端子板安装 4. 焊、压接线端子 5. 盘柜配线、端子接线 6. 屏边安装 7. 补刷(喷)油漆 8. 接地
040801014	弱电控制返回屏				1. 基础制作、安装 2. 本体安装 3. 端子板安装 4. 焊、压接线端子 5. 盘柜配线、端子接线 6. 小母线安装 7. 屏边安装 8. 补刷(喷)油漆 9. 接地
040801015	控制台	1. 名称 2. 型号 3. 规格 4. 种类 5. 基础形式、材质、规格 6. 接线端子材质、规格 7. 端子板外部接线材质、规格 8. 小母线材质、规格			1. 基础制作、安装 2. 本体安装 3. 端子板安装 4. 焊、压接线端子 5. 盘柜配线、端子接线 6. 小母线安装 7. 补刷(喷)油漆 8. 接地

（续三）

项目编码	项目名称	项目特征	计量单位	工程量计算规则	工作内容
040801016	电力电容器	1. 名称 2. 型号 3. 规格 4. 质量	个	按设计图示数量计算	1. 本体安装、调试 2. 接线 3. 接地
040801017	跌落式熔断器	1. 名称 2. 型号 3. 规格 4. 安装部位	组		
040801018	避雷器	1. 名称 2. 型号 3. 规格 4. 电压(kV) 5. 安装部位			1. 本体安装、调试 2. 接线 3. 补刷(喷)油漆 4. 接地
040801019	低压熔断器	1. 名称 2. 型号 3. 规格 4. 接线端子材质、规格	个		1. 本体安装 2. 焊、压接线端子 3. 接线
040801020	隔离开关	1. 名称 2. 型号 3. 容量(A) 4. 电压(kV) 5. 安装条件 6. 操作机构名称、型号 7. 接线端子材质、规格	组		1. 本体安装、调试 2. 接线 3. 补刷(喷)油漆 4. 接地
040801021	负荷开关				
040801022	真空断路器		台		
040801023	限位开关	1. 名称 2. 型号 3. 规格 4. 接线端子材质、规格	个		1. 本体安装 2. 焊、压接线端子 3. 接线
040801024	控制器		台		
040801025	接触器				
040801026	磁力启动器				
040801027	分流器	1. 名称 2. 型号 3. 规格 4. 容量(A) 5. 接线端子材质、规格	个		
040801028	小电器	1. 名称 2. 型号 3. 规格 4. 接线端子材质、规格	个（套、台）		
040801029	照明开关	1. 名称 2. 材质 3. 规格 4. 安装方式	个		1. 本体安装 2. 接线
040801030	插座				
040801031	线缆断线报警装置	1. 名称 2. 型号 3. 规格 4. 参数	套		1. 本体安装、调试 2. 接线

(续四)

项目编码	项目名称	项目特征	计量单位	工程量计算规则	工作内容
040801032	铁构件制作、安装	1. 名称 2. 材质 3. 规格	kg	按设计图示尺寸以质量计算	1. 制作 2. 安装 3. 补刷(喷)油漆
040801033	其他电器	1. 名称 2. 型号 3. 规格 4. 安装方式	个(套、台)	按设计图示数量计算	1. 本体安装 2. 接线

注:1. 小电器包括按钮、测量表计、继电器、电磁锁、屏上辅助设备、辅助电压互感器、小型安全变压器等。

2. 其他电器安装指表4-62中未列的电器项目,必须根据电器实际名称确定项目名称。明确描述项目特征、计量单位、工程量计算规则、工作内容。

3. 铁构件制作、安装适用于路灯工程的各种支架、铁构件的制作、安装。

4. 设备安装未包括地脚螺栓安装、浇筑(二次灌浆、抹面),如需安装应按现行国家标准《房屋建筑与装饰工程工程量计算规范》(GB 50854—2013)中相关项目编码列项。

5. 盘、箱、柜的外部进出线预留长度见表4-63。

表4-63　盘、箱、柜的外部进出电线预留长度

序号	项　目	预留长度(m/根)	说　明
1	各种箱、柜、盘、板、盒	高+宽	盘面尺寸
2	单独安装的铁壳开关,自动开关、刀开关、启动器、箱式电阻器、变阻器	0.5	从安装对象中心算起
3	继电器、控制开关、信号灯、按钮、熔断器等小电器	0.3	
4	分支接头	0.2	分支线预留

2. 10kV以下架空线路工程(编码:040802)

远距离输电往往采用架空线路。架空线路分高压线路和低压线路两种:1kV以下为低压线路;1kV以上为高压线路。10kV以下架空线路一般是指从区域性变电站至厂内专用变电站(总降压站)的配电线路及厂区内的高低压架空线路。

10kV以下架空线路工程共包括3个清单项目,其清单项目设置及工程量计算规则见表4-64。

表 4-64　　10kV 以下架空线路工程(编码:040802)

项目编码	项目名称	项目特征	计量单位	工程量计算规则	工作内容
040802001	电杆组立	1. 名称 2. 规格 3. 材质 4. 类型 5. 地形 6. 土质 7. 底盘、拉盘、卡盘规格 8. 拉线材质、规格、类型 9. 引下线支架安装高度 10. 垫层、基础:厚度、材料品种、强度等级 11. 电杆防腐要求	根	按设计图示数量计算	1. 工地运输 2. 垫层、基础浇筑 3. 底盘、拉盘、卡盘安装 4. 电杆组立 5. 电杆防腐 6. 拉线制作、安装 7. 引下线支架安装
040802002	横担组装	1. 名称 2. 规格 3. 材质 4. 类型 5. 安装方式 6. 电压(kV) 7. 瓷瓶型号、规格 8. 金具型号、规格	组		1. 横担安装 2. 瓷瓶、金具组装
040802003	导线架设	1. 名称 2. 型号 3. 规格 4. 地形 5. 导线跨越类型	km	按设计图示尺寸另加预留量以单线长度计算	1. 工地运输 2. 导线架设 3. 导线跨越及进户线架设

注:导线架设预留长度见表 4-65。

表 4-65　　导线架设预留长度

项　目		预留长度(m/根)
高压	转角	2.5
	分支、终端	2.0
低压	分支、终端	0.5
	交叉跳线转角	1.5
与设备连线		0.5
进户线		2.5

3. 电缆工程(编码:040803)

电缆通常是由几根或几组导线,每组至少两根绞合而成的类似绳索的线缆,每组导线之间相互绝缘,并常围绕着一根中心扭成,整个外面包有高度绝缘的覆盖层。电缆工程共包括 7 个清单项目,其清单项目设置及工程量计算规则见表 4-66。

表 4-66　　电缆工程(编码:040803)

项目编码	项目名称	项目特征	计量单位	工程量计算规则	工作内容
040803001	电缆	1. 名称 2. 型号 3. 规格 4. 材质 5. 敷设方式、部位 6. 电压(kV) 7. 地形	m	按设计图示尺寸另加预留及附加量以长度计算	1. 揭(盖)盖板 2. 电缆敷设
040803002	电缆保护管	1. 名称 2. 型号 3. 规格 4. 材质 5. 敷设方式 6. 过路管加固要求	m	按设计图示尺寸以长度计算	1. 保护管敷设 2. 过路管加固
040803003	电缆排管	1. 名称 2. 型号 3. 规格 4. 材质 5. 垫层、基础:厚度、材料品种、强度等级 6. 排管排列形式	m	按设计图示尺寸以长度计算	1. 垫层、基础浇筑 2. 排管敷设
040803004	管道包封	1. 名称 2. 规格 3. 混凝土强度等级	m	按设计图示尺寸以长度计算	1. 灌注 2. 养护
040803005	电缆终端头	1. 名称 2. 型号 3. 规格 4. 材质、类型 5. 安装部位 6. 电压(kV)	个	按设计图示数量计算	1. 制作 2. 安装 3. 接地
040803006	电缆中间头	1. 名称 2. 型号 3. 规格 4. 材质、类型 5. 安装方式 6. 电压(kV)	个	按设计图示数量计算	1. 制作 2. 安装 3. 接地
040803007	铺砂、盖保护板(砖)	1. 种类 2. 规格	m	按设计图示尺寸以长度计算	1. 铺砂 2. 盖保护板(砖)

注:1. 电缆穿刺线夹按电缆中间头编码列项。

2. 电缆保护管敷设方式清单项目特征描述时应区分直埋保护管、过路保护管。

3. 顶管敷设应按表 4-42 管道铺设中相关项目编码列项。

4. 电缆井应按表 4-45 管道附属构筑物中相关项目编码列项,如有防盗要求的应在项目特征中描述。

5. 电缆敷设预留量及附加长度见表 4-67。

表 4-67　　电缆敷设预留量及附加长度

序号	项　目	预留(附加)长度(m)	说　明
1	电缆敷设弛度、波形弯度、交叉	2.5%	按电缆全长计算
2	电缆进入建筑物	2.0	规范规定最小值
3	电缆进入沟内或吊架时引上(下)预留	1.5	规范规定最小值
4	变电所进线、出线	1.5	规范规定最小值
5	电力电缆终端头	1.5	检修余量最小值
6	电缆中间接头盒	两端各留 2.0	检修余量最小值
7	电缆进控制、保护屏及模拟盘等	高+宽	按盘面尺寸
8	高压开关柜及低压配电盘、箱	2.0	盘下进出线
9	电缆至电动机	0.5	从电动机接线盒算起
10	厂用变压器	3.0	从地坪算起
11	电缆绕过梁柱等增加长度	按实计算	按被绕物的断面情况计算增加长度

4. 配管、配线工程(编码:040804)

配管、配线工程共包括 5 个清单项目,其清单项目设置及工程量计算规则见表 4-68。

表 4-68　　配管、配线工程(编码:040804)

项目编码	项目名称	项目特征	计量单位	工程量计算规则	工作内容
040804001	配管	1. 名称 2. 材质 3. 规格 4. 配置形式 5. 钢索材质、规格 6. 接地要求	m	按设计图示尺寸以长度计算	1. 预留沟槽 2. 钢索架设(拉紧装置安装) 3. 电线管路敷设 4. 接地
040804002	配线	1. 名称 2. 配线形式 3. 型号 4. 规格 5. 材质 6. 配线部位 7. 配线线制 8. 钢索材质、规格	m	按设计图示尺寸另加预留量以单线长度计算	1. 钢索架设(拉紧装置安装) 2. 支持体(绝缘子等)安装 3. 配线

(续表)

项目编码	项目名称	项目特征	计量单位	工程量计算规则	工作内容
040804003	接线箱	1. 名称 2. 规格 3. 材质 4. 安装形式	个	按设计图示数量计算	本体安装
040804004	接线盒				
040804005	带形母线	1. 名称 2. 型号 3. 规格 4. 材质 5. 绝缘子类型、规格 6. 穿通板材质、规格 7. 引下线材质、规格 8. 伸缩节、过渡板材质、规格 9. 分相漆品种	m	按设计图示尺寸另加预留量以单相长度计算	1. 支持绝缘子安装及耐压试验 2. 穿通板制作、安装 3. 母线安装 4. 引下线安装 5. 伸缩节安装 6. 过渡板安装 7. 拉紧装置安装 8. 刷分相漆

注:1. 配管安装不扣除管路中间的接线箱(盒)、灯头盒、开关盒所占长度。
2. 配管名称指电线管、钢管、塑料管等。
3. 配管配置形式指明、暗配、钢结构支架、钢索配管、埋地敷设、水下敷设、砌筑沟内敷设等。
4. 配线名称指管内穿线、塑料护套配线等。
5. 配线形式指照明线路、木结构、砖、混凝土结构、沿钢索等。
6. 配线进入箱、柜、板的预留长度见表 4-69,母线配置安装的预留长度见表 4-70。

表 4-69　　配线进入箱、柜、板的预留长度(每一根线)

序号	项　目	预留长度(m)	说　明
1	各种开关箱、柜、板	高+宽	盘面尺寸
2	单独安装(无箱、盘)的铁壳开关、闸刀开关、启动器、线槽进出线盒等	0.3	从安装对象中心算起
3	由地面管子出口引至动力接线箱	1.0	从管口计算
4	电源与管内导线连接(管内穿线与软、硬母线接点)	1.5	从管口计算

表 4-70　　母线配置安装的预留长度

序号	项　目	预留长度(m)	说　明
1	带形母线终端	0.3	从最后一个支持点算起
2	带形母线与分支线连接	0.5	分支线预留
3	带形母线与设备连接	0.5	从设备端子接口算起
4	接地母线、引下线附加长度	3.9%	按接地母线、引下线全长计算

5. 照明器具安装工程(编码:040805)

市政工程照明器具主要包括常规照明灯、中杆照明灯、高杆照明灯、景观照明灯、桥栏杆照明灯、地道涵洞照明灯等。照明器具安装工程共包括 6 个清单项目，其清单项目设置及工程量计算规则见表 4-71。

表 4-71　　照明器具安装工程(编码:040805)

<table>
<tr><th>项目编码</th><th>项目名称</th><th>项目特征</th><th>计量单位</th><th>工程量计算规则</th><th>工作内容</th></tr>
<tr><td>040805001</td><td>常规照明灯</td><td rowspan="3">1. 名称
2. 型号
3. 灯杆材质、高度
4. 灯杆编号
5. 灯架形式及臂长
6. 光源数量
7. 附件配置
8. 垫层、基础:厚度、材料品种、强度等级
9. 杆座形式、材质、规格
10. 接线端材质、规格
11. 编号要求
12. 接地要求</td><td rowspan="3">套</td><td rowspan="3">按设计图示数量计算</td><td rowspan="2">1. 垫层铺筑
2. 基础制作、安装
3. 立灯杆
4. 杆座制作、安装
5. 灯架制作、安装
6. 灯具附件安装
7. 焊、压接线端子
8. 接线
9. 补刷(喷)油漆
10. 灯杆编号
11. 接地
12. 试灯</td></tr>
<tr><td>040805002</td><td>中杆照明灯</td></tr>
<tr><td>040805003</td><td>高杆照明灯</td><td>1. 垫层铺筑
2. 基础制作、安装
3. 立灯杆
4. 杆座制作、安装
5. 灯架制作、安装
6. 灯具附件安装
7. 焊、压接线端子
8. 接线
9. 补刷(喷)油漆
10. 灯杆编号
11. 升降机构接线调试
12. 接地
13. 试灯</td></tr>
<tr><td>040805004</td><td>景观照明灯</td><td rowspan="3">1. 名称
2. 型号
3. 规格
4. 安装形式
5. 接地要求</td><td>1. 套
2. m</td><td>1. 以套计量,按设计图示数量计算
2. 以米计量,按设计图示尺寸以延长米计算</td><td rowspan="3">1. 灯具安装
2. 焊、压接线端子
3. 接线
4. 补刷(喷)油漆
5. 接地
6. 试灯</td></tr>
<tr><td>040805005</td><td>桥栏杆照明灯</td><td rowspan="2">套</td><td rowspan="2">按设计图示数量计算</td></tr>
<tr><td>040805006</td><td>地道涵洞照明灯</td></tr>
</table>

注:1. 常规照明灯是指安装在高度≤15m 的灯杆上的照明器具。
2. 中杆照明灯是指安装在高度≤19m 的灯杆上的照明器具。
3. 高杆照明灯是指安装在高度>19m 的灯杆上的照明器具。
4. 景观照明灯是指利用不同的造型、相异的光色与亮度来造景的照明器具。

6. 防雷接地装置工程(编码:040806)

防雷接地装置工程共包括 5 个清单项目，其清单项目设置及工程量计算规则见表 4-72。

表 4-72　　　　　　　防雷接地装置工程(编码:040806)

项目编码	项目名称	项目特征	计量单位	工程量计算规则	工作内容
040806001	接地极	1. 名称 2. 材质 3. 规格 4. 土质 5. 基础接地形式	根(块)	按设计图示数量计算	1. 接地极(板、桩)制作、安装 2. 补刷(喷)油漆
040806002	接地母线	1. 名称 2. 材质 3. 规格	m	按设计图示尺寸另加附加量以长度计算	1. 接地母线制作、安装 2. 补刷(喷)油漆
040806003	避雷引下线	1. 名称 2. 材质 3. 规格 4. 安装高度 5. 安装形式 6. 断接卡子、箱材质、规格			1. 避雷引下线制作、安装 2. 断接卡子、箱制作、安装 3. 补刷(喷)油漆
040806004	避雷针	1. 名称 2. 材质 3. 规格 4. 安装高度 5. 安装形式	套(基)	按设计图示数量计算	1. 本体安装 2. 跨接 3. 补刷(喷)油漆
040806005	降阻剂	名称	kg	按设计图示数量以质量计算	施放降阻剂

注:接地母线、引下线附加长度见表 4-70。

7. 电气调整试验(编码:040807)

电气调整试验就是通过利用各种仪器仪表及各种数据对所属对象进行检验、检查、试验、测量、记录的论证过程。电气系统调试的主要内容包括变压器系统调试、供电系统调试、接地装置调试和电缆调试。电气调整试验共包括 4 个清单项目,其清单项目设置及工程量计算规则见表 4-73。

表 4-73　　　　　　　电气调整试验(编码:040807)

项目编码	项目名称	项目特征	计量单位	工程量计算规则	工作内容
040807001	变压器系统调试	1. 名称 2. 型号 3. 容量(kV·A)	系统	按设计图示数量计算	系统调试
040807002	供电系统调试	1. 名称 2. 型号 3. 电压(kV)			
040807003	接地装置调试	1. 名称 2. 类别	系统(组)		接地电阻测试
040807004	电缆试验	1. 名称 2. 电压(kV)	次(根、点)		试验

三、路灯工程清单项目相关问题说明

(1)路灯工程与《通用安装工程工程量计算规范》(GB 50856－2013)中电气设备安装项目的界限划分为厂区、住宅小区的道路路灯安装工程,庭院艺术喷泉等电气设备安装工程按《通用安装工程工程量计算规范》(GB 50856－2013)中电气设备安装工程相应项目执行;涉及市政道路、庭院艺术喷泉等电气设备安装工程的项目,按本节中相应项目执行。

(2)路灯工程清单项目工作内容中均未包括土石方开挖及回填、破除混凝土路面等,发生时应按本章第一节土石方工程及表 4-75 拆除工程中相关项目编码列项。

(3)路灯工程清单项目工作内容中均未包括除锈、刷漆(补刷漆除外),发生时应按现行国家标准《通用安装工程工程量计算规范》(GB 50856－2013)中相关项目编码列项。

(4)路灯工程中清单项目工作内容包含补漆的工序,可不进行特征描述,由投标人根据相关规范标准自行考虑报价。

第九节　钢筋与拆除工程工程量计算

钢筋工程是指工程中所需要的各种类型钢筋的制作、运输和安装等。《市政计量规范》附录 J 钢筋工程共设立 10 个清单项目,分别为现浇构件钢筋、预制构件钢筋、钢筋网片、钢筋笼、先张法预应力钢筋(钢丝、钢绞线)、后张法预应力钢筋(钢丝束、钢绞线)、型钢、植筋、预埋铁件、高强螺栓。

拆除工程是指建设工程中所需要拆除的市政工程,如拆除路面、拆除人行道、拆除基层、铣刨路面、拆除侧、平(缘)石、拆除管道、拆除砖石结构、拆除混凝土结构、拆除井、拆除电杆、拆除管片。

一、钢筋工程(编码:040901)

钢筋是配置在钢筋混凝土及预应力钢筋混凝土构件中的钢条或钢丝的总称。钢筋工程共包括 10 个清单项目,其清单项目设置及工程量计算规则见表 4-74。

表 4-74　　　**钢筋工程(编码:040901)**

项目编码	项目名称	项目特征	计量单位	工程量计算规则	工作内容
040901001	现浇构件钢筋	1. 钢筋种类 2. 钢筋规格	t	按设计图示尺寸以质量计算	1. 制作 2. 运输 3. 安装
040901002	预制构件钢筋				
040901003	钢筋网片				
040901004	钢筋笼				
040901005	先张法预应力钢筋(钢丝、钢绞线)	1. 部位 2. 预应力筋种类 3. 预应力筋规格			1. 张拉台座制作、安装、拆除 2. 预应力筋制作、张拉

(续表)

项目编码	项目名称	项目特征	计量单位	工程量计算规则	工作内容
040901006	后张法预应力钢筋(钢丝束、钢绞线)	1. 部位 2. 预应力筋种类 3. 预应力筋规格 4. 锚具种类、规格 5. 砂浆强度等级 6. 压浆管材质、规格	t	按设计图示尺寸以质量计算	1. 预应力筋孔道制作、安装 2. 锚具安装 3. 预应力筋制作、张拉 4. 安装压浆管道 5. 孔道压浆
040901007	型钢	1. 材料种类 2. 材料规格			1. 制作 2. 运输 3. 安装、定位
040901008	植筋	1. 材料种类 2. 材料规格 3. 植入深度 4. 植筋胶品种	根	按设计图示数量计算	1. 定位、钻孔、清孔 2. 钢筋加工成型 3. 注胶、植筋 4. 抗拔试验 5. 养护
040901009	预埋铁件	1. 材料种类 2. 材料规格	t	按设计图示尺寸以质量计算	1. 制作 2. 运输 3. 安装
040901010	高强螺栓		1. t 2. 套	1. 按设计图示尺寸以质量计算 2. 按设计图示数量计算	

二、拆除工程(编码:041001)

拆除工程指对已建设的建筑物或构筑物由于时间太久某些功能已丧失,建筑问题形成危房或城市规划等需要拆除的建筑构筑物,用人工、机械或火药等进行拆除。拆除工程共包括11个清单项目,其清单项目设置及工程量计算规则见表4-75。

表4-75　　拆除工程(编码:041001)

项目编码	项目名称	项目特征	计量单位	工程量计算规则	工作内容
041001001	拆除路面	1. 材质 2. 厚度	m²	按拆除部位以面积计算	1. 拆除、清理 2. 运输
041001002	拆除人行道				
041001003	拆除基层	1. 材质 2. 厚度 3. 部位			
041001004	铣刨路面	1. 材质 2. 结构形式 3. 厚度			
041001005	拆除侧、平(缘)石	材质	m	按拆除部位以延长米计算	
041001006	拆除管道	1. 材质 2. 管径			

（续表）

项目编码	项目名称	项目特征	计量单位	工程量计算规则	工作内容
041001007	拆除砖石结构	1. 结构形式 2. 强度等级	m^3	按拆除部位以体积计算	1. 拆除、清理 2. 运输
041001008	拆除混凝土结构				
041001009	拆除井	1. 结构形式 2. 规格尺寸 3. 强度等级	座	按拆除部位以数量计算	
041001010	拆除电杆	1. 结构形式 2. 规格尺寸	根		
041001011	拆除管片	1. 材质 2. 部位	处		

三、钢筋及拆除工程清单项目相关问题说明

(1)现浇构件中伸出构件的锚固钢筋、预制构件的吊钩和固定位置的支撑钢筋等，应并入钢筋工程量内。除设计标明的搭接外，其他施工搭接不计算工程量，由投标人在报价中综合考虑。

(2)钢筋工程所列“型钢”是指劲性骨架的型钢部分。

(3)凡型钢与钢筋组合(除预埋铁件外)的钢格栅，应分别列项。

(4)拆除路面、人行道及管道清单项目的工作内容中均不包括基础及垫层拆除，发生时按本表相应清单项目编码列项。

(5)伐树、挖树蔸应按现行国家标准《园林绿化工程工程量计算规范》(GB 50858—2013)中相应清单项目编码列项。

第十节　措施项目工程量计算

市政工程建设项目常用措施项目有脚手架工程，混凝土模板及支架，围堰，便道及便桥，洞内临时设施，大型机械设备进出场及安拆，施工排水、降水，处理、监测、监控，安全文明施工及其他措施项目等。

一、脚手架工程(编码:041101)

脚手架是指施工现场为工人操作并解决垂直和水平运输而搭设的各种支架。通常用在外墙、内部装修或层高较高无法直接施工的地方。主要为了施工人员上下干活或外围安全网维护及高空安装构件等。

脚手架工程共包括5个清单项目，其清单项目设置及工程量计算规则见表4-76。

表 4-76　　　　脚手架工程(编码:041101)

<table>
<tr><th>项目编码</th><th>项目名称</th><th>项目特征</th><th>计量单位</th><th>工程量计算规则</th><th>工作内容</th></tr>
<tr><td>041101001</td><td>墙面脚手架</td><td>墙高</td><td rowspan="4">m²</td><td>按墙面水平边线长度乘以墙面砌筑高度计算</td><td rowspan="4">1. 清理场地
2. 搭设、拆除脚手架、安全网
3. 材料场内外运输</td></tr>
<tr><td>041101002</td><td>柱面脚手架</td><td>1. 柱高
2. 柱结构外围周长</td><td>按柱结构外围周长乘以柱砌筑高度计算</td></tr>
<tr><td>041101003</td><td>仓面脚手架</td><td>1. 搭设方式
2. 搭设高度</td><td>按仓面水平面积计算</td></tr>
<tr><td>041101004</td><td>沉井脚手架</td><td>沉井高度</td><td>按井壁中心线周长乘以井高计算</td></tr>
<tr><td>041101005</td><td>井字架</td><td>井深</td><td>座</td><td>按设计图示数量计算</td><td>1. 清理场地
2. 搭、拆井字架
3. 材料场内外运输</td></tr>
</table>

注:各类井的井深按井底基础以上至井盖顶的高度计算。

二、混凝土模板及支架(编码:041102)

混凝土模板及支架是指混凝土结构或钢筋混凝土结构成型的模具,由面板和支撑系统(包括龙骨、桁架、小梁等,以及垂直支承结构)、连接配件(包括螺栓、联结卡扣、模板面与支承构件,以及支承构件之间联结零、配件)组成。

混凝土模板及支架共包括40个清单项目,其清单项目设置及工程量计算规则见表4-77。

表 4-77　　　　混凝土模板及支架(编码:041102)

<table>
<tr><th>项目编码</th><th>项目名称</th><th>项目特征</th><th>计量单位</th><th>工程量计算规则</th><th>工作内容</th></tr>
<tr><td>041102001</td><td>垫层模板</td><td rowspan="3">构件类型</td><td rowspan="10">m²</td><td rowspan="10">按混凝土与模板接触面的面积计算</td><td rowspan="10">1. 模板制作、安装、拆除、整理、堆放
2. 模板粘接物及模内杂物清理、刷隔离剂
3. 模板场内外运输及维修</td></tr>
<tr><td>041102002</td><td>基础模板</td></tr>
<tr><td>041102003</td><td>承台模板</td></tr>
<tr><td>041102004</td><td>墩(台)帽模板</td><td rowspan="2">1. 构件类型
2. 支模高度</td></tr>
<tr><td>041102005</td><td>墩(台)身模板</td></tr>
<tr><td>041102006</td><td>支撑梁及横梁模板</td><td rowspan="5">1. 构件类型
2. 支模高度</td></tr>
<tr><td>041102007</td><td>墩(台)盖梁模板</td></tr>
<tr><td>041102008</td><td>拱桥拱座模板</td></tr>
<tr><td>041102009</td><td>拱桥拱肋模板</td></tr>
<tr><td>041102010</td><td>拱上构件模板</td></tr>
</table>

（续一）

项目编码	项目名称	项目特征	计量单位	工程量计算规则	工作内容
041102011	箱梁模板	1. 构件类型 2. 支模高度	m^2	按混凝土与模板接触面的面积计算	1. 模板制作、安装、拆除、整理、堆放 2. 模板粘接物及模内杂物清理、刷隔离剂 3. 模板场内外运输及维修
041102012	柱模板				
041102013	梁模板				
041102014	板模板				
041102015	板梁模板				
041102016	板拱模板				
041102017	挡墙模板				
041102018	压顶模板	构件类型			
041102019	防撞护栏模板				
041102020	楼梯模板				
041102021	小型构件模板				
041102022	箱涵滑(底)板模板	1. 构件类型 2. 支模高度			
041102023	箱涵侧墙模板				
041102024	箱涵顶板模板				
041102025	拱部衬砌模板	1. 构件类型 2. 衬砌厚度 3. 拱跨径			
041102026	边墙衬砌模板				
041102027	竖井衬砌模板	1. 构件类型 2. 壁厚			
041102028	沉井井壁(隔墙)模板	1. 构件类型 2. 支模高度			
041102029	沉井顶板模板				
041102030	沉井底板模板	构件类型			
041102031	管(渠)道平基模板				
041102032	管(渠)道管座模板				
041102033	井顶(盖)板模板				
041102034	池底模板				
041102035	池壁(隔墙)模板	1. 构件类型 2. 支模高度			
041102036	池盖模板				
041102037	其他现浇构件模板	构件类型			
041102038	设备螺栓套	螺栓套孔深度	个	按设计图示数量计算	

（续二）

项目编码	项目名称	项目特征	计量单位	工程量计算规则	工作内容
041102039	水上桩基础支架、平台	1. 位置 2. 材质 3. 桩类型	m^2	按支架、平台搭设的面积计算	1. 支架、平台基础处理 2. 支架、平台的搭设、使用及拆除 3. 材料场内外运输
041102040	桥涵支架	1. 部位 2. 材质 3. 支架类型	m^3	按支架搭设的空间体积计算	1. 支架地基处理 2. 支架的搭设、使用及拆除 3. 支架预压 4. 材料场内外运输

注：原槽浇灌的混凝土基础、垫层不计算模板。

三、围堰(编码:041103)

围堰是指在工程建设中，修建的临时性围护结构。其作用是防止水和土进入建筑物的修建位置，以便在围堰内排水，开挖基坑，修筑建筑物。围堰共包括2个清单项目，其清单项目设置及工程量计算规则见表4-78。

表4-78　　围堰(编码:041103)

项目编码	项目名称	项目特征	计量单位	工程量计算规则	工作内容
041103001	围堰	1. 围堰类型 2. 围堰顶宽及底宽 3. 围堰高度 4. 填心材料	1. m^3 2. m	1. 以立方米计算，按设计图示围堰体积计算 2. 以米计量，按设计图示围堰中心线长度计算	1. 清理基底 2. 打、拔工具桩 3. 堆筑、填心、夯实 4. 拆除清理 5. 材料场内外运输
041103002	筑岛	1. 筑岛类型 2. 筑岛高度 3. 填心材料	m^3	按设计图示筑岛体积计算	1. 清理基底 2. 堆筑、填心、夯实 3. 拆除清理

四、便道及便桥(编码:041104)

便道是指正式道路正在修建或修整时临时使用的道路；便桥是指为了方便施工而架设的桥，有时候需要很强的强度要求，供施工机械能够顺利方便的通行。便道及便桥共包括2个清单项目，其清单项目设置及工程量计算规则见表4-79。

表4-79　　便道及便桥(编码:041104)

项目编码	项目名称	项目特征	计量单位	工程量计算规则	工作内容
041104001	便道	1. 结构类型 2. 材料种类 3. 宽度	m^2	按设计图示尺寸以面积计算	1. 平整场地 2. 材料运输、铺设、夯实 3. 拆除、清理

（续表）

项目编码	项目名称	项目特征	计量单位	工程量计算规则	工作内容
041104002	便桥	1. 结构类型 2. 材料种类 3. 跨径 4. 宽度	座	按设计图示数量计算	1. 清理基底 2. 材料运输、便桥搭设 3. 拆除、清理

五、洞内临时设施(编码:041105)

洞内临时设施主要包括洞内通风设施、洞内供水设施、洞内供电及照明设施、洞内通信设施、洞内外轨道铺设。洞内临时设施共包括 5 个清单项目,其清单项目设置及工程量计算规则见表 4-80。

表 4-80　　洞内临时设施(编码:041105)

项目编码	项目名称	项目特征	计量单位	工程量计算规则	工作内容
041105001	洞内通风设施	1. 单孔隧道长度 2. 隧道断面尺寸 3. 使用时间 4. 设备要求	m	按设计图示轨道长度以延长米计算	1. 管道铺设 2. 线路架设 3. 设备安装 4. 保养维护 5. 拆除、清理 6. 材料场内外运输
041105002	洞内供水设施				
041105003	洞内供电及照明设施				
041105004	洞内通信设施				
041105005	洞内外轨道铺设	1. 单孔隧道长度 2. 隧道断面尺寸 3. 使用时间 4. 轨道要求		按设计图示轨道铺设长度以延长米计算	1. 轨道及基础铺设 2. 保养维护 3. 拆除、清理 4. 材料场内外运输

注:设计注明轨道铺设长度的,按设计图示尺寸计算;设计未注明时可按设计图示隧道长度以延长米计算,并注明洞外轨道铺设长度由投标人根据施工组织设计自定。

六、大型机械设备进出场及安拆(编码:041106)

大型机械设备进出场及安拆清单项目设置及工程量计算规则见表 4-81。

表 4-81　　大型机械设备进出场及安拆(编码:041106)

项目编码	项目名称	项目特征	计量单位	工程量计算规则	工作内容
041106001	大型机械设备进出场及安拆	1. 机械设备名称 2. 机械设备规格型号	台·次	按使用机械设备的数量计算	1. 安拆费包括施工机械、设备在现场进行安装拆卸所需人工、材料、机械和试运转费用以及机械辅助设施的折旧、搭设、拆除等费用 2. 进出场费包括施工机械、设备整体或分体自停放地点运至施工现场或由一施工地点运至另一施工地点所发生的运输、装卸、辅助材料等费用

七、施工排水、降水(编码:041107)

施工排水、降水共包括2个清单项目,其清单项目设置及工程量计算规则见表4-82。

表4-82　　施工排水、降水(编码:041107)

项目编码	项目名称	项目特征	计量单位	工程量计算规则	工作内容
041107001	成井	1. 成井方式 2. 地层情况 3. 成井直径 4. 井(滤)管类型、直径	m	按设计图示尺寸以钻孔深度计算	1. 准备钻孔机械、埋设护筒、钻机就位;泥浆制作、固壁;成孔、出渣、清孔等 2. 对接上、下井管(滤管),焊接,安放,下滤料,洗井,连接试抽等
041107002	排水、降水	1. 机械规格型号 2. 降排水管规格	昼夜	按排、降水日历天数计算	1. 管道安装、拆除,场内搬运等 2. 抽水、值班、降水设备维修等

注:相应专项设计不具备时,可按暂估量计算

八、处理、监测、监控(编码:041108)

处理、监测、监控清单项目设置、工作内容及包含范围见表4-83。

表4-83　　处理、监测、监控(编码:041108)

项目编码	项目名称	工作内容及包含范围
041108001	地下管线交叉处理	1. 悬吊 2. 加固 3. 其他处理措施
041108002	施工监测、监控	1. 对隧道洞内施工时可能存在的危害因素进行检测 2. 对明挖法、暗挖法、盾构法施工的区域等进行周边环境监测 3. 对明挖基坑围护结构体系进行监测 4. 对隧道的围岩和支护进行监测 5. 盾构法施工进行监控测量

注:地下管线交叉处理指施工过程中对现有施工场地范围内各种地下交叉管线进行加固及处理所发生的费用,但不包括地下管线或设施改、移发生的费用。

九、安全文明施工及其他措施项目(编码:041109)

安全文明施工及其他措施项目清单项目设置、工作内容及包含范围见表4-84。

表 4-84　　安全文明施工及其他措施项目(编码:041109)

项目编码	项目名称	工作内容及包含范围
041109001	安全文明施工	1. 环境保护:施工现场为达到环保部门要求所需要的各项措施。包括施工现场为保持工地清洁、控制扬尘、废弃物与材料运输的防护、保证排水设施通畅、设置密闭式垃圾站、实现施工垃圾与生活垃圾分类存放等环保措施;其他环境保护措施 2. 文明施工:根据相关规定在施工现场设置企业标志、工程项目简介牌、工程项目责任人员姓名牌、安全六大纪律牌、安全生产记数牌、十项安全技术措施牌、防火须知牌、卫生须知牌及工地施工总平面布置图、安全警示标志牌,施工现场围挡以及为符合场容场貌、材料堆放、现场防火等要求采取的相应措施;其他文明施工措施 3. 安全施工:根据相关规定设置安全防护设施、现场物料提升架与卸料平台的安全防护设施、垂直交叉作业与高空作业安全防护设施、现场设置安防监控系统设施、现场机械设备(包括电动工具)的安全保护与作业场所和临时安全疏散通道的安全照明与警示设施等;其他安全防护措施 4. 临时设施:施工现场临时宿舍、文化福利及公用事业房屋与构筑物、仓库、办公室、加工厂、工地实验室以及规定范围内的道路、水、电、管线等临时设施和小型临时设施等的搭设、维修、拆除、周转;其他临时设施搭设、维修、拆除
041109002	夜间施工	1. 夜间固定照明灯具和临时可移动照明灯具的设置、拆除 2. 夜间施工时,施工现场交通标志、安全标牌、警示灯等的设置、移动、拆除 3. 夜间照明设备及照明用电、施工人员夜班补助、夜间施工劳动效率降低等
041109003	二次搬运	由于施工场地条件限制而发生的材料、成品、半成品一次运输不能达到堆积地点,必须进行二次或多次搬运
041109004	冬雨季施工	1. 冬雨季施工时增加的临时设施(防寒保温、防雨设施)的搭设、拆除 2. 冬雨季施工时对砌体、混凝土等采用的特殊加温、保温和养护措施 3. 冬雨季施工时施工现场的防滑处理、对影响施工的雨雪的清除 4. 冬雨季施工时增加的临时设施、施工人员的劳动保护用品、冬雨季施工劳动效率降低等
041109005	行车、行人干扰	1. 由于施工受行车、行人干扰的影响,导致人工、机械效率降低而增加的措施 2. 为保证行车、行人的安全,现场增设维护交通与疏导人员而增加的措施
041109006	地上、地下设施、建筑物的临时保护设施	在工程施工过程中,对已建成的地上、地下设施和建筑物进行的遮盖、封闭、隔离等必要保护措施所发生的人工和材料
041109007	已完工程及设备保护	对已完工程及设备采用的覆盖、包裹、封闭、隔离等必要保护措施所发生的人工和材料

注:本表所列项目应根据工程实际情况计算措施项目费用,需分摊的应合理计算摊销费用。

1. 何谓“工程量”？确定市政建设工程造价为什么要计算工程量？

2. 土方工程量计算有哪几种方法？

3. 何谓地坑？放坡地坑工程量怎样计算？

4. 城市道路一般来说主要由哪几部分组成？城市道路有何特点？

5. 何谓“桥涵护岸”工程？一般来说，一座桥梁可分为哪几部分？

6. 何谓“立交箱涵”？箱涵由哪几部分构成？箱涵工程量怎样计算？

7. 何谓隧道？隧道与涵洞有何区别？

8. 盾构机掘进有何特点和优点？盾构机在暗无日光和不知东西南北方向地下掘进是否会发生掘进偏斜？为什么？

9. 管网工程是指哪些工程？城市给水和排水有何意义？

第五章　市政工程工程量清单编制与计价

按照工程造价确定的步骤和程序，当一个市政建设项目中的某一个单位工程的分部分项工程量计算完毕并经审核和汇总后，下一步工作就是编制工程量清单和计价。工程量清单按照所反映内容的不同，主要包括分部分项工程项目清单、措施项目清单、其他项目清单、规费税金项目清单。据此，本章中心内容是对工程量清单的编制方法和工程量清单计价的方法加以介绍。

第一节　市政工程工程量清单编制

根据《13 计价规范》的有关规定，市政建设项目工程量清单由 15 个表格组成，现将各个表格的填写方法分别说明于下。

一、工程量清单编制的一般规定

工程量清单编制的一般规定在第三章第一节及本章的开头中均有述及，为了方便起见，这里再作如下重复介绍：

(1)招标工程量清单应由具有编制能力的招标人或受其委托，具有相应资质的工程造价咨询人编制。

(2)招标工程量清单必须作为招标文件的组成部分，其准确性和完整性应由招标人负责。(此条为《13 计价规范》的强制规定)

(3)招标工程量清单是工程量清单计价的基础，应作为编制招标控制价、投标报价、计算或调整工程量、索赔等的依据之一。

(4)招标工程量清单应以单位(项)工程为单位编制，应由分部分项工程项目清单、措施项目清单、其他项目清单、规费和税金项目清单组成。

(5)编制工程量清单的依据详见《13 计价规范》第 4.1.5 条的规定及本书第三章第三节“二、”的介绍。

二、填写招标工程量清单封面

封面是招标工程量清单的外表装饰。编制招标工程量清单时，招标工程量清单封面(表 5-1)应填写招标工程项目的具体名称，招标人应盖单位公章，如委托工程造价咨询人编制，还应加盖工程造价咨询人所在单位公章。其具体填写方法见表 5-1。

表 5-1　　　　工程量清单封面

<table>
<tr><td>

某市大庆路改造　工程

招标工程量清单

招　标　人：　××××项目指挥部
（单位盖章）

造价咨询人：　××工程造价事务所
（单位盖章）

××××年××月××日

</td></tr>
</table>

封-1

三、填写工程量清单扉页

招标工程量清单扉页由招标人或招标人委托的工程造价咨询人编制招标工程量清单时填写。

招标人自行编制工程量清单的，编制人员必须是在招标人单位注册的造价人员，由招标人盖单位公章，法定代表人或其授权人签字或盖章；当编制人是注册造价工程师时，由其签字盖执业专用章；当编制人是造价员时，由其在编制人栏签字盖专用章，并应由注册造价工程师复核，在复核人栏签字盖执业专用章。

招标人委托工程造价咨询人编制工程量清单的，编制人员必须是在工程造价咨询人单位注册的造价人员。由工程造价咨询人盖单位资质专用章，法定代表人或其授权人签字或盖章；当编制人是注册造价工程师时，由其签字盖执业专用章；当编制人是造价员时，由其在编制人栏签字盖专用章，并应由注册造价工程师复核，在复核人栏签字盖执业专用章。

招标工程量清单扉页填写方法见表5-2。

表5-2　　　　工程量清单扉页

某市大庆路改造　工程

招标工程量清单

招　标　人：××××项目指挥部
（单位盖章）

造价咨询人：××工程造价事务所
（单位资质专用章）

法定代表人
或其授权人：×××
（签字或盖章）

法定代表人
或其授权人：×××
（签字或盖章）

编　制　人：×××
（造价人员签字盖专用章）

复　核　人：×××
（造价工程师签字盖专用章）

编制时间：××××年××月××日

复核时间：××××年××月××日

封-2

四、工程量清单总说明

工程量清单总说明是用于说明招标项目的工程概况(如建设地址、建设规模、工程特征、交通状况、环保要求等),工程招标和专业工程发包范围,工程质量、材料、施工等的特殊要求,工程量清单的编制依据,以及招标人应说明的其他有关事项。一般来说,“总说明”中应填写的内容没有统一规定,应根据工程实际情况而定。××市大庆路改造工程招标工程量清单“总说明”见表5-3。

表5-3　　　　　　　　　　　　　　总　说　明

工程名称:××市大庆路改造　　　　　　　　　　　　　　　　　　　　　　　　第　页共　页

(1)工程概况:该路段西端与汉城路相交,东端与西一环路相交,全长810m,始建于解放初期,原路面为水泥混凝土结构,在多年的运营中发挥了巨大的作用,现路面大片大片破裂,形成坑坑洼洼的路段。根据本市市政建设计划安排,自××年1月20日至6月30日止,对该路段进行改造。将原混凝土面层改建为碎石沥青面层,其快车道由20m扩改为24m,慢车道由2m扩改为3.5m;人行道由1.5m扩改为3m,其面层由混凝土改为铺地砖。

(2)招标范围:该路段全部新建和原有路面的拆除工程、地下管道工程、地上地下电力、通信线缆工程,以及沿线空旷地带的绿化、美化工程等。

(3)工程特征:该路段是本市交通重要通道之一,行人多,来往车辆多,为不影响交通,决定分期施工,即××年1月至3月30日,该路段南侧施工;3月31日至6月30日北侧施工。

(4)施工工期:总工期为170天(自开工报告批准日算起)。

(5)编制依据:《建设工程工程量清单计价规范》(GB 50500—2013)、《市政工程工程量计算规范》(GB 50857—2013)以及该路段全套设计文件。

(6)工程质量:各项工程质量应严格执行《工程测量规范》(GB 50026—2007)、《公路工程技术标准》(JTG B01—2003)、《给水排水管道工程施工及验收规范》(GB 50268—2008)、《城镇燃气输配工程施工及验收规范》(CJJ 33—2005)以及相应的电力电缆、通信电缆施工验收规范与技术标准等。

(7)环境保护:施工企业必须严格执行《建筑施工现场环境与卫生标准》(JCJ 146—2004)的各项规定,并应按本市环保局的以下八项规定:

……

五、编制分部分项工程项目清单

分部分项工程项目是计算拟建工程项目工程数量的表格,它包括的内容应满足两个方面的要求:其一,要满足规范管理、方便管理的要求;其二,要满足计价的要求。为了满足上述两点要求,分部分项工程量清单编制必须按照《13计价规范》规定的“四统一”进行,即项目编码统一、项目名称统一、计量单位统一、工程量计算规则统一。

分部分项工程项目清单的项目编码、项目名称、计量单位、工程数量四项构成内容的含义及其编写要求分述于下:

(一)项目编码

分部分项工程项目清单项目编码由12位阿拉伯数字组成,前9位为全国统一编码,编制分部分项工程项目清单时,应按《13工程计量规范》中的编码设置,不得变动,后3位是清单项目名称编码,由清单编制人根据设置的清单项目编制。

《市政计量规范》中,各位编码含义说明如下:

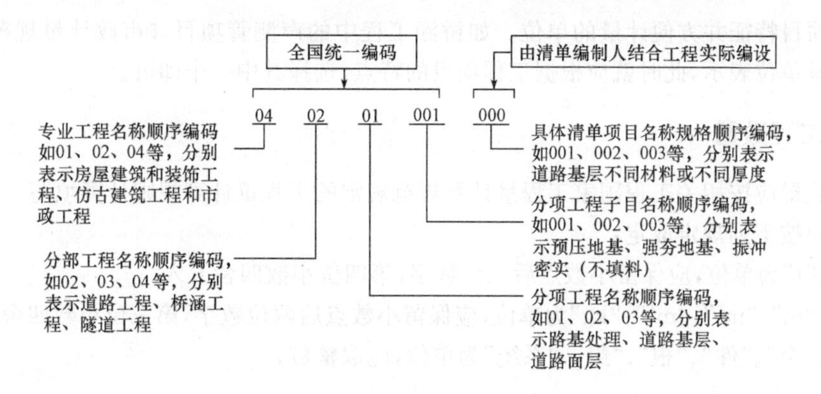

编制工程量清单时，应注意对项目编码的设置不得有重码，一个项目编码对应一个项目名称、计量单位、计算规则、工程内容、综合单价，因而清单编制人在自行设置编码时，以上五项中只要有一项不同，就应另设编码。例如，同一个单位工程中分别有 M10 水泥砂浆砌筑 370mm 导流筒和 M7.5 水泥砂浆砌筑 370mm 导流筒，这两个项目虽然都是导流筒，但砌筑砂浆强度等级不同，因而，这两个项目的综合单价就不同，故第五级编码就应分别设置，其编码分别为 040601013001(M10 水泥砂浆砌筑导流筒)和 040601013002(M7.5 水泥砂浆砌筑导流筒)。特别应注意的是当同一标段(或合同段)的一份工程量清单中含有多个单项或单位工程且工程量清单是以单项或单位工程为编制对象时，应注意项目编码中的十至十二位的设置不得重码。例如一个标段(或合同段)的工程量清单中含有三个单项或单位工程，每一单项或单位工程中都有项目特征相同的现浇混凝土基础，在工程量清单中又需反映三个不同单项或单位工程的现浇混凝土基础工程量时，此时工程量清单应以单项或单位工程为编制对象，第一个单项或单位工程的现浇混凝土基础的项目编码为 040303002001，第二个单项或单位工程的现浇混凝土基础的项目编码为 040303002002，第三个单项或单位工程的现浇混凝土基础的项目编码为 040303002003，并分别列出各单项或单位工程现浇混凝土基础的工程量。

(二)项目名称

“项目名称”栏应按相关工程国家工程量计算规范的规定，根据拟建工程实际填写。在实际填写过程中，“项目名称”有两种填写方法，一是完全保持相关工程国家工程量计算规范的项目名称不变；二是根据工程实际在工程量计算规范项目名称下另行确定详细名称。此外，还应根据施工图的具体内容，要做到“因图制宜”。这样就能使清单项目名称具体化，更能确切地反映出影响工程造价的主要因素。

随着科学技术的发展，新材料、新技术、新的施工工艺不断涌现和应用，所以凡工程量计算规范附录中的缺项，在编制清单时，编制人应做补充，并报省级或行业工程造价管理机构备案，省级或行业工程造价管理机构应汇总报住房和城乡建设部标准定额研究所。补充项目的编码由专业工程代码与 B 和三位阿拉伯数字组成，并应从×B001 起顺序编制，如 04B001、04B002、03B001等，同一招标工程的项目不得重码。

补充的工程量清单需附有补充项目的名称、项目特征、计量单位、工程量计算规则、工作内容，不能计量的措施项目，需附有补充项目的名称、工作内容及包含范围。

(三)计量单位

市政工程中分部分项工程项目清单的计量单位应按《市政计量规范》规定的计量单位填写。有些项目工程量计算规范中有两个或两个以上计量单位，应根据拟建工程项目的实际，选择最适宜表现该项目特征并方便计量的单位。如桥涵工程中的声测管项目,《市政计量规范》中以t和m两个计量单位表示,此时就应根据工程项目的特点,选择其中一个即可。

(四)工程数量

工程数量应按相关工程国家工程量计算规范规定的工程量计算规则计算填写。工程数量的有效位数应按下列规定取定:

(1)以"t"为单位,应保留小数点后三位数字,第四位小数四舍五入。

(2)以"m"、"m^2"、"m^3"、"kg"为单位,应保留小数点后两位数字,第三位小数四舍五入。

(3)以"个"、"件"、"根"、"组"、"系统"为单位,应取整数。

(五)工程量清单编制

分部分项工程项目清单编制,就是把计算完毕并经校审和整理好的各个项目的工程数量,填写在"分部分项工程项目清单"相应栏目中的全过程。工程量清单编制并不难,只要各分项的原始数值整理好,将其分别写入清单相应栏目内即可。但工程量清单编制难度较大的一点就是项目特征描述,对于特征的描述,不仅要简洁扼要,而且要确切明了。如要达到对项目特征的透彻描述,就必须具有很好的识图能力,反之则达不到上述要求。

市政工程项目的"分部分项工程项目清单"标准格式见表5-4。

表5-4　分部分项工程和单价措施项目清单与计价表

工程名称:××市大庆路改造工程　　标段:C—Ⅱ段　　第1页 共4页

序号	项目编码	项目名称	项目特征描述	计量单位	工程量	金额(元)		
						综合单价	合价	其中:暂估价
			0401　土石方工程					
1	040101001001	挖一般土方	推土机推土,土质三类,推土深度80cm	m^3	450.00			
2	040101002001	挖沟槽土方	正铲挖掘机,土质三类,深度2m	m^3	950.00			
		⋮						
			0402　道路工程					
			040201　路基处理					
3	040201002001	掺石灰	2∶8灰土,厚150m	m^3	338.00			
		⋮						
			040202　道路基层					
4	040202004001	石灰、粉煤灰、土	2∶6∶2,厚度30cm	m^2	850.00			
5	040202005001	石灰、碎石、土	2∶6∶2,厚度15cm	m^2	830.00			
		⋮						

注:为计取规费等使用,可在表中增设其中:"定额人工费"。

六、编制措施项目清单

措施项目是指为完成拟建市政工程项目施工，发生于工程施工准备和施工过程中不构成工程实体的有关措施项目费用，如市政工程施工过程中的脚手架工程、混凝土模板及支架、围堰、便道及便桥、洞内临时设施、大型机械设备进出场及安拆、施工排水降水等。在编制此项费用清单时，应结合工程的水文、气象、环境、安全等具体情况和施工企业实际情况，按相关国家工程量计算规范规定的措施项目编列。对于国家工程量计算规范中列出了项目编码、项目名称、项目特征、计量单位和工程量计算规则的单价措施项目，编制工程量清单时，应按编制分部分项工程项目清单的有关规定执行，并与分部分项工程项目清单使用同一种表格样式，见表5-4。对于国家工程量计算规范中仅列出项目编码、项目名称，未列出项目特征、计量单位和工程量计算规则的总价措施项目，编制工程量清单时，应按相关国家工程量计算规范列出的措施项目附录确定项目编码和项目名称，其计价表格样式见表5-5。

表5-5　　总价措施项目清单与计价表

工程名称：××市大庆路改造工程　　标段：C－Ⅱ段　　第1页 共1页

序号	项目编码	项目名称	计算基础	费率（%）	金额（元）	调整费率（%）	调整后金额（元）	备注
1	041109001001	安全文明施工费	定额人工费	25		—		
2	041109002001	夜间施工增加费	定额人工费	5.13				
3	041109003001	二次搬运费	定额人工费	2.56		—		
4	041109004001	冬雨季施工增加费	定额人工费	5.13				
5	041109005001	已完工程及设备保护费	定额人工费	—				
合　计								

编制人（造价人员）：　　复核人（造价工程师）：

注：1. “计算基础”中“安全文明施工费”可为“定额基价”、“定额人工费”或“定额人工费＋定额机械费”，其他项目可为“定额人工费”或“定额人工费＋定额机械费”。

2. 按施工方案计算的措施费，若无“计算基础”和“费率”的数值，也可只填“金额”数值，但应在备注栏说明施工方案出处或计算方法。

七、编制其他项目清单

在工程项目施工中可能发生的其他有关费用项目所采用的清单为“其他项目清单”。其他项目清单一般情况下应包括下列四项内容：

(1)暂列金额。指招标人在工程量清单中暂定并包括在合同价款中的一笔款项。用于施工合同签订时尚未确定或者不可预见的所需材料、设备、服务的采购，施工中可能发生的工程变更、合同约定调整因素出现时的工程价款调整以及发生的索赔、现场签证确认等的费用。笔者认为，这项费用就相当于传统计价模式中的“不可预见工程费”。

(2)暂估价(包括材料暂估单价、工程设备暂估单价、专业工程暂估价)。指招标人在工程量清单中提供的用于支付必然发生但暂时不能确定价格的材料(或工程设备)的单价以及专业工程的金额。

(3)计日工。指在项目施工过程中，完成发包人提出的施工图纸以外的零星项目或工作，按合同中约定的综合单价计价的一项费用。

(4)总承包服务费。总承包服务费是为了解决招标人在法律、法规允许的条件下进行专业工程发包，以及自行供应材料、设备，并需要总承包人对发包的专业工程提供协调和配合服务，对供应的材料、设备提供收、发和保管服务以及进行施工现场管理时发生，并向总承包人支付的费用。招标人应预计该项费用并按投标人的投标报价向投标人支付该项费用。

实际工作中出现上述四项以外的项目内容，清单编制人可以进行补充。

其他项目清单与计价汇总表格式见表 5-6 及表 5-7～表 5-11 所示。

表 5-6　　其他项目清单与计价汇总表

工程名称：××市大庆路改造工程　　标段：C－Ⅱ段　　第 1 页 共 1 页

序号	项目名称	金额(元)	结算金额(元)	备　注
1	暂列金额			明细详见表 5-7
2	暂估价			
2.1	材料暂估价		—	明细详见表 5-8
2.2	专业工程暂估价			明细详见表 5-9
3	计日工			明细详见表 5-10
4	总承包服务费			明细详见表 5-11
5				
6				
	合　计			

注：材料(工程设备)暂估单价计入清单项目综合单价，此处不汇总。

表 5-7

暂列金额明细表

工程名称:××市大庆路改造工程　　　　　　标段:C—Ⅱ段　　　　　　第1页 共1页

序号	项 目 名 称	计量单位	暂定金额(元)	备 注
1	设计变更和工程偏差	项	300000.00	
2	政策性调整和材料价格风险	项	250000.00	
3	其他	项	150000.00	
4				
5				

注:此表由招标人填写,如不能详列,也可只列暂定金额总额,投标人应将上述暂列金额计入投标总价中。

表5-8　　材料(工程设备)暂估单价及调整表

工程名称:××市大庆路改造工程　　标段:C—Ⅱ段　　第1页 共1页

序号	材料(工程设备)名称、规格、型号	计量单位	数量		暂估(元)		确认(元)		差额(元)		备注
			暂估	确认	单价	合价	单价	合价	单价	合价	
1	钢筋 HPB300 φ6～φ10	t	15		4500	67500					拟用于钢筋混凝土平板
2	钢筋 HRB335Φ10～Φ20	t	20		5000	100000					拟用于钢筋混凝土基础梁
3	水泥 P·O42.5	t	18		350	6300					拟用于砖基础砌筑
4	水泥 P·O42.5R	t	5		380	1900					拟用于墙面砂浆防水
5											
合计						175700					

注:此表由招标人填写“暂估单价”,并在备注栏说明暂估单价的材料、工程设备拟用在哪些清单项目上,投标人应将上述材料、工程设备暂估单价计入工程量清单综合单价报价中。

表 5-9 **专业工程暂估价及结算价表**

工程名称:××市大庆路改造工程　　　　标段:C—Ⅱ段　　　　第1页 共1页

序号	工程名称	工程内容	暂估金额(元)	结算金额(元)	差额±(元)	备注
1	便道、便桥	修筑、搭设	200000			
2	地下管线交叉处理		150000			
3	行车、行人干扰增加		80000			
合计			430000			

注:此表"暂估金额"由招标人填写,招标人应将"暂估金额"计入投标总价中。结算时按合同约定结算金额填写。

表5-10　　　　计日工表

工程名称:××市大庆路改造工程　　　　标段:C—Ⅱ段　　　　第1页 共1页

编号	项目名称	单位	暂定数量	实际数量	综合单价(元)	合价(元)	
						暂定	实际
一	人工						
1	卫生工	工日	60				
2	保安工	工日	60				
3							
4							
人工小计							
二	材料						
1	帆布帐篷	顶	6				
2	保安值班活动房	个	2				
3	水泥P·O42.5R	t	14				
4	中砂	m^3	23				
5							
材料小计							
三	施工机械						
1	平地机90kW	台班	3				
2	钢筋调直机Φ40	台班	15				
3	管子剪断机	台班	6				
4	其他小型机械	台班	10				
5							
施工机械小计							
四、企业管理费和利润							
总计							

注:此表项目名称、暂定数量由招标人填写,编制招标控制价时,单价由招标人按有关规定确定;投标时,单价由投标人自主确定,按暂定数量计算合价计入投标总价中;结算时,按发承包双方确定的实际数量计算合价。

表5-11　　　　总承包服务费计价表

工程名称:××市大庆路改造工程　　　　标段:C—Ⅱ段　　　　第1页 共1页

序号	项目名称	项目价值(元)	服务内容	计算基础	费率(%)	金额(元)
1	发包人发包专业工程	100000	(略)			
2	发包人提供材料	200000	(略)			
	合计	—	—		—	

注:此表项目名称、服务内容由招标人填写,编制招标控制价时,费率及金额由招标人按有关计价规定确定;投标时,费率及金额由投标人自主报价,计入投标总价中。

八、编制规费、税金项目清单

规费及税金均属于非竞争性费用。规费项目清单应按照下列内容列项：

(1)社会保险费。社会保险费包括养老保险费、失业保险费、医疗保险费、工伤保险费、生育保险费。

(2)住房公积金。

(3)工程排污费。

实际工作中出现上述三项内容以外的项目，应根据省级政府或省级有关部门的规定列项。

税金项目清单应包括营业税、城市维护建设税、教育费附加、地方教育附加四项内容。实际工作中当出现上述四项内容以外的项目时，应根据工程所在地有关权力部门或税务部门的规定列项。

规费、税金项目清单应按照《13计价规范》规定的表格(即本书表5-12)进行编制。

表5-12　　规费、税金项目计价表

工程名称：××市大庆路改造工程　　标段：C－Ⅱ段　　第1页 共1页

序号	项目名称	计算基础	计算基数	计算费率(%)	金额(元)
1	规费	定额人工费			
1.1	社会保险费	定额人工费	(1)+…+(5)		
(1)	养老保险费	定额人工费			
(2)	失业保险费	定额人工费			
(3)	医疗保险费	定额人工费			
(4)	工伤保险费	定额人工费			
(5)	生育保险费	定额人工费			
1.2	住房公积金	定额人工费			
1.3	工程排污费				
2	税金	分部分项工程费+措施项目费+其他项目费+规费－按规定不计税的工程设备金额			
合　计					

编制人：×××　　复核人(造价工程师)：×××

九、填写主要材料、工程设备一览表

1. 发包人提供材料和机械设备

(1)发包人提供的材料和工程设备(以下简称甲供材料)应在招标文件中按照规定填写《发包人提供材料和工程设备一览表》，写明甲供材料的名称、规格、数量、单价、交货方式、交货地点等。承包人投标时，甲供材料价格应计入相应项目的综合单价中，签约后，发包人应按合同约定扣除甲供材料款，不予支付。

(2)承包人应根据合同工程进度计划的安排，向发包人提交甲供材料交货的日期计划。发包人应按计划提供。

(3)发包人提供的甲供材料如规格、数量或质量不符合合同要求，或由于发包人原因发生交货日期延误、交货地点及交货方式变更等情况的，发包人应承担由此增加的费用和(或)工期延误，并应向承包人支付合理利润。

(4)发承包双方对甲供材料的数量发生争议不能达成一致的，应按照相关工程的计价定额同类项目规定的材料消耗量计算。

(5)若发包人要求承包人采购已在招标文件中确定为甲供材料的，材料价格应由发承包双方根据市场调查确定，并应另行签订补充协议。

2. 承包人提供材料和工程设备

(1)除合同约定的发包人提供的甲供材料外，合同工程所需的材料和工程设备应由承包人提供，承包人提供的材料和工程设备均应由承包人负责采购、运输和保管。

(2)承包人应按合同约定将采购材料和工程设备的供货人及品种、规格、数量和供货时间等提交发包人确认，并负责提供材料和工程设备的质量证明文件，满足合同约定的质量标准。

(3)对承包人提供的材料和工程设备经检测不符合合同约定的质量标准，发包人应立即要求承包人更换，由此增加的费用和(或)工期延误应由承包人承担。对发包人要求检测承包人已具有合格证明的材料、工程设备，但经检测证明该项材料、工程设备符合合同约定的质量标准，发包人应承担由此增加的费用和(或)工期延误，并向承包人支付合理利润。

主要材料、工程设备一览表的格式见表5-13～表5-15。

表5-13　　发包人提供材料和工程设备一览表

工程名称：　　　　标段：　　　　第　页共　页

序号	材料(工程设备)名称、规格、型号	单位	数量	单价(元)	交货方式	送达地点	备注

注：此表由招标人填写，供投标人在投标报价、确定总承包服务费时参考。

表5-14　　承包人提供主要材料和工程设备一览表

(适用于造价信息差额调整法)

工程名称：　　　　标段：　　　　第　页共　页

序号	名称、规格、型号	单位	数量	风险系数(%)	基准单价(元)	投标单价(元)	发承包人确认单价(元)	备注

注：1. 此表由招标人填写除“投标单价”栏的内容外，投标人在投标时自主确定投标单价。

2. 招标人应优先采用工程造价管理机构发布的单价作为基准单价，未发布的，通过市场调查确定其基准单价。

表 5-15　　承包人提供主要材料和工程设备一览表

（适用于价格指数调整法）

工程名称：　　　　　　　　　　标段：　　　　　　　　　　第　页共　页

序号	名称、规格、型号	变值权重 B	基本价格指数 F_0	现行价格指数 F_t	备注
	定值权重 A		—	—	
合　计		1	—	—	

注：1.“名称、规格、型号”、“基本价格指数”栏由招标人填写，基本价格指数应首先采用工程造价管理机构发布的价格指数，没有时，可采用发布的价格代替。如人工、机械费也采用本法调整，由招标人在名称“名称”栏填写。

2.“变值权重”栏由投标人根据该项人工、机械费和材料、工程设备价值在投标总报价中所占比例填写，1 减去其比例为定值权重。

3.“现行价格指数”按约定付款证书相关周期最后一天的前 42 天内的各项价格指数填写，该指数应首先采用工程造价管理机构发布的价格指数，没有时，可采用发布的价格代替。

第二节　市政工程工程量清单示例

在一个建设项目的工程量清单中，分部分项工程项目清单是重心，这是因为：

第一，项目内容较多，工作量大，项目特征描述必须详尽、确切。

第二，所有项目均为工程实体的构成要素，填写清单表时务必细心、详尽，力争做到不漏不重。

第三，该清单的投标报价数值是该工程造价构成的主要部分，一般情况下，其价值要占一个单位工程造价的 60％以上。

鉴于上述几点原因，笔者仅将某市凤城东路的分部分项工程项目清单，根据表 4-18 中的数值，编列于下（表 5-16）。

表 5-16　　分部分项工程和单价措施项目清单与计价表

工程名称：××市凤城东路道路工程　　　　标段：C－Ⅱ段　　　　第 1 页 共 1 页

序号	项目编码	项目名称	项目特征描述	计量单位	工程量	金额（元）		
						综合单价	合价	其中：暂估价
			0401　土石方工程					
1	040101001001	挖一般土方	人工开挖，土质：三类，H=0.8m	m^3	5225			
2	040103001001	回填方	密实度：0.95	m^3	1047			
3	040103002001	余方弃置	汽车运距 15km	m^3	4178			

(续表)

序号	项目编码	项目名称	项目特征描述	计量单位	工程量	金额(元)		
						综合单价	合价	其中:暂估价
			0402 道路工程					
4	040202006001	石灰、粉煤灰、碎(砾)石层	石灰:块占70%,配合比:2.5∶7.5,厚度:δ=18cm,粗砂	m^2	9500			
5	040202009001	砂砾石层	厚度:δ=20cm	m^2	9500			
6	040203006001	沥青混凝土层	碎石粗径最大5cm 石油沥青60# 厚度:δ=4cm	m^2	9500			
7	040203006002	沥青混凝土层	碎石粗径最大3cm 石油沥青60# 厚度:δ=2cm	m^2	9500			
8	040204004001	安砌侧(平、缘)石	预制混凝土,795×280×200(mm) 3∶7灰土垫层,C10混凝土基础,厚度10cm	m	1900			
			0404 隧道工程					
		(以下略)						

注:为计取规费等使用,可在表中增设其中:"定额人工费"。

第三节　市政工程工程量清单计价

一、工程量清单计价概述

工程量清单计价,是指招标人公开提供招标工程量清单,投标人自主报价或招标人自己编制招标控制价(标底)通过竞争或协商后,双方签订合同价款、工程竣工结算等活动。也可以说,工程量清单计价是指计算建筑安装工程生产价格的全过程。建筑安装工程生产价格的构成要素与其他工业产品价格一样,也是由成本、利润和税金等构成,但二者生产价格的核算方法却不相同。一般工业产品的生产价格是批量价格,例如,32CS31康佳32″液晶平板电视机价格4680元/台,则成千上万台这种规格型号的电视机,在一定时期内的价格均是4680元/台,甚至全国一个价。而建设工程的价格不能这样,每一项建(构)筑物都必须采用特定的方法进行单独定价,这一特点的产生,是由建设工程本身所具有的特点决定的。

建设工程中建设地点的固定性、类型的多样性、用途的广泛性、形体的庞大性、结构的差异性、施工的流动性和施工周期的长期性以及建筑安装材料的价格差异性等特点,导致了每一个建设项目都必须通过单独设计和单独施工建造才能形成,即使使用同一套图纸,也会因建设地点和时间的不同,工程地质、水文地质、地理、地貌等自然条件和民族风俗习惯社会条件的不同,各地物质文化水平的不同等因素影响，而导致建设工程项目生产价格的不同。所以，建设工程价格的制定，就不能像一般工业产品那样进行批量定价，而必须按照国家规定的定价程序进行单个定价，然后通过竞争，由市场竞争形成它的生产价格。

二、工程量清单计价的特点

与在招投标过程中采用工程定额计价方法相比，采用工程量清单计价的方法具有以下特点：

(一)满足竞争的需要

招标投标过程本身就是一个竞争的过程，招标人给出招标工程量清单，投标人填报单价(此单价中一般是指包括成本、利润和风险因素的综合价)，不同的投标人其单价是不同的，单价的高低取决于投标人及其企业的技术和管理水平等因素，从而形成了企业整体实力的相互竞争。

(二)提供了一个平等的竞争条件

采用原来的施工图预算来投标报价，由于诸多原因，不同投标企业的预算编制人员业务素质的差异，计算出的工程量就不同，报价相差甚远，容易造成招标投标过程中的不合理，而工程量清单报价就为投标者提供一个平等竞争的条件——相同的工程量，由参与投标各企业根据自身的实力来填报不同的综合单价，符合商品交换的一般性原则。

(三)有利于实现风险的合理分担

采用工程量清单计价的方式后，投标单位只对自己所报的成本、单价等负责，而对工程量的变更或计算错误等不负有核实的义务，更不具有修改和调整的权力，相应的，“其准确性和完整性应由招标人负责”，因此，这一格局符合风险合理分担与责权利关系对等的一般原则。

(四)有利于业主对投资的控制

采用现行的施工图预算形式，业主对因设计变更、工程量的增减所引起的工程造价变化不敏感，不会引起足够重视，往往到竣工结算时，才知道它对工程造价影响的大小，但此时已经是为时已晚，而采用工程量清单计价的方法在出现设计变更或工程量增减时，能及时知道它对工程造价影响的大小，这样业主就能根据投资情况来决定是否变更或进行方案比较，以决定最恰当的处理方法。采用这种方法才能有效地进行造价控制。

三、工程量清单计价模式与定额计价模式的区别

与定额计价模式相比较，工程量清单计价模式具有下列几点重要区别：

(一)计价模式不同

定额计价模式主要反映了国家定价或国家指导价。在这种模式下，工程价格或直接由国家决定，或者由国家给出一定的指导性标准，承包企业可以在该标准的允许幅度内实现有限竞争，例如在我国的招投标制度中，曾一度严格限定投标人的报价必须在限定标底的一定范围内波动，超出此范围即为废标，这种模式下的工程招标投标价格即属于国家指导性价格，体现出在国家宏观计划控制下的市场有限竞争。

清单计价模式则反映了市场定价。在这种模式中，工程价格是在国家有关部门间接调控和监督下，由工程承发包双方根据建设市场中建筑产品供求关系变化状况自主确定工程价格。其

价格的形成一般不受国家工程造价管理部门的干预，而此时的工程造价是根据市场的具体情况，通过自由竞争形成。

(二)计价依据不同

定额计价模式的主要计价依据是国家、地区、部门的各种定额，其性质为指导性。清单计价模式的主要计价依据为《13计价规范》及相关专业国家工程量计算规范，其性质是除含有强制性条文之外，大量的内容是由招投标方自主确定的国家标准。特别突出的一点就是综合单价的确定和各项竞争性费用取定等，均由招投标人自己确定或双方商定。

(三)工程量编制主体不同

在定额计价模式条件下，一个建设项目的分部分项工程量分别由招标人和投标人按照同一份施工图纸进行计算。在工程量清单计价模式中，工程量不再分别由招标人和投标人按同一份施工图进行各自计算，而是由招标人按照《13计价规范》及相关专业国家工程量计算规范的各项规定进行统一计算，招标工程量清单是招标文件的重要组成部分，各投标人根据招标人提供的招标工程量清单，结合自身的素质——技术装备、施工经验、劳动效率、企业成本、企业定额、管理水平以及捕捉到的信息状况等，自行确定填报综合单价并计算合价。

(四)单价与报价的组成不同

定额计价模式所采用的分项工程单价为“工料单价”，即由人工费、材料费和施工机械费组成的单价，而清单计价模式所采用的单价为“综合单价”，即除包括上述三项费用之外还包括了企业管理费、利润和一定风险因素在内的单价。工程量清单计价模式的报价除包括定额计价模式的报价外，还包括了暂列金额、暂估价、专业工程暂估价等。这就是为投标人提供了大量的竞争空间。

(五)计价文件组成不同

定额计价模式下的造价文件一般来说，主要由封面、编制说明、总概预算书(表)、综合概预算书(表)、单位工程概预算书(表)和工程建设其他项目(费用)概预算书(表)等组成，而工程量清单计价模式下的造价文件由以下表格组成，即(1)封面；(2)扉页；(3)总说明；(4)建设项目招标控制价/投标报价汇总表；(5)单项工程招标控制价/投标报价汇总表；(6)单位工程招标控制价/投标报价汇总表；(7)分部分项工程和单价措施项目清单与计价表；(8)综合单价分析表；(9)总价措施项目清单与计价表；(10)其他项目清单与计价汇总表；(11)规费、税金项目清单计价表等。

四、工程量清单计价的原理

工程量清单计价的基本原理就是以招标人提供的工程量清单为平台，投标人根据自身的技术、财务、管理能力进行投标报价，招标人根据具体的评标细则进行优选低价[①]中标的一种计价方式，这种计价方式是市场定价体系的具体表现形式。工程量清单计价的基本过程可以描述为，在统一的工程量计算规则的基础上，制定工程量清单项目设置，根据拟建工程的施工图纸计算出各个清单项目的工程量，再根据企业定额或参照工程所在地造价管理部门发布的消耗量定额、参考价目表、参考费率，以及从各种渠道所获得的工程造价信息和经验数据计算得到工程造价的全

---

① 低价中标的“低价”，是指经过评标委员会(或小组)评定的合理低价，并非低于成本的恶意低价。对于恶意低价中标造成不能正常履约的，法律上以履约保证金来制约。

过程。这一基本的计算过程如图 5-1 所示。

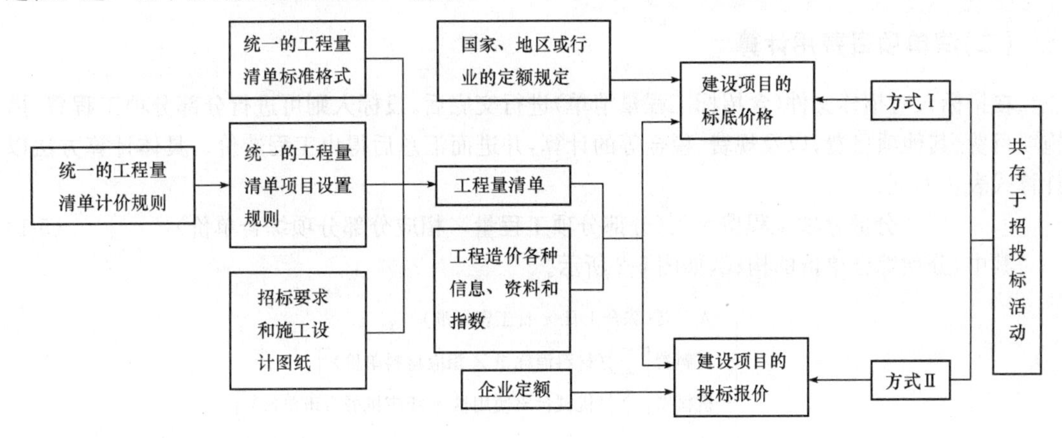

图 5-1　工程量清单计价原理框图

从工程量清单计价过程的示意图中可以看出，其编制过程可以分为两个阶段：工程量清单的编制和利用工程量清单来编制投标报价。投标报价是在业主提供的工程量计算结果的基础上，根据企业自身所掌握的各种信息、资料，结合企业定额编制出的。

五、工程量清单计价的方法

(一)计价文件组成

市政建设项目工程量清单计价文件，是指按照招标人提供的各项工程量清单文件，逐项计价的各种表格，具体内容包括：

(1)封面(表 5-17)。

(2)扉页(表 5-18)。

(3)总说明(表 5-3)。

(4)建设项目投标报价汇总表(表 5-19)。

(5)单项工程投标报价汇总表(表 5-20)。

(6)单位工程投标报价汇总表(表 5-21)。

(7)分部分项工程和单价措施项目清单与计价表(表 5-4)。

(8)综合单价分析表(表 5-22)。

(9)总价措施项目清单与计价表(表 5-5)。

(10)其他项目清单与计价汇总表(表 5-6)。

(11)暂列金额明细表(表 5-7)。

(12)材料(工程设备)暂估单价及调整表(表 5-8)。

(13)专业工程暂估价及结算价表(表 5-9)。

(14)计日工表(表 5-10)。

(15)总承包服务费计价表(表 5-11)。

(16)规费、税金项目清单与计价表(表 5-12)。

(17)发包人提供材料和工程设备一览表(表 5-13)

(18)承包人提供主要材料和工程设备一览表(适用于造价信息差额调整法)(表 5-14)或承包

人提供主要材料和工程设备一览表(适用于价格指数差额调整法)(表5-15)。

(二)清单项目费用计算

在招标人对招标文件(含招标工程量清单)进行交底后,投标人则可进行分部分项工程费、措施项目费、其他项目费,以及规费、税金等的计算,并进而汇总后得出工程造价。具体计算方法以计算式表达如下:

$$\text{分部分项工程费}=\sum(\text{分部分项工程量}\times\text{相应分部分项综合单价}) \quad (5\text{-}1)$$

其中,分项综合单价的构成,如图5-2所示。

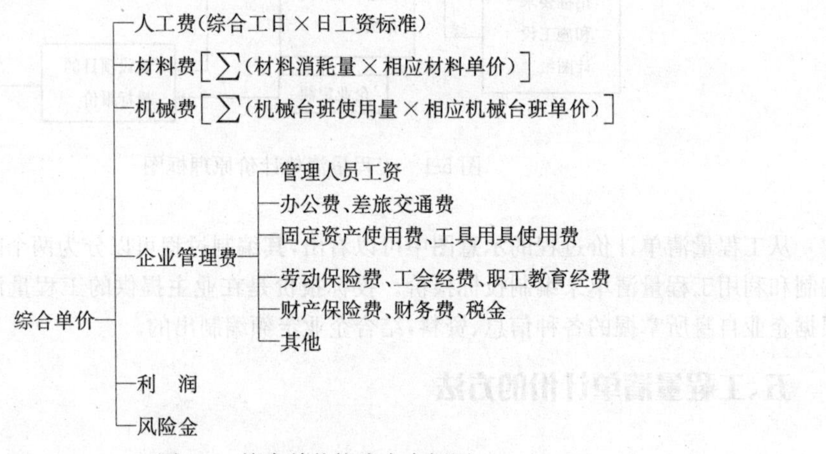

图5-2　综合单价构成内容框图

$$\text{措施项目费}=[\sum(\text{措施项目工程量(费)}\times\text{相应措施项目综合单价})] \quad (5\text{-}2)$$

$$\text{或措施项目费}=[\sum(\text{某种措施项目费计算基础}\times\text{相应措施费费率})] \quad (5\text{-}3)$$

【例5-1】 某市小寨东路改造分部分项工程费为508万元,其中人工费与机械费合计为153万元。试计算临时设施费、夜间施工增加费、二次倒运费。

【解】 经查工程所在地费率定额得知,临时设施费费率为7.21%,夜间施工增加费费率为3.82%,二次倒运费费率为2.68%,计算基础为"人工费+机械费"。

临时设施费=153×7.21%=11.03(万元)

夜间施工增加费=153×3.82%=5.84(万元)

二次倒运费=153×2.68%=4.10(万元)

合　计　　11.03+5.84+4.10=20.97(万元)

由于上述费用计算基础相同,所以可按综合比率一次性计算如下:

措施项目费=153×(7.21%+3.82%+2.68%)

=153×13.71%=20.98(万元)

上述两种计算结果相差0.01万元,这是分项计算四舍五入的结果。

$$\text{单位工程造价}=A+B+C+D+E \quad (5\text{-}4)$$

式中　A——分部分项工程费;

B——措施项目费;

C——其他项目费;

D——规费;

E——税金。

或　　　　　　　　$$单位工程造价=[\sum(Q\times P+B+C+D)\times(1+i)] \tag{5-5}$$

式中　Q——分部分项工程量；

P——相应分项工程综合单价；

i——税金率(%)；

其他符号含义同前。

(三)计价表格填写方法

工程量清单计价分为招标控制价、投标报价、结算价、工程造价鉴定等计价活动，但笔者在此所说的工程量清单计价，主要是介绍"投标报价"的计价。

工程量清单计(报)价的各种表格由投标人填写，填写后的表格就称为计(报)价表。各种表格填写完毕后，将其按先后次序装订成册，这个"册"就称为计价文件或投标报价书，其各种表格的填写方法分述如下：

(1)封面。投标总价封面应填写投标工程项目的具体名称，投标人应盖单位公章。其格式见表 5-17。

(2)扉页。投标报价扉页由投标人编制投标报价时填写。扉页中"投标总价"值应按照《建设项目投标报价汇总表》(表 5-20)合计金额填写，并应将总金额按"小写"、"大写"填写在扉页(表 5-18)规定的位置中，且不得勾画涂改。投标人编制投标报价时，编制人员必须是在投标人单位注册的造价人员。由投标人盖单位公章，法定代表人或其授权签字或盖章；编制的造价人员(造价工程师或造价员)签字盖执业专用章，其格式见表 5-18。

表 5-17　　　　　　　　　　**投标总价封面**

<table>
<tr><td>

××市大庆路改造　工程

投　标　总　价

招　标　人：　××省路桥工程公司
(单位盖章)

××××年××月××日

</td></tr>
</table>

表5-18　　　　投标文件扉页

投　标　总　价

招　　标　　人：××市市政委员会第三工程局道路项目部

工　程　名　称：××市大庆路改造工程

投标总价(小写)：45698800.00元

(大写)：肆仟伍佰陆拾玖万捌仟捌佰元

投　标　人：××省路桥工程公司

(单位盖章)

法定代表人

或其授权人：×××

(签字或盖章)

编　制　人：×××

(造价人员签字盖专用章)

编制时间：××××年×月×日

(3)总说明。投标报价文件“总说明”主要说该工程建设项目的规模、地点、特征，投标报价的总值、价格依据，报价中已考虑与未考虑的有关问题等。总说明没有固定内容，应根据建设项目及报价工作中的实际情况编写。总说明的空白格式参见表5-3。

(4)建设项目投标报价汇总表。它是表明各个单项工程造价的一种表格，其“单项工程名称”与“金额栏”，应按照各个《单项工程投标报价汇总表》(表5-20)填写，如咸宁西路道路工程500万元，咸宁东路立交桥工程150万元等。所谓“单项工程造价”，是指由各个单位工程造价组成的造价，如咸宁西路道路造价500万元中，是分别由建筑工程造价(主要是土方工程造价)，路面工程造价、市政管网敷设造价、路灯线路及灯具安装工程造价等构成。将各个“单项工程造价”相加之和，就构成了“建设项目投标报价汇总”价。建设项目投标报价汇总表的格式见表5-19。

表5-19　建设项目投标报价汇总表

工程名称：　　　　第　页共　页

序　号	单项工程名称	金额(元)	其中：(元)		
			暂估价	安全文明施工费	规费
合　计					

注：本表适用于建设项目投标报价的汇总。

(5)单项工程投标报价汇总表。它是各个《单位工程投标报价汇总表》造价的“集合”表，表中的“单位工程名称”和“金额”，应按《单位工程投标报价汇总表》(表5-21)的工程名称和金额填写。单项工程投标报价汇总表的标准格式见表5-20。

表5-20　单项项目投标报价汇总表

工程名称：　　　　第　页共　页

序　号	单项工程名称	金额(元)	其中：(元)		
			暂估价	安全文明施工费	规费
1	建筑工程	1000000.00	500000.00	300000.00	100000.00
1.1	其中：路床土方工程	90000.00			
1.2	管道沟土方工程	70000.00			
2	给排水管道敷设工程	900000.00			
3	路灯线路架设工程	200000.00			
	⋮	⋮	⋮	⋮	⋮
合　计		5000000.00	800000.00	500000.00	400000.00

注：本表适用于单项工程投标报价的汇总，暂估价包括分部分项工程中的暂估价和专业工程暂估价。

(6)单位工程投标报价汇总表。此表是一个单位工程费用的"集合"表,内容应包括该单位工程的"分部分项工程费"、"措施项目费"、"其他项目费"、"规费"、"税金"等。表中上述各项"数值"应分别按表5-4、表5-5、表5-6、表5-12的合计金额填写。其表式见表5-21。

表5-21　　　　单位工程投标报价汇总表

工程名称:××市大庆路改造工程　　　　标段:C－Ⅱ段　　　　第1页 共1页

序号	汇 总 内 容	金　额(元)	其中:暂估价(元)
1	分部分项工程		
1.1	土石方工程		
1.2	道路工程		
1.3	桥涵工程		
1.4	隧道工程		
1.5	管网工程		
1.6	水处理工程		
1.7	生活垃圾处理工程		
1.8	路灯工程		
1.9	钢筋工程		
1.10	拆除工程		
2	措施项目		—
2.1	其中:安全文明施工费		—
3	其他项目		—
3.1	其中:暂列金额		—
3.2	其中:专业工程暂估价		—
3.3	其中:计日工		—
3.4	其中:总承包服务费		—
4	规费		—
5	税金		—
招标控制价合计=1+2+3+4+5			

(7)分部分项工程和单价措施项目清单与计价表。此表是建设工程工程量清单计(报)价文件组成中最基本的计价表格之一,投标人按综合单价计价,并将各相应分项或子项工程的合价(工程量×综合单价)填入合价栏内。《分部分项工程和单价措施项目清单与计价表》中的序号、项目编码、项目名称、项目特征描述、计量单位、工程量等内容均不变,投标人仅填上"综合单价"和"合价"后则可。合价的计算方法可用计算式表达为合价=分项工程量×综合单价。分部分项工程和单价措施项目清单与计价表的表式见表5-4。

【例5-2】 某市高新三路路床碾压检验2000m^2,其综合单价为95.89元/100m^2,试计算其合价。

【解】 第一步统一计量单位,2000m^2=20.00×100m^2,第二步计算合价,

$$20.00\times95.89=1917.80(元)$$

(8)综合单价分析表。综合单价分析表是评标委员会评审和判别综合单价组成和价格完整

性、合理性的主要基础，对因工程变更调整综合单价也是必不可少的基础价格数据来源。采用经评审的最低投标价法评标时，该分析表的重要性更加突出。

该分析表集中反映了构成每一个清单项目综合单价的各个价格要素的价格及主要的“工、料、机”消耗量。投标人在投标报价时，需要对每一个清单项目进行组价，为了使组价工作具有可追溯性（回复评标质疑时尤其需要），需要表明每一个数据的来源。该分析表实际上是投标人投标组价工作的一个阶段性成果文件，借助计算机辅助报价系统，可以由电脑自动生成，并不需要投标人付出太多额外劳动。

该分析表一般随投标文件一同提交，作为竞标价的工程量清单的组成部分。综合单价分析表的表式见表5-22。

表5-22　　综合单价分析表

工程名称：　　　　标段：　　　　第　页共　页

<table>
<tr><td colspan="2">项目编码</td><td colspan="2"></td><td colspan="2">项目名称</td><td colspan="2"></td><td colspan="2">计量单位</td><td colspan="2"></td></tr>
<tr><td colspan="12">清单综合单价组成明细</td></tr>
<tr><td rowspan="2">定额编号</td><td rowspan="2">定额名称</td><td rowspan="2">定额单位</td><td rowspan="2">数量</td><td colspan="4">单价</td><td colspan="4">合价</td></tr>
<tr><td>人工费</td><td>材料费</td><td>机械费</td><td>管理费和利润</td><td>人工费</td><td>材料费</td><td>机械费</td><td>管理费和利润</td></tr>
<tr><td></td><td></td><td></td><td></td><td></td><td></td><td></td><td></td><td></td><td></td><td></td><td></td></tr>
<tr><td></td><td></td><td></td><td></td><td></td><td></td><td></td><td></td><td></td><td></td><td></td><td></td></tr>
<tr><td></td><td></td><td></td><td></td><td></td><td></td><td></td><td></td><td></td><td></td><td></td><td></td></tr>
<tr><td></td><td></td><td></td><td></td><td></td><td></td><td></td><td></td><td></td><td></td><td></td><td></td></tr>
<tr><td></td><td></td><td></td><td></td><td></td><td></td><td></td><td></td><td></td><td></td><td></td><td></td></tr>
<tr><td colspan="2">人工单价</td><td colspan="6">小计</td><td></td><td></td><td></td><td></td></tr>
<tr><td colspan="2">元/工日</td><td colspan="6">未计价材料费</td><td colspan="4"></td></tr>
<tr><td colspan="8">清单项目综合单价</td><td colspan="4"></td></tr>
<tr><td rowspan="8">材料费明细</td><td colspan="5">主要材料名称、规格、型号</td><td>单位</td><td>数量</td><td>单价（元）</td><td>合价（元）</td><td>暂估单价（元）</td><td>暂估合价（元）</td></tr>
<tr><td colspan="5"></td><td></td><td></td><td></td><td></td><td></td><td></td></tr>
<tr><td colspan="5"></td><td></td><td></td><td></td><td></td><td></td><td></td></tr>
<tr><td colspan="5"></td><td></td><td></td><td></td><td></td><td></td><td></td></tr>
<tr><td colspan="5"></td><td></td><td></td><td></td><td></td><td></td><td></td></tr>
<tr><td colspan="5"></td><td></td><td></td><td></td><td></td><td></td><td></td></tr>
<tr><td colspan="7">其他材料费</td><td>—</td><td></td><td>—</td><td></td></tr>
<tr><td colspan="7">材料费小计</td><td>—</td><td></td><td>—</td><td></td></tr>
</table>

注：1. 如不使用省级或行业建设主管部门发布的计价依据，可不填定额项目、编号等。
2. 招标文件提供了暂估单价的材料，按暂估的单价填入表内“暂估单价”栏及“暂估合价”栏。

（9）总价措施项目清单与计价表。此表是投标人根据拟建工程施工场地踏勘而掌握的第一手资料以及施工组织设计或施工方案等为依据，对拟建工程施工应采取，但不能计量的措施项目的费用计算表。投标报价时，除“安全文明施工费”必须按《13计价规范》的强制性规定，按省级、行业建设主管部门的规定计取外，其他措施项目均可根据投标施工组织设计自主报价。总价措施项目清单与计价表的表式见表5-5。

(10)其他项目清单与计价汇总表。此表是按"暂列金额明细表"(表5-8)、"材料(工程设备)暂估单价及调整表"(表5-9)、"计日工表"(表5-10)中的"合计"数汇总而成,其表式见表5-7。上编制投标报价文件时,应按招标文件工程量清单提供的"暂列金额"和"专业工程暂估价"填写金额,不得变动。"计日工"、"总承包服务费"自主确定报价。

(11)规费、税金项目清单与计价表。本表按住房和城乡建设部、财政部印发的《建筑安装工程费用项目组成》(建标[2013]44号)列举的规费项目列项,在施工实践中,有的规费项目,如工程排污费,并非每个工程所在地都要征收,实践中可作为按实计算的费用处理。规费、税金项目清单与计价表的格式见表5-12。

1. 工程量清单及其计价须知有哪几点?

2. 工程量清单编制"总说明"一般来说应包括哪几方面的主要内容?

3. 分部分项工程项目"项目编码"由几位阿拉伯数字组成?这些数字可以划分为哪几级?

4. 工程量清单计价模式的特点是什么?

5. 清单项目计价的"综合单价"的含义是什么?

6. 单位工程工程量清单造价怎样计算(列出计算式即可)?

第六章　市政工程定额及定额计价*

《13计价规范》强制性条文3.1.1条指出："使用国有资金投资的建设工程发承包，必须采用工程量清单计价"。非强制性条文第3.1.2条又指出："非国有资金投资的建设项目，宜采用工程量清单计价"。言下之意是若业主不采用工程量清单计价也可以，国家不作强制规定。同时，中华人民共和国原建设部令第107号发布的《建筑工程施工发包与承包计价管理办法》第11条指出："不实行招标投标的工程，在承包方编制的施工图预算的基础上，由发承包双方协商订立合同"。由此可见，工程量清单计价是与现行定额计价方式共存于招标投标计价活动中的另一种计价方式。目前，在大力推行工程量清单计价方式的情况下，由于我国地域辽阔、幅员广大，各地经济文化差异明显，所以，工程造价计价方式不可避免地存在着双轨并行的局面——在大力推行工程量清单计价方式的同时，保留着传统定额计价的方式。而且工程定额在当前还是工程造价管理工作的重要手段，因此，在学习市政工程造价确定方法时，除对《13计价规范》进行深入学习外，还必须对工程定额和定额计价方法等有关知识有所掌握。

第一节　市政建设工程定额概述

一、工程定额的概念

工程定额是工程建设定额的简称。工程建设定额是指在建筑安装单位合格产品上人工、材料、机械、资金耗费的额度规定，这种规定额度反映的是在一定的社会生产力发展水平的条件下，完成建筑安装工程中的某项产品与各种生产耗费之间的特定的数量关系，体现在正常施工条件下人工、材料、机械等消耗的社会平均合理水平。例如，人工摊铺$100m^2$，4cm厚粗粒式沥青混凝土路面，需要人工工日3.65个、粗粒式沥青混凝土$4.04m^3$、光轮压路机(8t、15t)各0.144台班等。在这里，产品(粗粒式沥青混凝土路面)和材料(粗粒式沥青混凝土)、机械(8t、15t光轮压路机)、人工工日之间的关系是客观的，也是特定的。定额中关于生产$100m^2$粗粒式沥青混凝土路面，消耗人工工日3.65个，消耗沥青混凝土$4.04m^3$，消耗8t、15t光轮压路机各0.144台班等的规定，则是一种数量关系的规定。在这个特定的关系中，粗粒式沥青混凝土，8t、15t光轮压路机以及人工等都是不能代替的，而且是全社会平均合理水平。

由于工程建设产品具有构造复杂，产品规模宏大，种类繁多，生产周期长等技术经济特点，造成了工程建设产品外延的不确定性。因此，工程建设产品可以指工程建设的最终产品(如一条公路、一座桥梁、一个工厂、一所学校等)，也可以是构成工程项目的某些完整的产品(如一个工厂中的"综合办公楼"或某个生产车间等)，也可以是完整产品中的某些较大组成部分(如某个生产车间中的机械设备安装工程或电气设备安装工程等)，还可以是较大组成部分中的较小部分或更为细小的部分(如设备基础浇筑、管路敷设、动力线路敷设等)。这些特点使定额在工程建设管理中占有重要的地位，同时，也决定了工程建设定额的多种类、多层次。

---

* 本书有关定额计价内容按《建筑安装工程费用项目组成》(建标[2003]206号)编写。

二、工程定额的种类

工程定额是工程建设中各类定额的简称，它包括有许多种类定额。为了对工程建设定额能有一个全面的了解，其种类可用图6-1表示。

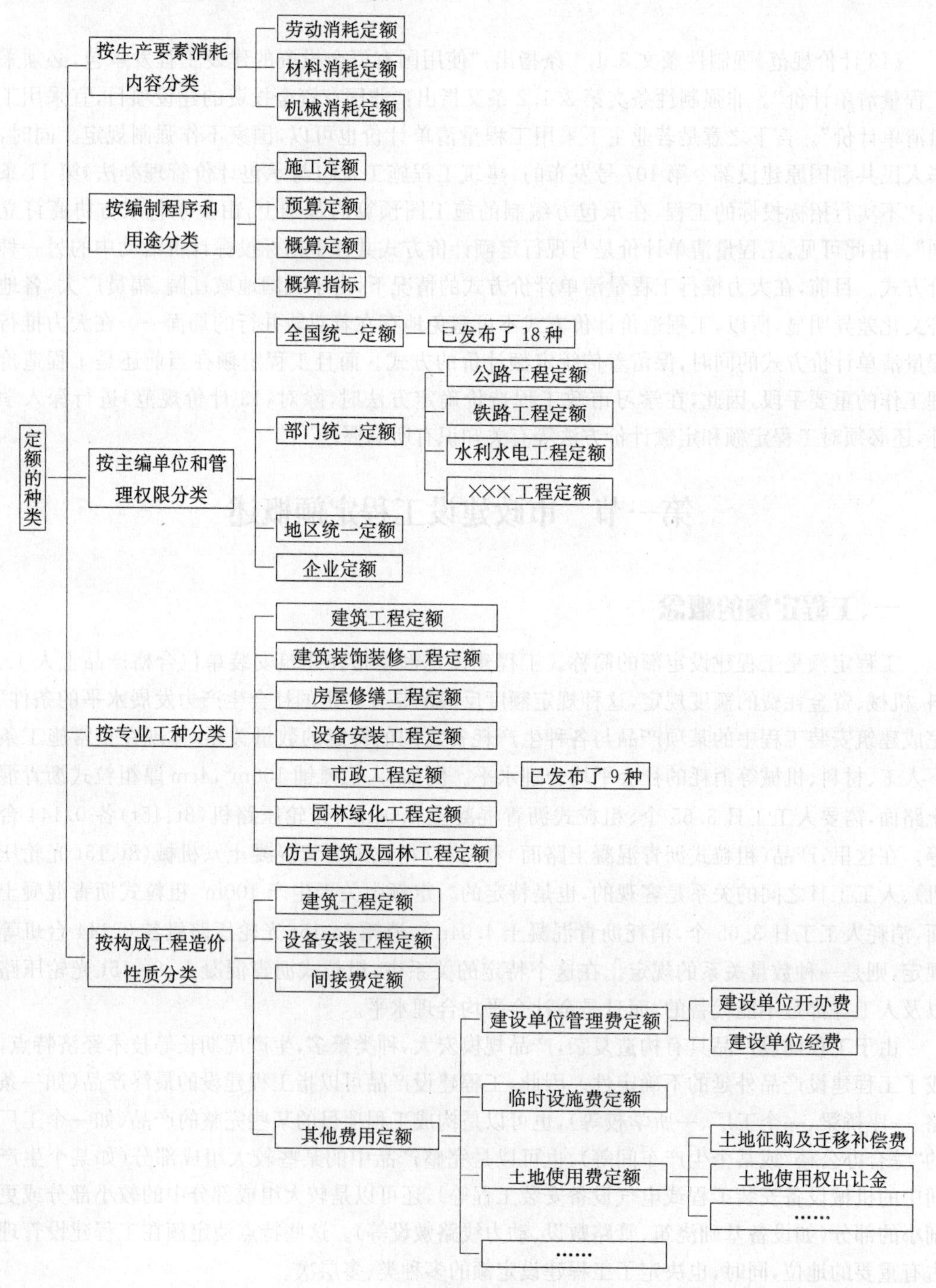

图6-1　工程建设定额分类框图

三、工程定额的作用

定额是管理科学的基础，也是现代管理科学中的重要内容和基本环节。定额的基本性质是一种规定的额度，是一种对事、对物、对资金、对时间、对空间，在质和量上的规定。我国建设工程定额，从无到有，从不完善到基本完善，经历了一个由分散到集中，集中到分散，再由分散到集中统一领导与分级管理相结合的发展过程。在社会主义市场经济条件下，随着工程量清单计价方式的推行，工程定额的指令性降低、指导性增加。但在社会主义市场经济条件下，人们仍然需要利用它对社会经济生活中复杂多样的事物进行计划、调节、预测、控制等一系列管理活动。所以，定额依然是一切企业实行科学管理的重要工具，没有定额就没有企业的科学管理。在社会主义市场经济条件下，建设工程定额的作用主要有以下几点：

(一)定额有利于节约社会劳动和提高生产效率

第一，企业以定额作为促使工人节约社会劳动(工作时间、原材料等)、提高劳动效率和加快工作进度的手段，以增强市场竞争能力，获取更多的利润；第二，作为工程造价计价依据的各类定额，又促使企业加强管理，把社会劳动的消耗控制在合理的限度内；第三，作为项目决策依据的定额指标，又在更高的层次上促使项目投资者合理而有效地利用和分配社会劳动，这都证明了定额在工程建设中节约社会劳动和优化资源配置的作用。

(二)定额有利于建筑市场公平竞争

定额所提供的准确信息为市场需求主体和供给主体之间的竞争，以及供给主体和供给主体之间的公平竞争，并提供了有利条件。

(三)定额有利于市场行为的规范

定额既是投资决策的依据，又是价格决策的依据。对于投资者来说，可以利用定额权衡自己的财务状况、支付能力、预测资金投入和预期回报，还可以充分利用有关定额的大量信息，有效地提高其项目决策的科学性，优化其投资行为。对于建筑企业来说，在投标报价时，只有充分考虑定额的要求，做出正确的价格政策，才能占有市场竞争的优势，获得更多的工程合同，可见定额在上述两个方面规范了市场主体的经济行为。因而，对完善我国固定资产投资市场和建筑市场，都能起到重要作用。

(四)定额有利于完善市场的信息系统

定额管理是对大量市场信息的加工，也是对大量信息进行市场传递，同时，也是市场信息的反馈。在我国，以定额形式建立和完善市场信息系统，也是社会主义市场经济的一大特色。

第二节　市政工程预算定额

一、概述

(一)预算定额的概念

预算定额，是指在合理的施工组织设计、正常施工条件下，生产一个规定计量单位合格产品所需的人工、材料和机械台班的社会平均消耗量标准,是计算建筑安装产品价格的基础。

预算定额是工程建设中的一项重要技术经济规范,它的各项指标,反映了在完成规定计量单位符合设计标准和施工及验收规范要求的分项工程消耗的活化劳动和物化劳动的数量限度,这种限度决定着最终单项工程和单位工程的成本和造价。

(二)预算定额的用途和作用

(1)预算定额是确定建筑安装工程造价的基础。施工图设计一经确定,工程预算就取决于预算定额水平,人工、材料及机械台班的价格。预算定额起着控制劳动消耗、材料消耗和机械台班使用的作用,进而起着控制建筑产品价格的作用。

(2)预算定额是编制施工组织设计的依据。施工组织设计的重要任务之一,是确定施工中所需人力、物力的供求量,并做出最佳安排。施工单位在缺乏本企业的施工定额情况下,根据预算定额,亦能比较精确地计算出施工中各项资源的需求量,为有计划地组织材料采购和预制件加工、劳动力和施工机械的调配,提供了可靠的计算依据。

(3)预算定额是工程结算的依据。工程结算是建设单位和施工单位按照工程进度对已完成的分部分项工程实现货币支付的行为。按进度支付工程款,需要根据预算定额将已完分项工程的相应费用算出来。单位工程验收后,再按竣工工程量和预算定额计算出完整的工程造价,并结合施工合同规定进行结算,以保证建设单位建设资金的合理使用和施工单位的经济收入。

(4)预算定额是施工单位进行经济活动分析的依据。预算定额规定的物化劳动和劳动消耗指标,是施工单位在生产经营中允许消耗的最高标准。施工单位必须以预算定额作为评价企业工作的重要标准,努力实现的目标。施工单位应根据预算定额对施工中的劳动、材料、机械消耗情况进行具体的分析,以便找出并克服低功效、高消耗的薄弱环节,提高竞争能力。只有在施工中尽量降低劳动消耗,采用新技术,提高劳动者素质,提高劳动生产率,才能取得较好的经济效果。

(5)预算定额是编制概算定额的基础。概算定额是在预算定额的基础上综合扩大编制的。利用预算定额作为编制依据,不但可以节省编制工作的大量人力、物力和时间,收到事半功倍的效果,还可以使概算定额在水平上与预算定额保持一致,以免造成执行中的不一致。

(6)预算定额是合理编制招标标底、投标报价的基础。在深化改革中,预算定额的指令性作用将日益削弱,而施工单位按照工程个别成本报价的指导性作用仍然存在,因此,预算定额作为编制标底的依据和施工企业报价的基础性作用仍将存在,这也是由于预算定额本身的科学性和权威性决定的。

(三)预算定额的种类

(1)按专业性质分,预算定额可以分为建筑工程定额和安装工程定额两大类。

建筑工程定额按专业对象分为建筑工程预算定额、市政工程预算定额、铁路工程预算定额、公路工程预算定额、房屋修缮工程预算定额、矿山井巷工程预算定额等。就市政工程预算定额来说,按照工种的不同,又分为通用项目、道路工程、桥涵工程、隧道工程、给水工程、排水工程、燃气与集中供热工程、路灯工程、地铁工程九种定额。

安装工程预算定额按专业对象分为电气设备安装工程预算定额、机械设备安装工程预算定额、热力设备安装工程定额、消防及安全防范设备安装工程预算定额、工业管道安装工程预算定额、静置设备与工艺金属结构制作安装工程预算定额、自动化控制仪表安装工程预算定额等。

(2)管理权限和执行范围分,预算定额可以分为全国统一定额、行业统一定额和地区统一定额等。

(3)按物资要素分,预算定额可以分为劳动定额、机械定额和材料消耗定额,但是它们相互依存并形成一个整体,作为编制预算定额的依据,各自不具有独立性。

二、市政工程预算定额编制的原则

为保证预算定额的编制质量,充分发挥预算定额的作用和实用性及简便性,在编制工作中应遵循以下原则:

(一)按社会平均水平确定预算定额的原则

预算定额是确定和控制建筑安装工程造价的主要依据。因此,预算定额必须遵照价值规律的客观要求,按生产过程中所消耗的社会必要劳动时间确定定额水平,即按照"在现有的社会正常生产条件,在社会平均的劳动熟练程度和劳动强度下制造某种使用价值所需要的劳动时间"来确定定额水平。所以预算定额的平均水平,是在正常的施工条件下,合理的施工组织和工艺条件、平均劳动熟练程度和劳动强度下,完成单位分项工程基本构造要素所需要的劳动时间。

预算定额的水平是以大多数施工单位的施工定额水平为基础。但是,预算定额绝不是简单地套用施工定额的水平。首先,在比施工定额的工作内容综合扩大的预算定额中,也包含了更多的可变因素,需要保留合理的幅度差;其次,预算定额应当是平均水平,而施工定额是平均先进水平,两者相比,预算定额水平相对要低一些,但是应限制在一定范围之内。关于定额水平高低这一含义,笔者曾遇到过不少造价员的误解。所谓"预算定额水平低"就是指它物化劳动消耗量多;反之,则为定额水平高。定额水平的高低,与日常生活中物价水平的高低是相反含义。

(二)简明适用的原则

预算定额项目是在施工定额的基础上进一步综合扩大,通常将建筑物分解为分部、分项工程。简明适用是指在编制预算定额时,对于那些主要的、常用的、价值量大的项目,分项工程划分宜细;次要的、不常用的、价值量相对较小的项目,则可以粗一些,以达到项目少、内容全、简明扼要的目的。

定额项目的多少,与定额的步距有关。步距大,定额的子目会减少,精确度就会降低;步距小,定额子目则会增加,精确度也会提高。所以,确定步距时,对于主要工种、主要项目、常用项目,定额步距要小一些;对于次要工种、次要项目、不常用项目,定额步距可以适当大一些。

预算定额要项目齐全。要注意补充那些因采用新技术、新结构、新材料而出现的新的定额项目。如果项目不全、缺项多,就会使计价工作缺少充足的、可靠的依据。

对定额的活口也要设置适当。所谓"活口",即在定额中规定当符合一定条件时,允许该定额另行调整。在编制中要尽量不留活口,对实际情况变化较大,影响定额水平幅度大的项目,若需要留,也应该从实际出发尽量少留,并也要注意尽量规定换算方法,避免采取按实计算。

简明适用还要求合理确定预算定额的计算单位,简化工程量的计算,尽可能地避免同一种材料用不同的计量单位和一量多用。尽量减少定额附注和换算系数。

(三)坚持统一性和差别性相结合原则

所谓统一性,就是从培育全国统一市场规范计价行为出发,计价定额的制定规划和组织实施由国务院建设行政主管部门归口,并负责全国统一定额的制定或修订,颁发有关工程造价管理的规章、制度、办法等。这样,通过定额和工程造价的管理有利于实现建筑安装工程价格的宏观调控。通过编制全国统一定额,使建筑安装工程具有一个统一的计价依据,也使考核设计和施工的经济效果具有一个统一尺度。

所谓差别性,就是在统一性的基础上,各部门、省、自治区、直辖市主管部门可以在自己的管辖范围内,根据本部门和地区的具体情况,制定部门和地区性定额、补充性制度和管理办法,以适应我国幅员辽阔、地区间发展不平衡和差异大的实际情况。

三、市政工程预算定额编制的依据

(1)现行劳动定额和施工定额。预算定额是在现行劳动定额和施工定额的基础上编制的。预算定额中人工、材料、机械台班消耗水平,需要根据劳动定额或施工定额取定;预算定额的计量单位的选择,也要以施工定额为参考,从而保证两者的协调和可比性,减轻预算定额的编制工作量,缩短编制时间。

(2)现行设计规范、施工及验收规范,质量评定标准和安全操作规程。

(3)具有代表性的典型工程施工图及有关标准图册。

(4)推广的新技术、新结构、新材料和先进的施工方法等。

(5)有关科学实验、技术测定和统计、经验资料。

(6)现行的预算定额、材料预算价格、人工工资标准、机械台班单价及有关文件规定等。

四、市政工程预算定额编制的步骤

市政工程预算定额的编制,大致可以分为准备工作、编制初稿和修改定稿三个阶段。各阶段工作相互交叉,有些工作还需多次反复。

(一)准备工作阶段

(1)由工程建设定额管理部门主持、组织编制定额的领导机构和专业小组。

(2)拟定编制定额的工作方案,提出编制定额的基本要求,确定编制原则、适用范围、定额项目划分、工作内容、计量单位、定额表的形式以及工作进度安排等。

(3)分头调查研究、收集各种编制依据和资料等。

(二)编制初稿阶段

(1)深入细致地分析研究已收集到的各种资料,确定取舍内容。

(2)按编制方案中项目划分的规定和所选定的典型施工图纸计算分项工程工程量,并根据编制方案中确定的有关依据,计算各个分项工程项目中的人工、材料、机械台班消耗量指标,编制出定额项目表。

(3)测算定额水平。征求意见稿编出后,应进行新旧定额水平测算,测算新编定额水平是提高还是降低,并分析定额水平高低的主要原因。

(三)修改定稿阶段

(1)定额编制初稿完成后,需要征求各有关方面意见和组织讨论,反馈意见。在统一意见的基础上整理分类,制定修改方案。

(2)按修改方案的决定,将初稿按照定额的顺序进行修改,并经审核无误后形成报批稿,经批准后交付印刷。

(3)为顺利地贯彻执行定额,需要撰写新定额编制说明。其内容包括人工、材料、机械的内容范围;资料的依据和综合取定情况;定额中允许换算和不允许换算规定的计算资料;人工、材料、机械单价的计算和资料;施工方法、工艺的选择及材料运距的考虑;各种材料损耗率的取定资料;调整系数的使用;其他应该说明的事项与计算数据、资料。

(4)定额编制资料是贯彻执行定额中需查对资料的唯一依据,也为修编定额提供历史资料数据,应作为技术档案永久保存。

五、市政工程预算定额编制的方法

市政工程预算定额编制的方法主要有,①调查研究法;②统计分析法;③技术测定法;④计算分析法。下面主要介绍计算分析法。

(一)主要工作内容

采用计算分析法编制定额的主要工作包括下述内容:

(1)确定工程名称、工程内容及施工方法。编制市政工程预算定额时,应根据规定的编制依据,参照施工定额分项项目,进一步综合、扩大,确定预算定额各分部分项工程名称、工程内容及施工方法,使编制的市政工程预算定额的项目简明适用。同时,还必须保证预算定额与施工定额两者之间协调一致并进行比较,以减轻预算定额的编制工作。

(2)确定计量单位。计量单位的确定(包括定额计量单位和工料计量单位)与定额的准确性以及预算编制工作的繁简等,都有密切的关系。因此,编制市政工程预算定额时,应根据施工定额的分项工程计量单位来考虑预算定额的分项计量单位,以确切地反映单位产品的工料消耗量,保证定额的准确性为目的。计量单位一般应根据安装件、支承件及结构件或分项工程的特征及变化规律来确定。

市政工程预算定额的计量单位一般是按物理计量单位和自然计量单位来表示。物理计量单位,按法定计量单位执行;自然计量单位,按"台"、"套"、"组"、"个"等度量。

长度的单位:"mm"、"cm"、"m"、"km"。

面积的单位:"mm^2"、"cm^2"、"m^2"。

体积或容积的单位:"m^3"、"L"。

质量的单位:"kg"、"t"。

定额计量单位的确定,应以有利于减少定额项目,简化工程量计算,使用方便为原则。

(3)确定工、料、机消耗量。为了确定各分项或子项工程"工、料、机"消耗量,首先应根据定额编制组选定的典型设计图纸和资料计算出相应分项或子项工程的数量,并在此基础上确定出各分项或子项工程所包括的工作内容、工程内容和工程量的比重,然后根据施工定额分别确定出人工、材料和施工机械台班消耗定额指标。

人工、材料和机械台班消耗量指标,应根据定额编制原则和要求,采用理论与实际相结合、图纸计算与施工现场测算相结合、编制人员与现场工作人员相结合等方法进行计算和确定,使定额既符合政策要求,又与客观情况一致,便于贯彻执行。

(二)定额"三项"消耗量指标的确定

"三项"消耗量指标是指人工、材料和机械台班消耗量指标,它们是计算和确定工程基本构造要素的人工费、材料费、施工机械使用费和定额单价(基价)的基本依据。定额"三项"(工、料、机)消耗指标的确定方法如下:

1. 人工工日消耗指标的确定方法

市政工程预算定额中人工消耗指标，应包括为完成该分项工程定额单位所必需的各种用工数量，即应包括基本用工和其他用工两部分。人工消耗指标的计算可以有两种方法选择，一种是以现行的《建筑安装工程统一劳动定额》或《市政工程劳动定额》(1997年版)为基础确定；另一种是采用计时观察法测定。在此介绍的是以劳动定额为基础计算人工消耗指标的方法。

(1)基本用工。基本用工是指完成某一合格分项工程所必需消耗的技术工种用工。基本用工，按技术工种相应劳动定额工时定额计算，以不同工种列出定额工日，其计算方法可用计算公式表示为：

相应工序基本用工数量＝∑(某工序工程量×相应工序的时间定额)　(6-1)

式中　某工序工程量——按所选定的典型设计图纸和资料计算取定的工程量；

相应工序的时间定额——劳动定额中规定完成某一分项工程单位工序工程量所需要工日数(工日/单位工程量)。

(2)其他用工。其他用工是辅助基本用工完成生产任务而耗用的人工。按其工作内容的不同，可分为下述三类：

1)辅助用工。指技术工种劳动定额内不包括而在预算定额内又必须考虑的工时，如机械土方配合用工，材料加工(筛砂、淋灰用工)及电焊点火用工等，都属于辅助用工，其计算方法如下：

辅助用工＝∑(某工序工程量×相应时间定额)

2)超运距用工。指预算定额中规定的材料、半成品的平均水平运距超过劳动定额规定运输距离的用工，其计算方法如下：

超运距工＝∑(超运距运输材料数量×相应超运距的时间定额)　(6-2)

超运距＝预算定额取定运距－劳动定额已包括的运距　(6-3)

3)人工幅度差。指劳动定额中未包括，但在一般施工作业中又不可避免的、无法计量的用工，其一般包括有以下几项主要内容：

①各工种间的工序搭接及交叉作业所需停歇的时间。

②施工机械在单位工程之间转移及临时水电线路在作业过程中移动所造成的停歇用工。

③工程质量检查和隐蔽工程验收工作影响作业的时间。

④场内单位工程之间操作地点转移而造成的作业停歇时间。

⑤工序交接时对前一工序不可避免的检查、修复用工。

⑥施工作业中不可避免的其他零星用工等。

人工幅度差用工＝(基本用工＋超运距用工＋辅助用工)×人工幅度差系数　(6-4)

式中，人工幅度差系数，一般土建工程为10%，安装工程为12%。

由上述得知，市政工程预算定额各分项工程的人工消耗指标就等于该分项工程的基本用工数量与其他用工数量之和，即：

某分项工程的人工消耗指标＝相应分项工程基本用工数量＋相应分项工程其他用工数量　(6-5)

其中　其他用工数量＝辅助用工数量＋超运距用工数量＋人工幅度差用工数量

《全国统一市政工程预算定额》(GYD—301～309)各册中的人工消耗量指标就是按照上述方法计算的。例如，定额总说明第六条关于“人工工日消耗量”的确定中称，“本定额人工工日不分工种、技术等级，一律以综合工日表示，其内容包括基本用工、超运距用工、人工幅度差、辅助用工。”

2. 材料消耗指标的确定方法

市政工程预算定额中的材料消耗指标是指在正常施工条件下，完成单位合格产品所必需耗用合格材料的数量。定额中的材料，按其构成工程实体所发挥的作用以及用量的大小不同，可划分为以下四类：

(1)主要材料——直接构成工程实体的材料，如砖、瓦、灰、砂、石、木材、钢筋、铁件等。

(2)辅助材料——直接构成工程实体，但用量较小的材料，如胶带、胶布、焊条、铅丝、麻丝、垫木、钉子等。

(3)周转材料——多次使用，但不构成工程实体的材料，故又称为工具性材料，如脚手架杆、模板等的摊销量(费)。

(4)其他材料——用量少、价值小，难以计量的零星用料，如砂纸、棉纱头、粉笔、色粉、弹线和画线或标记用油漆等。

市政工程预算定额中材料消耗指标由材料的净用量和损耗量组成，如定额说明称："本定额中的材料消耗量包括主要材料、辅助材料、零星材料等，凡能计量的材料、成品、半成品均按品种、规格逐一列出数量，并计入了相应损耗"。材料消耗量的确定，一般采用以下三种方法：

(1)计算法。计算法又称理论计算。具备以下条件之一者均可采用计算法，求得定额材料净用量或材料损耗量：

1)凡有标准规格的材料，按规范要求计算定额计量单位耗用量，如机砖、镶贴块材、防水卷材、玻璃、防腐保温材料及钢铁等。

2)凡设计图纸标注尺寸及下料要求的按设计图纸尺寸计算材料净用量，如门窗制作用料、钢(木)屋架、檩条及钢桥架(梁)制作用料，管件制作用料，管道支架制作用料，电气控制箱、盘、板、台、柜非标准设备制作用料等。

(2)换算法。换算法指各种胶结、油漆涂料等材料的配合比用料，可以根据设计要求条件换算，得出材料用量。

(3)测定法。测定法包括试验室试验法和现场观察法，如市政工程中的各种强度等级的混凝土及砌筑砂浆配合比的耗用原材料数量的计算，须按规范要求试配，经过试压合格以后，并经必要的调整后得出的水泥、砂子、石子、水的用量。对新材料、新结构又不能用其他方法计算定额耗用量时，须用现场测定方法来确定。例如，可根据不同条件采用"写实记录法"和"观察法"得出定额的消耗量。

材料损耗量，是指在正常施工条件下不可避免的材料损耗，如施工场堆放损耗、现场运输损耗、施工操作损耗等。其计算方法如下：

$$Q_x = Q_j i \tag{6-6}$$

$$i = (Q_x / Q_j)\% \tag{6-7}$$

$$材料消耗量 = 材料净用量 + 材料损耗量 = 材料净用量 \times (1 + i) \tag{6-8}$$

式中　Q_x——材料损耗量；

Q_j——材料净用量；

i——材料损耗率(%)。

3. 机械台班使用量指标的确定方法

机械台班使用量指标的确定方法可分为根据施工定额确定和以现场测定资料为基础确定。根据劳动定额确定机械台班消耗量的方法是指按劳动定额中机械台班产量加机械幅度差来计算预算定额的机械台班使用量，其计算式如下：

预算定额机械使用台班＝劳动定额机械使用台班×(1＋机械幅度差率)

或者按下列公式计算：

$$\text{预算定额机械使用台班某分项工程机械台班使用量}+\frac{\text{分项工程定额子目的计量单位}}{\text{机械台班产量}}\times(1+\text{机械幅度差})\quad(6\text{-}9)$$

注:机械幅度差,是指在劳动定额中未包括,而在合理的施工组织条件下,机械所必需的停歇时间。目前大型机械幅度差系数为:土方机械 25%,打桩机械 33%,吊装机械 30%,其他机械(如钢筋加工、木材加工、水磨石等各项专用机械)10%。砂浆、混凝土搅拌机由于按小组配用,以小组产量计算机械台班产量,不另增加机械幅度差。

(三)编制定额表和拟定有关说明

"三项"消耗量指标计算完成后,应紧接着编制定额项目表和定额编制说明。定额项目表的一般格式是横向排列为各分项工程的项目名称,竖向排列为分项工程的人工、材料和施工机械消耗量指标。有的项目表下部还有附注,以说明设计有特殊要求时怎样进行调整和换算。

表 6-1 为《全国统一市政工程预算定额》(GYD—308—1999)第八册"路灯工程"定额中"成套型广场灯架安装"项目表的一部分内容示例。

表 6-1 三、广场灯架安装

1. 成套型

工作内容:灯架检查,测试定位,配线安装,螺栓紧固,导线连接,包头,试灯。 (计量单位:套)

	定额编号			8—404	8—405	8—406	8—407	8—408	8—409
	项目			灯高 11m 以下					
				灯火数(火)					
				7	9	12	15	20	25
	基价(元)			**349.39**	**400.11**	**467.31**	**557.54**	**669.63**	**797.49**
其中	人工费(元)			151.22	188.75	236.16	271.66	339.52	424.46
	材料费(元)			56.16	69.35	89.14	108.93	143.23	176.22
	机械费(元)			142.01	142.01	142.01	176.95	186.88	196.81
	名称	单位	单价(元)	数量					
人工	综合工日	工日	22.47	6.73	8.40	10.51	12.09	15.11	18.89
材料	广场灯架	套		(1.01)	(1.01)	(1.01)	(1.01)	(1.01)	(1.01)
	精制六角带帽螺栓(M12×65)	套	1.00	8.16	8.16	8.16	8.16	8.16	8.16
	绝缘导线 BV—2.5	m	1.281	36.00	46.00	61.00	76.00	102.00	127.00
	钢丝	kg	4.853	0.05	0.05	0.05	0.05	0.05	0.05
	其他材料	%		3.00	3.00	3.00	3.00	3.00	3.00
机械	载重汽车 4t	台班	198.64	0.10	0.10	0.10	0.15	0.20	0.25
	高架车 13m	台班	100.00	0.25	0.25	0.25	0.50	0.50	0.50
	汽车式起重机 8t	台班	388.61	0.25	0.25	0.25	0.25	0.25	0.25

预算定额的说明包括定额总说明、分部工程说明及各分项工程说明。涉及各分部需说明的共性问题列入总说明，属某一分部需说明的事项列章节说明。说明要求简明扼要，但是必须分门别类注明，尤其是对特殊的变化，力求简明扼要、使用简便，不得模棱两可，避免争议。

上述各工作完成后，将“定额项目表”分门别类地按照一定顺序编制成册，再加上说明、目录、附录等，就构成了通常说的定额或定额本。

第三节　市政工程预算定额的性质和运用方法

一、市政工程预算定额的性质

前面已经说过，市政工程预算定额是规定市政建筑安装施工企业在正常施工条件和合理劳动组合条件下，完成规定计量单位合格产品所要消耗的人工、材料、机械台班数量标准。因为这个标准是按社会平均水平原则确定的，所以，称为“全国统一市政工程预算定额”（以下简称“市政工程预算定额”）。

市政工程预算定额反映社会一定时期的生产力水平和产品质量标准。为了使全国的市政建设工程有一个统一的造价核算尺度和质量标准衡量尺度，用以比较、考核各地区、各部门市政建设工程经济效果和施工管理水平，国家工程建设主管部门或其授权机关，对完成质量合格各分项工程的单位产品所消耗的人工、材料和施工机械台班，按社会平均必要耗用量的原则，确定了生产各个分项工程的人工、材料和施工机械台班消耗量的标准，用以确定人工费、材料费和施工机械台班使用费，并以法令形式颁发执行，所以市政工程预算定额具有法令性性质。

虽然随着我国建设市场的不断成熟和规范，市政工程预算定额的法令性近年来有所削弱，但不可没有，如若不然，我国工程建设领域将会产生不可设想的后果——房屋坍塌、桥梁坍塌、脚手架倒塌以及倒在“路”上的高官案件将会不断出现，等等。

二、市政工程预算定额的内容

1999 年 8 月 25 日“建标〔1999〕221 号”通知及 2001 年 12 月 5 日“建标〔2001〕249 号”通知发布的《全国统一市政工程预算定额》（GYD—301～308—1999）、（GYD—309—2001）由图 6-2 所示内容。

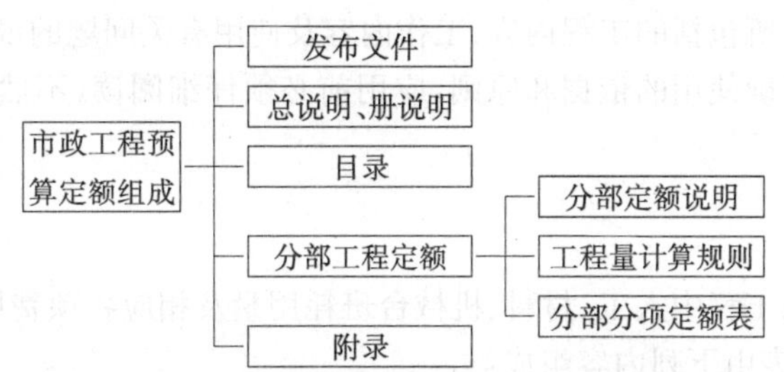

图 6-2　全国统一市政工程预算定额组成框图

由图 6-2 所示内容可以看出，市政工程预算定额组成，可以划分为发布文件、文字说明、定额项目表和附录四方面内容。

（一）发布文件

主要说明以下问题，(1)定额制定的目的；(2)定额的实施时间；(3)原有定额的废止时间；(4)

定额解释权的负责单位。

(二)文字说明

1. 总说明

主要说明内容如下:

(1)定额的编制原则及依据。

(2)定额的适用范围及作用。

(3)定额中的“三项指标”(人工、材料、机械)的确定方法。

(4)定额运用必须遵守的原则及适用范围。

(5)定额中所采用的人工工资等级;材料规格、材质标准,允许换算的原则;机械类型、容量或性能等。

(6)定额中已考虑或未考虑的因素及处理方法。

(7)各分部工程定额的共性问题的有关统一规定及使用方法等。

2. 册说明

主要说明的内容如下:

(1)本册定额包括的分部(章)工程内容。

(2)本册定额适用与不适用范围。

(3)本册定额编制的依据。

(4)本册定额与《全国统一安装工程预算定额》相关项目的界线划分。

(5)其他相关问题说明。

3. 分部工程说明

主要说明的内容如下:

(1)该分部工程所包含的定额项目内容。

(2)该分部工程定额项目包括与未包括的内容。

(3)该分部工程定额允许增减系数范围的界定。

(4)该分部工程应说明的其他有关问题等。

4. 分节说明

分节说明是对该节所包括的工程内容、工作内容及使用有关问题的说明。

文字说明是定额正确使用的依据和原则,应用前必须仔细阅读,不然就会造成错套、漏套及重套定额。

(三)定额项目表

表明各分项或子项工程中人工、材料、机械台班耗用量及相应各项费用的表格称为定额项目表(表6-1)。定额项目表由下列内容组成:

(1)定额“节”名称及定额项目名称。

(2)定额项目的工作内容,即“分节说明”。

(3)定额项目的计量单位等。

(四)附录

为编制地区单位估价表或定额“基价”换算的方便,预算定额后边一般都编列有附录。附录的内容通常包括有常用施工机械台班预算价格、常用材料预算价格、混凝土及砂浆配合比表等。

三、市政工程预算定额的运用方法

(一)概述

市政工程定额计价，一般都是采用工程所在地的《全国统一市政工程预算定额××省单位估价表》进行计价。

为了熟练而准确地运用预算定额或地区估价表编制工程预算，办理竣工决算，拨付工程价款，尽可能地避免错用、错套定额现象的发生，各级工程造价管理人员，在运用《全国统一市政工程预算定额》或地区单位估价表时，都必须对定额或地区估价表进行认真学习，学习内容包括以下几个方面：

(1)必须认真地学习定额说明(包括总说明和分部分项说明)，全面地理解和熟悉定额的内容。对定额的适用范围，定额中已经考虑或者没有考虑的因素，有关问题的说明、定额术语、一些费用的计算规定等，都要熟悉和掌握。如定额说明中凡注有“×××以内”和“×××以下”者，均包括其本身在内；而“×××以外”和“×××以上”者，则不包括本身在内等等一类问题。

(2)要准确地理解和熟记建筑面积和各分部分项工程量计算规则，这是正确计算建筑面积和工程量的先决条件。

(3)要注意分项工程量计量单位必须和定额一致，做到准确地套用定额单价，同时，运用定额时还要注意定额表下方的附注。

(4)要学会运用定额的各种砂浆、混凝土配合比表等附录资料和定额换算。

(5)要遵守定额使用规则，规定不允许换算的项目绝对不得任意换算，以维护定额的严肃性。

(6)掌握定额编号的含义。定额项目编号有“三符号编号”和“两符号编号”，三符号编号都为一些地区或部门管理的定额，例如，某省 2001 年颁发的建筑工程预算定额就是采用三符号编号，其含义用程序式表示如下：

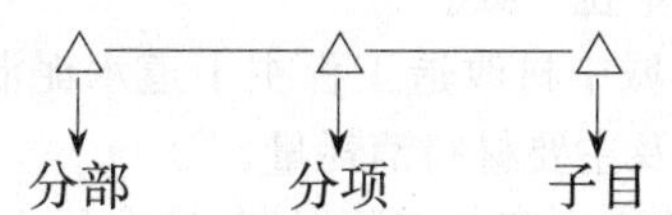

两符号编号法，就是采用分部(或工种)工程和子目工程两个符号来表示各个子目的定额编号。《全国统一市政工程预算定额》等全国性定额都是采用两符号编号法来表示各子目工程的定额编号，其含义是：

△——△

分部(或工种)　子目

例如《全国统一市政工程预算定额》第八册“路灯工程”中的“8—1”，其含义是第八册“路灯工程”的第一个子目，即变压器杆上安装，容量为 50kV·A 以下子目，又如《全国统一安装工程预算定额》第二版第二册“电气设备安装工程”中的“2—1”，表示第二册“电气设备安装工程”的第一个子目，即油浸电力变压器安装分项工程电压 10kV 容量 250kV·A 以下子目。

(二)查找定额项目的方法

在编制施工图预算或对设计方案进行经济比较查找定额项目时，应首先查阅定额目录，找出所需的分部工程(用汉字一、二、三……或用阿拉伯数字 1、2、3……表示),再在该分部工程中找出需查阅的分项工程[用阿拉伯数字 1、2、3……或(1)、(2)、(3)……表示]和所在页数,然后直接翻查到定额册(本)所印的页码处,即可找到所需要的分项工程。

在查阅定额目录时,首先要确定欲查阅的分项工程属于哪个分部工程,从而可迅速地从目录上找到欲查阅的分项工程名称,否则,是欲速而不达的。现以《河南省市政工程单位综合基价》定额为例,举例说明查找定额项目的方法。

设该省某市中原路改造工程图示道路面层构造为中粒式沥青混凝土路面,设计厚度为 4cm,在编制预算选套单价时,如何找查这个定额项目？该省“市政工程单位综合基价”定额共分上、中、下三册,上册中包括市政工程预算定额的第一至第三分册内容(通用项目、道路工程、桥涵工程)。据此,首先明确中粒式沥青混凝土路面,属于市政工程定额中道路工程,在该省“市政工程单位综合基价”定额的上册中;其次,查阅上册定额目录,确定“中粒式沥青混凝土路面”分项工程的节次及所在定额的页码。经查阅该省上册定额目录,得知“中粒式沥青混凝土路面”在第 377 页。再将定额翻到此页后,定额编号“2—272”为人工摊铺厚度 4cm 的综合单价为 1614.79 元/100m^2,其中人工费 76.65 元/100m^2,材料费 1294.04 元/100m^2,机械费 77.63 元/100m^2,综合费用 141.84 元/100m^2,人工费附加 24.63 元/100m^2。

(三)套用定额预算单价的方法

确定单位预算价值,在套用预算定额单价(基价)过程中,通常会遇到下列四种情况:

1. 直接套用定额单价

直接套用是指当设计规定与定额项目内容完全一致时,可直接套用定额或地区估价表的预算基价计算该分项工程直接费用的过程。

当按照前述查找定额项目的方法,查找到需要套价的分项(或子项)工程后,核对分项(或子项)工程的项目内容与施工图设计规定的内容及要求是否一致,如果相符合,则可直接套用这个定额单价(基价)。但是,对于直接套用定额单价的工程项目,一定要注意它的名称、规格、计量单位与定额规定的名称、规格、计量单位一致。

【例 6-1】河南省某市李家村城中村改造工程主干道水泥混凝土路面 1562.41m^2,铺设厚度为 15cm,试计算该路面综合费用及主要材料消耗量。

【解】根据该道路设计图纸规定内容与定额对照,没有什么出入,可直接套用《河南省市政工程单位综合基价》定额(2002 年版)上册“2—287”号定额子目基价计算,但应将该道路工程量的计算单位“m^2”,调整为定额计量单位“100m^2”。其计算步骤如下:

(1)调整工程量计量单位:

$$1562.41\text{m}^2 \div 100 = 15.6241\text{m}^2/100$$

(2)计算道路综合费用(不宜称为“造价”):

$$\begin{aligned}\text{道路综合费用} &= \text{定额综合基价} \times \text{道路工程量} \\ &= 3778.57\text{元}/100\text{m}^2 \times 15.6241\text{m}^2/100 \\ &= 59036.76(\text{元})\end{aligned}$$

其中:人工费=580.02 元/100m^2×15.6241m^2/100=9062.29(元)

材料费=2536.72 元/100m^2×15.6241m^2/100=39633.97(元)

机械费=56.34 元/100m^2×15.6241m^2/100=880.26(元)

综合费用=427.99 元/100m^2×15.6241m^2/100=6686.96(元)

人工附加费=177.50 元/100m^2×15.6241m^2/100=2773.28(元)

(3)计算主要材料耗用量：

某种材料耗用量＝定额消耗指标×工程量

混凝土(抗折45#)　$15.30m^3/100m^2 \times 15.6241m^2/100=239.05(m^3)$

板方材　$0.037m^3/100 \times 15.6241m^2/100=0.58(m^3)$

圆钉　$0.20kg/100m^2 \times 15.6241m^2/100=3.14(kg)$

铁件　$5.50kg/100m^2 \times 15.6241m^2/100=85.93(kg)$

水　$18.00m^3/100m^2 \times 15.6241m^2/100=281.23(m^3)$

其他材料费　12.62 元$/100m^2 \times 15.6241m^2/100=197.18$(元)

2. 套用换算后的单价

当分项(或子项)工程的内容与预算定额中规定的工程内容不相一致，而定额又规定允许换算时，则必须先进行调整、换算，然后套用换算后的预算单价(换算方法见“(四)”所述)。

3. 套用类似定额单价

当分项(或子项)工程的内容与预算定额中规定的工程内容不相一致，而定额又规定不允许调整或换算，则可套用类似定额单价，而不得随意调整或换算定额原有单价。

4. 编制补充预算单价

当某些分项(或子项)工程或结构构件的构造为新材料、新结构而定额中无此项目，也没有接近定额可以参照时，则应编制补充定额单价。编制补充定额的方法较复杂，鉴于篇幅关系，此处不作介绍。

(四)换算定额单价的方法

经批准颁发的预算定额或单位估价表，各基本建设部门和单位都必须根据定额的规定编制预算，办理决算，不得因工程具体条件和施工方法不同随意调整或换算定额，以维护定额的严肃性和法令性。但是，为了使预算定额具有一定的灵活性，以便更好地为工程建设服务，定额中通常对那些在设计和施工方面变化较多、影响造价较大的因素，一般都规定允许换算。定额换算，是指将预算定额中规定的内容与施工图纸要求的内容不相一致的部分，进行更换或调整，取得一致的过程。定额换算，实质就是定额单价的调整。但是，定额换算一定要按照定额规定的换算范围和方法进行。

各地区颁发的建筑工程预算定额，允许换算的项目一般多为混凝土、砂浆强度等级价差的换算，木门窗材料规格不同的价差换算等，它们的换算方法可以用计算公式分别表示如下：

1. 混凝土、砂浆强度等级价差换算公式

$$\begin{matrix}\text{换算后的}\\\text{预算单价}\end{matrix}=\begin{matrix}\text{定额}\\\text{单价}\end{matrix}-\left(\begin{matrix}\text{应换出半}\\\text{成品数量}\end{matrix}\times\begin{matrix}\text{该半成}\\\text{品单价}\end{matrix}\right)+\left(\begin{matrix}\text{应换入半}\\\text{成品数量}\end{matrix}\times\begin{matrix}\text{该半成}\\\text{品单价}\end{matrix}\right) \tag{6-10}$$

或

$$\begin{matrix}\text{换算后的}\\\text{预算单价}\end{matrix}=\begin{matrix}\text{定额}\\\text{单价}\end{matrix}\pm\left(\begin{matrix}\text{应换入半}\\\text{成品单价}\end{matrix}-\begin{matrix}\text{应换出半}\\\text{成品单价}\end{matrix}\right)\times\begin{matrix}\text{该半成品}\\\text{定额数量}\end{matrix} \tag{6-11}$$

【例 6-2】某市道路路灯照明配电室地面设计图纸要求采用C20细石混凝土加浆抹面60mm厚，试采用陕西省现行建筑工程概预算定额计算该分项工程的预算单价为多少。

【解】查定额第八章“楼地面”分部工程得知，定额编号“8—45”为细石混凝土加浆抹面40mm厚，定额编号“8—46”为每增减5mm，其定额预算基价分别为1351.84元$/100m^2$和100.23元$/100m^2$。其换算方法如下：

$$1351.84+100.23\times 4^{①}=1752.76(元/100m^2)$$

【例6-3】 某市城中村改造工程水泵房一砖厚外墙设计图纸要求采用M7.5混合砂浆砌筑,试将定额规定的M5混合砂浆基价3331.85元/100m² 换算为M7.5混合砂浆砌筑的定额基价。

【解】 经查阅陕西省现行建筑概(预)算定额第三章“砖石”工程附表一“砌筑混合砂浆单价表”得知,M5混合砂浆=86.82元/m³(32.5级水泥),M7.5混合砂浆=87.58元/m³(32.5级水泥)。故换算后的M7.5混合砂浆砌一砖厚外墙基价为:

$$3331.85+(87.58-86.82)\times 5.4=3335.95(元/100m^2)$$

主要材料耗用量查定额附表一得:

M5混合砂浆配合比=32.5级水泥200kg/m²:净砂1.02m³/m³:石灰膏100kg/m³。

M7.5混合砂浆配合比=32.5级水泥203kg/m³:净砂1.03m³/m³:石灰膏97kg/m³

M5混合砂浆 5.4m³/100m²(不变)

则 32.5级水泥 1080kg/100m²+5.4×(203−200)=1096.20kg/100m²

净砂 5.51m³/100m²+5.4×(1.03−1.02)=5.56m³/100m²

石灰膏 540kg/100m²+5.4×(97−100)=524kg/100m²

机制砖 (240×115×53) 12.754千块/100m²(不变)

定额基价换算及主要材料用量分析要领提示:

(1)从定额本(册)中查出M5混合砂浆一砖厚基价(元/100m²)。

(2)从定额附表一中查出强度等级不同的两种混合砂浆单价(元/m³)及材料消耗,并计算出两者的单价差额及材料消耗用量差数。

(3)从定额中查出M5混合砂浆消耗指标,并以它计算出各种材料耗用量。

2. 木门窗材料规格价差换算公式

$$\frac{换算后的}{预算单价}=\frac{定额}{单价}\pm\left(\frac{换算后}{的材积}-\frac{定额}{材积}\right)\times\frac{相应木}{材单价} \tag{6-12}$$

式中

$$\frac{换算后}{的材积}=\frac{设计断面(加刨光损耗)}{定额规定断面}\times\frac{定额消}{耗材积} \tag{6-13}$$

在现代建筑工程中,随着铝合金窗、塑料窗和商品木门的大量使用,因此关于木门窗用料的换算,实际工作中很少,但作为一名造价工作者,对其换算方法应掌握。

注:刨光损耗,一面刨光加3%,两面刨光加5%。

3. 钢筋实际用量增减价差的换算公式

$$调增或调减费=(实际用量-定额用量)\times 调整单价 \tag{6-14}$$

其中

$$实际用量=设计净用量\times(1+规定损耗率+搭接头系数) \tag{6-15}$$

$$定额用量=\sum(定额计量单位的钢筋消耗量\times 相应分项工程数量) \tag{6-16}$$

实际工作中除预算定额之外,还有概算定额以及实施清单项目计价后新出现的建筑工程消耗量定额、企业定额等。鉴于篇幅关系,这里不再作一一介绍。

第四节 市政工程预算定额单位估价表

《全国统一市政工程预算定额》在贯彻执行时,各地区、各部门一般来说,都不直接采用定额

① 是指应增加4个5mm的厚度。

中的“基价”确定工程造价，而是将“全统定额”中的三种“量”结合本地区的三种“价”编制成本地区的单位估价表，运用本地区单位估价表中的“基价”来确定建设项目预算造价。

一、单位估价表和单位估价汇总表的概念

《全国统一市政工程预算定额》是规定建筑安装企业在正常条件下，完成一定计量单位合格分项或子项工程的人工、材料和机械台班消耗数量的标准。将预算定额中的三种“量”（人工、材料、机械）与三种“价”（工资单价、材料预算单价、机械台班单价）相结合，计算出一个以货币形式表达完成一定计量单位合格分项或子项工程的价值指标（单价）的许多表格，并将其按照一定的分类（如土石方工程、桩基工程、砖石工程……）汇总在一起，则称为单位估价表。

单位估价表，对一个地区来说，可以说它是国家统一预算定额在本地区的翻版（不排除对国家统一预算定额结合本地区实际情况不足的补充），它仅是将全统定额中的三种价全部更换为本地区的三种价，所以地区单位估价表在一个地区来说，除“基价”与全统定额不相同外，其余内容与全统定额完全相同（不排除补充部分）。因此，一个地区的单位估价表与原全统定额篇幅一样很大，为了方便使用和缩小篇幅，而将单位估价表中的相应内容略去而仅将其中的“基价”按照一定的方法汇集起来就称作“单位估价汇总表”或“价目表”。某地区“单位估价表”及另一地区“价目表”的不同形式见表 6-2 及表 6-3。

表 6-2　　某地区单位估价表（2003 版）

三、广场灯架安装

1. 成套型

工作内容：灯架检查，测试定位，配线、灯架、灯具、附件安装，螺栓紧固，导线连接，包头，试灯。　（计量单位：套）

定额编号				8—404	8—405	8—406	8—407	8—408	8—409
项目				灯高 11m 以下					
				灯火数（火）					
				7	9	12	15	20	25
基价（元）				**415**	**462**	**522**	**660**	**761**	**880**
其中	人工费（元）			157.48	196.56	245.93	282.91	353.57	442.03
	材料费（元）			32.82	40.44	51.88	63.32	83.14	102.20
	机械费（元）			224.55	224.55	224.55	314.01	324.70	335.38
名称		单位	单价（元）	数量					
人工	综合工日	工日	26.00	6.057	7.560	9.459	10.881	13.599	17.001
材料	广场灯架	套	—	(1.010)	(1.010)	(1.010)	(1.010)	(1.010)	(1.010)
	精制六角螺栓带帽(M12×65)	套	0.61	8.160	8.160	8.160	8.160	8.160	8.160
	绝缘导线 BV—2.5	m	0.74	36.000	46.000	61.000	76.000	102.000	127.000
	钢丝	kg	4.59	0.050	0.050	0.050	0.050	0.050	0.050
	其他材料	元	1.00	0.970	1.190	1.530	1.870	2.450	3.010

(续表)

定额编号				8—404	8—405	8—406	8—407	8—408	8—409
机械	汽车式起重机 8t	台班	497.63	0.250	0.250	0.250	0.250	0.250	0.250
	载重汽车 4t	台班	213.69	0.100	0.100	0.100	0.150	0.200	0.250
	高架车 13m	台班	315.10	0.250	0.250	0.250	0.500	0.500	0.500

注:7火以下按7火定额乘以下列规定系数:5火以下乘以系数0.7,3火乘以0.5,2火乘以系数0.3,单火乘以系数0.2。下同。

表6-3　某地区价目表(2006版)

(三)广场灯架安装

1. 成套型

定额号	项目名称	单位	基价(元)	其中		
				人工费	材料费	机械费
9—404	灯高11m以下,灯火数7火	套	520.76	173.16	63.79	283.81
9—405	灯高11m以下,灯火数9火	套	579.10	216.13	79.16	283.81
9—406	灯高11m以下,灯火数12火	套	656.43	270.42	102.20	283.81
9—407	灯高11m以下,灯火数15火	套	873.62	311.08	125.24	437.30
9—408	灯高11m以下,灯火数20火	套	1002.87	388.78	165.19	448.90
9—409	灯高11m以下,灯火数25火	套	1150.14	486.04	203.59	460.51
⋮	⋮	⋮	⋮	⋮	⋮	⋮

表6-1～表6-3是同定额项目"广场灯架安装"的三个表式,即表6-1是《全国统一市政工程预算定额》的定额项目表,表6-2是某省该定额项目的单位估价表,该表的工作内容、部分消耗量指标有局部变动,同时,表下增加"注"的内容,所以,该地区将此表称为《××省市政工程预算定额》,但它的基本形式仍属于"单位估价表"的形式。表6-3是某地区的"价目表",亦可称"单位估价汇总表"。这三个表内容的区别,请读者进行详细对照和加以理解。

二、单位估价表与预算定额的关系

单位估价表是预算定额中三种量的货币形式的价值表现,定额是编制单位估价表的依据。从目前来看,我国大多数地区的建筑安装工程预算定额,都已按照编制单位估价表的方法,编制成带有货币数量即"基价"的预算定额。因此,它与单位估价表一样,可以直接作为编制工程预算的计价依据。但是,这种基价,一般都是以北京市或省会所在地的三种价计算的,而对北京市或省会所在地以外的另一个地区(省级或专署级)来说,是不相适应的(特别是基价中的材料费),因此,北京市或省会所在地以外各地区,为编制结合本地区(省级或专署级)特点的预算单价,还要以"全统定额"或本省现行的预算定额为依据编制出本地区的单位估价表,但有的地区规定,预算定额的基价在全省通用,省会所在地以外各地(市)不另编制单位估价表,编制预算时采用规定系数进行"基价"调整。

三、单位估价表的编制方法

(一)编制依据

(1)《全国统一市政工程预算定额》。

(2)建筑安装工人工资等级标准及工资级差系数。

(3)建筑安装材料预算价格或信息价格。

(4)施工机械台班预算价格。

(5)有关编制单位估价表的规定等。

(二)编制步骤

(1)准备编制依据资料。

(2)制订编制表格。

(3)填写表格并运算。

(4)填写说明、装订、报批。

(三)编制方法

编制单位估价表，简单地说就是将预算定额中规定的三种量，通过一定的表格形式转变为三种价的过程。其编制方法可以用公式表示为：

人工费＝分项工程定额工日×相应等级工资单价　(6-17)

材料费＝$\sum$(分项工程材料消耗量×相应材料预算单价)　(6-18)

机械费＝$\sum$(分项工程施工机械台班消耗量×相应施工机械台班预算单价)　(6-19)

分项工程预算单价＝人工费＋材料费＋机械费　(6-20)

上述计算式中三种量通过市政工程预算定额可以获得，但三种价是怎样计算出来的呢？在此有必要说明如下：

(1)工人工资。工人工资又称劳动工资，它是指建筑安装工人为社会创造财富而按照“各尽所能、按劳分配”的原则所获得的合理报酬，其内容包括基本工资以及国家政策规定的各项工资性质的津贴等。

我国现行工人劳动报酬计取的基本形式有计件工资制和计时工资制两种。执行按预算定额计取工资的制度称为计件工资制。所谓计件工资就是完成合格分项或子项工程单位产品所支付的规定平均等级的定额工资额。按日计取工资的制度称为计时工资制。所谓计时工资就是指做完8小时的劳动时间按实际等级所支付的劳动报酬，8小时为一个工日，又称为日工资。

无论是计时工资还是计件工资都是按照工资等级来支付工资的。但在现行工资制度中，市政工程预算定额里不分工种和工资等级，一律以综合工日计算，而仅给每个等级定一个合理的工资参考标准(表6-6)，这个标准就叫作等级工资。我国建筑安装工人工资构成内容见表6-4。

表6-4　建筑安装工人工资构成内容

项　次	工资类别	工　资　名　称
一	基本工资	岗位工资　技能工资　年功工资
二	补贴性工资	物价、煤、燃气、交通、住房补贴，流动施工津贴
三	辅助工资	非作业日支付给工人应得工资和工资性补贴
四	职工福利费	按规定标准支付给职工的福利费，如取暖费等
五	劳动保护费	劳动保护用品购置及修理费，徒工服装补贴费等防暑降温费及保健费等

表6-4中生产工人工资单价构成内容，在各地区、各部门(行业)并不完全相同，但最根本的内容都是执行岗位技能工资制度，以便更好地体现按劳取酬和适应中国特色社会主义市场经济的需要。基本工资中的岗位工资和技能工资，是按照国家制定的“全民所有制大中型建筑安装企业岗位技能工资试行方案”规定，工人岗位工资标准设8个岗次(表6-5)，技能工资分初级技术工、中级技术工、高级技术工、技师和高级技师五类工资标准26个挡距(表6-6)。

表6-5　　全民所有制大中型建筑安装企业工人岗位工资参考标准

(六类地区)

岗次		1	2	3	4	5	6	7	8
1	标准一	119	102	86	71	58	48	39	32
2	标准二	125	107	90	75	62	51	42	34
3	标准三	131	113	96	80	66	55	45	36
4	标准四	144	124	105	88	72	59	48	38
5	适用岗位								

表6-6　　全民所有制大中型建筑安装企业技能工资参考标准

(六类地区)

档次	1	2	3	4	5	6	7	8	9	10	11	12	13	14	15	16	17	18	19	20	21	22	23	24	25	26
标准一	50	56	62	68	75	82	89	96	103	110	117	124	132	140	148	156	164	172	180	188	196	204	212	220	229	238
标准二	52	58	65	72	79	86	93	100	108	116	124	132	140	148	156	164	172	180	189	198	207	216	225	234	243	252
标准三	54	61	68	75	82	89	97	105	113	121	129	137	145	153	162	171	180	189	198	207	216	225	235	245	255	265
标准四	57	64	72	80	88	96	105	114	123	132	141	150	159	168	177	186	195	204	214	224	234	244	254	264	274	284
工人	初级技术工人						中级技术工人									高级技术工人										
	非技术工人																技师									
																				高级技师						

建筑安装工人基本工资的多少主要决定于工资等级级别、工资标准、岗位和技术素质等。但现行《全国统一市政工程预算定额》对人工费规定“不分工种、技术等级，均以综合工日”计算。内容包括基本用工、超运距用工、人工幅度差和辅助用工。因此，市政工程单位估价表中人工费的确定方法可用计算公式表达如下：

$$人工费=定额综合工日数量\times日工资标准 \tag{6-21}$$

式中　　日工资标准=月工资标准÷月平均法定工作日

注：根据国家主管部门规定，月平均法定工作日为20.83天。

【例6-4】 某市2008年二季度建筑工种人工成信息显示，建筑、装饰工程普工月工资为1042元，试计算《全国统一市政工程预算定额》(GYD—309—2009)第九册“地铁工程”中，定额编号“9—27”分项工程人工费。

【解】 依据人工费计算公式及已知条件，该分项工程人工费计算如下：

$$人工费=1042元/月\div20.83天/月\times6.53工日=326.66(元)$$

根据原建设部《关于开展建筑工程实物工程量与建筑工种人工成本信息测算和发布工作》的通知要求，目前，各省、自治区、直辖市人民政府工程建设主管部门都实施了建筑工程实物工程量与建筑工种人工成本信息发布制度。何为“建筑工种人工成本”信息？人工成本信息是指建筑工程实物工程量人工单价与建筑工种人工工资，是经综合后贴近发布地区市场实际的信息价格。

实施发布人工成本信息主要有以下几点意义：

1)是引导建筑企业理性报价、发承包双方合理确定工程造价的基础。

2)是建筑劳务合同双方签订劳务分包合同、合理支付劳动报酬的指导标准，也是有关部门调解、处理建筑劳动工资纠纷的重要依据。

3)是工程招标过程中评审人工费成本，确定人工费合理区间的重要指标。

4)是实行工程造价动态管理、合理确定社会平均价的基础。

5)是构建和谐社会、建立解决拖欠农民工工资长效机制的重要组成部分。

(2)材料费。是指分部分项工程施工过程中耗费的构成工程实体的原材料、辅助材料、构配件、零件、半成品的费用。市政工程单位估价表中的材料费按定额中各种材料消耗指标乘以相应材料预算单价(又称“材料预算价格”)求得，计算方法如下：

$$材料费=\sum(定额材料消耗指标\times相应材料预算价格)$$

材料预算价格，是指材料由其产地(或交货地点)运输到工地仓库或堆放地点后所发生的各项费用额总和。其内容包括：(1)材料原价(或供应价)；(2)材料运输费；(3)材料运输损耗；(4)材料采购及保管费；(5)材料检验试验费等。材料预算价格的确定方法以计算公式表示如下：

$$p=a+b+c+d+e \tag{6-22}$$

式中　p——材料预算价格；

a——材料原价或供应价；

b——材料运输费(包括运输费、装卸费、中转费和其他附加费)；

c——材料运输损耗费[$(a+b)\times$损耗费费率(%)]；

d——材料采购及保管费[$(a+b+c)\times$采购及保管费费率(%)]；

e——检验试验费(某种材料试验数量×相应材料检验单价)。

上述各项费用的含义及确方法分述如下：

1)材料原价(或供应价)。指材料的出厂价格、进口材料抵岸价格、销售部门的批发价格和市场采购价格。在确定材料原价时，凡同一种材料因来源地、供应商或生产厂家不同，有几种价格时，应根据不同来源地及厂家的供货数量比例，采用加权平均方法计算此种材料的原价。其计算公式如下：

$$p_m=k_1p_1+k_2p_2+k_3p_3\cdots\cdots+k_np_n \tag{6-23}$$

【例 6-5】设某地区 2008 年基本建设所用普通硅酸盐水泥 P·O42.5R 分别由甲、乙、丙、丁四个水泥厂供应，其袋装出厂价每吨为 328 元、240 元、240 元、230 元，供应比例分别为 25%、30%、20%、35%，试计算这种水泥原价。

【解】普通硅酸盐水泥 P·O42.5R(袋装)平均原价计算为：

$$\begin{aligned}p_m&=25\%\times328+30\%\times240+20\%\times240+35\%\times230\\&=82+72+48+80.5=282.50(元/t)\end{aligned}$$

2)包装材料费。是指为了便于材料运输和保护材料而进行包装所需的一切费用。包装费包括包装品的价值和包装费用。

凡由生产厂家负责包装的产品，其包装费已计入材料原价内，不再另行计算，但包装器材如有回收价值，应考虑回收价值。地区有规定者，按地区规定计算；地区无规定者，可根据实际情况确定。

材料原价中未包括包装物的包装费计算方法如下：

$$包装材料费=包装物原值-包装物回收值 \tag{6-24}$$

式中　　　　　包装物回收价值=包装物原值×回收率×回收价值率

3)材料运输费。材料运输费又称运杂费。是指材料由其来源地(交货地点)起(包括经中间仓库转运)运至施工地仓库或堆放场地止,全部运输过程中所支出的一切费用,包括车船等的运输费、调车费、出入仓库费、装卸费和合理的运输损耗等。在确定材料预算价格时,对同一种材料有多个来原地时,应采用加权平均方法确定其平均运输距离或平均运费计算,其计算公式如下:

①加权平均运输距离计算公式:

$$S_m=\frac{S_1P_1+S_2P_2+S_3P_3+\cdots S_nP_n}{P_1+P_2+P_3+\cdots P_n} \tag{6-25}$$

式中　　　S_m——加权平均运距;

S_1、S_2、$S_3\cdots S_n$——自各交货地点至卸货中心地点的运距;

P_1、P_2、$P_3\cdots P_n$——各交货地点启运的材料占该种材料总量的比重。

②加权平均运输费计算公式:

$$Y_p=\frac{Y_1Q_1+Y_2Q_2+Y_3Q_3+\cdots Y_nQ_n}{Q_1+Q_2+Q_3+\cdots Q_n} \tag{6-26}$$

式中　　　Y_p——加权平均运费;

Y_1、Y_2、$Y_3\cdots Y_n$——自交货地点至卸货中心地点的运费;

Q_1、Q_2、$Q_3\cdots Q_n$——各交货地点启运的同一种材料数量。

上述两个计算公式,第一个比较简单。因为按不同地点一一编制运费计算表再计算平均运费很麻烦,用第一个公式只需根据加权平均运距计算一次运输费即可。

【例6-6】某市修筑绕城高速公路,所需规格为4cm的砾(碎)石,由甲、乙、丙、丁、戊五个采石场供应,其运距与供应比例如图6-3所示,试计算这五个采石场的平均运距。

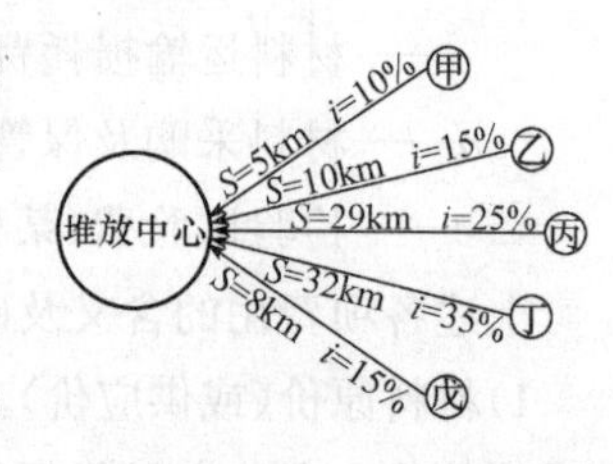

图6-3　运距与供应比例

【解】依据上述计算公式及图6-3所示已知条件,该绕城高速公路所需砾(碎)石的加权平均运距计算如下:

$$S_m=\frac{5\times10\%+10\times15\%+29\times25\%+32\times35\%+8\times15\%}{100\%}=21.65(\text{km})$$

4)运输损耗费。是指材料在运输和装卸搬运过程中不可避免的损耗。一般通过损耗率来确定损耗标准,材料运输损耗率因地区和材料类别不同而不同。编制材料预算价格时,按工程所在地的规则费率执行。

$$材料运输损耗=(材料原价+材料运杂费)\times运输损耗率 \tag{6-27}$$

5)采购及保管费。是指为组织采购、供应和保管材料过程中所需的各项费用,包括采购费、仓储费、工地保管费、仓储损耗。

$$材料采购及保管费=(材料原价+运杂费+运输损耗费)\times采购及保管费率 \tag{6-28}$$

上述费用的计算可以综合成一个计算式:

材料预算价格=[(材料原价+运杂费)×(1+运输损耗费率)]×

$$(1+采购及保管费率) \tag{6-29}$$

6)检验试验费。检验试验费是指对建筑材料、构件和建筑安装物进行一般鉴定、检查所发生的费用,包括自设实验室进行实验所耗用的材料和化学药品等费用。不包括新结构、新材料的实验费和建设单位对具有出厂合格证明的材料进行的检验,对构件做破坏性实验及其他特殊要求检验试验的费用。

$$检验试验费=\sum(单位材料量检验试验费\times材料消耗量) \tag{6-30}$$

当发生检验试验费时,材料费中还应加上此项费用。

实际工作中,材料预算价格各项费用计算是通过“材料预算价格计算表”来完成的,此表的格式见表6-7。

表 6-7　　　　**材料预算价格计算表**

序号	材料名称及规格	单位	发货地点	交货地点及条件	原价依据	单位毛重	运输费用计算表号	每吨运费	供销部门手续费率(%)	材料预算价格							
										原价	供销部门手续费	包装费	运输费	运到中心仓库价格	采购及保管费	回收金额	合计
1	2	3	4	5	6	7	8	9	10	11	12	13	14	15	16	17	18
一	硅酸盐材料																
1	普通硅酸盐水泥 P·O42.5R	t	铜川	中心库		1	007	53.16	3	…	…	…	…	…	…	…	308.00
	普通硅酸盐水泥 P·O52.5R	t								…	…	…	…	…	…	…	318.00
	⋮																

(3)施工机械台班预算价格。反映施工机械在一个台班运转中所支出和分摊的各种费用之和,就称作施工机械台班预算价格,也称为预算单价。施工机械以“台班”为使用计量单位。一台机械工作8小时为一台班。施工机械台班预算价格组成内容,可以图6-4表示。

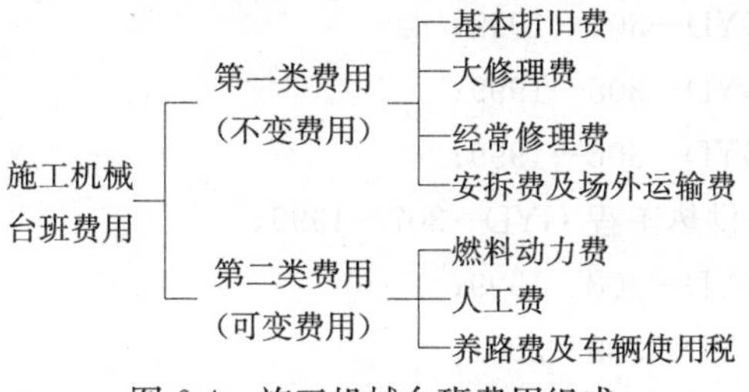

图 6-4　施工机械台班费用组成

施工机械台班价格中第一类费用属于分摊性质的费用,其特点是不管机械运转的情况如何,都需要支出,是一种比较固定的经常性费用,按全年所需分摊到每一台班中去。因此,在施工机械台班定额中,该类费用诸要素及合计数是直接以货币形式表示的,这种货币指标适用于任何地区,所以,在编制施工机械台班使用费计算表、确定台班预算单价时,不能任意改动也不必重新计算,从施工机械台班“费用编制规则”(2001版)中直接抄录所规定的数值即可。

施工机械台班价格中第二类费用属于支出性质的费用,其特点是只有在机械运转作业时才会发生,所以也称作一次性费用。此类费用在施工机械台班"费用编制规则"中以台班实物消耗量指标表示,其中人工以"工日"表示;电力以"kW/h"表示;汽油、柴油、煤等以"kg"表示。因此,在编制机械台班单价时,第二类费用必须按定额规定的各种实物量指标分别乘以地区人工日工资标准,燃料等动力资源的预算价格。其计算方法为:

第二类相应费用=定额实物量指标×地区相应实物价格

养路费及车辆使用税,应根据地区有关部门的规定进行计算,列入机械台班价格中。

编制单位估价表的三种价,各省、自治区、直辖市都有现成资料。这三种价中,除材料预算价格在当地(省级)以外的其他地区(专署级)各有差异外,剩余的两种价——人工工资单价、机械台班单价,在一个地区(省级)的范围内基本上都是相同的,所以在编制某一个地区(专署级)的单位估价表时,一般都不必重新计算,按地区(省级)的规定计列即可。

四、单位估价表的使用方法

单位估价表是按照预算或综合预算定额分部分项工程的排列次序编制的,其内容及分项工程编号与预算定额或综合预算定额相同,它的使用方法也与预算或综合预算定额的使用方法基本一样。但由于单位估价表是地区(指一个城市或一个专署)性的,所以它具有地区的特点;又由于单位估价表仅为了编制工程预算划价而制定,它的应用范围与包括内容,又不如预算或综合预算定额广泛。因此,使用时首先要查阅所使用的单位估价表是通用的还是专用的;其次要阅视总说明,了解它的适用范围和适用对象,阅视分部(章)工程说明,了解它包括和未包括的内容;再次,要核对分项工程的工作内容是否与施工图设计要求相符合,如有不同,是否允许换算等。

第五节　市政工程定额计价工程量计算

《全国统一市政工程预算定额》共包括九个分册,即:

第一册　通用项目 GYD—301—1999;

第二册　道路工程 GYD—302—1999;

第三册　桥涵工程 GYD—303—1999;

第四册　隧道工程 GYD—304—1999;

第五册　给水工程 GYD—305—1999;

第六册　排水工程 GYD—306—1999;

第七册　燃气与集中供热工程 GYD—307—1999;

第八册　路灯工程 GYD—308—1999;

第九册　地铁工程 GYD—309—2001。

上列九种定额均适用于城镇管辖范围内的新建、扩建的市政工程,是统一全国市政工程工程量计算规则、项目划分、计量单位的依据。因此,本节依据上述各册定额,以及参照陕西、河南、浙江等地区的估价表和定额等资料,对市政工程各类工程工程量计算规则,分别加以介绍。

一、通用项目定额工程量计算

《全国统一市政工程预算定额》第一册"通用项目",是指将其他八册定额在实施中都要涉及的工程项目(如"土石方工程"等)集中编制于一个分册内的项目,或者说,其他八册市政工程预算定额都要用到的公共项目(各专业册中指明不适用本定额除外),称作"通用项目"。

《全国统一市政工程预算定额》第一册"通用项目"内容包括土石方工程、打拔工具桩、围堰工程、支撑工程、拆除工程、脚手架及其他工程、护坡挡土墙等共七章721个子目。

(一)土石方工程工程量计算

1. 土石方工程工程量计算说明

(1)《全国统一市政工程预算定额》第一册"通用项目"第一章土石方工程均适用于各类市政工程(除有关专业册说明了不适用外)。

(2)干、湿土的划分首先以地质勘察资料为准,含水率≥25%为湿土;或以地下常水位为准,常水位以上为干土,以下为湿土。挖湿土时,人工和机械乘以系数1.18,干、湿土工程量分别计算。采用井点降水的土方应按干土计算。

(3)人工夯实土堤、机械夯实土堤执行人工填土夯实平地、机械填土夯实平地子目。

(4)挖土机在垫板上作业,人工和机械乘以系数1.25,搭拆垫板的人工、材料和辅机摊销费另行计算。

(5)推土机推土或铲运机铲土的平均土层厚度<30cm时,其推土机台班乘以系数1.25,铲运机台班乘以系数1.17。

(6)在支撑下挖土,按实挖体积,人工乘以系数1.43,机械乘以系数1.20。先开挖后支撑的不属于支撑下挖土。

(7)挖密实的钢渣,按挖四类土人工乘以系数2.50,机械乘以系数1.50。

(8)0.2m^3 抓斗挖土机挖土、淤泥、流砂按0.5m^3 抓铲挖掘机挖土、淤泥、流砂定额消耗量乘以系数2.50计算。

(9)自卸汽车运土,如反铲挖掘机装车,则自卸汽车运土台班数量乘以系数1.10;拉铲挖掘机装车,自卸汽车运土台班数量乘以系数1.20。

(10)石方爆破按炮眼法松动爆破和无地下渗水、积水考虑,防水和覆盖材料未在定额内。采用火雷管可以换算,雷管数量不变,扣除胶质导线用量,增加导火索用量,导火索长度按每个雷管2.12m计算。抛掷和定向爆破另行处理。打眼爆破若要达到石料粒径要求,则增加的费用另计。

(11)"通用项目"第一章土石方工程不包括现场障碍物清理,障碍物清理费用另行计算。弃土、石方的场地占用费按当地规定处理。

(12)开挖冻土套"通用项目"第五章拆除素混凝土障碍物子目乘以系数0.8。

(13)"通用项目"第一章土石方工程中为满足环保要求而配备了洒水汽车在施工现场降尘,若实际施工中未采用洒水汽车降尘的,在结算中应扣除洒水汽车和水的费用。

2. 土石方工程工程量计算规则

(1)"通用项目"定额第一章土石方工程的土、石方体积均以天然密实体积(自然方)计算,回填土按碾压后的体积(实方)计算。土方体积换算见表6-8。

表6-8 **土方体积换算表**

虚方体积	天然密实度体积	夯实后体积	松填体积
1.00	0.77	0.67	0.83
1.30	1.00	0.87	1.08
1.50	1.15	1.00	1.25
1.20	0.92	0.80	1.00

(2)土方工程量按图纸尺寸计算,修建机械上下坡的便道土方量并入土方工程量内。石方工程量按图纸尺寸加允许超挖量。开挖坡面每侧允许超挖量,松、次坚石 20cm,普、特坚石 15cm。

(3)夯实土堤按设计断面计算。清理土堤基础按设计规定以水平投影面积计算,清理厚度为 30cm 内,废土运距按 30m 计算。

(4)人工挖土堤台阶工程量,按挖前的堤坡斜面积计算,运土应另行计算。

(5)人工铺草皮工程量以实际铺设的面积计算,花格铺草皮中的空格部分不扣除。花格铺草皮,设计草皮面积与定额不符时可以调整草皮数量,人工按草皮增加比例增加,其余不调整。

(6)管道接口作业坑和沿线各种井室所需增加开挖的土石方工程量按有关规定如实计算。管沟回填土应扣除管径在 200mm 以上的管道、基础、垫层和各种构筑物所占的体积。

(7)挖土放坡和沟、槽底加宽应按图纸尺寸计算,如无明确规定,可按表 4-3、表 6-9 计算。

表 6-9　　管沟底部每侧工作面宽度　　(单位:cm)

<table>
<tr><th rowspan="2">管道结构宽(cm)</th><th rowspan="2">混凝土管道
基础 90°</th><th rowspan="2">混凝土管道
基础>90°</th><th rowspan="2">金属管道</th><th colspan="2">构筑物</th></tr>
<tr><th>无防潮层</th><th>有防潮层</th></tr>
<tr><td>50 以内</td><td>40</td><td>40</td><td>30</td><td rowspan="3">40</td><td rowspan="3">60</td></tr>
<tr><td>100 以内</td><td>50</td><td>50</td><td>40</td></tr>
<tr><td>250 以内</td><td>60</td><td>50</td><td>40</td></tr>
</table>

挖土交接处产生的重复工程量不扣除,如在同一断面内遇有数类土壤,其放坡系数可按各类土占全部深度的百分比加权计算。

管道结构宽,无管座按管道外径计算,有管座按管道基础外缘计算,构筑物按基础外缘计算,如设挡土板则每侧增加 10cm。

(8)土石方运距应以挖土重心至填土重心或弃土重心最近距离计算,挖土重心、填土重心、弃土重心按施工组织设计确定,如遇下列情况应增加运距:

1)人力及人力车运土、石方上坡坡度在 15%以上,推土机、铲运机重车上坡坡度大于 5%,斜道运距按斜道长度乘以表 6-10 中系数。

表 6-10　　斜道运距系数

项目	推土机、铲运机				人力及人力车
坡度(%)	5~10	15 以内	20 以内	25 以内	15 以上
系数	1.75	2	2.25	2.5	5

2)采用人力垂直运输土、石方,垂直深度每米折合水平运距 7m 计算。

3)拖式铲运机 $3m^3$ 加 27m 转向距离,其余型号铲运机加 45m 转向距离。

(9)沟槽、基坑、平整场地和一般土石方的划分为底宽 7m 以内,底长大于底宽 3 倍以上按沟槽计算;底长小于底宽 3 倍以内按基坑计算,其中基坑底面积在 $150m^2$ 以内执行基坑定额;厚度在 30cm 以内就地挖、填土按平整场地计算;超过上述范围的土、石方按挖土方和石方计算。

(10)机械挖土方中如需人工辅助开挖(包括切边、修整底边),机械挖土方按实挖土方量计算,人工挖土方量按实套相应定额乘以系数 1.5。

(11)人工装土汽车运土时,汽车运土定额乘以系数 1.1。

(12)土壤及岩石分类见土壤及岩石(普氏)分类表(表 6-11)。

表 6-11　　土壤及岩石(普氏)分类表

定额分类	普氏分类	土壤及岩石名称	天然湿度下平均容重(kg/m³)	极限压碎强度(kg/cm²)	用轻钻孔机钻进1m耗时(min)	开挖方法及工具	紧固系数 f
一、二类土壤	Ⅰ	砂	1500			用尖锹开挖	0.5～0.6
		砂壤土	1600				
		腐殖土	1200				
		泥炭	600				
	Ⅱ	轻壤土和黄土类土	1600			用锹开挖并少数用镐开挖	0.6～0.8
		潮湿而松散的黄土，软的盐渍土和碱土	1600				
		平均15mm以内的松散而软的砾石	1700				
		含有草根的密实腐殖土	1400				
		含有直径在30mm以内根类的泥炭和腐殖土	1100				
		掺有卵石、碎石和石屑的砂和腐殖土	1650				
		含有卵石或碎石杂质的胶结成块的填土	1750				
		含有卵石、碎石和建筑料杂质的砂壤土	1900				
三类土壤	Ⅲ	肥黏土其中包括石炭纪侏罗纪的黏土和冰黏土	1800			用尖锹并同时用镐开挖(30%)	0.81～1.0
		重壤土、粗砾石、粒径为15～40mm的碎石和卵石	1750				
		干黄土和掺有碎石和卵石的自然含水量黄土	1790				
		含有直径大于30mm根类的腐殖土或泥炭	1400				
		掺有碎石或卵石和建筑碎料的土壤	1900				
四类土壤	Ⅳ	含碎石重黏土，其中包括侏罗纪和石炭纪的硬黏土	1950			用尖锹并同时用镐和撬棍开挖(30%)	1.0～1.5
		含有碎石、卵石、建筑碎料和重达25kg的顽石(总体积10%以内)等杂质的肥黏土和重壤土	1950				
		冰碛黏土，含有重量在50kg以内的巨砾，其含量为总体积10%以内	2000				
		泥板岩	2000				
		不含或含有重量达10kg的顽石	1950				
松石	Ⅴ	含有重量在50kg以内的巨砾(占体积10%以上)的冰碛石	2100	小于200	小于3.5	部分用手凿工具，部分用爆破开挖	1.5～2.0
		矽藻岩和软白垩岩	1800				
		胶结力弱的砾岩	1900				
		各种不坚实的片岩	2600				
		石膏	2200				

(续表)

定额分类	普氏分类	土壤及岩石名称	天然湿度下平均容重(kg/m³)	极限压碎强度(kg/cm²)	用轻钻孔机钻进1m耗时(min)	开挖方法及工具	紧固系数 f
特坚石	XIII	中粒花岗岩 坚固的片麻岩 辉绿岩 玢岩 坚固的粗石岩 中粒正长岩	3100 2800 2700 2500 2800 2800	1600～1800	27.5	用爆破方法开挖	16～18
	XIV	非常坚固的细粒花岗岩 花岗岩麻岩 闪长岩 高硬度的石灰岩 坚固的玢岩	3300 2900 2900 3100 2700	1800～2000	32.5	用爆破方法开挖	18～20
	XV	安山岩、玄武岩、坚固的角页岩 高硬度的辉绿岩和闪长岩 坚固的辉长岩和石英岩	3100 2900 2800	2000～2500	46.0	用爆破法开挖	20～25
	XVI	拉长玄武岩和橄榄玄武岩 特别坚固的辉长辉绿岩、石英石和玢岩	3300 3000	>2500	>60	用爆破法开挖	>25

3. 土石方工程工程量计算举例

【例6-7】××市和平东街天然气管道沟挖三类土，长度为338.55m，沟宽为600mm，沟深为1.20m，试计算其人工挖土量。

【解】该管道地沟按上述已知条件，该地沟挖土不需放坡(表6-9)，但应增加工作面(表6-10)2×0.4m。依据“(4-12)”计算公式，其挖土工程量计算如下：

人工挖土工程费＝338.55×(0.6＋2×0.4)×1.2＝568.76(m³)

【例6-8】××市建设西路混凝土排水管直径 DN＝500mm，管沟形式、深度、放坡系数等如图6-5所示，排水管沟直线长度为526.81m，试计算挖土工程量。

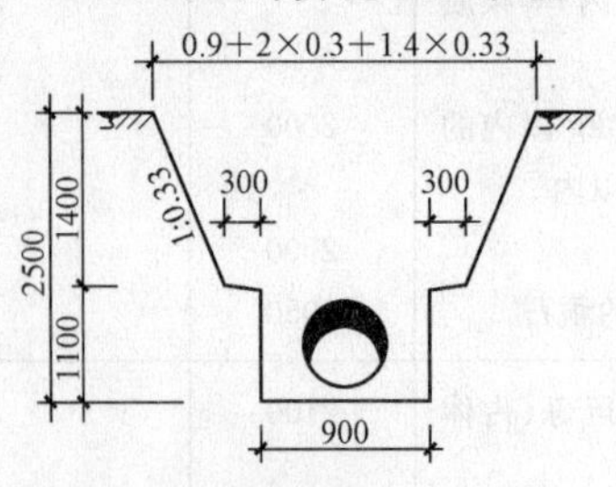

图6-5　管沟挖土尺寸图

【解】根据勘察资料该地段为三类土，放坡系数取1∶0.33，其挖土工程量＝526.81×〔0.9×1.1＋(0.9＋2×0.3＋1.4×0.33)×1.4〕＝526.81×〔0.99＋2.747〕＝526.81×3.74＝1970.27(m³)

【例6-9】××市南二环立交桥柱基地坑平面图示尺寸为3000mm×2000mm，坑深1.75m，土质为坚土坑两个，二类土坑四个，试计算挖土工程量。

【解】按照已知条件，该桥柱基挖土量计算如下：

(1)坚硬土基坑挖土　$V_1=abHN=3.0\times2.0\times1.75\times2=21.00(m^3)$

(2)三类土基坑挖土　$V_2=[(a+2c+kH)\times(b+2c+kH)\times H+\frac{1}{3}k^2H^3]\times N$

$=[(3.0+2\times0.3+1.75\times0.33)\times(2.0+2\times0.3+2\times0.33)\times1.75+0.21]\times4$

$=[4.1775\times3.26\times1.75+0.21]\times4$

$=24.04\times4$

$=96.17(m^3)$

(3)6个基坑挖土合计　$V_1+V_2=21.00+96.17=117.17(m^3)$

挖土工程量$=117.17(m^3)$

注：第二个计算式的"2×0.3"是工作面增加宽度，"0.18"是$\frac{1}{3}k^2H^3$值，从表4-10中坑深1.8m取值。

(二)打拔工具桩工程量计算

1. 打拔工具桩工程量计算说明

(1)《全国统一市政工程预算定额》第一册"通用项目"第二章打拔工具桩适用于市政各专业册的打、拔工具桩①。

(2)定额中所指的水上作业，是以距岸线1.5m以外或者水深在2m以上的打拔桩。岸线1.5m以内时，水深在1m以内者，按陆上作业考虑；水深在1m以上2m以内者，其工程量则按水、陆各50%计算。

(3)水上打拔工具桩按二艘驳船捆扎成船台作业，驳船捆扎和拆除费用按《全国统一市政工程预算定额》第三册"桥涵工程"相应定额执行。

(4)打拔工具桩均以直桩为准，如遇打斜桩(包括俯打、仰打)按相应定额人工、机械乘以系数1.35。

(5)导桩及导桩夹木的制作、安装、拆除已包括在相应定额中。

(6)圆木桩按疏打计算，钢板桩按密打计算，如钢板桩需要疏打时，按相应定额人工乘以系数1.05。

(7)打拔桩架90°调面及超运距移动已综合考虑。

(8)竖、拆0.6t柴油打桩机架按《全国统一市政工程预算定额》第三册"桥涵工程"相应定额执行。

(9)钢板桩和木桩的防腐费用等，已包括在其他材料费用中。

(10)钢板桩的使用费标准(元/t·d)由各省、自治区、直辖市自定，钢板桩摊销时间按十年考虑。钢板桩的损耗量按其使用量的1%计算。钢板桩若由施工单位提供，则其损耗费应支付给打桩的施工单位，若使用租赁的钢板桩，则按租赁费计算。

2. 打拔工具桩工程量计算规则

(1)圆木桩，按设计桩长L(检尺长)和圆木桩小头直径D(检尺径)查《木材、原木材积速算表》，计算圆木桩体积。

(2)钢板桩，以"t"为单位计算。

钢板桩使用费＝钢板桩定额使用量×使用天数×钢板桩使用费标准[元/(t·d)]　(6-31)

① 除现场浇筑、灌注、挤密、水冲桩之外的各种成品、预制桩，称工具桩。

(3)凡打断、打弯的桩,均需拔出重打,但不重复计算工程量。

(4)竖、拆打拔桩架次数,按施工组织设计规定计算。如无规定时按打桩的进行方向,则双排桩每100延长米,单排桩每200延长米计算一次,不足一次者均各计算一次。

(5)打拔桩土质类别的划分,见表6-12。

表6-12 打拔桩土质类别划分表

土壤级别	鉴别方法								说明
	砂夹层情况			土壤物理、力学性能				每10m纯平均沉桩时间(min)	
	砂层连续厚度(m)	砂料种类	砂层中卵石含量(%)	孔隙比	天然含水量(%)	压缩系数	静力触探值	动力触探击数		
甲级土				>0.8	>30	>0.03	>30	>7	15以内	桩经机械作用易沉入的土
乙级土	<2	粉细砂		0.6~0.8	25~30	0.02~0.03	30~60	7~15	25以内	土壤中夹有较薄的细砂层,桩经机械作用易沉入的土

注:本表仅列甲、乙级土项目,如遇丙级土时,按乙级土的人工及机械乘以系数1.43。

3. 打拔工具桩工程量计算举例

【例6-10】设某市地铁工程采用能量为0.6t柴油打桩机打长度为9m槽型钢板桩45根,试计算其工程量。

【解】打槽型钢板桩的定额计量单位为“t”,故应将45根槽型钢板桩换算为重量单位“t”。按照规定,钢制桩按[30C计算,$\delta=11.5$mm,质量=43.81kg/m,故打桩工程量为:

$$G=g\times l\times N=43.81\times 9.0\times 45=17743.05(\text{kg})=17.71(\text{t})$$

【例6-11】某市绕城高速公路需通过宽度为200余米的清水河,该河上拟建一座高架桥,桥基浇筑需打入直径$D=32$cm,长度$L=4.5$m圆木桩150根,试计算桩工程量。

【解】查《木材、原木材积建算表》得单根圆木桩体积为0.432m³,根据“工程量计算规则”第一条规定,其工程量计算如下:

$$V=0.432\times 150=64.80(\text{m}^3)$$

【例6-12】桥基施工完成后,设计规定将【例6-11】中的圆木桩采用卷扬机拔掉时,应怎样套用定额。

【解】拔桩定额计量单位也是“m³”,按照圆木桩的规格($L=4.5$),拔桩工程量=64.80m³,选套《全国统一市政工程预算定额》第一册,定额编号为“1—483”。

(三)围堰工程工程量计算

所谓“围堰工程”,是指采用某种材料将一定范围围护起来的一种设施,其形似池塘,但又不同于池塘。围堰的目的是保证基础开挖、砌筑、浇筑等项目施工的临时挡水构筑物。围堰设施方法简单、可以就地取材,宜在基础埋设深度较浅、地质构造不复杂、水深不超过6m时采用。

1. 围堰工程工程量计算说明

(1)《全国统一市政工程预算定额》第一册"通用项目"第三章围堰工程适用于市政工程围堰施工项目。

(2)围堰定额未包括施工期内发生潮汛冲刷后所需的养护工料。潮汛养护工料可根据各地规定计算,如遇特大潮汛发生人力所不能抗拒的损失时,应根据实际情况,另行处理。

(3)围堰工程 50m 范围以内取土、砂、砂砾,均不计土方和砂、砂砾的材料价格。取 50m 范围以外的土方、砂、砂砾,应计算土方和砂、砂砾材料的挖、运或外购费用,但应扣除定额中土方现场挖运的人工,55.5 工日/100m^3 黏土。定额编号中所列黏土数量为取自然土方数量,结算中可按取土的实际情况调整。

(4)围堰定额中的各种木桩、钢桩均按"通用项目"第二章中水上打拔工具桩的相应定额执行,数量按实际计算。定额编号中所列打拔工具桩数量仅供参考。

(5)草袋围堰如使用麻袋、尼龙袋装土围筑,应按麻袋、尼龙袋的规格、单价换算,但人工、机械和其他材料消耗量应按定额规定执行。

(6)围堰施工中若未使用驳船,而是搭设了栈桥,则应扣除定额中驳船费用而套用相应的脚手架子目。

(7)定额围堰尺寸的取定:

1)土草围堰的堰顶宽为 1～2m,堰高为 4m 以内。

2)土石混合围堰的堰顶宽为 2m,堰高为 6m 以内。

3)圆木桩围堰的堰顶宽为 2～2.5m,堰高 5m 以内。

4)钢桩围堰的堰顶宽为 2.5～3m,堰高 6m 以内。

5)钢板桩围堰的堰顶宽为 2.5～3m,堰高 6m 以内。

6)竹笼围堰竹笼间黏土填心的宽度为 2～2.5m,堰高 5m 以内。

7)木笼围堰的堰顶宽度为 2.4m,堰高为 4m 以内。

(8)筑岛填心子目是指在围堰围成的区域内填土、砂及砂砾石。

(9)双层竹笼围堰竹笼间黏土填心的宽度超过 2.5m,则超出部分可套筑岛填心子目。

(10)施工围堰的尺寸按有关设计施工规范确定。堰内坡脚至堰内基坑边缘距离根据河床土质及基坑深度而定,但不得小于 1m。

2. 围堰工程工程量计算规则

(1)围堰工程分别采用 m^3 和延长米计量。

(2)用 m^3 计算的围堰工程按围堰的施工断面乘以围堰中心线的长度。

(3)以延长米计算的围堰工程按围堰中心线的长度计算。

(4)围堰高度按施工期内的最高临水面加 0.5m 计算。

(5)草袋围堰如使用麻袋、尼龙袋装土其定额消耗量应乘以调整系数,调整系数为装 1m^3 土需用麻袋或尼龙袋数除以 17.86。

3. 围堰工程工程量计算举例

【例 6-13】 某市政工程采用草袋围堰如图 6-6(a)、(b)所示,试计算其工程量。

【解】 按图 6-6 所示,该围堰形似椭圆,依据图示尺寸,其工程量应分以下几步计算:

(1)围堰平均直径　　$\overline{D}=(2a+2b)\div 2=(2\times 120+2\times 65)\div 2=370\div 2=185(m)$

(2)围堰周长　　$L=\pi\overline{D}=3.1416\times 185=581.20(m)$

(3)围堰体斜高　　$H_{斜}=\sqrt{3.6^2+120^2}=120.05(m)$

(4)围堰体宽度　　$c=0.6m$(图 6-6)

(5)草袋围堰工程量　　草袋围堰工程量$=L\times H_{斜}\times c=581.2\times120.05\times0.6=41863.83(m^3)$

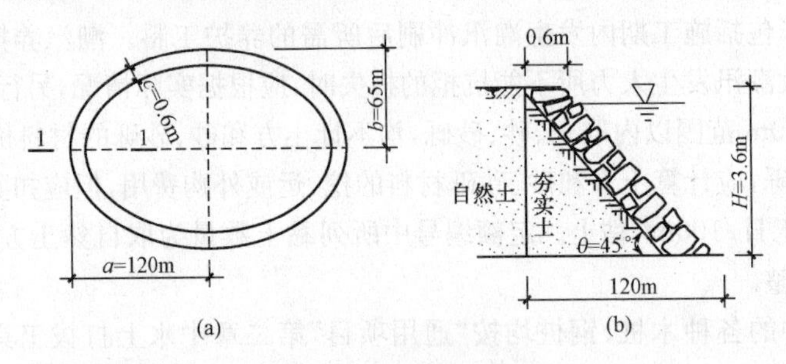

图 6-6　草袋围堰示意图

(a)平面图；(b)剖面图

【例 6-14】 试将【例 6-13】计算值套用《河南市政工程综合基价》(2002 版)计算其所需费用。

【解】 该省基价计量单位为"$100m^3$"，故计算如下：

调整工程量计量单位　　$V=41863.83\div100=418.64m^3/100$

套用基价并运算　　$P=12436.09$ 元$/100m^3\times418.64m^3/100=5206244.70$(元)

其中　人工费　　$3646.02\times418.64=1526369.80$(元)

材料费　　$5351.47\times418.64=2240339.40$(元)

机械费　　$356.84\times418.64=149387.49$(元)

综合费　　$1996.63\times418.64=835869.18$(元)

人工费附加　　$1085.13\times418.64=454278.82$(元)

(四)支撑、拆除、脚手架及其他工程工程量计算

1. 支撑、拆除、脚手架及其他工程工程量计算说明

(1)支撑工程工程量计算说明。

1)《全国统一市政工程预算定额》第一册"通用项目"第四章支撑工程适用于沟槽、基坑、工作坑及检查井的支撑。

2)挡土板间距不同时，不作调整。

3)除槽钢挡土板外，本章定额均按横板、竖撑计算，如采用竖板、横撑时，其人工工日乘以系数 1.20。

4)定额中挡土板支撑按槽坑两侧同时支撑挡土板考虑，支撑面积为两侧挡土板面积之和，支撑宽度为 4.1m 以内。当槽坑宽度超过 4.1m 时，其两侧均按一侧支挡土板考虑。按槽坑一侧支撑挡土板面积计算时，工日数乘以系数 1.33，除挡土板外，其他材料乘以系数 2.0。

5)放坡开挖不得再计算挡土板，如遇上层放坡、下层支撑则按实际支撑面积计算。

6)钢桩挡土板中的槽钢桩按设计以"t"为单位，按"通用项目"第二章打拔工具桩相应定额执行。

7)如采用井字支撑时，按疏撑乘以系数 0.61。

(2)拆除工程工程量计算说明。

1)《全国统一市政工程预算定额》第一册"通用项目"第五章拆除工程均不包括挖土方，挖土

方按“通用项目”第一章有关子目执行。

2)机械拆除项目中包括人工配合作业。

3)拆除后的旧料应整理干净就近堆放整齐,如需运至指定地点回收利用,则另行计算运费和回收价值。

4)管道拆除要求拆除后的旧管保持基本完好,破坏性拆除不得套用本定额。拆除混凝土管道未包括拆除基础及垫层用工。基础及垫层拆除按相应定额执行。

5)拆除工程定额中未考虑地下水因素,若发生则另行计算。

6)人工拆除二碴、三碴基层应根据材料组成情况套无骨料多合土或有骨料多合土基层拆除子目。机械拆除二碴、三碴基层执行液压岩石破碎机破碎松石。

(3)脚手架及其他工程工程量计算说明。

1)《全国统一市政工程预算定额》第一册“通用项目”第六章脚手架及其他工程中竹、钢管脚手架已包括斜道及拐弯平台的搭设。砌筑物高度超过1.2m可计算脚手架搭拆费用。

仓面脚手不包括斜道,若发生则另按建筑工程预算定额中脚手架斜道计算,但采用井字架或吊扒杆转运施工材料时,不再计算斜道费用。对无筋或单层布筋的基础和垫层不计算仓面脚手费。

2)混凝土小型构件是指单件体积在0.04m^{3}以内,重量在100kg以内的各类小型构件。小型构件、半成品运输是指预制、加工场地取料中心至施工现场堆放使用中心距离的超出150m的运输。

3)井点降水项目适用于地下水位较高的粉砂土、砂质粉土、黏质粉土或淤泥质夹薄层砂性土的地层。其他降水方法如深井降水、集水井排水等,各省、自治区、直辖市自行补充。

4)井点降水包括轻型井点、喷射井点、大口径井点的采用由施工组织设计确定。一般情况下,降水深度6m以内采用轻型井点,6m以上30m以内采用相应的喷射井点,特殊情况下可选用大口径井点。井点使用时间按施工组织设计确定,喷射井点定额包括两根观察孔制作,喷射井管包括了内管和外管。井点材料使用摊销量中已包括井点拆除时的材料损耗量。

井点间距根据地质和降水要求由施工组织设计确定,一般轻型井点管间距为1.2m,喷射井点管间距为2.5m,大口径井点管间距为10m。

轻型井点井管(含滤水管)的成品价可按所需钢管的材料价乘以系数2.40计算。

5)井点降水过程中,如需提供资料,则水位监测和资料整理费用另计。

6)井点降水成孔过程中产生的泥水处理及挖沟排水工作应另行计算,遇有天然水源可用时,不计水费。

7)井点降水必须保证连续供电,在电源无保证的情况下,使用备用电源的费用另计。

8)沟槽,基坑排水定额由各省、自治区、直辖市自定。

2. 支撑、拆除、脚手架及其他工程工程量计算规则

(1)支撑工程量计算规则。支撑工程按施工组织设计确定的支撑面积m^{2}计算。

(2)拆除工程量计算规则。

1)拆除旧路及人行道按实际拆除面积以m^{2}计算。

2)拆除侧缘石及各类管道按长度以m计算。

3)拆除构筑物及障碍物按体积以m^{3}计算。

4)伐树、挖树蔸按实挖数以棵计算。

5)路面凿毛、路面铣刨按施工组织设计的面积以m^{2}计算。铣刨路面厚度＞5cm须分层铣刨。

(3)脚手架及其他工程量计算规则。

1)脚手架工程量按墙面水平边线长度乘以墙面砌筑高度以m^{2}计算。柱形砌体按图示柱结构外

围周长另加 3.6m 乘以砌筑高度以 m^2 计算，浇混凝土用仓面脚手按仓面的水平面积以 m^2 计算。

2)轻型井点 50 根为一套；喷射井点 30 根为一套；大口径井点以 10 根为一套。井点使用定额单位为套天，累计根数不足一套者作一套计算，一天系按 24 小时计算。井管的安装、拆除以“根”计算。

3. 支撑、拆除、脚手架及其他工程工程量计算举例

【例 6-15】 某城中村排水管道地沟长度为 320m，宽度为 1.50m，深度为 3.20m，该地段为回填杂质土，按照施工组织设计规定，开挖时需密支木挡土板，其支撑形式如图 6-7 所示。试计算木挡板和木材用量。

【解】 挡土板定额计量单位为“m^2”，依据上述条件分别计算如下：

(1)挡土板(木质)工程量　　$S=320\times3.20\times2=2048.00(m^2)$　　定额号“1—531”

(2)木材用量　圆木　　$V_1=2048\div100\times0.226=4.628(m^3)$

板方材　　$V_2=2048\div100\times0.065=1.331(m^3)$

木挡土板　　$V_3=2048\div100\times0.395=8.09(m^3)$

合计　　$V=V_1+V_2+V_3=14.049(m^3)$

(五)护坡、挡土墙工程量计算

1. 护坡、挡土墙工程量计算说明

(1)《全国统一市政工程预算定额》第一册“通用项目”第七章护坡、挡土墙适用于市政工程的护坡和挡土墙工程。

(2)挡土墙工程需搭脚手架的执行脚手架定额。

(3)块石如需冲洗时(利用旧料)，每 $1m^3$ 块石增加：用工 0.24 工日，用水 $0.5m^3$。

2. 护坡、挡土墙工程量计算规则

(1)块石护底、护坡以不同平面厚度按 m^3 计算。

(2)浆砌料石、预制块的体积按设计断面以 m^3 计算。

(3)浆砌台阶以设计断面的实砌体积计算。

(4)砂石滤沟按设计尺寸以 m^3 计算。

3. 护坡、挡土墙工程量计算举例

【例 6-16】 试计算图 6-8(a)、(b)所示挡土墙和护坡的工程量及主要材料消耗量。

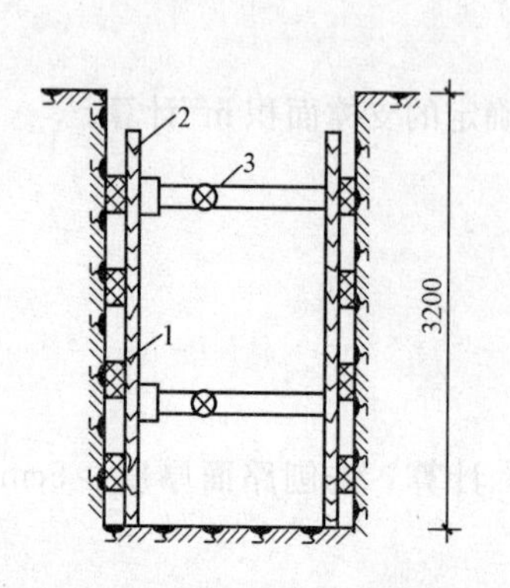

图 6-7　密支木挡土板示意图

1—水平挡木板；2—竖楞木；3—圆木支撑

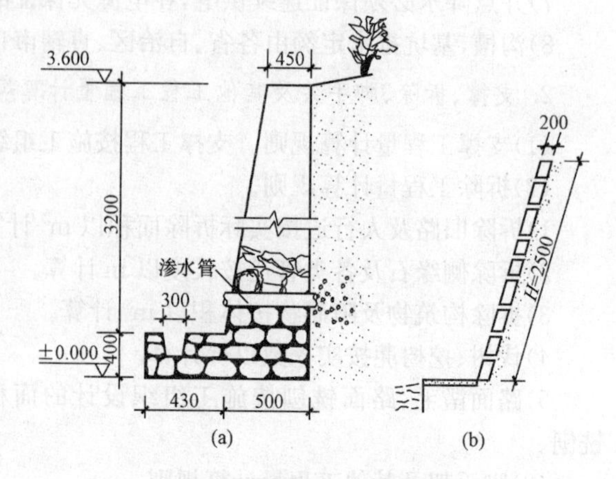

图 6-8　护坡、挡土墙断面图

(a)块石挡土墙；(b)片石护坡

【解】 施工图示挡土墙长度$L=35.60$m，其他尺寸如图 6-8(a)所示；护坡施工图所示长度$L=22.60$m，其他尺寸如图 6-8(b)所示。按照已知条件及题意要求分别计算如下：

(1)工程量计算。

挡土墙　$V=35.60\times[(0.43+0.50)\times0.4+(\frac{0.45+0.50}{2}\times3.2)]$

$=35.50\times[0.372+1.52]=35.60\times1.892=67.36(m^3)$

护坡　$V=22.60\times2.50\times0.2=11.30(m^3)$

(2)主要材料耗用量。

挡土墙　块石　$V_1=11.66\times6.736=78.54(m^3)$

水泥砂浆 M10　$V_2=3.67\times6.736=24.72(m^3)$

护坡　块石　$V_3=11.66\times1.13=13.18(m^3)$

水泥砂浆 M10　$V_4=3.67\times1.13=4.15(m^3)$

合计　块石　$V_石=V_1+V_3=78.54+13.18=91.72(m^3)$

水泥砂浆 M10　$V_浆=V_2+V_4=24.72+4.15=28.87(m^3)$

二、道路工程工程量计算

《全国统一市政工程预算定额》第二册"道路工程"(以下简称本定额)，包括路床(槽)整形、道路基层、道路面层、人行道侧缘石及其他，共四章 350 个子目。

本定额适用于城镇基础设施中的新建和扩建工程。

(一)路床(槽)整形工程量计算

路床(槽)是指为铺筑路面，在路基上按设计要求修筑的浅槽，分挖槽、培槽等几种形式。路床(槽)整形是指对已修筑成的槽所进行的整形修理等。

1. 路床(槽)整形定额说明

(1)本定额第一章"路床(槽)整形"，包括路床(槽)整形、路基盲沟、基础弹软处理、铺筑垫层料等共计 39 个子目。

(2)路床(槽)整形项目分为"路床碾压检验"、"人行道整形碾压"、"土边沟成型"三个子目，内容包括平均厚度 10cm 以内的人工挖高填低、整平路床，使之形成设计要求的纵横坡度，并应经压路机碾压密实。

(3)边沟成型，综合考虑了边沟挖土的土类和边沟两侧边坡培整面积所需的挖土、培土、修整边坡及余土抛出沟外的全过程所需人工。边坡所出余土弃运路基 50m 以外。

(4)混凝土滤管盲沟定额中不含滤管外滤层材料。

(5)粉喷桩定额中，桩直径取定 50cm。

2. 工程量计算规则

道路工程路床(槽)碾压宽度计算应按设计车行道宽度另计两侧加宽值，加宽值的宽度由各省自治区、直辖市自行确定，以利路基的压实。

3. 工程量计算举例

【例 6-17】 某市建设西路设计道路行车道宽度为 9.00m，该道路至友谊东路十字口处长度为 216m，试采用 2003 年《浙江省市政工程预算定额》第二册"道路工程"计算路床碾压工程量。

【解】 该省定额"工程量计算规则"规定，道路路床碾压按道路底层宽度两侧各加25cm计算，故该路床整形工程计算如下：

$$S=216\times(9.0+2\times0.25)=1998.00(m^2)$$

注：河南省规定加宽值为15cm计算，而"2006年陕西省市政工程价表"对此没有具体说明，仅在"使用说明"中称："……一般情况下湿软地基处理费用按每平方米2.20元计算"。本书曾强调使用一个地区的定额或估价表确定工程造价时，必须认真学习其说明的道理，就在于此。

(二)道路基层工程量计算

城镇道路路面结构层次，按其所处的层位和作用的不同，主要有如图6-9所示几种。

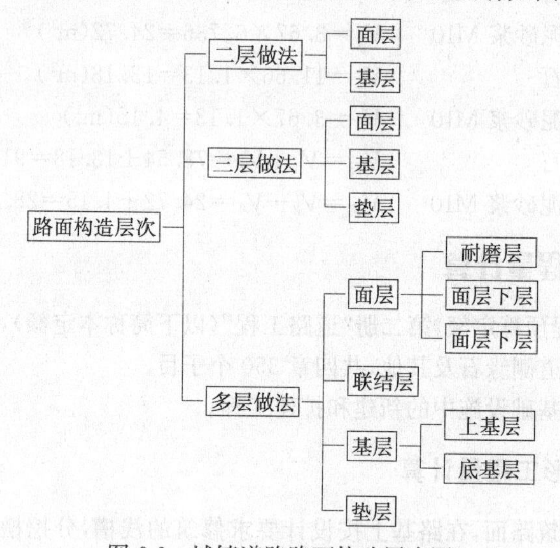

图6-9 城镇道路路面构造层次图

图6-9所示"基层"，是指设在面层以下的结构层，其功能作用主要是承受由面层传递的车辆荷载，并将荷载分布到垫层或土基上。当基层分为多层时，其最下面的一层称"底基层"。

1. 道路基层工程量计算说明

(1)道路基层定额包括各种级配的多合土基层计195个子目。

(2)石灰土基、多合土基、多层次铺筑时，其基础顶层需进行养护，养护期按7天考虑，其用水量已综合在顶层多合土养护定额内，使用时不得重复计算用水量。

(3)各种材料的底基层材料消耗中不包括水的使用量，当作为面层封顶时如需加水碾压，加水量由各省、自治区、直辖市自行确定。

(4)多合土基层中各种材料是按常用的配合比编制的，当设计配合比与定额不符时，有关的材料消耗量可由各省、自治区、直辖市另行调整，但人工和机械台班的消耗不得调整。

(5)石灰土基层中的石灰均为生石灰的消耗量，土为松方用量。

(6)道路基层定额中设有"每增减"的子目，适用于压实厚度20cm以内。压实厚度在20cm以上应按两层结构层铺筑。

2. 道路基层工程量计算规则

(1)道路工程路基应按设计车行道宽度另计两侧加宽值，加宽值的宽度由各省、自治区、直辖市自行确定。

(2)道路工程石灰土、多合土养护面积计算，按设计基层、顶层的面积计算。

(3)道路基层计算不扣除各种井位所占的面积。

(4)道路工程的侧缘(平)石、树池等项目以延米计算,包括各转弯处的弧形长度。

3. 道路工程工程量计算举例

【例 6-18】 某市环城东路南口向北至大东门段全长 3500m,宽度为 24m,采用石灰、粉煤灰、砂砾石基层(10∶20∶70),厚度 25cm,试计算工程量和价值(采用陕西省价格)。

【解】 依据题意及已知条件分步计算如下:

(1)计算工程量　　$3500\times24=84000(m^2)$

(2)调整计量单位　　$84000\div100=840/100m^2$

(3)套用单价并运算　　$840\times(1841.02+83.18\times5)=1895812.80$(元)

注:上式中"83.18×5"是指将 20cm 的基价调整为 25cm 的基价。

(三)道路面层工程量计算

直接承受车辆荷载及自然因素的影响,并将荷载传递到基层的路面结构层,就称为面层。不同材料的面层,其耐磨程度、美观程度,对车辆轮胎磨损程度和行车速度等都有影响。

1. 道路面层工程量计算说明

(1)道路面层定额包括简易路面、沥青表面处治、沥青混凝土路面及水泥混凝土路面等 71 个子目。

(2)沥青混凝土路面、黑色碎石路面所需要的面层熟料实行定点搅拌时,其运至作业面所需的运费不包括在该项目中,需另行计算。

(3)水泥混凝土路面,综合考虑了前台的运输工具不同所影响的工效及有筋无筋等不同的工效。施工中无论有筋无筋及出料机具如何均不换算。水泥混凝土路面中未包括钢筋用量,如设计有筋时,套用水泥混凝土路面钢筋制作项目。

(4)水泥混凝土路面均按现场搅拌机搅拌,如实际施工与定额不符时,由各省、自治区、直辖市另行调整。

(5)水泥混凝土路面定额中,不含真空吸水和路面刻防滑槽。

(6)喷洒沥青油料定额中,分别列有石油沥青和乳化沥青两种油料,应根据设计要求套用相应项目。

2. 道路面层工程量计算规则

(1)水泥混凝土路面以平口为准,如设计为企口时,其用工量按本定额相应项目乘以系数 1.01。木材摊销量按本定额相应项目摊销量乘以系数 1.051。

(2)道路工程沥青混凝土、水泥混凝土及其他类型路面工程量以设计长乘以设计宽计算(包括转弯面积),不扣除各类井所占面积。

(3)伸缩缝以面积为计量单位。此面积为缝的断面积,即设计宽×设计厚。

(4)道路面层按设计图所示面积(带平石的面层应扣除平石面积)以 m^2 计算。

3. 道路面层工程量计算举例

【例 6-19】【例 6-18】道路面层为中粒式沥青混凝土面层,厚度 5cm,试按工程所在地定额单价计算直接工程费。

【解】 查工程所在地价目表得定额号"2—226"为人工摊铺,厚度 5cm,计量单位为 $100m^2$,基价为 215.98 元,其中人工费 103.44 元,材料费 25.99 元,机械费 86.55 元。依据已知条件计算如下:

840×215.98=181423.20(元)

其中　　人工费=840×103.44=86889.60(元)

材料费=840×25.99=21831.60(元)

机械费=840×86.55=72702.00(元)

(四)人行道侧缘石及其他工程量计算

道路用路缘石[图2-16(a)及图6-10]或护栏及其他类似设施加以分隔的专门供行人行走的部分道路称人行道。侧缘石俗称路边石。

人行道侧缘石及其他定额包括人行道板、侧石(立缘石)、花砖安砌等45个子目。

人行道板安砌、异型彩色花砖安砌工程量按实铺面积以"m^2"计算,侧缘石垫层区分不同材料按体积"m^3"计算,侧缘安砌按图示尺寸以"延长米(m)"计算,消解石灰按质量"t"计算。

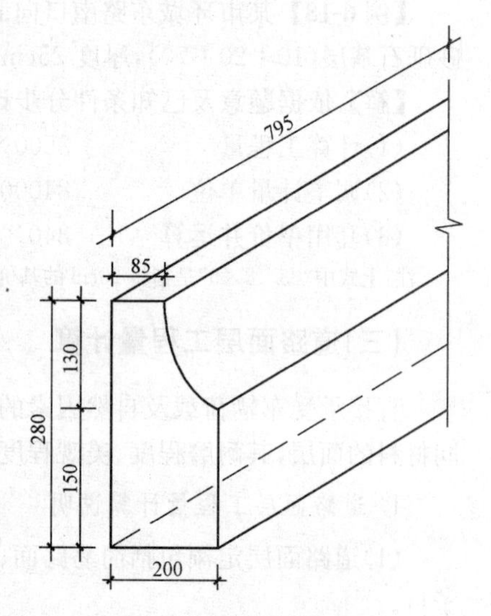

图6-10　侧缘石透视图

三、桥涵工程工程量计算

《全国统一市政工程预算定额》第三册"桥涵工程"(以下简称本定额),包括打桩工程、钻孔灌注桩工程、砌筑工程、钢筋工程、现浇混凝土工程、预制混凝土工程、立交箱涵工程、安装工程、临时工程及装饰工程,共十章591个子目。本定额适用范围,(1)单跨100m以内的城镇桥梁工程;(2)单跨5m以内的各种板涵、拱涵工程(圆管涵套用第六册"排水工程"定额,其中管道铺设及基础项目人工、机械费乘以1.25系数);(3)穿越城市道路及铁路的立交箱涵工程。

本册定额有关说明如下:

(1)预制混凝土及钢筋混凝土构件均属现场预制,不适用于独立核算、执行产品出厂价格的构件厂所生产的构配件。

(2)本册定额中提升高度按原地面标高至梁底标高8m为界,若超过8m时,超过部分可另行计算超高费;本册定额河道水深取定为3m,若水深>3m时,应另行计算;当超高以及水深>3m时,超过部分增加费用的具体计算办法按各省、自治区、直辖市规定执行。

(3)本册定额中均未包括各类操作脚手架,发生时按第一册"通用项目"相应定额执行。

(4)本册定额未包括的预制构件场内、场外运输,可按各省、自治区、直辖市的有关规定计算。

(一)打桩工程工程量计算

1. 打桩工程工程量计算说明

(1)《全国统一市政工程预算定额》第三册"桥涵工程"第一章打桩工程内容包括打木制桩、打钢筋混凝土桩、打钢管桩、送桩、接桩等项目共12节107个子目。

(2)定额中土质类别均按甲级土考虑,各省、自治区、直辖市可按本地区土质类别进行调整。

(3)定额均为打直桩,如打斜桩(包括俯打、仰打)斜率在1∶6以内时,人工乘以1.33,机械乘以1.43。

(4)定额均考虑在已搭置的支架平台上操作,但不包括支架平台,其支架平台的搭设与拆除应按"桥涵工程"第九章有关项目计算。

(5)陆上打桩采用履带式柴油打桩机时,不计陆上工作平台费,可计20cm碎石垫层,面积按陆上工作平台面积计算。

(6)船上打桩定额按两艘船只拼搭、捆绑考虑。

(7)打板桩定额中，均已包括打、拔导向桩内容，不得重复计算。

(8)陆上、支架上、船上打桩定额中均未包括运桩。

(9)送桩定额按送 4m 为界，如实际超过 4m 时，按相应定额乘以下列调整系数：

1)送桩 5m 以内乘以 1.2 系数。

2)送桩 6m 以内乘以 1.5 系数。

3)送桩 7m 以内乘以 2.0 系数。

4)送桩 7m 以上，以调整后 7m 为基础，每超过 1m 递增 0.75 系数。

(10)打桩机械的安装、拆除按《桥涵工程》第九章有关项目计算。打桩机械场外运输费按机械台班费用定额计算。

2. 打桩工程量计算规则

(1)打桩。将桩体打(压)入土层中的全过程称为打(压)桩。

1)钢筋混凝土方桩、板桩按桩长度(包括桩尖长度)乘以桩横断面面积计算。

2)钢筋混凝土管桩按桩长度(包括桩尖长度)乘以桩横断面面积，减去空心部分体积计算。

3)钢管桩按成品桩考虑，以 t 计算。

(2)焊接桩型钢用量可按实调整。

(3)送桩。当设计要求将桩顶面打入地面以下时，由于打桩机底架的阻碍，打桩机必须借助一根"冲桩"来完成将桩顶打入地面之下的这一全程就称为送桩。

1)陆上打桩时，以原地面平均标高增加 1m 为界线，界线以下至设计桩顶标高之间的打桩实体积为送桩工程量。

2)支架上打桩时，以当地施工期间的最高潮水位增加 0.5m 为界线，界线以下至设计桩顶标高之间的打桩实体积为送桩工程量。

3)船上打桩时，以当地施工期间的平均水位增加 1m 为界线，界线以下至设计桩顶标高之间的打桩实体积为送桩工程量。

3. 打桩工程常用名词释义

(1)桩和桩基础。通过一定的技术方法，将某种构件或材料事先打(压)或灌注入土壤之中，以达提高土壤承载能力的那些构件或材料所形成的凝固体，就叫作桩。

由桩和连接于桩顶的承台共同组成的结构体，则称为桩基础(图 6-11)。若桩身全部埋于土中，承台底面与土体接触，就称为低承台桩基础；若桩身上部露出地面而承台底位于地面以上，则称为高承台桩基础。建筑桩基一般多为低承台桩基础。

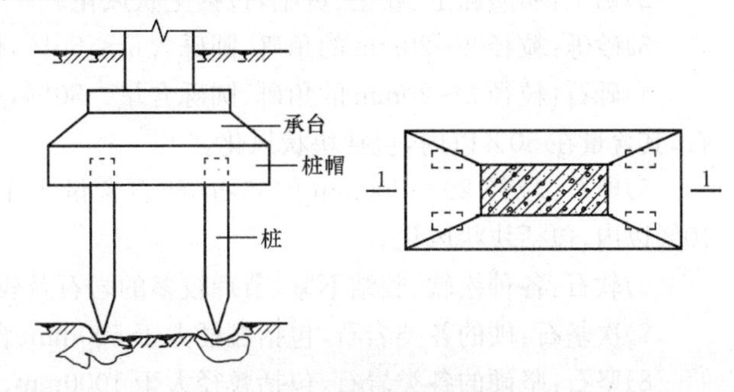

图 6-11　桩基础示意图

(2)接桩。将已经打(压)入土中桩的上顶端与需要继续打(压)另一根桩的下顶端采用硫磺胶法或铁件相连接在一起的这一过程，就称为接桩。

(3)送桩。由于打桩机底架的阻挡，桩的顶端采用另一根"冲桩"将桩打(压)入自然地面以下的过程称为送桩，如图 6-12 所示。

(4)钢筋混凝土管桩。将设计要求规格的钢管套在预制的钢筋混凝土桩尖(图6-13)上,将钢管打入设计规定深度后,将钢管徐徐拔出,放入钢筋筋骨,然后向桩孔中浇筑混凝土,这样形成的桩,就称为钢筋混凝土管桩,另外,还有预制管桩。

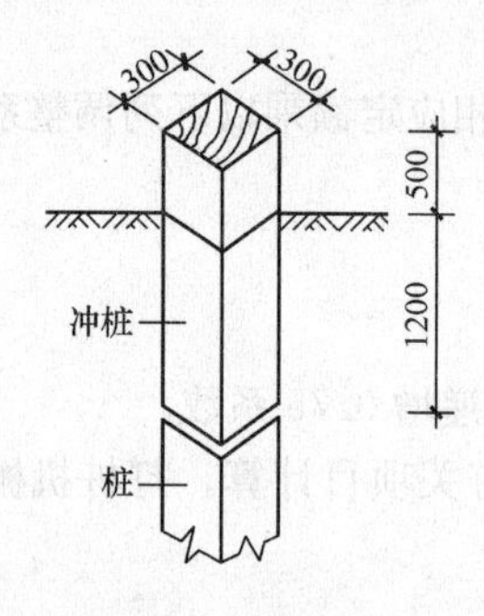

图6-12 送桩示意图

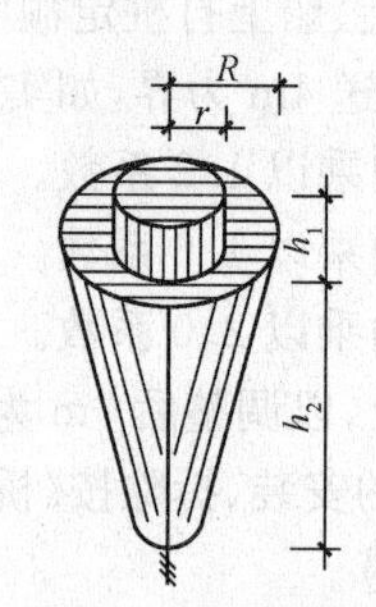

图6-13 桩尖示意图

(5)打钢管桩。将规定规格的钢管打入土中不拔出且管内有填料的桩,称为钢管桩。钢管桩通常为成品构件。

4. 打桩工程量计算举例

【例6-20】某市北三环高架桥基设计规定打钢筋混凝土管桩12根,钢管直径$DN=400$mm,壁厚4mm,桩深12m,试计算打桩工程量。

【解】$V=\pi r^2 HN=3.1416\times0.204^2\times12\times12=18.83(m^3)$

(二)钻孔灌注桩工程量计算

1. 钻孔灌注桩定额说明

(1)本章定额包括埋设护筒,人工挖孔、卷扬机带冲抓锥、冲击钻机、回旋钻机四种成孔方式及灌注混凝土等项目共7节104个子目。

(2)本章定额适用于桥涵工程钻孔灌注桩基础工程。

(3)本章定额钻孔土质分为8种:

1)砂土:粒径≯2mm的砂类土,包括淤泥、轻粉质黏土。

2)黏土:粉质黏土、黏土、黄土,包括土状风化。

3)砂砾:粒径2~20mm的角砾、圆砾含量≤50%,包括礓石黏土及粒状风化。

4)砾石:粒径2~20mm的角砾、圆砾含量>50%,有时还包括粒径为20~200mm的碎石、卵石,其含量在50%以内,包括块状风化。

5)卵石:粒径20~200mm的碎石、卵石含量大于10%,有时还包括块石、漂石,其含量在10%以内,包括块状风化。

6)软石:各种松软、胶结不紧、节理较多的岩石及较坚硬的块石土、漂石土。

7)次坚石:硬的各类岩石,包括粒径大于500mm、含量大于10%的较坚硬的块石、漂石。

8)坚石:坚硬的各类岩石,包括粒径大于1000mm、含量大于10%的坚硬的块石、漂石。

(4)成孔定额按孔径、深度和土质划分项目,若超过定额使用范围时,应另行计算。

(5)埋设钢护筒定额中钢护筒按摊销量计算,若在深水作业时,钢护筒无法拔出时,经建设单位签证后,可按钢护筒实际用量(或参考表6-13摊销量)减去定额数量一次增列计算,但该部分不得计取除税金外的其他费用。

表 6-13 钢护筒摊销量计算参考值

桩径(mm)	800	1000	1200	1500	2000
每米护筒重量(kg/m)	155.06	184.87	285.93	345.09	554.6

(6)灌注桩混凝土均考虑混凝土水下施工,按机械搅拌,在工作平台上导管倾注混凝土。定额中已包括设备(如导管等)摊销及扩孔增加的混凝土数量,不得另行计算。

(7)定额中未包括钻机场外运输、截除余桩、废泥浆处理及外运,其费用可另行计算。

(8)定额中不包括在钻孔中遇到障碍必须清除的工作,发生时另行计算。

(9)泥浆制作定额按普通泥浆考虑,若需采用膨润土,各省、自治区、直辖市可作相应调整。

2. 钻孔灌注桩工程量计算规则

(1)灌注桩成孔工程量按设计入土深度计算。定额中的孔深指护筒顶至桩底的深度,成孔定额中同一孔内的不同土质,不论其所在的深度如何,均执行总孔深定额。

(2)人工挖桩孔土方工程量按护壁外缘包围的面积乘以深度计算。

(3)灌注桩水下混凝土工程量按设计桩长增加 1.0m 乘以设计横断面面积计算。

(4)灌注桩工作平台按本册第九章有关项目计算。

(5)钻孔灌注桩钢筋笼按设计图纸计算,套用本册第四章钢筋工程有关项目。

(6)钻孔灌注桩需使用预埋铁件时,套用本册第四章钢筋工程有关项目。

3. 钻孔灌注桩名词释义

(1)人工挖桩孔。即采用人工开挖的桩孔,这种桩俗称大孔桩,主要适用于土质好、建筑物荷载不大的工程,挖土深度多为 3～5m,形状有圆、方之分。

(2)钻孔灌注桩。即用钻孔机钻出桩孔,再放入钢筋笼骨后浇筑混凝土的一种桩。钻孔灌注桩的种类较多,常见的主要有灰土挤密桩、水冲桩、砂石及砂、碎石桩等。

(3)回旋钻机钻孔。这是一种钻孔机的名称,即采用回旋钻孔机钻孔。回旋钻机分为正循环和反循环钻机两种,分别适用于黏性土、砂性土和风化岩等土质钻孔,是市政工程施工中常用的一种钻孔机械。

(4)冲击式钻机钻孔。亦称全套筒式冲抓钻机钻孔,它是通过钻机的冲、压、抓等方式取土成孔。

(5)卷扬机带冲抓锥冲孔。即由卷扬机带动的一种冲孔机械。其工作原理是:卷扬机升提时,抓土于孔外;卷扬机下降时,用锥冲孔,周而复地直至桩孔达到设计深度为止。

4. 钻孔灌注桩工程量计算举例

【例 6-21】 某市西稍门立交桥设计图示钻孔混凝土桩 8 个,桩孔直径 D 为 800mm,孔深 16.40m,试采用河南省 2002 年综合基价计算其价值及主要材料需要数量。

【解】 该题应分步计算如下:

(1)钻孔工程量　$L=16.40\times8=131.20$(m)　(定额号"3—156")

(2)灌注混凝土　$V=\pi R^2HN=3.1416\times0.4^2\times16.40\times8=65.95$(m^3)　(定额号"3—210")

(3)钢筋笼骨(见"钢筋工程")

(4)计算价值　$P=13.12\times1573.58+6.6\times3423.29$

$=20645.37+22593.71$

$=43239.08$(元)　(不完全价值)

(5)主要材料需要量　　混凝土 C20　　　$12.69\times6.6=83.75$(m^3)

注:计算式中"13.12"及"6.6"均为"131.20"及"65.95"的定额单位。

(三)砌筑工程工程量计算

1. 砌筑工程定额说明

《全国统一市政工程预算定额》第三册第三章砌筑工程有关问题说明如下：

(1)本章定额包括浆砌块石、料石、混凝土预制块和砖砌体等项目共5节21个子目。

(2)本章定额适用于砌筑高度在8m以内的桥涵砌筑工程。本章定额未列的砌筑项目，按第一册"通用项目"相应定额执行。

(3)砌筑定额中未包括垫层、拱背和台背的填充项目，如发生上述项目，可套用有关定额。

(4)拱圈底模定额中不包括拱盔和支架，可按本册第九章临时工程相应定额执行。

(5)定额中调制砂浆，均按砂浆拌和机拌和，如采用人工拌制时，定额不予调整。

2. 砌筑工程工程量计算规则

(1)砌筑工程量按设计砌体尺寸以"m^3"体积计算，嵌入砌体中的钢管、沉降缝、伸缩缝以及单孔面积0.3m^2以内的预留孔所占体积不予扣除。

(2)拱圈底模工程量按模板接触砌体的面积计算。

3. 砌筑工程名词释义

(1)块石。是指从天然岩体中开采出来的岩石，经加工、整形而成块状、并具有一定块度、强度、稳定性、可加工性以及装饰性能的天然岩石。

(2)浆砌块石。是指将容重1950kg/m^3的块石，采用水泥砂浆M10砌筑成墙体、墩台、拱圈等桥梁所需的砌体工程。

(3)料石。用天然岩石毛料加工成规定规格，用来砌筑墩台、护坡、台阶、挡墙、侧墙、拱圈等所需的石材。料石有粗、中、细之分，《全国统一市政工程预算定额》中所用的为细料石。

(4)浆砌料石。是指将一定规格的料石用水泥砂浆M10砌筑成市政桥涵工程中所需要的砌体——墩台、台阶、挡墙、缘石、栏杆，等等。

4. 砌筑工程工程量计算举例

【例6-22】 某市长乐门护城河桥采用300mm×300mm料石砌筑长25m，宽0.45m护栏压顶，试计算其工程量。

【解】 查建筑材料手册得知，300mm×300mm料石的厚度为50mm，则：

$$V=25\times0.45\times0.05\times2(\text{双侧})=1.125(m^3)$$

【例6-23】 "【例6-22】"护城河涵洞拱顶如图6-14所示，试计算拱圈底模工程量。

【解】 图示涵洞深(长)为7.00m，其余尺寸如图6-14所示。

查概预算工作手册知，拱圈底弧长$=\pi\dfrac{\theta}{180^\circ}R$。

故模板工程量为$F=L\times B=7.0\times3.14=219.91(m^2)$

式中　$3.14=\pi\dfrac{120^\circ}{180^\circ}\times1.5$

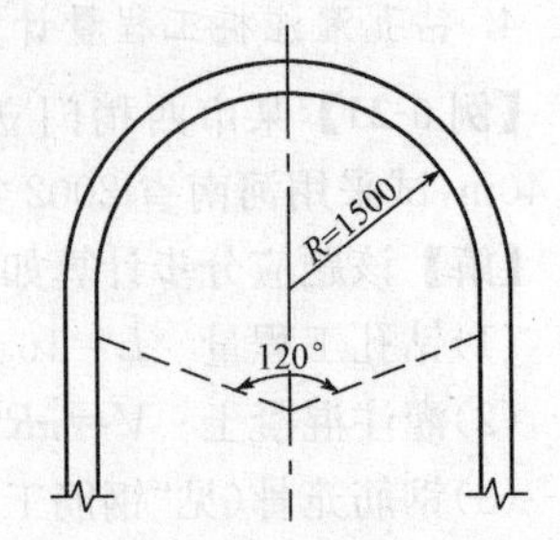

图6-14　涵洞拱圈底模计算图

(四)钢筋工程工程量计算

1. 钢筋工程定额说明

《全国统一市政工程预算定额》第三册第四章钢筋工程工程量计算有关问题说明于下：

(1)本章定额包括桥涵工程各种钢筋、高强钢丝、钢绞线、预埋铁件的制作安装等项目共 4 节 27 个子目。

(2)定额中钢筋按 $\phi10$ 以内及 $\phi10$ 以外两种分列，$\phi10$ 以内采用 Q235 钢，$\phi10$ 以外采用 16 锰钢，钢板均按 Q235 钢计列，预应力筋采用 HRB400 级钢、钢绞线和高强钢丝，因设计要求采用钢材与定额不符时，可予调整。

(3)因束道长度不等，故定额中未列锚具数量，但已包括锚具安装的人工费。

(4)先张法预应力筋制作、安装定额，未包括张拉台座，该部分可由各省、自治区、直辖市视具体情况另行规定。

(5)压浆管道定额中的铁皮管、波纹管均已包括套管及三通管安装费用，但未包括三通管费用，可另行计算。

(6)本章定额中钢绞线按 $\phi15.24$、束长在 40m 以内考虑，如规格不同或束长超过 40m 时，应另行计算。

2. 钢筋工程工程量计算规则

(1)钢筋按设计数量套用相应定额计算(损耗已包括在定额中)。设计未包括施工用筋经建设单位同意后可另计。

(2)T 型梁连接钢板项目按设计图纸，以"t"为单位计算。

(3)锚具工程量按设计用量乘以下列系数计算：

锥形锚：1.05；OVM 锚：1.05；墩头锚：1.00。

(4)管道压浆不扣除钢筋体积。

3. 钢筋工程工程量计算举例

【例 6-24】【例 6-21】桩基础钢筋骨如图 6-15 所示，试计算它的钢筋用量。

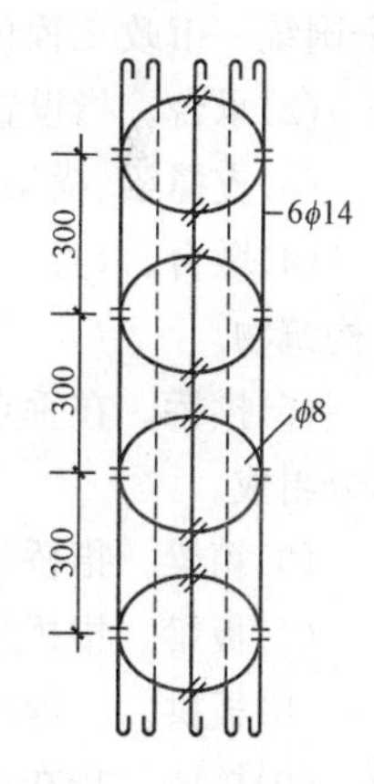

图 6-15　桩基钢笼骨

【解】 按照【例 6-21】已知条件(桩基 8 个，桩径 $D=800$mm，孔深 $H=16.4$m)及图 6-15 所示数据，分步计算如下：

(1)主立筋　$G_1=(16.4+12.5\times14\times6)\times6\times1.21\times8$

$=17.45\times6\times1.21\times8=1013.50$(kg)

(2)箍筋　$N=15.60\div0.30+1=53$(个)

$L=3.1416\times0.8+0.1$(搭头)$=2.613$(m)

$G_2=2.613\times53\times0.395\times8=437.63$(kg)

(3)合计　$G_z=G_1+G_2=1013.5+437.63=1451.26(kg)=1.451$(t)

注：上述第二步计算的"15.45"是桩深"16.40m－2×0.4"的值，"0.4"是两端箍筋距主筋末端的距离，即：400　400

(五)现浇混凝土工程工程量计算

1. 现浇混凝土工程定额说明

《全国统一市政工程预算定额》第三册第五章现浇混凝土工程工程量计算有关问题说明于下：

(1)本章定额包括基础、墩、台、柱、梁、桥面、接缝等项目共 14 节 76 个子目。

(2)本章定额适用于桥涵工程现浇各种混凝土构筑物。

(3)本章定额中嵌石混凝土的块石含量如与设计不同时,可以换算,但人工及机械不得调整。

(4)本章定额中均未包括预埋铁件,如设计要求预埋铁件时,可按设计用量套用本册第四章有关项目。

(5)承台分有底模及无底模二种,应按不同的施工方法套用本章相应项目。

(6)定额中混凝土按常用强度等级列出,如设计要求不同时可以换算。

(7)本章定额中模板以木模、工具式钢模为主(除防撞护栏采用定型钢模外)。若采用其他类型模板时,允许各省、自治区、直辖市进行调整。

(8)现浇梁、板等模板定额中均已包括铺筑底模内容,但未包括支架部分,如发生时可套用本册第九章有关项目。

2. 现浇混凝土工程工程量计算规则

(1)混凝土工程量按设计尺寸以实体积计算(不包括空心板、梁的空心体积),不扣除钢筋、铁丝、铁件、预留压浆孔道和螺栓所占的体积。

(2)模板工程量按模板接触混凝土的面积计算。

(3)现浇混凝土墙、板上单孔面积在 0.3m^2 以内的孔洞体积不予扣除,洞侧壁模板面积亦不再计算;单孔面积在 0.3m^2 以上时,应予扣除,洞侧壁模板面积并入墙、板模板工程量之内计算。

3. 现浇混凝土工程名词释义

(1)基础。位于建(构)筑物下部地坪以下,承受上部建(构)筑全部荷载的构件,称为基础。《全国统一市政工程预算定额》中的基础主要划分为毛石混凝土基础和混凝土基础两种。

(2)承台。指设置在桩顶部的承受墩身负荷的钢筋混凝土平台。

(3)支撑梁、横梁。指横跨在桥梁上部结构中的起承重作用的条形钢筋混凝土构筑物。

(4)墩台、台身。指位于桥梁两端并与路基相接,起承受上部结构重力和外来力的钢筋混凝土构筑物。

(5)拱桥。在垂直平面内,以拱作为上部结构承重构件的桥梁,由拱座、拱肋和拱上构件等三部分组成。

(6)箱梁。指桥梁上部结构的梁为空心状,一般分单室、双室和多室。

(7)板梁。指桥梁上部结构的梁为实心板状。

(8)板拱。一般指拱桥中用板状矩形截面做成的拱圈。

(9)挡墙。指在市政桥梁工程中,支撑墙后土体,使墙后两处地面保持一定交叉的结构物。

(10)混凝土接头。指在梁与梁之间、柱与柱之间或板梁之间浇筑的混凝土构筑物。

(11)模板和模板接触面。模板是使现浇和预制混凝土构件具有设计图示形状和尺寸的模型。由于这一模型是用某种材质板材制作成的,故称为模板。模板由板和支撑件两部分组成。模板按照所采用材料类别不同,可分为钢模板、木模板和复合木模板三种。

模板接触面,就是各类型构件浇筑混凝土时,混凝土能够接触到模板的地方。由于构件类型及形状的不同,模板接触面的多少也就不同,如方形柱有 6 个面,与模板需接触的仅为 4 个面(顶面与底面不接触模板),即使同类型构件,由于形状不同,需接触模板的面也不相同。例如,图 6-16(a)中的(1)、(2)同是条形基础,一个为 3 个接触面,另一个为 2 个接触面,等等。

混凝土及钢筋混凝土构件与模板接触面多少的确定方法,除应具备一定的施工知识外,主要是根据各类不同构件通过数数法来确定。

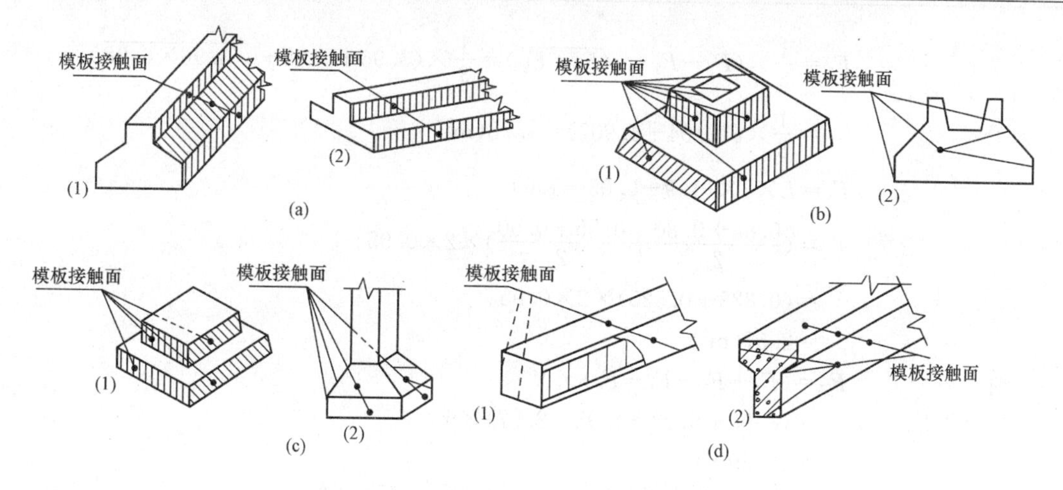

图 6-16 不同构件模板接触面计算示意图

(a)带形基础；(b)杯形基础；(c)独立基础；(d)矩形、T 形梁

注：上图中各引出线中的小黑点"·"均表示模板接触处。

4. 现浇混凝土工程工程量计算举例

【例 6-25】 某市解放路第二高架桥施工图标注杯形基础(图 6-17)共有 6 个，试计算该杯形基础模板接触面面积。

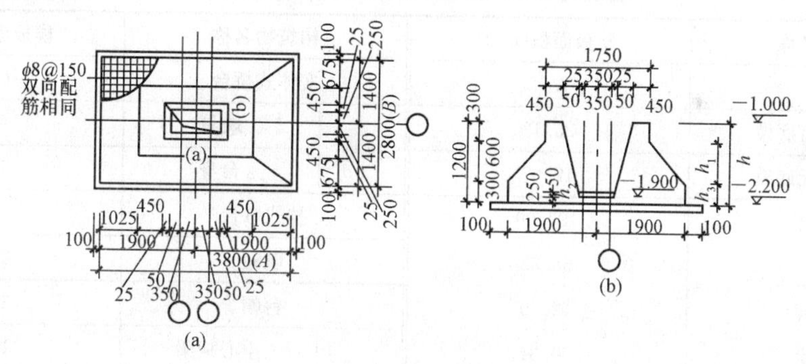

图 6-17 杯形基础施工图

(a)平面；(b)1—1 剖面

【解】 依据图 6-17 标注尺寸，该基础模板接触面面积分步计算如下：

(1)公式 $$F_{总}=(F_1+F_2+F_3+F_4)\times N$$

式中 $F_{总}$——杯形基础模板接触面面积(m^2)；

F_1——杯形基础底部模板接触面面积(m^2)$=(A+B)\times 2\times H_1$；

F_2——杯形基础上部模板接触面面积(m^2)$=(a+b)\times 2\times H_2$；

F_3——杯形基础中部棱台接触面面积(m^2)$=\frac{1}{3}\times(F_1+F_2+\sqrt{F_1\cdot F_2})$；

F_4——杯形基础杯口内壁接触面面积(m^2)$=\bar{L}\times H_3$；

N——杯形基础数量(个)。

(2)计算 $F_1=(A+B)\times 2\times H_1=(3.8+2.8)\times 2\times 0.3=3.96(m^2)$

$F_2=(a+b)\times 2\times(h-h_3+0.05-1.0)$

$=(1.75+1.45)\times 2\times(2.2-0.3+0.05-1.0)=6.40\times 0.95=6.08(m^2)$

$$F_3=\frac{1}{3}\times(F_1+F_2+\sqrt{F_1\cdot F_2})=\frac{1}{3}\times(3.96+6.08+\sqrt{3.96\times6.08})$$

$$=\frac{1}{3}\times(10.04+4.907)=4.98(\mathrm{m}^2)$$

$$F_4=L\times2\times(1.9+0.05-1.0)$$

$$=(\frac{0.85+0.80}{2}+\frac{0.55+0.50}{2})\times2\times0.95$$

$$=(0.825+0.525)\times2\times0.95$$

$$=2.57(\mathrm{m}^2)$$

则

$$F_{总}=(F_1+F_2+F_3+F_4)\times N$$

$$=(3.96+6.08+4.98+2.57)\times6$$

$$=17.59\times6$$

$$=105.54(\mathrm{m}^2)$$

(3)综合计算式 $V=ABH_3+\frac{h_2}{3}\times[A\times B+ab+\sqrt{(A\times B)\times(ab)}]+ab\times(h-h_1)$

“奇形怪状”的桥涵结构件，其工程量计算十分烦琐，为简化现浇混凝土模板接触面面积计算工作，可按构件的混凝土数量乘以表 6-14 参考数值计算。

表 6-14 现浇每 $10\mathrm{m}^3$ 混凝土模板接触面积参考值

构筑物名称		模板面积(m^2)	构筑物名称		模板面积(m^2)
基础		7.62	实体式桥台		14.99
承台	有底模	25.13	拱桥	墩身	9.98
	无底模	12.07		台身	7.55
支撑梁		100.00	挂式墩台		42.95
横梁		68.33	墩帽		24.52
轻型桥台		42.00	台帽		37.99
墩盖梁		30.31	板梁	空心板梁	15.18
台盖梁		32.96		空心板梁	55.07
拱座		17.76	板拱		38.41
拱肋		53.11	挡墙		16.08
拱上构件		123.66	接头	梁与梁	67.40
箱形梁	0 号块件	48.79		柱与柱	100.00
	悬浇箱梁	51.08		肋与肋	163.88
	支架上浇箱梁	53.87		拱上构件	133.33
板	矩形连续板	32.09	防撞栏杆		48.10
	矩形空心板	108.11	地梁、侧石、缘石		68.33

(六)预制混凝土工程工程量计算

1. 预制混凝土工程定额说明

《全国统一市政工程预算定额》第三册第六章预制混凝土工程，其含义主要是指各类混凝土构件的制作工程。所谓“预制混凝土工程”，是指按照施工图的技术要求，事先在施工现场或构件预制厂(场)将有关构件制作好的这一过程。关于预制混凝土工程的有关问题说明如下：

(1)本章定额包括预制桩、柱、板、梁及小型构件等项目共 8 节 44 个子目。

(2)本章定额适用于桥涵工程现场制作的预制构件。

(3)本章定额中均未包括预埋铁件，如设计要求预埋铁件时，可按设计用量套用本册第四章有关项目。

(4)本章定额不包括地模、胎模费用，需要时可按本册第九章临时工程有关定额计算。胎、地模的占用面积可由各省、自治区、直辖市另行规定。

2. 预制混凝土工程工程量计算规则

(1)混凝土工程量计算：

1)预制桩工程量按桩长度(包括桩尖长度)乘以桩横断面面积计算。

2)预制空心构件按设计图尺寸扣除空心体积，以实体积计算。空心板梁的堵头板体积不计入工程量内，其消耗量已在定额中考虑。

3)预制空心板梁，凡采用橡胶囊做内模的，考虑其压缩变形因素，可增加混凝土数量，当梁长在 16m 以内时，可按设计计算体积增加 7%，若梁长大于 16m 时，则增加 9%计算，如设计图已注明考虑橡胶囊变形时，不得再增加计算。

4)预应力混凝土构件的封锚混凝土数量并入构件混凝土工程量计算。

(2)模板工程量计算：

1)预制构件中预应力混凝土构件及 T 形梁、工形梁、双曲拱、桁架拱等构件均按模板接触混凝土的面积(包括侧模、底模)计算。

2)灯柱、端柱、栏杆等小型构件按平面投影面积计算。

3)预制构件中非预应力构件按模板接触混凝土的面积计算，不包括胎、地模。

4)空心板梁中空心部分，本定额均采用橡胶囊抽拔，其摊销量已包括在定额中，不再计算空心部分模板工程量。

5)空心板中空心部分，可按模板接触混凝土的面积计算工程量。

(3)预制构件中的钢筋混凝土桩、梁及小型构件，可按混凝土定额基价的 2%计算其运输、堆放、安装损耗，但该部分不计材料用量。

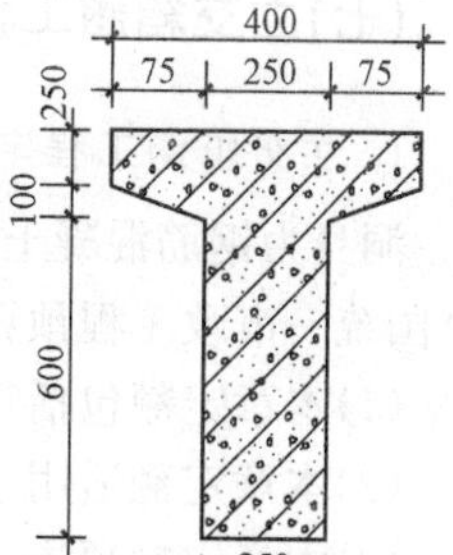

3. 预制混凝土工程工程量计算举例

图 6-18　T 形梁尺寸图

【例 6-26】 某市长虹路立交桥设计图示 T 形梁如图 6-18 所示，梁长 9m，设计用量 6 根，试计算混凝土工程量、模板工程量和主要材料消耗量。

【解】 该梁上述三项数量应分以下几步计算：

(1)混凝土体积

$$V=9\times(0.4\times\frac{0.25+0.25+0.1}{2}+0.6\times0.25)\times6$$

$$=9\times(0.12+0.15)\times6$$

$$=9\times0.27\times6$$

$$=14.58(\mathrm{m}^3)$$

定额号“3—350”

(2)模板接触面面积

$$S=9\times(0.25+0.6\times2+0.075\times2)\times6$$

=9×1.6×6=86.40(m^2)　　　定额号“3—351”

(3)主要材料耗用量　　混凝土C40　　14.58×1.015=14.80(m^3)

草袋　　14.58×1.997=29(个)

水　　14.58×1.368=19.96≈20(m^3)

板方材　　86.40×0.016=1.382(m^3)

实际工作中,预制通用构件混凝土,可从选用的通用图册中查得,不必重新计算。预制构件模板接触面积可按表6-15数值计算。

表6-15　　每10m^3预制混凝土模板接触面积

构件名称		模板面积(m^2)	构件名称	模板面积(m^2)
方桩		62.87	工形梁	115.97
板桩		50.58	槽形梁	79.23
立柱	矩形	36.19	箱形块件	63.15
	异形	44.99	箱形梁	66.41
	矩形	24.03	拱肋	150.34
板	空心	110.23	拱上构件	273.28
	微弯	92.63	桁架及拱片	169.32
T形梁		120.11	桁架拱联系梁	162.50
实心板梁		21.87	缘石、人行道板	27.40
空心板梁	10m以内	37.97	栏杆、端柱	368.30
	25m以内	64.17	板拱	38.41

(七)立交箱涵工程工程量计算

1. 立交箱涵工程定额说明

洞身为钢筋混凝土箱形截面的涵洞称为箱涵,而上下两层相交叉的箱涵,则称为立交箱涵。《全国统一市政工程预算定额》第三册第七章立交箱涵工程工程量计算相关问题说明于下:

(1)本章定额包括箱涵制作、顶进、箱涵内挖土等项目共7节36个子目。

(2)本章定额适用于穿越城市道路及铁路的立交箱涵顶进工程及现浇箱涵工程。

(3)本章定额顶进土质按Ⅰ、Ⅱ类土考虑,若实际土质与定额不同时,可由各省、自治区、直辖市进行调整。

(4)定额中未包括箱涵顶进的后靠背设施等,其发生费用另行计算。

(5)定额中未包括深基坑开挖、支撑及井点降水的工作内容,可套用有关定额计算。

(6)立交桥引道的结构及路面铺筑工程,根据施工方法套用有关定额计算。

2. 立交箱涵工程工程量计算规则

(1)箱涵滑板下的肋楞,其工程量并入滑板内计算。

(2)箱涵混凝土工程量,不扣除单孔面积0.3m^2以下的预留孔洞体积。

(3)顶柱、中继间护套及挖土支架均属专用周转性金属构件,定额中已按摊销量计列,不得重复计算。

(4)箱涵顶进定额分空顶、无中继间实土顶和有中继间实土顶三类,其工程量计算如下:

1)空顶工程量按空顶的单节箱涵重量乘以箱涵位移距离计算。

2)实土顶工程量按被顶箱涵的重量乘以箱涵位移距离分段累计计算。

(5)气垫只考虑在预制箱涵底板上使用,按箱涵底面积计算。气垫的使用天数由施工组织设计确定,但采用气垫后在套用顶进定额时应乘以0.7系数。

3. 立交箱涵工程工程量计算举例

【例6-27】 某市北四环道路穿越北客站铁路时,设计图规定采用箱涵无中继间实土顶,箱涵自重800t,顶进深度60m,试计算顶进深工程量及工程所在地预算直接工程费。

【解】 箱涵工程量计量单位是“1000t·m”,而工程所在地价目表显示,自重≤1000t·m的单价为2221.28元,其中人工费658.17元,材料费149.12元,机械费1413.99元,定额号“3—525”。现分别计算如下:

(1)计算工程量　　800t×60m=48000(t·m)

(2)计算直接工程费(由于计量单位不同,应先调整计量单位),故:

48000÷1000=48t·m/1000

48t·m/1000×2221.28元/1000t·m=106621.44(元)

人工费　48t·m/1000×658.17元/1000t·m=31592.16(元)

材料费　48t·m/1000×149.12元/1000t·m=7157.76(元)

机械费　48t·m/1000×1413.99元/1000t·m=67871.52(元)

(八)安装工程工程量计算

1. 安装工程工程定额说明

《全国统一市政工程预算定额》第三册第八章安装工程主要是指桥涵工程施工中各类预制构件安装。关于安装工程的有关问题说明如下:

(1)本章定额包括安装排架立柱、墩台管节、板、梁、小型构件、栏杆扶手、支座、伸缩缝等项目共13节90个子目。

(2)本章定额适用于桥涵工程混凝土构件的安装等项目。

(3)小型构件安装已包括150m场内运输,其他构件均未包括场内运输。

(4)安装预制构件定额中,均未包括脚手架,如需要用脚手架时,可套用第一册“通用项目”相应定额项目。

(5)安装预制构件,应根据施工现场具体情况,采用合理的施工方法,套用相应定额。

(6)除安装梁分陆上、水上安装外,其他构件安装均未考虑船上吊装,发生时可增计船只费用。

2. 安装工程工程量计算规则

(1)本章定额安装预制构件以m^3为计量单位的,均按构件混凝土实体积(不包括空心部分)计算。

(2)驳船不包括进出场费,其吨位单价由各省、自治区、直辖市确定。

3. 安装工程工程工程量计算举例

【例6-28】 某立交桥安装排架主柱12根,计$30m^3$,施工组织设计规定使用10t汽车起重机吊装,试计算其安装费。

【解】 该工程所在地为浙江省某市,故其安装费应使用该省2003年市政预算定单价计价如下：

$$821 \div 10 \times 30 \div 10 = 2463.00(元)$$

(九)临时工程工程量计算

1. 临时工程定额说明

《全国统一市政工程预算定额》第三册第九章临时工程有关问题说明如下：

(1)本章定额内容包括桩基础支架平台、木垛、支架的搭拆，打桩机械、船排、万能杆件的组拆，挂篮的安拆和推移，胎地模的筑拆及桩顶混凝土凿除等项目共10节40个子目。

(2)本章定额支架平台适用于陆上、支架上打桩及钻孔灌注桩。支架平台分陆上平台与水上平台两类，其划分范围由各省、自治区、直辖市根据当地的地形条件和特点确定。

(3)桥涵拱盔、支架均不包括底模及地基加固在内。

(4)组装、拆卸船排定额中未包括压舱费用。压舱材料取定为大石块，并按船排总吨位的30%计取(包括装、卸在内150m的二次运输费)。

(5)打桩机械锤重的选择见表6-16。

表6-16　　打桩机械锤重的选择

桩类别	桩长度(m)	桩截面积 $S(m^2)$ 或管径 $\phi(mm)$	柴油桩机锤重(kg)
钢筋混凝土方桩及板桩	$L \leqslant 8.00$	$S \leqslant 0.05$	600
	$L \leqslant 8.00$	$0.05 < S \leqslant 0.105$	1200
	$8.00 < L \leqslant 16.00$	$0.105 < S \leqslant 0.125$	1800
	$16.00 < L \leqslant 24.00$	$0.125 < S \leqslant 0.160$	2500
	$24.00 < L \leqslant 28.00$	$0.160 < S \leqslant 0.225$	4000
	$28.00 < L \leqslant 32.00$	$0.225 < S \leqslant 0.250$	5000
	$32.00 < L \leqslant 40.00$	$0.250 < S \leqslant 0.300$	7000
钢筋混凝土管桩	$L \leqslant 25.00$	$\phi 400$	2500
	$L \leqslant 25.00$	$\phi 550$	4000
	$L \leqslant 25.00$	$\phi 600$	5000
	$L \leqslant 50.00$	$\phi 600$	7000
	$L \leqslant 25.00$	$\phi 800$	5000
	$L \leqslant 50.00$	$\phi 800$	7000
	$L \leqslant 25.00$	$\phi 1000$	7000
	$L \leqslant 50.00$	$\phi 1000$	8000

注：钻孔灌注桩工作平台按管径 $\phi \leqslant 1000$，套用锤套1800kg打桩工作平台；$\phi > 1000$，套用锤重2500kg打桩工作平台。

(6)搭、拆水上工作平台定额中，已综合考虑了组装、拆卸船排及组装、拆卸打拔桩架工作内容，不得重复计算。

2. 临时工程工程量计算规则

(1)搭拆打桩工作平台面积计算：

1)桥梁打桩：　　$F = N_1 F_1 + N_2 F_2$

每座桥台(桥墩)：　　　　$F_1=(5.5+A+2.5)\times(6.5+D)$

每条通道：　　　　　　　$F_2=6.5\times[L-(6.5+D)]$

2)钻孔灌注桩：　　　　　$F=N_1F_1+N_2F_2$

每座桥台(桥墩)：　　　　$F_1=(A+6.5)\times(6.5+D)$

每条通道：　　　　　　　$F_2=6.5\times[L-(6.5+D)]$

式中　F——工作平台总面积；

F_1——每座桥台(桥墩)工作平台面积；

F_2——桥台至桥墩间或桥墩至桥墩间通道工作平台面积；

N_1——桥台和桥墩总数量；

N_2——通道总数量；

D——二排桩之间距离(m)；

L——桥梁跨径或护岸的第一根桩中心至最后一根桩中心之间的距离(m)；

A——桥台(桥墩)每排桩的第一根桩中心至最后一根桩中心之间的距离(m)。

(2)凡台与墩或墩与墩之间不能连续施工时(如不能断航、断交通或拆迁工作不能配合)，每个墩、台可计一次组装、拆卸柴油打桩架及设备运输费。

(3)桥涵拱盔、支架空间体积计算：

1)桥涵拱盔体积按起拱线以上弓形侧面积乘以(桥宽+2m)计算。

2)桥涵支架体积为结构底至原地面(水上支架为水上支架平台顶面)平均标高乘以纵向距离再乘以(桥宽+2m)计算。

3. 临时工程工程量计算举例

【例 6-29】洛阳市某市政桥涵工程采用锤重 1200kg 以内轨道式柴油打桩机施工，试计算打桩机组装与拆卸费为多少。

【解】查该省综合基价表定额号“3—531”为锤重 1200kg 以内定额，经核该定额与上述条件相符合，则应套用其基价计算。

$$1764.30\times(1+1)(\text{组装与拆卸各 1 次})=3528.60(\text{元})$$

(十)装饰工程工程量计算

1. 装饰工程的概念和作用

桥涵装饰工程，是指在工程技术与建筑艺术综合创作的基础上，对桥梁、涵洞进行局部或全部的修饰、打扮与妆饰、点缀的一种再创作的艺术活动。一言以蔽之，专为增加桥涵等构筑物的美观、耐用和防御自然侵蚀的工程就称为装饰工程。桥涵装饰工程，在市政工程建设和其他工程建设中，发挥着以下重要作用：

(1)具有丰富建筑设计和体现建筑艺术表现力的功能。

(2)具有保护建(构)筑物不受风、雨、雪、雹以及大气的直接侵蚀，达到延长建(构)筑物寿命的功能。

(3)具有创建典雅城市、人文城市、和谐城市的功能。

(4)具有美化城市环境、展示一个城市艺术魅力的功能。

(5)具有促进物质文明与精神文明建设的作用。

(6)具有弘扬祖国建筑文化和促进中西方建筑艺术交流的作用。

2. 装饰工程定额说明

《全国统一市政工程预算定额》第三册第十章装饰工程的有关问题说明如下：

(1)本章定额包括砂浆抹面、水刷石、剁斧石、拉毛、水磨石、镶贴面层、涂料、油漆等项目共8节46个子目。

(2)本章定额适用于桥、涵构筑物的装饰项目。

(3)镶贴面层定额中,贴面材料与定额不同时,可以调整换算,但人工与机械台班消耗量不变。

(4)水质涂料不分面层类别,均按本定额计算,由于涂料种类繁多,如采用其他涂料时,可以调整换算。

(5)水泥白石子浆抹灰定额,均未包括颜料费用,如设计需要颜料调制时,应增加颜料费用。

(6)油漆定额按手工操作计取,如采用喷漆时,应另行计算。定额中油漆种类与实际不同时,可以调整换算。

(7)定额中均未包括施工脚手架,发生时可按第一册"通用项目"相应定额执行。

3. 装饰工程工程量计算规则

本章定额除金属面油漆以t计算外,其余项目均按装饰面积计算。

【例6-30】 某市咸宁西路过人天桥圆形立柱直径 $D=1200\text{mm}$,高 $H=6.5\text{m}$,设计图示为四根,设计说明为水刷石面层,试计算它的装饰工程量。

【解】 根据上述已知条件及圆柱体侧表面积计算公式计算如下:

$$S=\pi DH=3.1416\times1.2\times6.5\times4=98.02(\text{m}^2)$$

四、隧道工程工程量计算

(一)隧道工程定额册说明

(1)《全国统一市政工程预算定额》第四册"隧道工程"(以下简称本定额),由岩石隧道和软土隧道二大部分组成,包括隧道开挖与出渣、临时工程、隧道内衬、隧道沉井、盾构法掘进、垂直顶升、地下连续墙、地下混凝土结构、地基加固、监测及金属构件制作,共10章544个子目。

(2)岩石隧道适用于城镇管辖范围内新建和扩建的各种车行隧道、人行隧道、给排水隧道及电缆(公用事业)隧道等工程。软土隧道适用于城镇管辖范围内新建和扩建的各种车行隧道、人行隧道、越江隧道、地铁隧道、给排水隧道及电缆(公用事业)隧道等工程。

(3)岩石隧道,次坚石岩石类别为Ⅶ至Ⅷ级,强度系数 $f=4\sim8$;普坚石岩石类别为Ⅸ至Ⅹ级,$f=8\sim12$,特坚石类别为Ⅺ至Ⅻ级,$f=12\sim18$;$f<4$ 及 $f>18$ 未编入本定额,如实际发生,可另编补充定额。软土隧道的围护土层指沿海地区细颗粒的软弱冲击土层,按土壤分类包括黏土、粉质黏土、淤泥质粉质黏土、淤泥质黏土、亚砂土、粉砂土和细砂。

(4)本定额按现有的施工方法、机械化程度及合理的劳动组织进行编制。除各章节另有规定外,均不得因具体工程的施工方法与定额不同而调整变更。

(5)本定额除岩石隧道井下掘进按每工日7小时,软土隧道盾构掘进、垂直顶升按每工日6小时外,其他均按每工日8小时工作制计算。

(6)隧道掘进下井津贴未列入定额,各地可根据定额用工和当地劳动保护标准,计算下井特殊津贴费,或调整隧道掘进人工工资单价。

(7)本定额中的现浇混凝土工程,岩石隧道采用现场拌制混凝土;软土隧道采用商品混凝土,预制混凝土构件采用厂拌混凝土。若实际采用混凝土与定额不同时,按各地规定调整。

(8)本定额中钢筋用量均不包括预埋铁件,预埋铁件按实另计。

(9)岩石隧道硐内其他工程,采用其他分册或其他全国统一定额的项目,其人工、机械乘以系数1.2。

(10)隧道内装饰工程套用有关定额相应项目。

(11)未尽事宜见各章节说明。

(二)本定额适用范围的划分及与其他全统市政定额的关系和界限

岩石层隧道定额所列子目包括的范围,只考虑了隧道内(以隧道洞口断面为界)的岩石开挖、运输和衬砌成型,以及在开挖、运输和衬砌成型的施工过程中必需的临时工程子目。至于进出隧道洞口的土石方开挖与运输(含仰坡)、进出隧道口两侧(不含洞门衬砌)的护坡、挡墙等应执行《全国统一市政工程预算定额》第一册"通用项目"的相应子目;岩石层隧道内的道路路面、各种照明(不含施工照明)、通过隧道的各种给排水管(不含施工用水管)等等,均应执行《全国统一市政工程预算定额》有关分册的相应子目。上述执行其他分册子目的情况,均应被视为岩石层隧道定额"缺项"来对待。因此,岩石层隧道与《全国统一市政工程预算定额》其他各册,乃至全国其他统一定额的关系、界限,应按以下原则确定,凡岩石层隧道定额项目中,所"缺项"的子目,首先执行《全国统一市政工程预算定额》其他有关册的相关子目,若还缺项目,可执行全国其他统一定额的相应子目或编制补充定额。岩石层隧道工程的洞内项目,执行其他(隧道外)分册或全国其他统一定额项目时,其定额的人工和机械应乘以系数1.2。

(三)本定额有关名词释义

1. 岩石层隧道工程部分

(1)隧道(井巷)。将地下或山体中的岩石,从岩体上破碎下来,将其岩面实施衬砌和进行必要的照明等安装后,形成具有供人行走、车辆行驶、水流、管道及电缆铺设、通风等使用功能的空间。

(2)平洞(平巷)。隧道设计轴线与水平线平行,或与水平线形成一个较小夹角的隧道。岩石隧道定额平洞的设计轴线与水平线的夹角为0°～5°。

(3)斜井。隧道设计轴线与水平线形成一个较大夹角的隧道。岩石隧道定额斜井设计轴线与水平线的夹角为15°～30°。

(4)竖井。隧道设计轴线垂直于水平线的隧道。

(5)开挖(掘进)。岩石隧道开挖,是将岩石从岩体上破碎下来,形成设计要求的空间。

(6)围岩。岩石隧道开挖,使其直径一般在开挖断面最大直径3～5倍范围内的岩体应力发生显著变化,通常将此范围的岩体称为围岩。

(7)衬砌(支护)。为防止岩石隧道开挖后,围岩发生过大的变形或破坏、垮塌而采取的维护措施。

(8)锚杆支护。在开挖后的岩面上,按设计要求的深度、间距和角度使用钻孔机向岩面钻孔,然后在孔内灌满砂浆后,插入锚杆,使砂浆、锚杆和岩石粘结为一体(砂浆锚杆),以制止或缓和岩体变形的继续发展,使岩体仍然保持相当大的承载能力(锚杆还有楔缝等其他形式)。

(9)喷射混凝土支护。按设计确定含有水泥、砂、石和速凝剂的喷射混凝土混合料进行搅拌(干拌),装入喷射机罐内,用压缩空气作动力,将喷射混凝土混合料经管道送入喷枪、加水,以较高的速度喷上洗净的岩面很快凝结硬化,达到稳定、维护岩面的目的。

(10)混凝土及钢筋混凝土衬砌。隧道开挖后的围岩很破碎、不稳定或有淋水、涌水等情况,必须采用混凝土或钢筋混凝土衬砌。混凝土或钢筋混凝土衬砌多采用直墙拱顶式，拱部将承受的顶压力传给边墙，使隧道形成一个稳定的空间。

(11)料石衬砌。隧道开挖后的围岩很破碎、不稳定或有淋水、涌水等情况，而隧道的跨径不大时，多采取料石衬砌。料石衬砌亦采用直墙拱顶式。拱部用一定规格的楔形料石和砌碹方法，直墙采用常用规格的料石砌筑。拱部将承受的顶压力传给边墙，使其形成稳定的空间。

(12)塌方。岩体在未开挖(掘进)之前，岩体内任意一点的应力都处于平衡状态；开挖后，岩体中出现空间，破坏了原来岩体的应力平衡状态，围岩应力就要重新分布，直到建立新的应力平衡为止。在建立新的应力平衡过程中，某些部位的应力超过岩体强度，使围岩有较大范围的破坏、膨胀而坍塌，这种现象称为塌方。

(13)处理塌方。为使开挖后隧道岩体应力维持平衡，对将要坍塌而尚未坍塌的岩石进行处理，对坍塌的岩体进行清理，采取某些使围岩保持长期稳定的衬砌措施等等，称为处理塌方。

(14)溶洞。是以岩溶水的溶蚀作用为主，间有潜蚀和机械塌陷作用而造成的近于水平方向延伸的洞穴称为溶洞。

(15)处理溶洞。当开挖的隧道穿过溶洞时，因溶洞而增加的清理溶洞异物、对溶洞空间的填筑、为稳定溶洞岩层应力平衡等进行必需的衬砌等等，称为处理溶洞。

(16)沉井。是软土地层建造地下构筑物的一种方法，即先在地面上浇筑一个上无盖、下无底的筒状结构物，采用机械挖土或水力冲洗泥的方法将井内的土取出，借助其自重下沉。下沉中井壁起着挡土防水作用。下沉到设计标高后，再封底板、加顶板，使之成为一个地下构筑物。

2. 软土层隧道工程部分

(1)盾构掘进。是软土地区采用盾构机械建造地下隧道的一种暗挖式施工方法。这种施工方法，有干式出土盾构掘进、水力出土盾构掘进、刀盘式土压平衡盾构掘进和刀盘式泥水平衡盾构掘进。例如，正在建设中的西安市地铁二号线(张家堡至尤家庄段)就是由日本量身定做制造的“土压平衡”盾构机施工。

(2)地下连续墙。是软土地层建造地下构筑物或挡土墙的一种方法，施工时采用分幅施工，先挖槽同时注入护壁泥浆，再放钢筋笼，最后用水下混凝土置换出泥浆，形成一幅地下混凝土墙，逐段连续施工连接成地下连续墙。采用大厚度地下连续墙深基坑大面积开挖等施工方法，是改革开放后出现的一种新技术。

(3)压密注浆与分层注浆。是软土地基加固土体、提高土体承载力的一种方法。施工时采用钻孔放入注浆管，用压力泵将浆液注入地基孔隙，以提高土体强度。压密注浆是指渗入性注浆，当土壤渗透困难时，就需要采用劈裂注浆，即提高注浆压力，使土体发生剪切裂缝，浆液沿裂缝面渗入土体，因开挖后浆材与土体形成一层层间隔，所以又称分层注浆。

(四)本定额分部工程量计算说明

1. 隧道开挖与出渣工程说明

(1)本定额的岩石分类，见表4-6。

(2)平硐全断面开挖4m² 以内和斜井、竖井全断面开挖5m² 以内的最小断面不得＜2m²，如果实际施工中，断面＜2m² 和平硐全断面开挖的断面＞100m²，斜井全断面开挖的断面＞20m²，竖井全断面开挖断面＞25m² 时，各省、自治区、直辖市可另编补充定额。

(3)平硐全断面开挖的坡度在5°以内；斜井全断面开挖的坡度在15°～30°范围内。平硐开挖与出渣定额，适用于独头开挖和出渣长度在500m内的隧道。斜井和竖井开挖与出渣定额，适用于长度在50m内的隧道。硐内地沟开挖定额，只适用于硐内独立开挖的地沟，非独立开挖地沟不得执行本定额。

(4)开挖定额均按光面爆破制定，如采用一般爆破开挖时，其开挖定额应乘以系数0.935。

(5)平硐各断面开挖的施工方法，斜井的上行和下行开挖，竖井的正井和反井开挖，均已综合考虑，施工方法不同时，不得换算。

(6)爆破材料仓库的选址由公安部门确定，2km内爆破材料的领退运输用工已包括在定额内，超过2km时，其运输费用另行计算。

(7)出渣定额中，岩石类别已综合取定，石质不同时不予调整。

(8)平硐出渣“人力、机械装渣，轻轨斗车运输”子目中，重车上坡，坡度在2.5%以内的工效降低因素已综合在定额内，实际在2.5%以内的不同坡度，定额不得换算。

(9)斜井出渣定额，是按向上出渣制定的，若采用向下出渣时，可执行本定额，若从斜井底通过平硐出渣时，其平硐段的运输应执行相应的平硐出渣定额。

(10)斜井和竖井出渣定额，均包括硐口外50m内的人工推斗车运输，若出硐口后运距超过50m，运输方式也与本运输方式相同时，超过部分可执行平硐出渣、轻轨斗车运输，每增加50m运距的定额，若出硐后，改变了运输方式，应执行相应的运输定额。

(11)本定额是按无地下水制定的(不含施工湿式作业积水)，如果施工出现地下水时，积水的排水费和施工的防水措施费，另行计算。

(12)隧道施工中出现塌方和溶洞时，由于塌方和溶洞造成的损失(含停工、窝工)及处理塌方和溶洞发生的费用，另行计算。

(13)隧道工程硐口的明槽开挖执行第一册“通用项目”土石方工程的相应开挖定额。

(14)各开挖子目，是按电力起爆编制的，若采用火雷管导火索起爆时，可按如下规定换算：电雷管换为火雷管，数量不变，将子目中的两种胶质线扣除，换为导火索，导火索的长度按每个雷管2.12m计算。

2. 临时工程说明

(1)本定额适用于隧道硐内施工所用的通风、供水、压风、照明、动力管线以及轻便轨道线路的临时性工程。

(2)本定额按年摊销量计算，一年内不足一年按一年计算，超过一年按每增一季定额增加，不足一季(3个月)按一季计算(不分月)。

3. 隧道内衬说明

(1)现浇混凝土及钢筋混凝土边墙，拱部均考虑了施工操作平台，竖井采用的脚手架，已综合考虑在定额内，不另计算。喷射混凝土定额中未考虑喷射操作平台费用，如施工中需搭设操作平台时，执行喷射平台定额。

(2)混凝土及钢筋混凝土边墙、拱部衬砌，已综合了先拱后墙、先墙后拱的衬砌比例，因素不同时，不另计算。边墙如为弧形时，其弧形段每$10m^3$衬砌体积按相应定额增加人工1.3工日。

(3)定额中的模板是以钢拱架、钢模板计算的，如实际施工的拱架及模板不同时，可按各地区规定执行。

(4)定额中的钢筋是以机制手绑、机制电焊综合考虑的(包括钢筋除锈)，实际施工不同时，不做调整。

(5)料石砌拱部，不分拱跨大小和拱体厚度均执行定额。

(6)隧道内衬施工中,凡处理地震、涌水、流砂、坍塌等特殊情况所采取的必要措施,必须做好签证和隐蔽验收手续,所增加的人工、材料、机械等费用,另行计算。

(7)定额中,采用混凝土输送泵浇筑混凝土或商品混凝土时,按各地区的规定执行。

4. 隧道沉井工程说明

(1)本章预算定额包括沉井制作、沉井下沉、封底、钢封门安拆等共 13 节 45 个子目。

(2)本章预算定额适用于软土隧道工程中采用沉井方法施工的盾构工作井及暗埋段连续沉井。

(3)沉井定额按矩形和圆形综合取定,无论采用何种形状的沉井,定额不做调整。

(4)定额中列有几种沉井下沉方法,套用何种沉井下沉定额由批准的施工组织设计确定。挖土下沉不包括土方外运费,水力出土不包括砌筑集水坑及排泥水处理。

(5)水力机械出土下沉及钻吸法吸泥下沉等子目均包括井内、外管路及附属设备的费用。

5. 盾构法掘进工程说明

(1)本章定额包括盾构掘进、衬砌拼装、压浆、管片制作、防水涂料、柔性接缝环、施工管线路拆除以及负环管片拆除等共 33 节 139 个子目。

(2)本章定额适用于采用国产盾构掘进机,在地面沉降达到中等程度(盾构在砖砌建筑物下穿越时允许发生结构裂缝)的软土地区隧道施工。

(3)盾构及车架安装是指现场吊装及试运行,适用于 ϕ7000 以内的隧道施工,拆除是指拆卸装车。ϕ7000 以上盾构及车架安拆按实计算。盾构及车架场外运输费按实另计。

(4)盾构掘进机选型,应根据地质报告,隧道复土层厚度、地表沉降量要求及掘进机技术性能等条件,由批准的施工组织设计确定。

(5)盾构掘进在穿越不同区域土层时,根据地质报告确定的盾构正掘面含砂性土的比例,按表 6-17 系数调整该区域的人工、机械费(不含盾构的折旧及大修理费)。

表 6-17　　盾构掘进在穿越不同区域土层人工、机械调整系数

盾构正掘面土质	隧道横截面含砂性土比例	调整系数
一般软黏土	≤25%	1.0
黏土夹层砂	25%~50%	1.2
砂性土(干式出土盾构掘进)	>50%	1.5
砂性土(水力出土盾构掘进)	>50%	1.3

(6)盾构掘进在穿越密集建筑群、古文物建筑或堤防、重要管线时,对地表升降有特殊要求者,按表 6-18 系数调整该区域的掘进人工、机械费(不含盾构的折旧及大修理费)。

表 6-18　　盾构掘进在穿越对地表升降有特殊要求时人工、机械调整系数

<table>
<tr><th rowspan="2">盾构直径(mm)</th><th colspan="4">允许地表升降量(mm)</th></tr>
<tr><th>±250</th><th>±200</th><th>±150</th><th>±100</th></tr>
<tr><td>ϕ≥7000</td><td>1.0</td><td>1.1</td><td>1.2</td><td></td></tr>
<tr><td>ϕ<7000</td><td></td><td></td><td>1.0</td><td>1.2</td></tr>
</table>

注:1. 允许地表升降量是指复土层厚度>1 倍盾构直径处的轴线上方地表升降量。

2. 如第(5)、(6)条所列两种情况同时发生时,调整系数相加减 1 计算。

(7)采用干式出土掘进,其土方以吊出井口装车止。采用水力出土掘进,其排放的泥浆水以送至沉淀池止，水力出土所需的地面部分取水、排水的土建及土方外运费用另计。水力出土掘进用水按取用自然水源考虑，不计水费，若采用其他水源需计算水费时可另计。

(8)盾构掘进定额中已综合考虑了管片的宽度和成环块数等因素，执行定额时不得调整。

(9)盾构掘进定额中含贯通测量费用，不包括设置平面控制网、高程控制网、过江水准及方向、高程传递等测量，如发生时费用另计。

(10)预制混凝土管片采用高精度钢模和高强度等级混凝土，定额中已含钢模摊销费，管片预制场地费另计，管片场外运输费另计。

6. 垂直顶升工程说明

(1)本章预算定额包括顶升管节、复合管片制作、垂直顶升设备安拆、管节垂直顶升、阴极保护安装及滩地揭顶盖等共 6 节 21 个子目。

(2)本章预算定额适用于管节外壁断面＜$4m^2$、每座顶升高度＜10m 的不出土垂直顶升。

(3)预制管节制作混凝土已包括内模摊销费及管节制成后的外壁涂料。管节中的钢筋已归入顶升钢壳制作的子目中。

(4)阴极保护安装不包括恒电位仪、阳极、参比电极的原值。

(5)滩地揭顶盖只适用于滩地水深不超过 0.5m 的区域，本定额未包括进出水口的围护工程，发生时可套用相应定额计算。

7. 地下连续墙工程说明

(1)本章预算定额包括导墙、挖土成槽、钢筋笼制作吊装、锁口管吊拔、浇捣连续墙混凝土、大型支撑基坑土方及大型支撑安装、拆除等共 7 节 29 个子目。

(2)本章预算定额适用于在黏土、砂土及冲填土等软土层地下连续墙工程，以及采用大型支撑围护的基坑土方工程。

(3)地下连续墙成槽的护壁泥浆采用比重为 1.055 的普通泥浆。若需取用重晶石泥浆可按不同比重泥浆单价进行调整。护壁泥浆使用后的废浆处理另行计算。

(4)钢筋笼制作包括台模摊销费，定额中预埋件用量与实际用量有差异时允许调整。

(5)大型支撑基坑开挖定额适用于地下连续墙、混凝土板桩、钢板桩等作围护的跨度大于 8m 的深基坑开挖。定额中已包括湿土排水，若需采用井点降水或支撑安拆需打拔中心稳定桩等，其费用另行计算。

(6)大型支撑基坑开挖由于场地狭小只能单面施工时，挖土机械按表 6-19 调整。

表 6-19　　挖土机械单面施工机械调整表

宽　度	两边停机施工	单边停机施工
基坑宽 15m 内	15t	25t
基坑宽 15m 外	25t	40t

8. 地下混凝土结构工程说明

(1)本章预算定额包括护坡、地梁、底板、墙、柱、梁、平台、顶板、楼梯、电缆沟、侧石、弓形底板、支承墙、内衬侧墙及顶内衬、行车道槽形板以及隧道内车道等地下混凝土结构共 11 节 58 个子目。

(2)本章预算定额适用于地下铁道车站、隧道暗埋段、引道段沉井内部结构、隧道内路面及现浇内衬混凝土工程。

(3)定额中混凝土浇捣未含脚手架费用。

(4)圆形隧道路面以大型槽形板作底模,如采用其他形式时定额允许调整。

(5)隧道内衬施工未包括各种滑模、台车及操作平台费用,可另行计算。

9. 地基加固、监测工程说明

(1)本章定额分为地基加固和监测二部分共7节59个子目,地基加固包括分层注浆、压密注浆、双重管和三重管高压旋喷,监测包括地表和地下监测孔布置、监控测试等。

(2)本章定额按软土地层建筑地下构筑物时采用的地基加固方法和监测手段进行编制。地基加固是控制地表沉降,提高土体承载力,降低土体渗透系数的一个手段。适用于深基坑底部稳定、隧道暗挖法施工和其他建筑物基础加固等。监测是地下构筑物建造时,反映施工对周围建筑群影响程度的测试手段。本定额适用于建设单位确认需要监测的工程项目,包括监测点布置和监测两部分,监测单位需及时向建设单位提供可靠的测试数据,工程结束后监测数据立案成册。

(3)分层注浆加固的扩散半径为0.8m,压密注浆加固半径为0.75m,双重管、三重管高压旋喷的固结半径分别为0.4m、0.6m。浆体材料(水泥、粉煤灰、外加剂等)用量按设计含量计算,若设计未提供含量要求时,按批准的施工组织设计计算。检测手段只提供注浆前后N值之变化。

(4)本定额不包括泥浆处理和微型桩的钢筋费用,为配合土体快速排水需打砂井的费用另计。

10. 金属构件制作工程说明

(1)本定额包括顶升管片钢壳、钢管片、顶升止水框、联系梁、车架、走道板、钢跑板、盾构基座、钢围令、钢闸墙、钢轨枕、钢支架、钢扶梯、钢栏杆、钢支撑、钢封门等金属构件的制作共8节26个子目。

(2)本定额适用于软土层隧道施工中的钢管片、复合管片钢壳及盾构工作井布置、隧道内施工用的金属支架、安全通道、钢闸墙、垂直顶升的金属构件以及隧道明挖法施工中大型支撑等加工制作。

(3)本章预算价格仅适用于施工单位加工制作,需外加工者则按实结算。

(4)本定额钢支撑按ϕ600考虑,采用12mm钢板卷管焊接而成,若采用成品钢管时定额不做调整。

(5)钢管片制作已包括台座摊销费,侧面环板燕尾槽加工不包括在内。

(6)复合管片钢壳包括台模摊销费,钢筋在复合管片混凝土浇捣子目内。

(7)构件制作均按焊接计算,不包括安装螺栓在内。

(五)本定额分部工程量计算规则

1. 隧道开挖与出渣工程工程量计算规则

(1)隧道的平硐、斜井和竖井开挖与出渣工程量,按设计图开挖断面尺寸,另加允许超挖量以m^3计算。本定额光面爆破允许超挖量,拱部为15cm,边墙为10cm,若采用一般爆破,其允许超挖量,拱部为20cm,边墙为15cm。

(2)隧道内地沟的开挖和出渣工程量,按设计断面尺寸,以m^3计算,不得另行计算允许超挖量。

(3)平硐出渣的运距,按装渣重心至卸渣重心的直线距离计算,若平硐的轴线为曲线时,硐内段的运距按相应的轴线长度计算。

(4)斜井出渣的运距，按装渣重心至斜井口摘钩点的斜距离计算。

(5)竖井的提升运距，按装渣重心至井口吊斗摘钩点的垂直距离计算。

2. 临时工程工程量计算规则

(1)粘胶布通风筒及铁风筒按每一硐口施工长度减 30m 计算。

(2)风、水钢管按硐长加 100m 计算。

(3)照明线路按硐长计算，如施工组织设计规定需要安双排照明时，应按实际双线部分增加。

(4)动力线路按硐长加 50m 计算。

(5)轻便轨道以施工组织设计所布置的起、止点为准，定额为单线，如实际为双线应加倍计算，对所设置的道岔，每处按相应轨道折合 30m 计算。

(6)硐长＝主硐＋支硐(均以硐口断面为起止点，不含明槽)。

3. 隧道内衬工程工程量计算规则

(1)隧道内衬现浇混凝土和石料衬砌的工程量，按施工图所示尺寸加允许超挖量(拱部为 15cm，边墙为 10cm)以 m^3 计算，混凝土部分不扣除 $0.3m^2$ 以内孔洞所占体积。

(2)隧道衬砌边墙与拱部连接时，以拱部起拱点的连线为分界线，以下为边墙，以上为拱部。边墙底部的扩大部分工程量(含附壁水沟)，应并入相应厚度边墙体积内计算。拱部两端支座，先拱后墙的扩大部分工程量，应并入拱部体积内计算。

(3)喷射混凝土数量及厚度按设计图计算，不另增加超挖、填平补齐的数量。

(4)喷射混凝土定额配合比，按各地区规定的配合比执行。

(5)混凝土初喷 5cm 为基本层，每增 5cm 按增加定额计算，不足 5cm 按 5cm 计算，若做临时支护可按一个基本层计算。

(6)喷射混凝土定额已包括混合料 200m 运输，超过 200m 时，材料运费另计。运输吨位按初喷 5cm 拱部 $26t/100m^2$，边墙 $23t/100m^2$；每增厚 5cm 拱部 $16t/100m^2$，边墙 $14t/100m^2$。

(7)锚杆按 $\phi22$ 计算，若实际不同时，定额人工、机械应按表 6-20 中所列系数调整，锚杆按净重计算不加损耗。

表 6-20　　人工机械调整系数

锚杆直径	$\phi28$	$\phi25$	$\phi22$	$\phi20$	$\phi18$	$\phi26$
调整系数	0.62	0.78	1	1.21	1.49	1.89

(8)钢筋工程量按图示尺寸以 t 计算。现浇混凝土中固定钢筋位置的支撑钢筋、双层钢筋用的架立筋(铁马)，伸出构件的锚固钢筋均按钢筋计算，并入钢筋工程量内。钢筋的搭接用量：设计图纸已注明的钢筋接头，按图纸规定计算；设计图纸未注明的通长钢筋接头，$\phi25$ 以内的，每 8m 计算 1 个接头，$\phi25$ 以上的，每 6m 计算 1 个接头，搭接长度按规范计算。

(9)模板工程量按模板与混凝土的接触面积以 m^2 计算。

(10)喷射平台工程量，按实际搭设平台的最外立杆(或最外平杆)之间的水平投影面积以 m^2 计算。

4. 隧道沉井工程工程量计算规则

(1)沉井工程的井点布置及工程量，按批准的施工组织设计计算，执行第一册“通用项目”相应定额。

(2)基坑开挖的底部尺寸,按沉井外壁每侧加宽 2.0m 计算,执行第一册"通用项目"中的基坑挖土定额。

(3)沉井基坑砂垫层及刃脚基础垫层工程量按批准的施工组织设计计算。

(4)刃脚的计算高度,从刃脚踏面至井壁外凸口计算,如沉井井壁没有外凸口时,则从刃脚踏面至底板顶面为准。底板下的地梁并入底板计算。框架梁的工程量包括切入井壁部分的体积。井壁、隔墙或底板混凝土中,不扣除单孔面积 0.3m^3 以内的孔洞所占体积。

(5)沉井制作的脚手架安、拆,不论分几次下沉,其工程量均按井壁中心线周长与隔墙长度之和乘以井高计算。

(6)沉井下沉的土方工程量,按沉井外壁所围的面积乘以下沉深度(预制时刃脚底面至下沉后设计刃脚底面的高度),并分别乘以土方回淤系数计算。回淤系数,排水下沉深度大于 10m 为 1.05;不排水下沉深度>15m 为 1.02。

(7)沉井触变泥浆的工程量,按刃脚外凸口的水平面积乘以高度计算。

(8)沉井砂石料填心、混凝土封底的工程量,按设计图纸或批准的施工组织设计计算。

(9)钢封门安、拆工程量,按施工图用量计算。钢封门制作费另计,拆除后应回收 70%的主材原值。

5. 盾构掘进工程量计算规则

(1)掘进过程中的施工阶段划分。

1)负环段掘进:从拼装后靠管片起至盾尾离开出洞井内壁止。

2)出洞段掘进:从盾尾离开出洞井内壁至盾尾离开出洞井内壁 40m 止。

3)正常段掘进:从出洞段掘进结束至进洞段掘进开始的全段掘进。

4)进洞段掘进:按盾构切口距进洞进外壁 5 倍盾构直径的长度计算。

(2)掘进定额中盾构机按摊销考虑,若遇下列情况时,可将定额中盾构掘进机台班内的折旧费和大修理费扣除,保留其他费用作为盾构使用费台班进入定额,盾构掘进机费用按不同情况另行计算。

1)顶端封闭采用垂直顶升方法施工的给排水隧道。

2)单位工程掘进长度≤800m 的隧道。

3)采用进口或其他类型盾构机掘进的隧道。

4)由建设单位提供盾构机掘进的隧道。

(3)衬砌压浆量根据盾尾间隙,由施工组织设计确定。

(4)柔性接缝环适合于盾构工作井洞门与圆隧道接缝处理,长度按管片中心圆周长计算。

(5)预制混凝土管片工程量按实体积加 1%损耗计算,管片试拼装以每 100 环管片拼装 1 组(3 环)计算。

6. 垂直顶升工程工程量计算规则

(1)复合管片不分直径,管节不分大小,均执行本定额。

(2)顶升车架及顶升设备的安拆,以每顶升一组出口为安拆一次计算。顶升车架制作费按顶升一组摊销 50%计算。

(3)顶升管节外壁如需压浆时,则套用分块压浆定额计算。

(4)垂直顶升管节试拼装工程量按所需顶升的管节数计算。

7. 地下连续墙工程量计算规则

(1)地下连续墙成槽土方量按连续墙设计长度、宽度和槽深(加超深 0.5m)计算。混凝土浇注量同连续墙成槽土方量。

(2)锁口管及清底置换以“段”为单位(段指槽壁单元槽段)，锁口管吊拔按连续墙段数加1段计算，定额中已包括锁口管的摊销费用。

8. 地下混凝土结构工程工程量计算规则

(1)现浇混凝土工程量按施工图计算，不扣除单孔面积0.3m^3以内的孔洞所占体积。

(2)有梁板的柱高，自柱基础顶面至梁、板顶面计算，梁高以设计高度为准。梁与柱交接，梁长算至柱侧面(即柱间净长)。

(3)结构定额中未列预埋件费用，可另行计算。

(4)隧道路面沉降缝、变形缝按第二册“道路工程”相应定额执行，其人工、机械乘以系数1.1。

9. 地基加固、监测工程量计算规则

(1)地基注浆加固以“孔”为单位的子目，定额按全区域加固编制，若加固深度与定额不同时可内插计算；若采取局部区域加固，则人工和钻机台班不变，材料(注浆阀管除外)和其他机械台班按加固深度与定额深度同比例调减。

(2)地基注浆加固以“m^3”为单位的子目，已按各种深度综合取定，工程量按加固土体的体积计算。

(3)监测点布置分为地表和地下两部分，其中地表测孔深度与定额不同时可内插计算。工程量由施工组织设计确定。

(4)监控测试以一个施工区域内监控3项或6项测定内容划分步距，以“组日”为计量单位，监测时间由施工组织设计确定。

10. 金属构件制作工程量计算规则

(1)金属构件的工程量按设计图纸的主材(型钢，钢板、方、圆钢等)的重量以t计算，不扣除孔眼、缺角、切肢、切边的重量。圆形和多边形的钢板按作方(m^2)计算。

(2)支撑的活络头、固定头和本体组成，本体按固定头单价计算(即定额编号“4—543”单价计算)。

(六)本册定额分部工程量计算举例

【例6-31】 试计算图6-19所示隧道拱顶内混凝土工程量。

【解】 该隧道设计图示长度L=12000mm，其余尺寸如图6-19所示。该拱顶内衬工程量体积计算可用公式表示为：

$$V=abLK$$

式中　a——拱顶内衬厚度(本例δ=200mm)；

b——隧道中心线跨度(本例B=24000mm)；

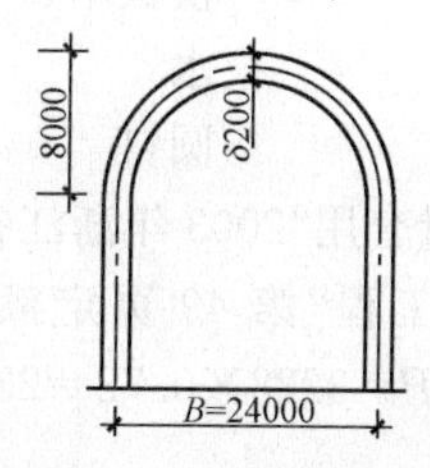

图6-19　隧道内衬尺寸图

L——隧道拱顶长度(本例 L=12000mm);

K——隧道拱顶延长系数(本例矢高 8000mm,跨度 24000mm,故 $f=\frac{8}{24}=\frac{1}{3}$,查表 6-21 得其系数为 1.27)。

将已知数值代入计算式运算得 $V=12.00\times24.00\times0.20\times1.27=73.15(m^3)$

表 6-21　拱顶延长系数 K 值

矢高/弦长	$\frac{1}{2}$	$\frac{1}{3}$	$\frac{1}{4}$	$\frac{1}{5}$	$\frac{1}{6}$	$\frac{1}{7}$	$\frac{1}{8}$	$\frac{1}{9}$	$\frac{1}{10}$
系数 K	1.57	1.27	1.16	1.10	1.07	1.05	1.04	1.03	1.02

【例 6-32】 某隧道沉井基坑 6 个挖土方工程如图 6-20 所示,试计算挖土工程量。

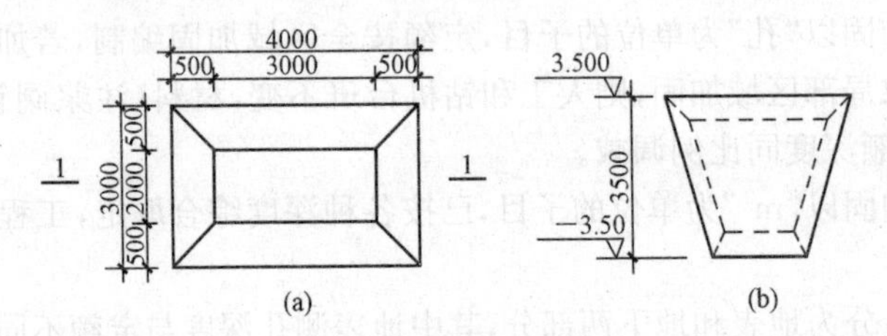

图 6-20　沉井基坑尺寸图

(a)平面;(b)剖面

【解】 隧道沉井基坑挖土工程量计算规则称,"基坑开挖的底部尺寸,按沉井外壁每侧加宽 2.0m 计算",但该工程已作了图 6-20所示设计,故按设计图示尺寸计算工程量,不再按工程量计算规则规定每侧加宽 2.0m 尺寸计算。同时,按照施工组织设计和地质勘察报告显示,该基坑由人工开挖,土质三类土,所以应取放坡系数 1∶0.33 计算如下:

$$V=[(4.0+3.5\times0.33)\times(3.0+3.5\times0.33)\times3.50+\frac{1}{3}\times0.33^2\times3.5^3]\times6$$

$$=[5.155\times4.155\times3.50+1.556]\times6=459.14(m^3)$$

【例 6-33】 若【例 6-32】"基坑图示垫层为 100mm 厚,试计算其工程量和主要材料耗用量。

【解】 垫层工程量计量单位为"$10m^3$"。现分三步计算如下:

(1)垫层工程量　　$V=4.0\times3.0\times0.1\times6=7.20(m^3)$

(2)调整计量单位　　$7.20\div10=0.72/10$

(3)主要材料耗用量(定额号"4—403")

混凝土 C20	$V=10.15\times0.72=7.31(m^3)$
草袋	$47.84\times0.72=34.44$(个)
模板木材	$V=0.02\times0.72=0.0144(m^3)$
水	$V=9.85\times0.72=7.09(m^3)$
圆钉	$G=0.46\times0.72=0.33$(kg)

【例 6-34】 将【例 6-33】垫层工程量套用"2003 年浙江省定额基价"计算直接工程费。

【解】 查该省定额第四册"隧道工程"第 49 页定额号"4—145"为"刃脚基础垫层"基价 3228 元/$10m^3$。据此,其直接工程费为 $P=3228\times0.72=2324.16$(元)

五、市政管网工程工程量计算

（一）市政管网工程定额有关问题说明

市政管网工程量计算，是指《全国统一市政工程预算定额》第五册、第六册、第七册的给水，排水，燃气与集中供热管道及相应分项工程工程量计算等。

这三册定额包括的工程内容、适用范围、与其他各册定额等的关系划分及有关问题说明见表 6-22。

表 6-22　　给水、排水、燃气与集中供热三册定额说明

项目名称	第五册　给水工程	第六册　排水工程	第七册　燃气与集中供热工程
分部(章)工程名称	管道安装、管道内防腐、管件安装、管道附属构筑物、取水工程，共五章 444 个子目	定型混凝土管道基础及铺设，定型井，非定型井、渠基础及砌筑，顶管，给排水构筑物，给排水机械设备安装，模板、钢筋（铁件）加工及井字架工程，共七章 1355 个子目	燃气与集中供热工程的管道安装，管件制作、安装，法兰、阀门安装，燃气用设备安装，集中供热用容器具安装及管道调压、吹扫等，共六章 837 个子目
定额适用范围	本定额适用于城镇范围内的新建、扩建市政给水工程	本定额适用于城镇范围内新建、扩建的市政排水管渠工程	本定额适用于市政工程新建和扩建的城镇燃气和集中供热等工程
定额考虑与未考虑问题	本定额管道、管件安装均按沟深 3m 内考虑，如超过 3m 时，另计。 本定额均按无地下水考虑		本定额是按无地下水考虑的。$Dg \leqslant 1800$mm 是按沟深 3m 以内考虑的，$Dg > 1800$mm 是按沟深 5m 以内考虑的。超过时另行计算
与全国统一市政工程预算定额其他各册以及其他全国统一定额的关系、界限	以下与给水相关工程项目，执行相应册有关定额： （1）给水管道沟槽和给水构筑物的土石方工程、打拔工具桩、围堰工程、支撑工程、脚手架工程、拆除工程、井点降水、临时便桥等执行第一册“通用项目”相应定额。 （2）给水管道过河工程及取水头工程中的打桩工程、桥管基础、承台、混凝土桩及钢筋的制作安装等执行第三册“桥涵工程”有关定额	本定额与建筑、安装定额的界限划分及执行范围： （1）排水构筑物工程中的泵站上部建筑工程以及本册定额中未包括的建筑工程，按《全国统一建筑工程基础定额》相应定额执行。 （2）排水机械设备安装中的通用机械，执行《全国统一安装工程预算定额》第一册“机械设备安装工程”相应定额。 （3）市政排水管道与厂、区室外排水管道以接入市政管道的检查井、接户井为界：凡市政管道检查井（接户井）以外的厂、区室外排水管道，均执行本定额（图 6-21）	本定额未包括的项内容及与其他定额的界限划分： （1）管道沟槽土、石方工程及搭、拆脚手架工程，按第一册“通用项目”相应定额执行。 （2）过街管沟的砌筑、顶管、管道基础及井室，按第六册“排水工程”相应定额执行。 （3）本定额中煤气和集中供热的容器具、设备安装缺项部分，按《全国统一安装工程预算定额》第八册相应定额执行。 （4）本定额不包括管道穿跨越工程

(续表)

项目名称	第五册 给水工程	第六册 排水工程	第七册 燃气与集中供热工程
与全国统一市政工程预算定额其他各册以及其他全国统一定额的关系、界限	(3)给水工程中的沉井工程、构筑物工程、顶管工程、给水专用机械设备安装,均执行第六册"排水工程有关定额"。 (4)钢板卷管安装、钢管件制作安装、法兰安装、阀门安装,均执行第七册"燃气与集中供热工程"有关定额。 (5)管道除锈、外防腐执行《全国统一安装工程预算定额》第十一册相应定额项目	(4)管道接口、检查井、给排水构筑物需做防腐处理的,分别执行《全国统一建筑工程基础定额》和《全国统一安装工程预算定额》。 (5)本册定额所涉及的土、石方挖、填、运输,脚手架,支撑、围堰,打、拔桩,降水,便桥,拆除等工程,除各章另有说明外,均按第一册"通用项目"相应定额执行	(5)刷油、防腐、保温和焊缝探伤按《全国统一安装工程预算定额》第十一册、第六册相应定额项目执行。 (6)铸铁管安装除机械接口外其他接口形式按第五册"给水工程"相应定额执行。 (7)异径管、三通制作,刚性套管和柔性套管制作、安装及管道支架制作、安装按《全国统一安装工程预算定额》第六册相应定额执行
"排水工程"定额有关问题说明及"燃气与集中供热工程"定额管道压力划分		本册定额有关事项说明: (1)本定额所称管径均指内径,如当地生产的管径、长度与定额不同时,各省、自治区、直辖市可自行调整。 (2)本定额中的混凝土均为现场拌和,各项目中的混凝土和砂浆强度等级与设计要求不同时,强度等级允许换算,但数量不变。 (3)本定额各章所需的模板、钢筋(铁件)加工、井字架均执行第七章的相应定额项目。 (4)本定额是按无地下水考虑的,如有地下水,需降水时执行第一册"通用项目"相应定额;需设排水盲沟时执行第二册"道路工程"相应定额;基础需铺设垫层时,执行本册定额第四章的相应定额;采用湿土排时执行第一册"通用项目"相应定额	本定额中各种燃气管道的输送压力(P)按中压B级及低压考虑。如安装中压A级煤气管道和高压煤气管道,定额人工乘以系数1.30,碳钢管道管件安装均不再做调整。 燃气工程压力P(MPa)划分范围为: 高压A级 0.8MPa<P≤1.6MPa B级 0.4MPa<P≤0.8MPa 中压A级 0.2MPa<P≤0.4MPa B级 0.005MPa<P≤0.2MPa 低压 P≤0.005MPa 本定额中集中供热工程压力P(MPa)划分范围: 低压 P≤1.6MPa 中压 1.6MPa<P≤2.5MPa 热力管道设计参数标准见表6-23

表6-23 热力管道设计参数标准

介质名称	温度(℃)	压力(MPa)
蒸气	t≤350	P≤1.6
热水	t≤200	P≤2.5

(二)市政管网工程定额与其他全国统一定额的关系及界限划分

市政管网工程定额(即《全国统一市政工程预算定额》第五、六、七册)与其他全国统一定额的关系及界限划分,如图 6-21 所示。

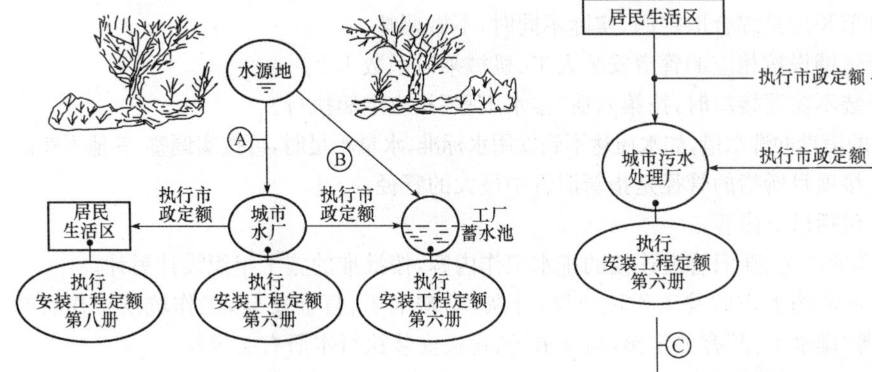

(a)给水管道

说明:Ⓐ、Ⓑ为水源管道。当水源地至城市水厂(或工厂蓄水池)的管线在市区时,执行市政定额;管线不在市区时,且厂外距离在10km以内时,执行安装定额工业管道工程定额,厂外距离在10km以外时,执行安装定额长距离输送管道工程定额。

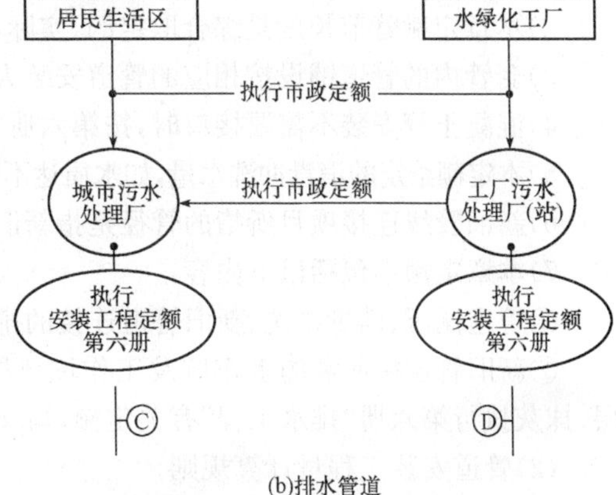

(b)排水管道

说明:Ⓒ、Ⓓ在市区内施工执行市政定额,不在市区时,且厂外距离在10km以内时,执行安装定额工业管道工程定额,厂外距离在10km以外时,执行安装定额长距离输送管道工程定额。

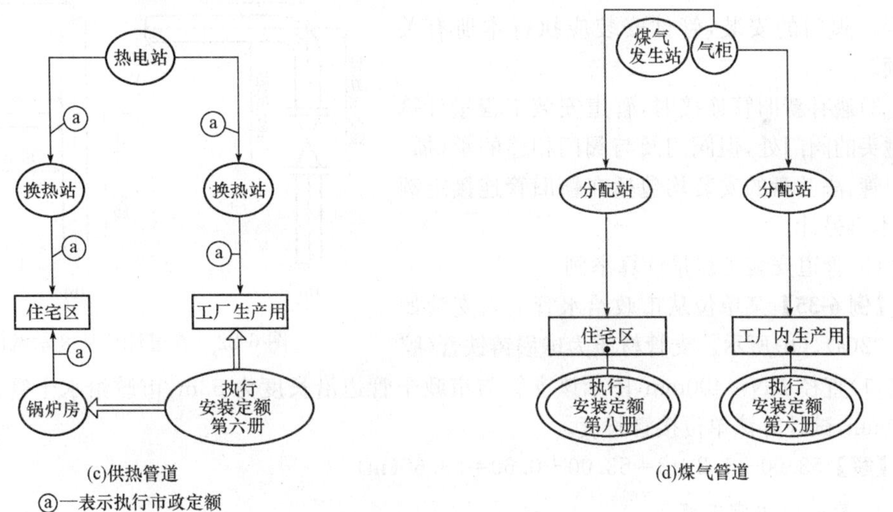

(c)供热管道

ⓐ一表示执行市政定额

(d)煤气管道

图 6-21　市政管网工程定额应用界限划分图

(三)市政管网给水工程工程量计算

所谓“给水工程”,就是指供给城镇工矿企业、机关、学校、社会团体和居民符合国家规定标准的生产、生活、消防用水的管路等一系列装置设施的施工建造生产活动,就称为给水工程。给水工程分室外给水和室内给水两部分。本教材所说给水工程,就是指室外给水工程。

《全国统一市政工程预算定额》(GYD—305—1999)第五册“给水工程”(以下简称本定额),包括管道安装、管道内防腐、管件安装、管道附属构筑物、取水工程,共五章 444 个子目,其中第一章为管道安装工程。

1. 管道安装工程

(1)管道安装定额说明。

1)本章定额内容包括铸铁管、混凝土管、塑料管安装,铸铁管及钢管新旧连接、管道试压,消毒冲洗。

2)本章定额管节长度是综合取定的,实际不同时,不做调整。

3)套管内的管道铺设按相应的管道安装人工、机械乘以系数1.2。

4)混凝土管安装不需要接口时,按第六册“排水工程”相应定额执行。

5)本定额给定的消毒冲洗水量,如水质达不到饮用水标准,水量不足时,可按实调整,其他不变。

6)新旧管线连接项目所指的管径是指新旧管中最大的管径。

7)本章定额不包括以下内容:

①管道试压、消毒冲洗、新旧管道连接的排水工作内容,按批准的施工组织设计另计。

②新旧管连接所需的工作坑及工作坑垫层、抹灰,马鞍卡子、盲板安装,工作坑及工作坑垫层、抹灰执行第六册“排水工程”有关定额,马鞍卡子、盲板安装执行本册有关定额。

(2)管道安装工程量计算规则。

1)管道安装均按施工图中心线的长度计算(支管长度从主管中心开始计算到支管末端交接处的中心),管件、阀门所占长度已在管道施工损耗中综合考虑,计算工程量时均不扣除其所占长度。

2)管道安装均不包括管件(指三通、弯头、异径管)、阀门的安装,管件安装应执行本册有关定额。

3)遇有新旧管连接时,管道安装工程量计算到碰头的阀门处,但阀门及与阀门相连的承(插)盘短管、法兰盘的安装均包括在新旧管连接定额内,不再另计。

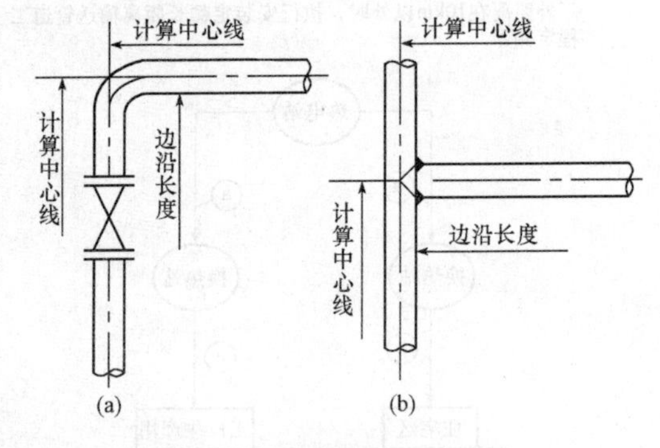

图6-22 管道计算长度示意图

(3)管道安装工程量计算举例。

【例6-35】 某单位从市政给水管引入支管如图6-22(a)、(b)所示。支管材质为球墨铸铁管(胶圈接口)直径$DN=400$mm,图示该支管与市政干管边沿长度为53m,市政给水干管直径$DN=1200$mm,试计算该单位接管长度。

【解】 53.00+1.2÷2=53.00+0.60=53.60(m)

2. 管道内防腐工程

(1)管道内防腐定额说明。

1)本章定额内容包括铸铁管、钢管的地面离心机械内涂防腐、人工内涂防腐。

2)地面防腐综合考虑了现场和厂内集中防腐两种施工方法。

3)管道的外防腐执行《全国统一安装工程预算定额》的有关定额。

(2)管道内防腐工程量计算规则。管道内防腐按施工图中心线长度计算,计算工程量时不扣除管件、阀门所占的长度,但管件、阀门的内防腐也不另行计算。

3. 管件安装工程

在管道安装过程中用以连接、分支、转弯和改变管径大小的接头零件,统称管件,如三通、四通、弯头、大小头等。

(1)管件安装定额说明。

1)本章定额内容包括铸铁管件、承插式预应力混凝土转换件、塑料管件、分水栓、马鞍卡子、二合三通、铸铁穿墙管、水表安装。

2)铸铁管件安装适用于铸铁三通、弯头、套管、乙字管、渐缩管、短管的安装，并综合考虑了承口、插口、带盘的接口，与盘连接的阀门或法兰应另计。

3)铸铁管件安装(胶圈接口)也适用于球墨铸铁管件的安装。

4)马鞍卡子安装所列直径是指主管直径。

5)法兰式水表组成与安装定额内无缝钢管、焊接弯头所采用壁厚与设计不同时，允许调整其材料预算价格，其他不变。

6)本章定额不包括以下内容：

①与马鞍卡子相连的阀门安装，执行第七册“燃气与集中供热工程”有关定额。

②分水栓、马鞍卡子、二合三通安装的排水内容，应按批准的施工组织设计另计。

(2)管件安装工程量计算规则。

各种管件安装应按照施工图标注的名称、规格、连接方式等，分别以“个”或“组”为单位计算。工作内容因管件类别不同而不同。以铸铁管件安装(青铅接口)来说，其工作内容包括切管、管口处理、管件安装、化铅、接口。

4. 管道附属构筑物工程量

(1)管道附属构筑物工程量定额说明。

1)本章定额内容包括砖砌圆形阀门井、砖砌矩形卧式阀门井、砖砌矩形水表井、消火栓井、圆形排泥湿井、管道支墩工程。

2)砖砌圆形阀门井是按《给水排水标准图集》S143、砖砌矩形卧式阀门井按 S144、砖砌矩形水表井按 S145、消火栓井按 S162、圆形排泥湿井按 S146 编制的，且全部按无地下水考虑。

3)本章定额所指的井深是指垫层顶面至铸铁井盖顶面的距离。井深大于 1.5m 时，应按第六册“排水工程”有关项目计取脚手架搭拆费。

4)本章定额是按普通铸铁井盖、井座考虑的，如设计要求采用球墨铸铁井盖、井座，其材料预算价格可以换算，其他不变。

5)排气阀井，可套用阀门井的相应定额。

6)矩形卧式阀门井筒每增 0.2m 定额，包括 2 个井筒同时增 0.2m。

7)本章定额不包括以下内容：

①模板安装拆除、钢筋制作安装，如发生时，执行第六册“排水工程”有关定额。

②预制盖板、成型钢筋的场外运输，如发生时，执行第一册“通用项目”有关定额。

③圆形排泥湿井的进水管、溢流管的安装，执行本册有关定额。

(2)管道附属构筑物工程量计算规则。

1)各种井均按施工图数量，以“座”为单位。

2)管道支墩按施工图以实体积计算，不扣除钢筋、铁件所占的体积。

5. 取水工程工程量

(1)取水工程的定额说明。

1)本章定额内容包括大口井内套管安装、辐射井管安装、钢筋混凝土渗渠管制作安装、渗渠滤料填充。

2)大口井内套管安装：

①大口井套管为井底封闭套管，按法兰套管全封闭接口考虑。

②大口井底作反滤层时,执行渗渠滤料填充项目。

3)本章定额不包括以下内容,如发生时,按以下规定执行:

①辐射井管的防腐,执行《全国统一安装工程预算定额》有关定额。

②模板制作安装拆除、钢筋制作安装、沉井工程。如发生时,执行第六册“排水工程”有关定额。其中渗渠制作的模板安装拆除人工按相应项目乘以系数1.2。

③土石方开挖、回填、脚手架搭拆、围堰工程执行第一册“通用项目”有关定额。

④船上打桩及桩的制作,执行第三册“桥涵工程”有关项目。

⑤水下管线铺设,执行第七册“燃气与集中供热工程”有关项目。

(2)取水工程工程量计算规则。

大口井内套管、辐射井管安装按设计图中心线长度计算。

(四)市政管网排水工程工程量计算

所谓“排水工程”,就是将生活污水、生产废水和雨(雪)水排放掉所需要的装置设施——管道、设备、建(构)筑物等施工建造生产活动,就称为排水工程。排水工程也分为室外排水工程和室内排水工程两大部分。本教材所说排水工程、主要是指室外排水工程。

《全国统一市政工程预算定额》(GYD—306—1999)第六册“排水工程”(以下简称本定额),包括定型混凝土管道基础及铺设,定型井、非定型井、渠基础及砌筑,顶管,给排水构筑物,给排水机械设备安装,模板、钢筋(铁件)加工及井字架工程,共七章1355个子目。

1. 定型混凝土管道基础及铺设工程

定型混凝土管道基础是指全国通用的混凝土管道基础。

(1)定型混凝土管道基础及铺设定额说明。

1)本章定额包括混凝土管道基础、管道铺设、管道接口、闭水试验、管道出水口,是依《给水排水标准图集》(1996)合订本S2计算的,适用于市政工程雨水、污水及合流混凝土排水管道工程。

2)D300～D700mm混凝土管铺设分为人工下管和人机配合下管,D800～D2400mm为人机配合下管。

3)如在无基础的槽内铺设管道,其人工、机械乘以系数1.18。

4)如遇有特殊情况,必须在支撑下串管铺设,人工、机械乘以系数1.33。

5)若在枕基上铺设缸瓦(陶土)管,人工乘以系数1.18。

6)自(预)应力混凝土管胶圈接口采用给水册的相应定额项目。

7)实际管座角度与定额不同时,采用第三章非定型管座定额项目。

企口管的膨胀水泥砂浆接口和石棉水泥接口适于360°,其他接口均是按管座120°和180°列项的。如果管座角度不同,按相应材质的接口做法,以管道接口调整表进行调整(表6-24)。

表6-24 管道接口调整表

序号	项目名称	实做角度	调整基数或材料	调整系数
1	水泥砂浆抹带接口	90°	120°定额基价	1.330
2	水泥砂浆抹带接口	135°	120°定额基价	0.890
3	钢丝网水泥砂浆抹带接口	90°	120°定额基价	1.330
4	钢丝网水泥砂浆抹带接口	135°	120°定额基价	0.890
5	企口管膨胀水泥砂浆抹带接口	90°	定额中1:2水泥砂浆	0.750

（续表）

序号	项目名称	实做角度	调整基数或材料	调整系数
6	企口管膨胀水泥砂浆抹带接口	120°	定额中1∶2水泥砂浆	0.670
7	企口管膨胀水泥砂浆抹带接口	135°	定额中1∶2水泥砂浆	0.625
8	企口管膨胀水泥砂浆抹带接口	180°	定额中1∶2水泥砂浆	0.500
9	企口管石棉水泥接口	90°	定额中1∶2水泥砂浆	0.750
10	企口管石棉水泥接口	120°	定额中1∶2水泥砂浆	0.670
11	企口管石棉水泥接口	135°	定额中1∶2水泥砂浆	0.625
12	企口管石棉水泥接口	180°	定额中1∶2水泥砂浆	0.500

注：现浇混凝土外套环、变形缝接口通用于平口，企口管。

8）定额中的水泥砂浆抹带、钢丝网水泥砂浆接口均不包括内抹口，但设计要求内抹口时，按抹口周长每100延长米增加水泥砂浆0.042m^3、人工9.22工日计算。

9）如工程项目的设计要求与本定额所采用的标准图集不同时，执行第三章非定型的相应项目。

10）本章各项所需模板、钢筋加工，执行第七章的相应项目。

11）定额中计列了砖砌、石砌一字式、门字式、八字式适用于D300～D2400mm不同复土厚度的出水口，是按《给排水标准图集》（1996）合订本S2，应对应选用，非定型或材质不同时可执行第一册“通用项目”和本册第三章相应项目。

（2）定型混凝土管道基础及铺设工程量计算规则。

1）各种角度的混凝土基础、混凝土管、缸瓦管铺设，井中至井中的中心扣除检查井长度，以延长米计算工程量。每座检查井扣除长度按表6-25计算。

表6-25　每座检查井扣除长度

检查井规格（mm）	扣除长度（m）	检查井规格	扣除长度（m）
ϕ700	0.4	各种矩形井	1.0
ϕ1000	0.7	各种交汇井	1.20
ϕ1250	0.95	各种扇形井	1.0
ϕ1500	1.20	圆形跌水井	1.60
ϕ2000	1.70	矩形跌水井	1.70
ϕ2500	2.20	阶梯式跌水井	按实扣

2）管道接口区分管径和做法，以实际按口个数计算工程量。

3）管道闭水试验，以实际闭水长度计算，不扣除各种井所占长度。

4）管道出水口区分形式、材质及管径，以“处”为单位计算。

2. 定型井工程

全国各地都适用的各类井，则称定型井。

（1）定型井工程定额说明。

1）本章包括各种定型的砖砌检查井、收水井，适用于D700～D2400mm间混凝土雨水、污水及合流管道所设的检查井和收水井。

2）各类井是按《给水排水标准图集》（1996）S2编制的，实际设计与定额不同时，执行第三章相应项目。

3)各类井均为砖砌,如为石砌时,执行第三章相应项目。

4)各类井只计列了内抹灰,如设计要求外抹灰时,执行第三章的相应项目。

5)各类井的井盖、井座、井箅均系按铸铁件计列的,如采用钢筋混凝土预制件,除扣除定额中铸铁件外应按下列规定调整为①现场预制,执行第三章相应定额;②厂集中预制,除按第三章相应定额执行外,其运至施工地点的运费可按第一册"通用项目"相应定额另行计算。

6)混凝土过梁的制、安,当小于0.04m^3/件时,执行第三章小型构件项目;当大于0.04m^3/件时,执行本章项目。

7)各类井预制混凝土构件所需的模板钢筋加工,均执行第七章的相应项目。但定额中已包括构件混凝土部分的人、材、机费用,不得重复计算。

8)各类检查井,当井深大于1.5m时,可视井深、井字架材质执行第七章的相应项目。

9)当井深不同时,除本章定额中列有增(减)调整项目外,均按第三章中井筒砌筑定额进行调整。

10)如遇三通、四通井,应执行非定型井项目。

(2)定型井工程量计算规则。

1)各种井按不同井深、井径以"座"为单位计算。

2)各类井的井深按井底基础以上至井盖顶计算。

3.非定型井、渠、管道基础及砌筑工程

(1)非定型井、渠、管道基础及砌筑工程定额说明。

1)本章定额包括非定型井、渠、管道及构筑物垫层、基础,砌筑,抹灰,混凝土构件的制作、安装,检查井筒砌筑等,适用于本册定额各章节非定型的工程项目。

2)本章各项目均不包括脚手架,当井深超过1.5m,执行第七章井字脚手架项目;砌墙高度超过1.2m,抹灰高度超过1.5m所需脚手架执行第一册"通用项目"相应定额。

3)本章所列各项目所需模板的制、安、拆,钢筋(铁件)的加工均执行第七章相应项目。

4)收水井的混凝土过梁制作、安装执行小型构件的相应项目。

5)跌水井跌水部位的抹灰,按流槽抹面项目执行。

6)混凝土枕基和管座不分角度均按相应定额执行。

7)干砌、浆砌出水口的平坡、锥坡、翼墙执行第一册"通用项目"相应项目。

8)本章小型构件是指单件体积在0.04m^3以内的构件。凡大于0.04m^3的检查井过梁,执行混凝土过梁制作安装项目。

9)拱(弧)型混凝土盖板的安装,按相应体积的矩形板定额人工、机械乘以系数1.15执行。

10)定额只计列了井内抹灰的子目,如井外壁需要抹灰,砖、石井均按井内侧抹灰项目人工乘以系数0.8,其他不变。

11)砖砌检查井的升高,执行检查井筒砌筑相应项目,降低则执行第一册"通用项目"拆除构筑物相应项目。

12)石砌体均按块石考虑,如采用片石或平石时,块石与砂浆用量分别乘以系数1.09和1.19,其他不变。

13)给排水构筑物的垫层执行本章定额相应项目,其中,人工乘以系数0.87,其他不变;如构筑物池底混凝土垫层需要找坡时,其中人工不变。

14)现浇混凝土方沟底板,采用渠(管)道基础中平基的相应项目。

(2)非定型井、渠、管道基础及砌筑工程工程量计算规则。

1)本章所列各项目的工程量均以施工图为准计算,其中:

①砌筑按计算体积，以“m^3”为单位计算。

②抹灰、勾缝以“m^2”为单位计算。

③各种井的预制构件以实体积“m^3”计算，安装以“套”为单位计算。

④井、渠垫层、基础按实体积以“m^3”计算。

⑤沉降缝应区分材质按沉降缝的断面积或铺设长度分别以“m^2”和“m”计算。

⑥各类混凝土盖板的制作按实体积以“m^3”计算，安装应区分单件(块)体积，以“m^3”计算。

2)检查井筒的砌筑适用于混凝土管道井深不同的调整和方沟井筒的砌筑，区分高度以“座”为单位计算，高度与定额不同时采用每增减 0.5m 计算。

3)方沟(包括存水井)闭水试验的工程量，按实际闭水长度的用水量，以“m^3”计算。

4. 顶管工程

(1)顶管工程定额说明。

1)本章内容包括工作坑土方、人工挖土顶管、挤压顶管，混凝土方(拱)管涵顶进，不同材质不同管径的顶管接口等项目，适用于雨、污水管(涵)以及外套管的不开槽顶管工程项目。

2)工作坑垫层、基础执行第三章的相应项目，人工乘以系数 1.10，其他不变。如果方(拱)涵管需设滑板和导向装置时，应另行计算。

3)工作坑挖土方是按土壤类别综合计算的，土壤类别不同，不允许调整。工作坑回填土，视其回填的实际做法，执行第一册“通用项目”的相应项目。

4)工作坑内管(涵)明敷，应根据管径、接口做法执行第一章的相应项目，人工、机械乘以系数 1.10，其他不变。

5)本章定额是按无地下水考虑的，如遇地下水时，排(降)水费用按相关定额另行计算。

6)定额中钢板内、外套环接口项目，只适用于设计所要求的永久性管口，顶进中为防止错口，在管内接口处所设置的工具式临时性钢胀圈不得套用。

7)顶进施工的方(拱)涵断面大于 $4m^2$ 的，按箱涵顶进项目或规定执行。

8)管道顶进项目中的顶镐均为液压自退式，如采用人力顶镐，定额人工乘以系数 1.43；如是人力退顶(回镐)时间定额乘以系数 1.20，其他不变。

9)人工挖土顶管设备、千斤顶，高压油泵台班单价中已包括了安拆及场外运费，执行中不得重复计算。

10)工作坑如设沉井，其制作、下沉套用给排水构筑物章的相应项目。

11)水力机械顶进定额中，未包括泥浆处理、运输费用，可另计。

12)单位工程中，管径 $\phi1650$ 以内敞开式顶进在 100m 以内、封闭式顶进(不分管径)在 50m 以内时，顶进定额中的人工、机械乘以系数 1.3。

13)顶管采用中继间顶进时，顶进定额中的人工费与机械费乘以表 6-26 所列系数分级计算。

表 6-26 中继间顶进

中继间顶进分级	一级顶进	二级顶进	三级顶进	四级顶进	超过四级
人工费、机械费调整系数	1.36	1.64	2.15	2.80	另计

14)安拆中继间项目仅适用于敞开式管道顶进，当采用其他顶进方法时，中继间费用允许另计。

15)钢套环制作项目以“t”为单位，适用于永久性接口内、外套环，中继间套环、触变泥浆密封套环的制作。

16)顶管工程中的材料是按 50m 水平运距、坑边取料考虑的，如因场地等情况取用料水平运距超过 50m 时,根据超过距离和相应定额另行计算。

(2)顶管工程工程量计算规则。

1)工作坑土方区分挖土深度,以挖方体积计算。

2)各种材质管道的顶管工程量,按实际顶进长度,以“延长米”计算。

3)顶管接口应区分操作方法、接口材质,分别以口的个数和管口断面积计算工程量。

4)钢板内、外套环的制作,按套环重量以“t”为单位计算。

5. 给排水构筑物工程

(1)给排水构筑物工程定额说明。

本章定额包括沉井、现浇钢筋混凝土池、预制混凝土构件、折(壁)板、滤料铺设、防水工程、施工缝、井池渗漏试验等项目。

1)沉井:

①沉井工程系按深度 12m 以内、陆上排水沉井考虑的。水中沉井、陆上水冲法沉井以及离河岸边近的沉井,需要采取地基加固等特殊措施者,可执行第四册“隧道工程”相应项目。

②沉井下沉项目中已考虑了沉井下沉的纠偏因素,但不包括压重助沉措施,若发生可另行计算。

③沉井制作不包括外渗剂,若使用外渗剂时可按当地有关规定执行。

2)现浇钢筋混凝土池类:

①池壁遇有附壁柱时,按相应柱定额项目执行,其中人工乘以系数 1.05,其他不变。

②池壁挑檐是指在池壁上向外出檐作走道板用;池壁牛腿是指池壁上向内出檐以承托池盖用。

③无梁盖柱包括柱帽及桩座。

④井字梁、框架梁均执行连续梁项目。

⑤混凝土池壁、柱(梁)、池盖是按在地面以上 3.6m 以内施工考虑的,如超过 3.6m 者按:

a. 采用卷扬机施工的,每 $10m^3$ 混凝土增加卷扬机(带塔)和人工见表 6-27。

表 6-27　卷扬机施工

序　号	项目名称	增加人工工日	增加卷扬机(带塔)台班
1	池壁、隔墙	8.7	0.59
2	柱、梁	6.1	0.39
3	池盖	6.1	0.39

b. 采用塔式起重机施工时,每 $10m^3$ 混凝土增加塔式起重机台班,按相应项目中搅拌机台班用量的 50%计算。

⑥池盖定额项目中不包括进人孔,可按《全国统一安装工程预算定额》相应定额执行。

⑦格型池池壁执行直型池壁相应项目(指厚度)人工乘以系数 1.15,其他不变。

⑧悬空落泥斗按落泥斗相应项目人工乘以系数 1.4,其他不变。

3)预制混凝土构件:

①预制混凝土滤板中已包括了所设置预埋件 ABS 塑料滤头的套管用工,不得另计。

②集水槽若需留孔时,按每 10 个孔增加 0.5 个工日计。

③除混凝土滤板、铸铁滤板、支墩安装外,其他预制混凝土构件安装均执行异型构件安装项目。

4)施工缝：

①各种材质填缝的断面取定见表6-28。

表6-28　　各种材质填缝断面尺寸

序　号	项目名称	断面尺寸(cm)
1	建筑油膏、聚氯乙烯胶泥	3×2
2	油浸木丝板	2.5×15
3	紫铜板止水带	展开宽45
4	氯丁橡胶止水带	展开宽30
5	其余均匀	15×3

②如实际设计的施工缝断面与上表不同时，材料用量可以换算，其他不变。

③各项目的工作内容为：

a. 油浸麻丝：熬制沥青、调配沥青麻丝、填塞。

b. 油浸木丝板：熬制沥青、浸木丝板、嵌缝。

c. 玛琋脂：熬制玛琋脂、灌缝。

d. 建筑油膏、沥青砂浆：熬制油膏沥青，拌和沥青砂浆，嵌缝。

e. 贴氯丁橡胶片：清理，用乙酸乙酯洗缝；隔纸，用氯丁胶粘剂贴氯丁橡胶片，最后在氯丁橡胶片上涂胶铺砂。

f. 紫铜板止水带：铜板剪裁、焊接成型，铺设。

g. 聚氯乙烯胶泥：清缝、水泥砂浆勾缝，垫牛皮纸，熬灌取聚氯乙烯胶泥。

h. 预埋止水带：止水带制作、接头及安装。

(2)铁皮盖板：平面埋木砖、钉木条、木条上钉铁皮；立面埋木砖、木砖上钉铁皮。

5)井、池渗漏试验：

①井、池渗漏试验容量在500m^3，是指井或小型池槽。

②井、池渗漏试验注水采用电动单级离心清水泵，定额项目中已包括了泵的安装与拆除用工，不得再另计。

③如构筑物池容量较大，需从一个池子向另一个池注水作渗漏试验采用潜水泵时，其台班单价可以换算，其他均不变。

6)执行其他册或章节的项目：

①构筑物的垫层执行本册第三章非定型井、渠砌筑相应项目。

②构筑物混凝土项目中的钢筋、模板项目执行本册第七章相应项目。

③需要搭拆脚手架者，执行第一册“通用项目”相应项目。

④泵站上部工程以及本章中未包括的建筑工程，执行《全国统一建筑工程基础定额》相应项目。

⑤构筑物中的金属构件制作安装，执行《全国统一安装工程预算定额》第六册“工业管道工程”相应项目。

⑥构筑物的防腐、内衬工程金属面，执行《全国统一安装工程预算定额》第十一册相应项目，非金属面应执行《全国统一建筑工程基础定额》相应项目。

(2)给排水构筑物工程量计算规则。

1)沉井：

①沉井垫木按刃脚中心线以“延长米”为单位。

②沉井井壁及隔墙的厚度不同如上薄下厚时,可按平均厚度执行相应定额。

2)钢筋混凝土池:

①钢筋混凝土各类构件均按图示尺寸,以混凝土实体积计算,不扣除 $0.3m^2$ 以内的孔洞体积。

②各类池盖中的进入孔、透气孔盖以及与盖相连接的结构,工程量合并在池盖中计算。

③平底池的池底体积,应包括池壁下的扩大部分;池底带有斜坡时,斜坡部分应按坡底计算;锥形底应算至壁基梁底面,无壁基梁者算至锥底坡的上口。

④池壁分别不同厚度计算体积,如上薄下厚的壁,以平均厚度计算。池壁高度应自池底板面算至池盖下面。

⑤无梁盖柱的柱高,应自池底上表面算至池盖的下表面,并包括柱座、柱帽的体积。

⑥无梁盖应包括与池壁相连的扩大部分的体积;肋形盖应包括主、次梁及盖部分的体积;球形盖应自池壁顶面以上,包括边侧梁的体积在内。

⑦沉淀池水槽,是指池壁上的环形溢水槽及纵横U形水槽,但不包括与水槽相连接的矩形梁,矩形梁可执行梁的相应项目。

3)预制混凝土构件:

①预制钢筋混凝土滤板按图示尺寸区分厚度以"m^3"计算,不扣除滤头套管所占体积。

②除钢筋混凝土滤板外其他预制混凝土构件均按图示尺寸以"m^3"计算,不扣除 $0.3m^2$ 以内孔洞所占体积。

4)折板、壁板制作安装:

①折板安装区分材质均按图示尺寸以"m^2"计算。

②稳流板安装区分材质不分断面均按图示长度以"延长米"计算。

5)滤料铺设:各种滤料铺设均按设计要求的铺设平面乘以铺设厚度以"m^3"计算,锰砂、铁矿石滤料以"t"计算。

6)防水工程:

①各种防水层按实铺面积,以"m^2"计算,不扣除 $0.3m^2$ 以内孔洞所占面积。

②平面与立面交接处的防水层,其上卷高度超过500mm时,按立面防水层计算。

7)施工缝:各种材质的施工缝填缝及盖缝均不分断面按设计缝长以"延长米"计算。

8)井、池渗漏试验:井、池的渗漏试验区分井、池的容量范围,以"m^3"水容量计算。

6. 给排水机械设备安装工程

(1)给排水机械设备安装的说明:

1)本章适用于给水厂、排水泵站及污水处理厂新建、扩建建设项目的专用设备安装。通用机械设备安装应套用《全国统一安装工程预算定额》有关专业册的相应项目。

2)本章设备、机具和材料的搬运:

①设备:包括自安装现场指定堆放地点运到安装地点的水平和垂直搬运。

②机具和材料:包括施工单位现场仓库运至安装地点的水平和垂直搬运。

③垂直运输基准面:在室内,以室内地平面为基准面;在室外以室外安装现场地平面为基准面。

3)工作内容:

①设备、材料及机具的搬运,设备开箱点件、外观检查,配合基础验收,起重机具的领用、搬运、装拆、清洗、退库。

②画线定位,铲麻面、吊装、组装、连接、放置垫铁及地脚螺栓,找正、找平、精平、焊接、固定、灌浆。

③施工及验收规范中规定的调整、试验及无负荷试运转。

④工种间交叉配合的停歇时间、配合质量检查、交工验收，收尾结束工作。

⑤设备本体带有的物体、机件等附件的安装。

4)本章除各节另有说明外，均未包括下列内容：

①设备、成品、半成品、构件等自安装现场指定堆放点外的搬运工作。

②因场地狭小、有障碍物，沟、坑等所引起的设备、材料、机具等增加的搬运，装拆工作。

③设备基础地脚螺栓孔、预埋件的修整及调整所增加的工作。

④供货设备整机、机件、零件、附件的处理、修补、修改、检修、加工、制作、研磨以及测量等工作。

⑤非与设备本体联体的附属设备或构件等的安装、制作、刷油、防腐、保温等工作和脚手架搭拆工作。

⑥设备变速箱、齿轮箱的用油，以及试运转所用的油、水、电等。

⑦专用垫铁、特殊垫铁、地脚螺栓和产品图纸注明的标准件、紧固件。

⑧负荷试运转、生产准备试运转工作。

5)本章设备的安装是按无外围护条件下施工考虑的，如在有外围护的施工条件下施工，定额人工及机械应乘以系数 1.15，其他不变。

6)本定额是按国内大多数施工企业普遍采用的施工方法、机械化程度和合理的劳动组织编制的，除另有说明外，均不得因上述因素有差异而对定额进行调整或换算。

7)一般起重机具的摊销费，执行《全国统一安装工程预算定额》第一册“机械设备安装工程”的有关规定。

8)各节有关说明。

①拦污及提水设备：

a. 格栅组对的胎具制作，另行计算。

b. 格栅制作是按现场加工制作考虑的。

②投药、消毒设备：

a. 管式药液混合器，以两节为准，如为三节，应乘以系数 1.3。

b. 水射器安装以法兰式连接为准，不包括法兰及短管的焊接安装。

c. 加氯机为膨胀螺栓固定安装。

d. 溶药搅拌设备以混凝土基础为准考虑。

③水处理设备：

a. 曝气机以带有公共底座考虑，如无公共底座时，定额基价乘以系数 1.3。如需制作安装钢制支承平台时，应另行计算。

b. 曝气管的分管以闸阀划分为界，包括钻孔。塑料管为成品件，如需粘接和焊接时，可按相应规格项目的定额基价分别乘以系数 1.2 和 1.3。

c. 卧式表曝机包括泵(E)形、平板形、倒伞形和 K 形叶轮。

④排泥、撇渣及除砂机械：

a. 排泥设备的池底找平由土建负责，如需钳工配合，另行计算。

b. 吸泥机以虹吸式为准，如采用泵吸式，定额基价乘以系数 1.3。

⑤污泥脱水机械：设备安装就位的上排、拐弯、下排，定额中均已综合考虑，施工方法与定额不同时，不得调整。

⑥闸门及驱动装置：

a. 铸铁圆闸门包括升杆式和暗杆式,其安装深度按 6m 以内考虑。

b. 铸铁方闸门以带门框座为准,其安装深度按 6m 以内考虑。

c. 铁堰门安装深度按 3m 以内考虑。

d. 螺杆启闭机安装深度按手轮式为 3m,手摇式为 4.5m、电动为 6m、汽动为 3m 以内考虑。

⑦集水槽、堰板制作安装及其他:

a. 集水槽制作安装:

(a)集水槽制作项目中已包括了钻孔或铣孔的用工和机械,执行时,不得再另计。

(b)碳钢集水槽制作和安装中已包括了除锈和刷一遍防锈漆、二遍调和漆的人工和材料,不得再另计除锈刷油费用。但如果油漆种类不同,油漆的单价可以换算,其他不变。

b. 堰板制作安装:

(a)碳钢、不锈钢矩形堰执行齿型堰相应项目,其中人工乘以系数 0.6,其他不变。

(b)金属齿型堰板安装方法是按有连接板考虑的,非金属堰板安装方法是按无连接板考虑的,如实际安装方法不同,定额不做调整。

(c)金属堰板安装项目,是按碳钢考虑的,不锈钢堰板按金属堰板安装相应项目基价乘以系数 1.2,主材另计,其他不变。

(d)非金属堰板安装项目适用于玻璃钢和塑料堰板。

c. 穿孔管、穿孔板钻孔:

(a)穿孔管钻孔项目适用于水厂的穿孔配水管、穿孔排泥管等各种材质管的钻孔。

(b)其工作内容包括切管、画线、钻孔、场内材料运输。穿孔管的对接、安装应另按有关项目计算。

d. 斜板、斜管安装:

(a)斜板安装定额是按成品考虑的,其内容包括固定、螺栓连接等,不包括斜板的加工制作费用。

(b)聚丙烯斜管安装定额是按成品考虑的,其内容包括铺装、固定、安装等。

(2)工程量计算规则:

1)机械设备类:

①格栅除污机、滤网清污机、搅拌机械、曝气机、生物转盘、带式压滤机均区分设备重量,以"台"为计量单位,设备重量均包括设备带有的电动机的重量在内。

②螺旋泵、水射器、管式混合器、辊压转鼓式污泥脱水机、污泥造粒脱水机均区分直径以"台"为计量单位。

③排泥、撇渣和除砂机械均区分跨度或池径按"台"为计量单位。

④闸门及驱动装置,均区分直径或长×宽以"座"为计量单位。

⑤曝气管不分曝气池和曝气沉砂池,均区分管径和材质按"延长米"为计量单位。

2)其他项目:

①集水槽制作安装分别按碳钢、不锈钢,区分厚度按"$10m^2$"为计量单位。

②集水槽制作、安装以设计断面尺寸乘以相应长度以"m^2"计算,断面尺寸应包括需要折边的长度,不扣除出水孔所占面积。

③堰板制作分别按碳钢、不锈钢区分厚度按"$10m^2$"为计量单位。

④堰板安装分别按金属和非金属区分厚度按"$10m^2$"计量。金属堰板适用于碳钢、不锈钢,非金属堰板适用于玻璃钢和塑料。

⑤齿型堰板制作安装按堰板的设计宽度乘以长度以"m^2"计算,不扣除齿型间隔空隙所占

面积。

⑥穿孔管钻孔项目，区分材质按管径以“100个孔”为计量单位。钻孔直径是综合考虑取定的，不论孔径大与小均不作调整。

⑦斜板、斜管安装仅是安装费，按“$10m^2$”为计量单位。

⑧格栅制作安装区分材质按格栅重量，以“t”为计量单位，制作所需的主材应区分规格、型号分别按定额中规定的使用量计算。

7. 模板、钢筋、井字架工程

(1)模板、钢筋、井字架工程定额说明：

1)本章定额包括现浇、预制混凝土工程所用不同材质模板的制、安、拆，钢筋、铁件的加工制作，井字脚手架等项目，适用于本册及第五册“给水工程”中的第四章管道附属构筑物和第五章取水工程。

2)模板是分别按钢模钢撑、复合木模木撑、木模木撑区分不同材质分别列项的，其中钢模模数差部分采用木模。

3)定额中现浇、预制项目中，均已包括了钢筋垫块或第一层底浆的工、料，及看模工日，套用时不得重复计算。

4)预制构件模板中不包括地、胎模，须设置者，土地模可按第一册“通用项目”平整场地的相应项目执行；水泥砂浆、混凝土砖地、胎模可按第三册“桥涵工程”的相应项目执行。

5)模板安拆以槽(坑)深3m为准，超过3m时，人工增加8%系数，其他不变。

6)现浇混凝土梁、板、柱、墙的模板，支模高度是按3.6m考虑的，超过3.6m时，超过部分的工程量另按超高的项目执行。

7)模板的预留洞，按水平投影面积计算，小于$0.3m^2$者：圆形洞每10个增加0.72工日；方形洞每10个增加0.62工日。

8)小型构件是指单件体积在$0.04m^3$以内的构件；地沟盖板项目适用于单块体积在$0.3m^3$内的矩形板；井盖项目适用于井口盖板，井室盖板按矩形板项目执行，预留口按第七条规定执行。

9)钢筋加工定额是按现浇、预制混凝土构件、预应力钢筋分别列项的，工作内容包括加工制作、绑扎(焊接)成型、安放及浇捣混凝土时的维护用工等全部工作，除另有说明外均不允许调整。

10)各项目中的钢筋规格是综合计算的，子目中的××以内是指主筋最大规格，凡小于$\phi10$的构造筋均执行$\phi10$以内子目。

11)定额中非预应力钢筋加工，现浇混凝土构件是按手工绑扎，预制混凝土构件是按手工绑扎、点焊综合计算的，加工操作方法不同不予调整。

12)钢筋加工中的钢筋接头、施工损耗，绑扎铁线及成型点焊和接头用的焊条均已包括在定额内，不得重复计算。

13)预制构件钢筋，如用不同直径钢筋点焊在一起时，按直径最小的定额计算，如粗细钢筋直径比在2倍以上时，其人工增加25%系数。

14)后张法钢筋的锚固是按钢筋绑条焊、U形插垫编制的，如采用其他方法锚固，应另行计算。

15)定额中已综合考虑了先张法张拉台座及其相应的夹具、承力架等合理的周转摊销费用，不得重复计算。

16)非预应力钢筋不包括冷加工，如设计要求冷加工时，另行计算。

17)下列构件钢筋，人工和机械增加系数见表6-29。

表 6-29 构件钢筋人工和机械增加系数表

项 目	计算基数	现浇构件钢筋		构筑物钢筋	
		小型构件	小型池槽	矩形	圆形
增加系数	人工机械	100%	152%	25%	50%

(2)模板、钢筋、井字架工程工程量计算规则:

1)现浇混凝土构件模板按构件与模板的接触面积以"m^2"计算。

2)预制混凝土构件模板,按构件的实体积以"m^3"计算。

3)砖、石拱圈的拱盔和支架均以拱盔与圈弧弧形接触面积计算,并执行第三册"桥涵工程"相应项目。

4)各种材质的地模胎膜,按施工组织设计的工程量,并应包括操作等必要的宽度以"m^2"计算,执行第三册"桥涵工程"相应项目。

5)井字架区分材质和搭设高度以"架"为单位计算,每座井计算一次。

6)井底流槽按浇注的混凝土流槽与模板的接触面积计算。

7)钢筋工程,应区别现浇、预制分别按设计长度乘以单位重量,以"t"计算。

8)计算钢筋工程量时,设计已规定搭接长度的,按规定搭接长度计算;设计未规定搭接长度的,已包括在钢筋的损耗中,不另计算搭接长度。

9)先张法预应力钢筋,按构件外形尺寸计算长度,后张法预应力钢筋按设计图规定的预应力钢筋预留孔道长度,并区别不同锚具,分别按下列规定计算:

①钢筋两端采用螺杆锚具时,预应力的钢筋按预留孔道长度减 0.35m,螺杆另计。

②钢筋一端采用镦头插片,另一端采用螺杆锚具时,预应力钢筋长度按预留孔道长度计算。

③钢筋一端采用镦头插片,另一端采用帮条锚具时,增加 0.15m,如两端均采用帮条锚具,预应力钢筋共增加 0.3m 长度。

④采用后张混凝土自锚时,预应力钢筋共增加 0.35m 长度。

10)钢筋混凝土构件预埋铁件,按设计图示尺寸,以"t"为单位计算工程量。

(五)市政管网燃气与集中供热工程工程量计算

在一个城镇范围的某一个区域集中设置热源向各个用热单位供热的方式称作集中供热。

《全国统一市政工程预算定额》(GYD—307—1999)第七册"燃气与集中供热工程"(以下简称本定额),包括燃气与集中供热工程的管道安装,管件制作、安装,法兰、阀门安装,燃气用设备安装,集中供热用容器具安装及管道试压、吹扫等,共六章 837 个子目。

1. 管道安装工程

(1)管道安装定额说明:

1)本章包括碳钢管、直埋式预制保温管、碳素钢板卷管、铸铁管(机械接口)、塑料管以及套管内铺设钢板卷管和铸铁管(机械接口)等各种管道安装。

2)本章工作内容除各节另有说明外,均包括沿沟排管、50mm 以内的清沟底、外观检查及清扫管材。

3)新旧管道带气接头未列项目,各地区可按燃气管理条例和施工组织设计以实际发生的人工、材料、机械台班的耗用量和煤气管理部门收取的费用进行结算。

(2)管道安装工程量计算规则:

1)本章中各种管道的工程量均按"延长米"计算,管件、阀门、法兰所占长度已在管道施工损耗中综合考虑,计算工程量时均不扣除其所占长度。

2)埋地钢管使用套管时(不包括顶进的套管),按套管管径执行同一安装项目。套管封堵的材料费可按实际耗用量调整。

3)铸铁管安装按N1和X型接口计算,如采用N型和SMJ型人工乘以系数1.05。

2. 管件制作、安装、法兰阀门安装

(1)管件制作安装定额说明:

1)本章定额包括碳钢管件制作、安装,铸铁管件安装、盲(堵)板安装、钢塑过渡接头安装,防雨环帽制作与安装等。

2)异径管安装以大口径为准,长度综合取定。

3)中频煨弯不包括煨制时胎具更换。

4)挖眼接管加强筋已在定额中综合考虑。

(2)法兰阀门安装定额说明:

1)本章包括法兰安装,阀门安装,阀门解体、检查、清洗、研磨,阀门水压试验、操纵装置安装等。

2)电动阀门安装不包括电动机的安装。

3)阀门解体、检查和研磨,已包括一次试压,均按实际发生的数量,按相应项目执行。

4)阀门压力试验介质是按水考虑的,如设计要求其他介质,可按实调整。

5)定额内垫片均按橡胶石棉板考虑,如垫片材质与实际不符时,可按实调整。

6)各种法兰、阀门安装,定额中只包括一个垫片,不包括螺栓使用量,螺栓用量设计未作规定时,应参考表6-30、表6-31。

7)中压法兰、阀门安装执行低压相应项目,其人工乘以系数1.2。

表6-30　平焊法兰安装用螺栓用量表

外径×壁厚(mm)	规格	重量(kg)	外径×壁厚(mm)	规格	重量(kg)
57×4.0	M12×50	0.319	377×10.0	M20×75	3.906
76×4.0	M12×50	0.319	426×10.0	M20×80	5.42
89×4.0	M16×55	0.635	478×10.0	M20×80	5.42
108×5.0	M16×55	0.635	529×10.0	M20×85	5.84
133×5.0	M16×60	1.338	630×8.0	M22×85	8.89
159×6.0	M10×60	1.338	720×10.0	M22×90	10.668
219×6.0	M16×65	1.404	820×10.0	M27×95	19.962
273×8.0	M16×70	2.208	920×10.0	M27×100	19.962
325×8.0	M20×70	3.747	1020×10.0	M27×105	24.633

表6-31　对焊法兰安装用螺栓用量表

外径×壁厚(mm)	规格	重量(kg)	外径×壁厚(mm)	规格	重量(kg)
57×3.5	M12×50	0.319	325×8.0	M20×75	3.906
76×4.0	M12×50	0.319	377×9.0	M20×75	3.906
89×4.0	M16×60	0.669	426×9.0	M20×75	5.208
108×4.0	M16×60	0.669	478×9.0	M20×75	5.208
133×4.5	M16×65	1.404	529×9.0	M20×80	5.42
159×5.0	M16×65	1.404	630×9.0	M22×80	8.25
219×6.0	M16×70	1.472	720×9.0	M22×80	9.9
273×8.0	M16×75	2.31	820×10.0	M27×85	18.804

(3)管件制作、安装及法兰阀门安装工程量计算规则。本册定额第二章“管件制作、安装”和第三章“法兰阀门安装”,对其工程量计算方法虽然没有做出具体条文规定,但在实际工作中,它们都是区别不同材质、规格、型号、压力等,分别按设计图示数量以“个”、“副”(一副等于两个)或“kg”为计量单位计算。例如,焊接弯头制作区分弯曲度数(30°、45°、60°、90°)及直径大小与壁厚等参数的不同,以“个”计量。又如“铸铁管件安装(机械接口)”以公称直径大小不同,分别以“件”计量。再如,“盲(堵)板安装”,区分公称直径大小,以“组”计量等。法兰、阀门安装与各种管件制作安装的计量方法基本相同,不再重述。但强调一点,法兰、阀门本身价格以及各种管件制作的主材价值应另行计算。

3. 燃气用设备安装工程

燃气用设备安装定额说明:

(1)本章定额包括凝水缸制作、安装,调压器安装,过滤器、萘油分离器安装,安全水封、检漏管安装,煤气调长器安装。

(2)凝水缸安装:

1)碳钢、铸铁凝水缸安装如使用成品头部装置时,只允许调整材料费,其他不变。

2)碳钢凝水缸安装未包括缸体、套管、抽水管的刷油、防腐,应按不同设计要求另行套用其他定额相应项目计算。

(3)各种调压器安装:

1)雷诺式调压器、T型调压器(TMJ、TMZ)安装是指调压器成品安装,调压站内组装的各种管道、管件、各种阀门根据不同设计要求,执行本定额的相应项目另行计算。

2)各类型调压器安装均不包括过滤器、萘油分离器(脱萘筒)、安全放散装置(包括水封)安装,发生时,可执行本定额相应项目另行计算。

3)本定额过滤器、萘油分离器均按成品件考虑。

(4)检漏管安装是按在套管上钻眼攻丝安装考虑的,已包括小井砌筑。

(5)煤气调长器是按焊接法兰考虑的,如采用直接对焊时,应减去法兰安装用材料,其他不变。

(6)煤气调长器是按三波考虑的,如安装三波以上者,其人工乘以系数1.33,其他不变。

4. 集中供热用容器具安装

本章定额说明主要有下列两点:

(1)碳钢波纹补偿器是按焊接法兰考虑的,如直接焊接时,应减掉法兰安装用材料,其他不变。

(2)法兰用螺栓按第三章螺栓用量表选用。

5. 管道试压、吹扫

(1)管道试压、吹扫的说明:

1)本章包括管道强度试验、气密性试验、管道吹扫、管道总试压、牺牲阳极和测试桩安装等。

2)强度试验、气密性试验、管道总试压:

①管道压力试验,不分材质和作业环境均执行本定额。试压水如需加温,热源费用及排水设施另行计算。

②强度试验,气密性试验项目,均包括了一次试压的人工、材料和机械台班的耗用量。

③液压试验是按普通水考虑的,如试压介质有特殊要求,介质可按实调整。

(2)管道试压、吹扫工程量计算规则:

1)强度试验,气密性试验项目,分段试验合格后,如需总体试压和发生二次或二次以上试压时，应再套用本定额相应项目计算试压费用。

2)管件长度未满 10m 者，以 10m 计，超过 10m 者按实际长度计。

3)管道总试压按每公里为一个打压次数，执行本定额一次项目，不足 0.5km 按实际计算；超过 0.5km 计算一次。

4)集中供热高压管道压力试验执行低中压相应定额，其人工乘以系数 1.3。

(六)市政管网工程计算举例

前面说过，市政管网工程是指市政给水工程、排水工程和燃气与集中供热工程。该工程共涉及 18 个分部工程 2636 个子目，内容较多，涉及面也较广，而且这些项目绝大部分是根据全国通用图册编制的，实际工作中对这些子目的工程量可以从相应图册中查得，不必重新计算。但为了加深读者对工程量计算方法的理解，这里选择了几种构筑物的工程量计算，以供读者学习参考。

【例 6-35】 试计算图 6-23 所示竖管式跌水井工程量。

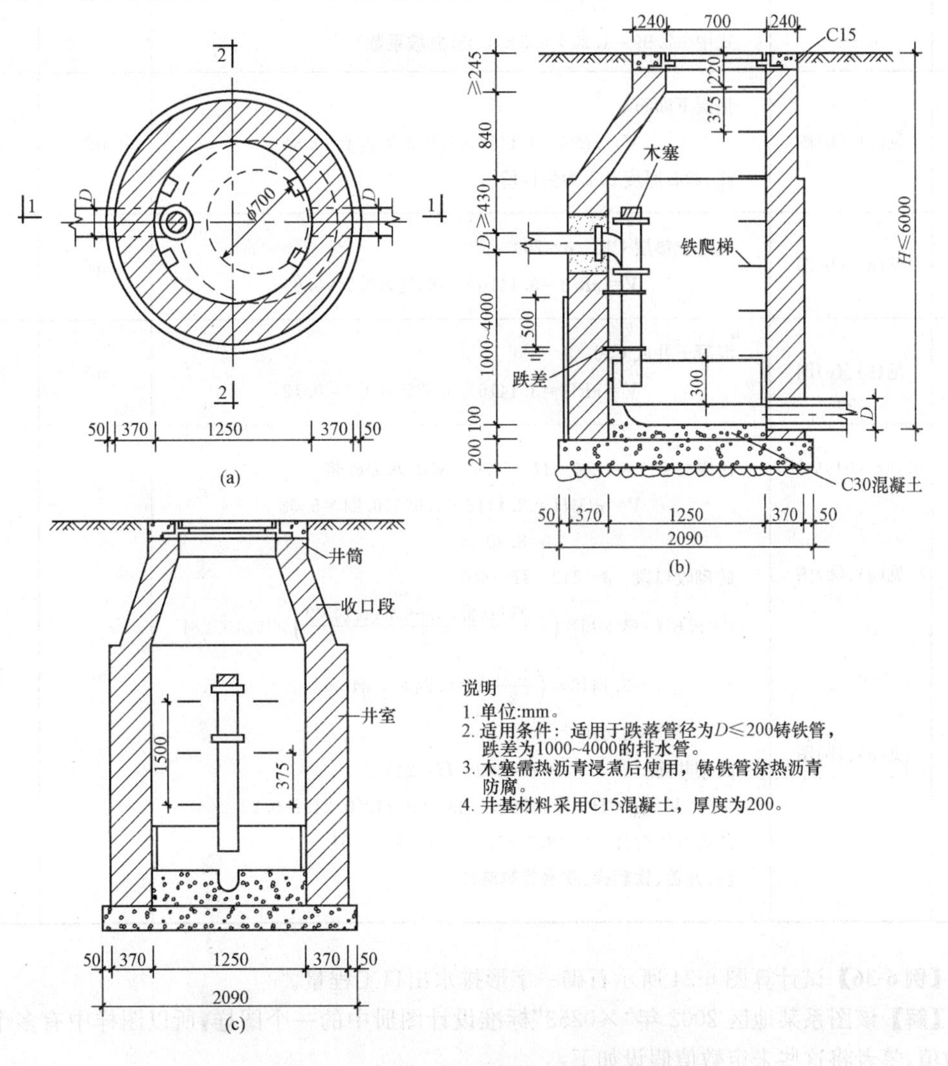

图 6-23 D=200(直线内跌)竖管式跌水井

(a)平面图；(b)1—1 剖面图；(c)2—2 剖面图

【解】该图中跌差及井深为可变数,本例取跌差值为 4000mm,取井深为 5000mm。各分项工程量计算见表 6-32。

表 6-32　　　　　　　　　　　工程量计算表

顺序	部位提要	项目名称及计算公式	计算单位	工程量数
1	见(a)、(b)图	人工挖土方(三类土) $V=\frac{1}{3}\pi H(R_1^2+R_2^2+R_1R_2)$ $=\frac{1}{3}\times 3.1416\times 5.30\times(1.25^2+2.99^2+1.25\times 2.99)$ $=5.55\times(1.5625+8.9401+37375)$ $=5.55\times 14.2401$ $=7.11$ 式中　2.99=1.25+5.3×0.33(放坡系数)	m^3	7.11
2	见(a)、(b)图	垫层下卵石 $V=\pi R^2\delta=3.1416\times 1.045^2\times 0.1=0.34$ 注:卵石厚度 0.1 为估计值	m^3	0.34
3	见(a)、(b)图	混凝土垫层 C15　$\delta=200$ $V=\pi R^2\delta=3.1416\times 1.045^2\times 0.2=0.69$	m^3	0.69
4	见(b)、(c)图	混凝土井底 C30　$\delta=100$ $V=\pi R^2\delta=3.1416\times 0.625^2\times 0.1=0.12$	m^3	0.12
5	见(a)、(b)、(c)图 见(a)、(b)图 见(a)、(b)图	砖砌井室　$\delta=240$　$H=5530$　M10 水泥砂浆 $V=\pi D\delta H=3.1416\times 1.99\times 0.24\times 5.53$ $=8.30$ 砖砌收口段　$\delta=240$　$H=840$ $V=\pi D\delta H=3.1416\times\left(\frac{1.25+0.37\times 2+0.7+0.24\times 2}{2}\right)\times 0.24\times 0.84$ $=3.1416\times\left(\frac{3.17}{2}\right)\times 0.24\times 0.84$ $=1.016$ 砖砌井筒　　$\delta=240$　$H=245$ $V=\pi D\delta H=3.1416\times 1.585\times 0.24\times 0.245=0.29$ 砖砌井体合计　$V=8.3+1.016+0.29=9.61$ 注:井盖、铁爬梯、跌水管等略计	m^3	9.61

【例 6-36】试计算图 6-24 所示石砌一字形排水出口工程量。

【解】该图系某地区 2002 年"×0253"标准设计图册中的一个图样,所以图样中有多个未确定数值,笔者将这些未定数值假设如下:

A	B	C	D	E	L	H	X	Y
600	6450	250	500	3450	2000	1500	500	500

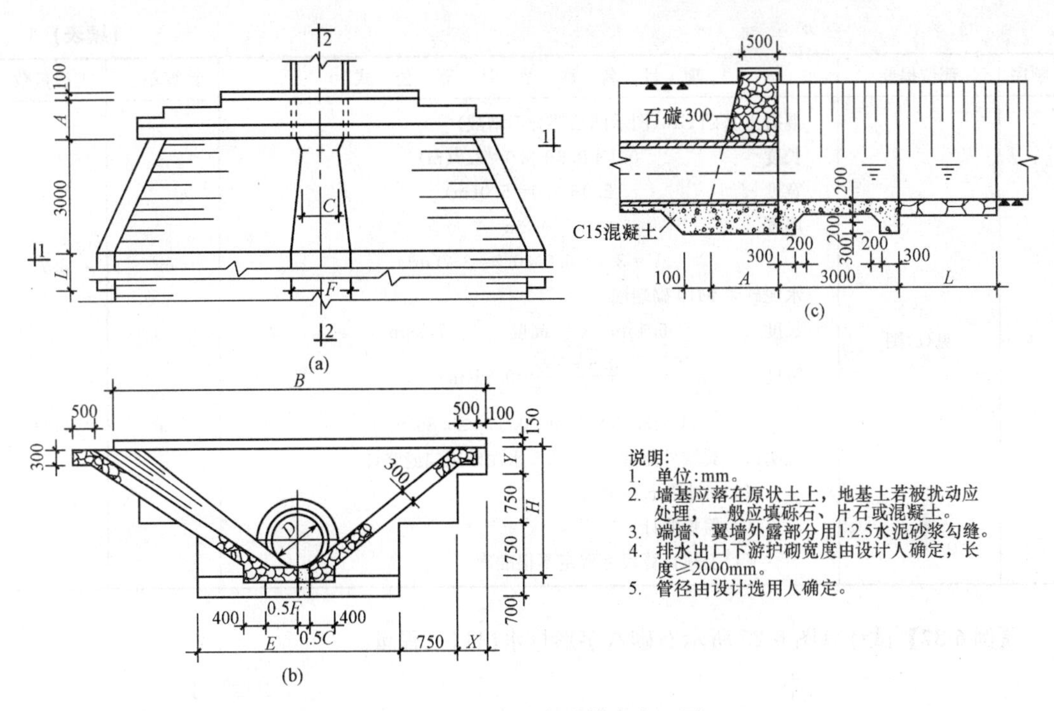

图 6-24　石砌一字形排水出口图

(a)平面图;(b)1—1 剖面图;(c)2—2 剖面图

依据上述数值其工程计算见表 6-33。

表 6-33　　　　　　　　　　**工程量计算表**

顺序	部位提要	项 目 名 称 及 计 算 公 式	计算单位	工程量数
1		出水口挖土包括在排水渠挖土内，这里做计算		
2	见(a)、(b)图	水泥砂浆 M10 砌砾石出水口基底 长＝2.0＋3.0＋0.6＋0.1＝5.7(m) 宽=0.4＋0.4(0.8×0.5)＋0.125(0.5×0.5×0.5)＋0.4=1.325(m) 0.5F　0.5C 0.8D　0.5D 500　500 厚=0.2m(自估) V＝长×宽×厚＝5.7×1.325×0.2＝1.51(m^3)	m^3	1.51
3	见(a)、(b)图	水泥砂浆 M10 砌块石护坡 坡长：2.0＋3.0＝5.0(m) 坡宽　$\sqrt{(0.7+0.75\times2+0.5)^2+(0.125+0.4+0.75+0.5)^2}$ $=\sqrt{7.29+3.15}=3.23$(m) 厚度　0.3m $V=5.0\times3.23\times0.3\times2+0.5\times5.0\times0.3\times2$ $=9.69+1.5=11.19$(m^3)	m^3	11.19

（续表）

顺序	部位提要	项 目 名 称 及 计 算 公 式	计算单位	工程量数
4	见(c)图	混凝土基础 C15(图示凹凸部分不增减) 长度　　$0.1+0.6+3.0=3.7(m)$ 宽度　　$2.0+3.0=5.0(m)$ 厚度　　0.2m $V=3.7\times5.0\times0.2=3.7(m^3)$	m^3	3.7
		水泥砂浆 M10 砌端墙 长度　6.45m　　高度　7.29m 宽度　$\frac{0.6+0.5}{2}=0.55(m)$ $V=6.45\times7.29\times0.55=25.86(m^3)$	m^3	25.86
		说明:(1)翼墙外露部分 1∶2.5 水泥砂浆勾缝略计。 (2)排水管长度略计。 (3)盖板略计。 (4)上述计算尺寸取定不很准确		

【例 6-37】试计算图 6-25 所示石砌八字形排水出口工程量。

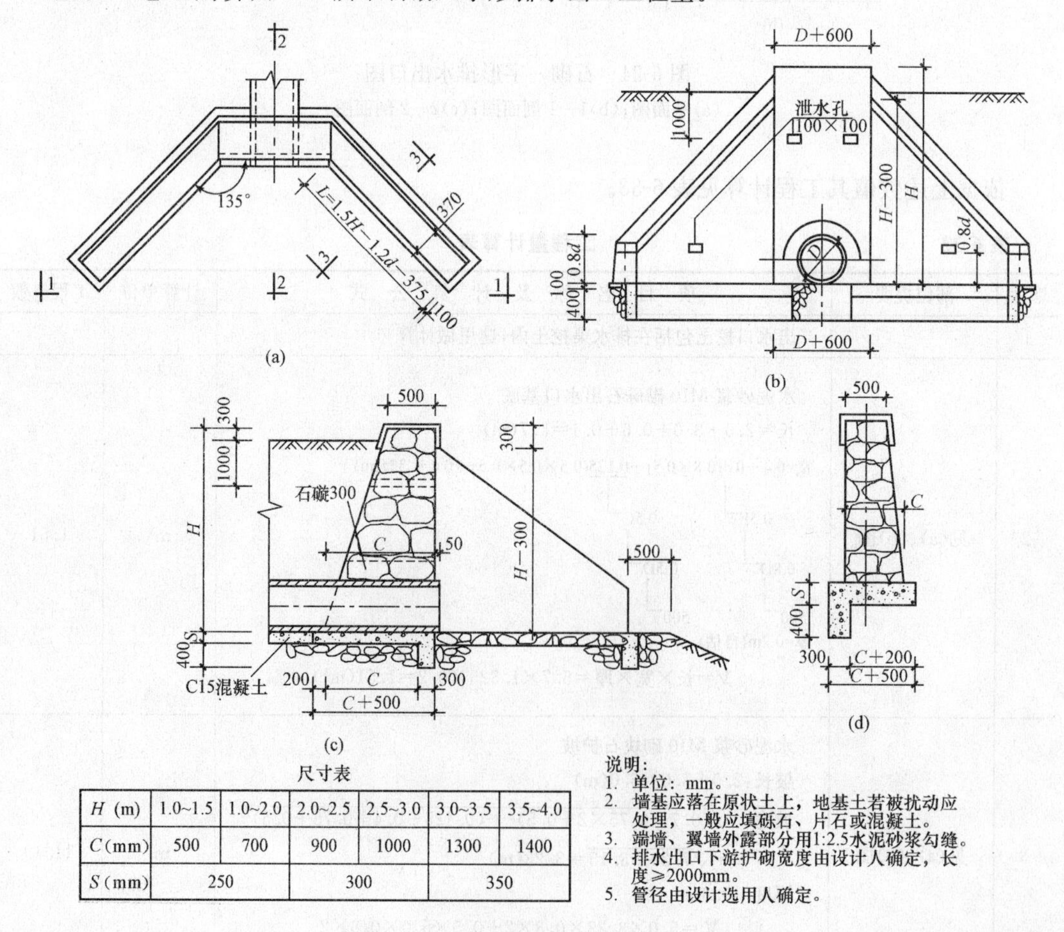

尺寸表

H (m)	1.0~1.5	1.0~2.0	2.0~2.5	2.5~3.0	3.0~3.5	3.5~4.0
C(mm)	500	700	900	1000	1300	1400
S(mm)	250		300		350	

说明：
1. 单位：mm。
2. 墙基应落在原状土上，地基土若被扰动应处理，一般应填砾石、片石或混凝土。
3. 端墙、翼墙外露部分用1:2.5水泥砂浆勾缝。
4. 排水出口下游护砌宽度由设计人确定，长度≥2000mm。
5. 管径由设计选用人确定。

图 6-25　石砌八字形排水出口图

(a)平面图；(b)1—1 剖面图；(c)2—2 剖面图；(d)3—3 剖面图

【解】图 6-25 中以拉丁字母表示的尺寸见该图中"尺寸表"所示。工程量计算见表 6-34。

表 6-34　　工程量计算表

顺序	部位提要	项 目 名 称 及 计 算 公 式	计算单位	工程量数
1	见(a)、(c)、(d)图	墙基 C15 混凝土基础　$\delta=300$ 基长　$L=1.5\times2.5-1.2\times0.4-0.375$ $=3.75-0.48-0.375=2.895$(m) 式中　$H=2.5$m　$d=0.4$(m) 基宽　$B=0.3+0.9+0.2=1.4$(m) $V=(2.895\times1.4\times0.3+2.895\times0.4\times0.3)\times2$ $=(1.2195+0.6948)\times2$ $=1.9143\times2=3.83$(m^3)	m^3	3.83
2	见(a)、(c)、(d)图	石砌八字墙 墙长　$L=2.895$m 墙宽　$B=(0.5+0.9+0.5)\div2=0.95$(m) 墙高　$H=2.5$m $V=(2.895\times0.95\times2.5)\times2$(两侧) $=13.75$(m^3)		
3	见(a)、(c)图	石砌端墙 墙长　$L=0.4+0.6=1.0$(m) 墙厚　$B=0.95$(见上计算) 墙高　$H=2.5$(不考虑管口所占部分) $V=1.0\times0.95\times2.5=2.38$($m^3$) 墙体合计 $V=13.75+2.38=16.13$(m^3) 说明：上述计算不十分细致，如八字墙下的墩基部"$0.8d$"就未计算等	m^3	16.13

(七)路灯工程工程量计算

《全国统一市政工程预算定额》(GYD—308—1999)第八册"路灯工程"(以下简称本定额)，包括变配电设备、架空线路、电缆工程、配线配管、照明器具安装、防雷接地装置安装等，共八章 552 个子目。

本定额适用于新建、扩建的城镇道路、市政地下通道的照明工程，不适用于拆除改造及庭院(园)内的照明工程。

本定额与《全国统一安装工程预算定额》第二册"电气设备安装工程"相关项目的界线划分，以路灯系统与城市供电系统相交为界，界限以内执行本定额，界限以外执行《全国统一安装工程预算定额》第二册"电气设备安装工程"定额。

本定额不包括线路参数的测定和运行工作。

本定额电压等级按 10kV 以下考虑。

1. 变配电设备工程

(1)定额说明。

1)本定额主要包括变压器安装,组合型成套箱式变电站安装;电力电容器安装;高低压配电柜及配电箱、盖板制作安装;熔断器、控制器、启动器、分流器安装;接线端子焊压安装。

2)变压器安装用枕木、绝缘导线、石棉布是按一定的折旧率摊销的,实际摊销量与定额不符时不作换算。

3)变压器油按设备带来考虑,但施工中变压器油的过滤损耗及操作损耗已包括在有关定额中。

4)高压成套配电柜安装定额是综合考虑编制的,执行中不作换算。

5)配电及控制设备安装,均不包括支架制作和基础型钢制作安装,也不包括设备元件安装及端子板外部接线,应另执行相应定额。

6)铁构件制作安装适用于定额范围的各种支架制作安装,但铁构件制作安装均不包括镀锌。轻型铁构件是指厚度在3mm以内的构件。

7)各项设备安装均未包括接线端子及二次接线。

(2)变配电设备工程量计算规则

1)变压器安装,按不同容量以“台”为计量单位。一般情况下不需要变压器干燥,如确实需要干燥,可执行《全国统一安装工程预算定额》第二册相应项目。

2)变压器油过滤,不论过滤多少次,直到过滤合格为止。以“t”为计量单位,变压器油的过滤量,可按制造厂提供的油量计算。

3)高压成套配电柜和组合箱式变电站安装,以“台”为计量单位,均未包括基础槽钢、母线及引下线的配置安装。

4)各种配电箱、柜安装均按不同半周长以“套”为单位计算。

5)铁构件制作安装按施工图示以“kg”为单位计算。

6)盘柜配线按不同断面、长度按表6-35计算。

表6-35 **盘柜配线工程量计算**

序号	项目	预留长度(m)	说明
1	各种开关柜、箱、板	高+宽	盘面尺寸
2	单独安装(无箱、盘)的铁壳开关、闸刀开关、启动器、母线槽进出线盒等	0.3	以安装对象中心计算
3	以安装对象中心计算	1	以管口计算

7)各种接线端子按不同导线截面积,以“个”为单位计算。

(3)变配电设备工程量计算举例

【例6-38】某市咸宁西路杆上安装BS7-315/6型电力变压器1台,试计算其安装费。

【解】该工程所在地为陕西省某市,故采用该省2006年市政工程价目表基价计算如下:

$p=1\times538.31=538.31$(元)　　定额号“9-4”

其中:人工费$=1\times310.30=310.30$(元)

材料费$=1\times58.17=58.17$(元)

机械费$=1\times169.84=169.84$(元)

注:变压器BS7-315/6本身价值应另计,计算方法是设备原价+运杂费。

2. 架空线路工程

(1)定额说明。

1)本定额按平原条件编制的，如在丘陵、山地施工时，其人工和机械乘以表6-36中的地形系数。

表6-36　地形调整系数

地　形　类　别	丘陵(市区)	一　般　山　地
调　整　系　数	1.2	1.6

2)地形划分：

①平原地带：指地形比较平坦，地面比较干燥的地带。

②丘陵地带：指地形起伏的矮岗、土丘等地带。

③一般山地：指一般山岭、沟谷地带、高原台地等。

3)线路一次施工工程量按5根以上电杆考虑，如5根以内者，其人工和机械乘以系数1.2。

4)导线跨越：

①在同一跨越栏内，有两种以上跨越物时，则每一跨越物视为"一处"跨越，分别套用定额。

②单线广播线不算跨越物。

5)横担安装定额已包括金具及绝缘子安装人工。

6)定额中基础子目适用于路灯杆塔、金属灯柱、控制箱安置基础工程，其他混凝土工程套用有关定额。

7)定额中不包括灯杆坑挖填土工作，应执行通用册有关子目。

(2)架空线路工程量计算规则。

1)底盘、卡盘、拉线盘按设计用量以"块"为单位计算。

2)各种电线杆组立，分材质与高度，按设计数量以"根"为单位计算。

3)拉线制作安装，按施工图设计规定，分不同形式以"组"为单位计算。

4)横担安装，按施工图设计规定，分不同线数以"组"为单位计算。

5)导线架设，分导线类型与截面，按"1km/单线"计算，导线预留长度规定见表6-37。

表6-37　导线预留长度

项　目　名　称		长　度(m)
高　压	转　角	2.5
	分支、终端	2.0
低　压	分支、终端	0.5
	交叉跳线转交	1.5
与设备连接		0.5

注：导线长度按线路总长加预留长度计算。

6)导线跨越架设，指越线架的搭设、拆除和越线架的运输以及因跨越施工难度而增加的工作量，以"处"为单位计算，每个跨越间距按50m以内考虑的，大于50m小于100m时，按2处计算。

7)路灯设施编号按"个"为单位计算；开关箱号不满10只按10只计算；路灯编号不满15只按15只计算；钉粘贴号牌不满20个按20个计算。

8)混凝土基础制作以"m^3"为单位计算。

9)绝缘子安装以"个"为单位计算。

3. 电缆工程

(1)定额说明。

1)本章定额包括常用的 10kV 以下电缆敷设,未考虑在河流和水区、水底、井下等条件的电缆敷设。

2)电缆在山地丘陵地区直埋敷设时,人工乘以系数 1.3。该地段所需的材料如固定桩、夹具等按实计算。

3)电缆敷设定额中均未考虑波形增加长度及预留等剩余长度,该长度应计入工程量之内。

4)定额未包括下列工作内容:

①隔热层,保护层的制作安装。

②电缆的冬季施工加温工作。

(2)电缆工程量计算规则。

1)直埋电缆的挖、填土(石)方,除特殊要求外,可按表 6-38 计算土方量。

表 6-38　　挖、填土(石)方量计算

项　　目	电　缆　根　数	
每米沟长挖方量(m^3/m)	1～2	每增一根
	0.45	0.153

2)电缆沟盖板揭、盖定额,按每揭盖一次以延长米计算。若又揭又盖,则按两次计算。

3)电缆保护管长度,除按设计规定长度计算外,遇有下列情况,应按以下规定增加保护管长度。

①横穿道路,按路基宽度两端各加 2m。

②垂直敷设时管口离地面加 2m。

③穿过建筑物外墙时,按基础外缘以外加 2m。

④穿过排水沟,按沟壁外缘以外加 1m。

4)电缆保护管埋地敷设时,其土方量有施工图注明的,按施工图计算;无施工图的一般按沟深 0.9m,沟宽按最外边的保护管两侧边缘外各加 0.3m 工作面计算。

5)电缆敷设按单根延长米计算。

6)电缆敷设长度应根据敷设路径的水平和垂直敷设长度,另加表 6-39 规定附加长度。

表 6-39　　预留长度

序　　号	项　　目	预留长度	说　　明
1	电缆敷设弛度、波形弯度、交叉	2.5%	按电缆全长计算
2	电缆进入建筑物内	2.0m	规范规定最小值
3	电缆进入沟内或吊架时引上预留	1.5m	规范规定最小值
4	变电所进出线	1.5m	规范规定最小值
5	电缆终端头	1.5m	检修余量
6	电缆中间头盒	两端各 2.0m	检修余量
7	高压开关柜	2.0m	柜下进出线

注:电缆附加及预留长度是电缆敷设长度的组成部分,应计入电缆长度工程量之内。

7)电缆终端头及中间头均以“个”为计量单位。一根电缆按两个终端头,中间头设计有图示的,按图示确定,没有图示,按实际计算。

(3)电缆工程量计算举例。市政路灯供电线路敷设方法主要有埋地敷设、沿沟内支架敷设、穿管埋地敷设和架空敷设等多种方法。电缆敷设长度计算可用公式表达如下:

$$L=(l_1+l_2+l_3)\times(1+2.5\%)+l_4+l_5$$

式中　L——电缆敷设计算长度(m或km);

l_1——电缆敷设水平长度(m);

l_2——电缆敷设垂直长度(m);

l_3——电缆敷设余留长度(m);

(1+2.5)——电缆敷设弛度等(见表6-40);

l_4——电缆敷设穿(跨)障碍物附加长度(m);

l_5——电缆敷设电杆引上及引下长度(m)。

【例6-39】某市从大东门至友谊东路十字处挖沟直埋铜芯交联聚乙烯绝缘聚氯乙烯护套电力电缆YJV—4×240　0.6/1kV　3000m。其穿越建东街道路一处,路宽9m,穿过排水沟两处,水沟宽度分别为3.5m及4.5m,试计算此电缆敷设长度。

【解】依据已知条件及上述公式计算如下:

$$L_{总}=3000\times(1+2.5\%)+2\times2(\text{横穿道路})+1\times2\times2(\text{过水沟两处})$$
$$=3075+4+4$$
$$=3083(\text{m})$$

4. 配管配线工程

“路灯工程”定额第四章配管配线工程共12节375个子目。其说明及工程量计算规则说明如下:

(1)各种配管的工程量计算,应区别不同敷设方式、敷设位置、管材材质、规格,以“延长米”为单位计算。不扣除管路中间的接线箱(盒)、灯盒、开关盒所占长度。

(2)定额中未包括钢索架设及拉紧装置、接线箱(盒)、支架的制作安装,其工程量另行计算。

(3)管内穿线定额工程量计算,应区别线路性质、导线材质、导线截面积,按单线延长米计算。线路的分支接头线的长度已综合考虑在定额中,不再计算接头长度。

(4)塑料护套线明敷设工程量计算,应区别导线截面积、导线芯数,敷设位置,按单线路延长米计算。

(5)钢索架设工程量计算,应区分圆钢、钢索直径,按图示墙柱内缘距离,按延长米计算,不扣除拉紧装置所占长度。

(6)母线拉紧装置及钢索拉紧装置制作安装工程量计算,应区别母线截面积、花篮螺栓直径,以“套”为单位计算。

(7)带形母线安装工程量计算,应区分母线材质、母线截面积、安装位置,按延长米计算。

(8)接线盒安装工程量计算,应区别安装形式,以及接线盒类型,以“个”为单位计算。

(9)开关、插座、按钮等的预留线,已分别综合在相应定额内,不另计算。

5. 照明器具安装工程

(1)定额说明。

1)“路灯工程”第五章照明器具安装工程主要包括各种悬挑灯、广场灯、高杆灯、庭院灯以及照明元器件的安装。

2)各种灯架元器具件的配线,均已综合考虑在定额内,使用时不作调整。

3)各种灯柱穿线均套相应的配管配线定额。

4)定额中已考虑了高度在10m以内的高空作业因素，如安装高度超过10m时，其定额人工应乘以系数1.4。

5)定额中已包括利用仪表测量绝缘及一般灯具的试亮工作。

6)定额中未包括电缆接头的制作及导线的焊压接线端子。如实际使用时，可套用有关章节的定额。

(2)照明器具安装工程量计算规则。

1)各种悬挑灯、广场灯、高杆灯灯架分别以“套”为单位计算。

2)各种灯具、照明器件安装分别以“套”为单位计算。

3)灯杆座安装以“只”为单位计算。

6. 防雷接地装置工程

(1)定额说明。

1)本章定额适用于高杆灯杆防雷接地，变配电系统接地及避雷针接地装置。

2)接地母线敷设定额按自然地坪和一般土质考虑的，包括地沟的挖填土和夯实工作，执行本定额不应再计算土方量。若遇有石方、矿渣、积水、障碍物等情况可另行计算。

3)本章定额不适用于采用爆破法施工敷设接地线、安装接地极，也不包括高土壤电阻率地区采用换土或化学处理的接地装置及接地电阻的测试工作。

4)本章定额避雷针安装、避雷引下线的安装均已考虑了高空作业的因素。

5)本章定额避雷针按成品件考虑的。

(2)防雷接地装置工程工程量计算规则。

1)接地极制作安装以“根”为计量单位，其长度按设计长度计算，设计无规定时，按每根2.5m计算，若设计有管冒时，管冒另按加工件计算。

2)接地母线敷设，按设计长度以“m”为计量单位计算。接地母线、避雷线敷设，均按延长米计算，其长度按施工图设计水平和垂直规定长度另加3.9%的附加长度(包括转弯、上下波动、避绕障碍物、搭接头所占长度)。计算主材费时另加规定的损耗率。

3)接地跨接线以“处”为计量单位计算。按规程规定凡需作接地跨接线的工作内容，每跨接一次按一处计算。

7. 路灯灯架制作安装工程

本章定额主要适用于灯架施工的型钢煨制，钢板卷材开卷与平直，金属无损探伤检查工作。其工程量计算方法如下：

(1)路灯灯架制作安装按每组重量及灯架直径，以“t”为单位计算。

(2)型钢煨制胎具，按不同钢材、煨制直径以“个”为单位计算。

(3)焊缝无损探伤按被探件厚度不同，分别以“张”、“m”为单位计算。

8. 刷油防腐工程

(1)《市政工程预算定额》第八册“路灯工程”第八章刷油防腐工程适用于金属灯杆面的人工、半机械除锈、刷油防腐工程。

(2)人工、半机械除锈分轻、中锈二种，区分标准为：

1)轻锈：部分氧化皮开始破裂脱落，轻锈开始发生。

2)中锈：氧化皮部分破裂脱呈堆粉末状，除锈后用肉眼能见到腐蚀小凹点。

(3)定额中不包括除微锈(标准氧化皮完全紧附，仅有少量锈点)，发生时按轻锈定额的人工、材料、机械乘以系数0.2。

(4)因施工需要发生的二次除锈,其工程量另行计算。

(5)金属面刷油不包括除锈费用。

(6)定额按安装地面刷油考虑,没考虑高空作业因素。

(7)油漆与实际不同时,可根据实际要求进行换算,但人工不变。

灯杆除锈、刷油区分油漆类别和涂刷遍数,按外表面积以"m^2"为单位计算;灯架按图示重量以"kg"为单位计算。

(八)地铁工程工程量计算

"地铁工程"是地下铁路工程的简称。《全国统一市政工程预算定额》(GYD—309—2001)第九册"地铁工程",由土建工程、轨道工程、通信工程、信号工程四部分组成。共计二十八章,551个子目。本册定额适用于城镇范围内新建、扩建的地铁工程。但对定额中有关问题说明如下:

(1)本定额未考虑隧道施工津贴,各省、自治区、直辖市定额管理部门可根据定额用工和当地劳动保护标准,计算隧道施工特殊津贴费或调整人工费单价。

(2)本定额土建工程不包括岩石隧道、地下连续墙、盾构法施工、打桩、降水、明开大型支撑挖土方和明开车站结构及地下结构监测等项目,发生时可套用《全国统一市政工程预算定额》其他册有关子目。

(3)本定额未编入供电专业、通风空调专业、给排水专业、消防及监控专业等有关项目,此部分可参考《全国统一安装工程预算定额》相应项目执行。

(4)本定额内凡属于轨道、通信、信号工程的专业性设备及材料,均按国务院有关部委发布的专业定额的材料价格计入,其材料预算价格不含外埠运杂费用。

(5)地铁洞内施工套用其他分册或其他全国统一定额的项目,其人工、机械乘以1.1系数。

(6)未尽事宜见各章说明。

第一部分　土建工程

(1)土建工程部分定额包括土方与支护、结构工程、其他工程共三章122个子目。

(2)本定额适用的土质分类,见表6-12。

(3)本定额中的混凝土项目均按现场搅拌(C25)考虑,如使用商品混凝土及设计标号与本定额不同时,各省、自治区、直辖市造价管理部门可自行调整。暗挖工程的混凝土项目均已综合计入了隧道内的泵送费用。

(4)本定额拆除有筋和无筋混凝土是按隧道内施工因素考虑的,在地面上拆除的混凝土应执行第一册"通用项目"相应子目。

1. 土方与支护

(1)定额说明。"地铁工程"定额第一部分第一章"土方与支护"工程有关问题说明如下:

1)本章定额包括土方工程、支护工程等2节26个子目。

2)本章定额未含土方外运项目,发生时执行第一册"通用项目"相应子目。

3)竖井挖土方项目未分土质类别,按综合考虑的。

4)盖挖土方项目以盖挖顶板下表面划分,顶板下表面以上的土方执行第一册"通用项目"的土方工程相应子目,顶板下表面以下的土方执行本章盖挖土方相应子目。

(2)土方与支护工程工程量计算规则。

1)盖挖土方按设计结构净空断面面积乘以设计长度以m^3计算,其设计结构净空断面面积是指结构衬墙外侧之间的宽度乘以设计顶板底至底板(或垫层)底的高度。

2)隧道暗挖土方按设计结构净空断面(其中拱、墙部位以设计结构外围各增加 10cm)面积乘以相应设计长度以 m^3 计算。

3)车站暗挖土方按设计结构净空断面面积乘以车站设计长度以 m^3 计算,其设计结构净空断面面积为初衬墙外侧各增加 10cm 之间的宽度乘以顶板初衬结构外放 10cm 至设计底板(或垫层)下表面的高度。

4)竖井挖土方按设计结构外围水平投影面积乘以竖井高度以 m^3 计算,其竖井高度指实际自然地面标高至竖井底板下表面标高之差计算。

5)竖井提升土方按暗挖土方的总量以 m^3 计算(不含竖井土方)。

6)回填素土、级配砂石、三七灰土按设计图纸回填体积以 m^3 计算。

7)小导管制作、安装按设计长度以延长米计算。

8)大管棚制作、安装按设计图纸长度以延长米计算。

9)注浆根据设计图纸注明的注浆材料,分别按设计图纸注浆量以 m^3 计算。

10)预应力锚杆、土钉锚杆和砂浆锚杆按设计图纸长度以延长米计算。

2. 结构工程

(1)定额说明。"地铁工程"定额第一部分第二章结构工程有关问题说明如下:

1)本章定额包括混凝土、模板、钢筋、防水工程等共 4 节 83 个子目。

2)本章定额喷射混凝土按 C20 测算,与设计要求不同时可按各省、自治区、直辖市标准进行调整。子目中已包括超挖回填、回弹和损耗量。

3)本章定额钢筋工程是按 $\phi10$ 以上及 $\phi10$ 以下综合编制的。

4)本定额中的预制混凝土站台板子目只包括了站台板的安装费用,未含预制混凝土站台板本身价格,其价格由各省、自治区、直辖市造价管理部门自行编制确定。

5)圆形隧道的喷射混凝土及混凝土项目按拱顶、弧墙、拱底划分,其中起拱线以上为拱顶,起拱线至墙脚为弧墙,两墙脚之间为拱底,分别套用相应子目。

6)临时支护喷射混凝土子目,适用于施工过程中必须采用的临时支护措施的喷射混凝土。

7)竖井喷射混凝土执行临时支护喷射混凝土子目。

8)模板按钢模板为主、木模板为辅综合测算。区间隧道模板分为钢模板钢支撑、钢模板木支撑及隧道模板台车项目,其中隧道非标准断面执行相应的钢模板钢支撑和钢模板木支撑项目,隧道标准断面应执行隧道模板台车项目。底板梁的模板按混凝土的接触面积并入板的模板计算。梗斜的模板靠墙的并入墙的模板计算;靠梁的并入梁的模板计算。

9)模板项目中均综合考虑了地面运输和模板的地面装卸费用。

(2)结构工程工程量计算规则。

1)喷射混凝土按设计结构断面面积乘以设计长度以 m^3 计算。

2)混凝土按设计结构断面面积乘以设计长度以 m^3 计算(靠墙的梗斜混凝土体积并入墙的混凝土体积计算,不靠墙的梗斜并入相邻顶板或底板混凝土计算),计算扣除洞口大于 0.3m^2 的体积。

3)混凝土垫层按设计图纸垫层的体积以 m^3 计算。

4)混凝土柱按结构断面面积乘以柱的高度以 m^3 计算(柱的高度按柱基上表面至板或梁的下表面标高之差计算)。

5)填充混凝土按设计图纸填充量以 m^3 计算。

6)整体道床混凝土和检修沟混凝土按设计断面面积乘以设计结构长度以 m^3 计算。

7)楼梯按设计图纸水平投影面积以 m^2 计算。

8)格栅、网片、钢筋及预埋件按设计图纸重量以 t 计算。

9)模板工程按模板与混凝土的实际接触面积以 m^2 计算。

10)施工缝、变形缝按设计图纸长度以延长米计算。

11)防水工程按设计图纸面积以 m^2 计算。

12)防水保护层和找平层按设计图纸面积以 m^2 计算。

3. 其他工程

(1)定额说明。"地铁工程"定额第一部分第三章其他工程有关问题说明如下：

1)本章定额包括隧道内临时工程拆除、材料运输、竖井提升共计 13 个子目。

2)本章定额临时工程适用于暗挖或盖挖施工时所铺设的洞内临时性管、线、路工程。

3)本章定额拆除混凝土子目中未含废料地面运输费用，如发生执行第一册"通用项目"第一章相应子目。临时工程按季度摊销量测算，不足一季度按一季度计算。

4)洞内材料运输和材料竖井提升子目仅适用于洞内施工(盖挖与暗挖)所使用的水泥、砂、石子、砖及钢材的运输与提升。

(2)其他工程工程量计算规则。

1)拆除混凝土项目按拆除的体积以 m^3 计算。

2)洞内材料运输、材料竖井提升按洞内暗挖施工部位所用的水泥、砂、石子、砖及钢材折算重量以 t 计算。

3)洞内通风按隧道的施工长度减 30m 计算。

4)洞内照明按隧道的施工长度以延长米计算。

5)洞内动力线路按隧道的施工长度加 50m 计算。

6)洞内轨道按施工组织设计所布置的起止点为准，以延长米计算。对所设置的道岔，每处道岔按相应轨道折合 30m 计算。

第二部分　轨道工程

(1)轨道部分定额包括铺轨、铺道岔、铺道床、安装轨道加强设备及护轮轨、线路其他工程、接触轨安装、轨料运输等七章 21 节共 81 个子目。

(2)"地面铺轨"定额中的钢轨，其工地搬运及操作损耗率系按 0.1%编制，仅适用于正线。当用于站线及新建车场时，应分别增加 0.1%和 0.2%的损耗。

(3)本定额未设铺工具轨子目，实际发生时应按道床形式、钢轨规格、轨枕及扣件类型套用第一章铺轨定额相应子目。但应扣除定额中的钢轨、接头夹板及相应附件(接头螺栓与弹簧垫板)材料费，工具轨、接头夹板及附件的周转使用费由建设单位和施工单位共同确定。

(4)"铺道床"定额只设铺碎石道床 1 节 3 个子目，整体道床浇筑混凝土项目执行本册第一部分土建工程相应子目。

(5)本定额第六章"接触轨安装"定额仅适用于采用接触轨方式为电动客车供电的地铁工程。

(6)本定额中线路设计长度均为单线线路长度。

1. 铺轨

(1)定额说明。

1)本章包括隧道铺轨、地面铺轨、桥面铺轨、道岔尾部无枕地段铺轨、换铺长轨等共 5 节 28 个子目。

2)本章铺轨定额所列扣件根据隧道、地面、桥面道床形式和轨枕类型不同，分别按弹条扣件和无螺栓弹条扣件列入定额子目。

3)人工铺长轨、换铺长轨子目,不包括长轨焊接费用,实际发生时执行本章长轨焊接相应子目。

4)换铺长轨子目不包括工具轨的铺设费用,但包括工具轨的拆除、回运及码放费用。

5)道岔尾部无枕地段铺轨,是指道岔跟端至末根岔枕中心距离(L)已铺长岔枕地段的铺轨。长岔枕铺设的用工、用料均在铺道岔定额中。

6)整体道床铺轨子目已包括了钢轨支撑架的摊销费用。

(2)铺轨工程量计算规则。

1)隧道、桥面铺轨按道床类型、轨型、轨枕及扣件型号、每公里轨枕布置数量划分,线路设计长度扣除道岔所占长度以"km"为单位计算。

2)地面碎石道床铺轨,按轨型、轨枕及扣件型号、每公里轨枕布置数量划分,线路设计长度扣除道岔所占长度和道岔尾部无枕地段铺轨长度以"km"为单位计算。

3)道岔长度是指从基本轨前端至辙叉根端的距离。特殊道岔以设计图纸为准。

4)道岔尾部无枕地段铺轨,按道岔根端至末根岔枕的中心距离以"km"为单位计算。

5)长钢轨焊接按焊接工艺划分,接头设计数量以"个"为单位计算。

6)换铺长轨按无缝线路设计长度以"km"为单位计算。

2. 铺道岔

(1)定额说明。

1)本章包括人工铺单开道岔、复式交分道岔和交叉渡线共3节12个子目。

2)碎石道床地段铺设道岔,岔枕是按木枕和钢筋混凝土枕分别考虑的;整体道床地段铺设道岔,岔枕是按钢筋混凝土短岔枕考虑的。

3)本章定额的整体道床铺道岔所采用的支撑架类型、数量是按施工组织设计计算的,其支撑架的安拆整修用工已含在定额内。

4)本章定额中道岔轨枕扣件按分开式弹性扣件计列,如设计类型与定额不同时,相应扣件类型按设计数量进行换算。

(2)铺道岔工程量计算规则。铺设道岔按道岔类型、岔枕及扣件型号、道床形式划分,以"组"为单位计算。

3. 铺道床

(1)定额说明。

1)本章包括铺碎石道床1节共3个子目。

2)本章适用于城市轨道交通工程地面线路碎石道床铺设。

(2)铺道床工程量计算规则。

1)铺碎石道床底碴应按底碴设计断面乘以设计长度以"m^3"为单位计算。

2)铺碎石道床线间石碴应按线间石碴设计断面乘以设计长度以"m^3"为单位计算。

3)铺碎石道床面碴应按面碴设计断面乘以设计长度,并扣除轨枕所占道床体积以"m^3"为单位计算。

4. 安装轨道加强设备及护轮轨

(1)定额说明。

1)本章定额包括安装轨道加强设备和铺设护轮轨2节共10个子目。

2)本章定额中安装绝缘轨距杆,是按厂家成套成品安装考虑的。

3)本章定额中防爬支撑子目是按木制防爬支撑考虑的,若设计使用材质不同时,则另列补充项目。

4)铺设护轮轨子目是按北京市城建设计院设计的地铁防脱护轨考虑的,本子目系按单侧编制,双侧安装时按实际长度折合为单侧工作量。

(2)安装轨道加强设备及护轮轨工程量计算规则。

1)安装绝缘轨距杆按直径、设计数量以“根”为单位计算。

2)安装防爬支撑分木枕、混凝土枕地段按设计数量以“个”为单位计算。

3)安装防爬器分木枕、混凝土枕地段按设计数量以“个”为单位计算。

4)安装钢轨伸缩调节器分桥面、桥头引线以“对”为单位计算。

5)铺设护轮轨工程量,单侧安装时按设计长度以“单侧延长米”为单位计算,双侧安装时按设计长度折合为单侧安装工程量,仍以“单侧延长米”计算。

5. 线路其他工程

(1)定额说明。

1)本章包括铺设平交道口、安装车挡、安装线路及信号标志、沉落整修及机车压道、改动无缝线路等5节共19个子目。

2)铺设平交道口项目其计量的单位10m宽是指道路路面宽度,夹角是指铁路与道路中心线相交之锐角;本项目是按木枕地段50kg钢轨、板厚100mm、夹角90°设立的。

3)安装线路及信号标志的洞内标志,按金属搪瓷标志考虑综合,洞外标志和永久性基标按混凝土制标志考虑。

4)沉落整修项目仅适用于人工铺设面碴地段。

5)加强沉落整修项目适用于线路开通后,其行车速度要求达到每小时45km以上时使用,当无此要求时,则应按规定采用沉落整修项目,两个项目不能同时使用。

6)机车压道项目仅适用于碎石道床人工铺轨线路。

7)改动无缝线路项目仅适用于地面及桥面无缝线路铺轨。

(2)线路其他工程工程量计算规则。

1)平交道口分单线道口和股道间道口,均按道口路面宽度以“m”宽为单位计算。遇有多个股道间道口时,应按累加宽度计算。

2)车挡分缓冲滑动式车挡和库内车挡,均以“处”为单位计算。

3)安装线路及信号标志按设计数量,洞内标志以“个”为单位、洞外标志和永久性基标以“个”为单位计算。

4)线路沉落整修按线路设计长度扣除道岔所占长度以“km”为单位计算。

5)道岔沉落整修以“组”为单位计算。

6)加强沉落整修按正线线路设计长度(含道岔)以正线“km”为单位计算。

7)机车压道按线路设计长度(含道岔)以“km”为单位计算。

8)改动无缝线路,按无缝线路设计长度以“km”为单位计算。

6. 接触轨安装

(1)定额说明。

1)本章定额包括接触轨安装、接触轨焊接接头轨弯头安装、安装防护板4节共7个子目。

2)本章定额接触轨焊接是按移动式气压焊现场焊接考虑的。

3)本章定额安装接触轨防护板定额是按玻璃钢防护板考虑的,如使用木制防护板,由各省、自治区、直辖市定额管理部门另行补充项目。

4)本章定额整体道床接触轨安装已包括混凝土底座吊架的摊销费用。

(2)接触轨安装工程量计算规则:

1)接触轨安装分整体道床和碎石道床,按接触轨单根设计长度扣除接触轨弯头所占长度以

“km”为单位计算。

2)接触轨焊接,按设计焊头数量以“个”为单位计算。

3)接触轨弯头安装分整体道床和碎石道床,按设计数量以“个”为单位计算。

4)安装接触轨防护板分整体道床和碎石道床,按单侧防护板设计长度以“km”为单位计算。

7. 轨料运输

(1)定额说明。

1)本章定额1节共2个子目。

2)本定额适用于长钢轨运输、标准轨及道岔运输。

3)本章定额轨料运输运距按10km综合考虑。

4)本章定额轨料运输包括将钢轨及道岔自料库基地(或焊轨场)运至工地的费用。

(2)轨料运输工程量计算规则。轨道车运输按轨料重量以“t”为单位计算。

第三部分 通信工程

(1)本部分定额适用于地铁、高架轻轨、城市铁路等轨道交通的通信线路、通信设备、通信设施、电源设备、专用设备的敷设、安装和调试,共九章25节158个子目。

(2)本部分定额中的材料消耗量,包括直接消耗在敷设、安装工作内容中的使用量和规定的损耗量,未包含按规范施工的预留和设计考虑的预留量。

(3)本部分定额的设备安装项目均未包括被安装的设备本身价值。

(4)本部分定额中仪器仪表的使用费,已综合在相应定额子目中。

(5)本部分定额中的工作内容,除各章已说明的工序外,还包括工种之间交叉配合的停歇时间,临时移动水、电源,配合质量检查、设备调试和施工地点范围内的设备、材料、成品、半成品、工器具的运输等。

(6)本部分定额中通信设备安装的各种螺栓、螺母、垫片等均按随机配套考虑,定额中没有单独列出,遇特殊情况需要增加时,可按实计列。

(7)本部分定额线缆敷设、设备安装的操作高度均按5m以下编制,若超过此范围,执行《全国统一安装工程预算定额》的相应项目。

(8)在通信光缆工程和电缆工程中,独立承包单项电、光缆工程总工日数小于250工日的,按下列规定增加系数:

1)工程工日总数在100工日以下时,增加15%。

2)工程工日总数在250工日以下时,增加10%。

(9)本部分定额未列入的项目和工作内容,请参考《全国统一安装工程预算定额》其他分册相关项目执行。

1. 导线敷设

“地铁工程”定额第三部分通信工程包括导线敷设、电缆、光缆敷设及吊、托架安装、电缆焊接、光缆接续与测试、通信电源设备安装、通信电话设备安装、无线设备安装、光传输、网管及附属设备安装、时钟设备安装和专用设备安装九章,其中第一章导线敷设。

(1)定额说明。

1)本章定额包括天棚敷设导线、托架敷设导线、地槽敷设导线共3节11个子目,适用于地铁洞内导线常用方式的敷设。

2)本章定额敷设导线子目是根据导线类型、规格按敷设方式设置的,且9-208~9-212子目每百米均综合了按导线截面通过电流大小配置的相应接线端子20个。

3)导线敷设引入箱、架中心部(或设备中心部)后,应另再增加 1.5m 的预留量。

4)天棚、托架敷设导线项目分别按每 1.5m 防护绑扎和 5m 绑扎一次综合测算。

5)敷设导线定额的预留量:

①根据广播网络洞内扬声器布设的需要,托架敷设广播用导线每 50m 预留 1.5m。

②根据洞内隧道电话插销布设的需要,托架敷设隧道电话插销用导线每 200m 应预留 3m。

③其他要求的预留量,可参照第二章托架敷设电缆预留量的标准执行。

(2)导线敷设工程量计算规则:

1)导线敷设子目均按照导线敷设方式、类型、规格以"m"为计算单位。

2)导线敷设引入箱、架(或设备)的计算,应计算到箱、架中心部(或设备中心部)。

2. 电缆、光缆敷设及吊、托架安装

(1)定额说明。

1)本章定额包括天棚敷设电缆,托架敷设电缆,站内、洞内钉固及吊挂敷设电缆,安装托板托架、吊架,托架敷设光缆,钉固敷设光缆,地槽敷设光缆共 7 节 41 个子目,适用于地铁电缆、光缆站内、洞内常用方式的敷设和托,吊架的安装。

2)电缆、光缆敷设预留量的规定:

①电缆预留量规定:

a. 接续处预留 1.5～2m。

b. 引入设备处预留 1～2m。

c. 总配线架成端预留量:

100 对成端预留量 3.5m(采用一条 100 对电缆成端)。

200 对成端预留量 4.5m(采用一条 200 对电缆成端)。

300 对成端预留量 5.5m(采用一条 300 对电缆成端)。

400 对成端预留量 9m(采用两条 200 对电缆成端)。

600 对成端预留量 11m(采用两条 300 对电缆成端)。

d. 组线箱成端预留量:50 对以下组线箱成端预留 1.5m。

e. 交接箱接头排预留量:100 对电缆以上接头排预留 5m。

f. 分线箱(盒)预留:50 对以下箱(盒)预留 2.5m。

②光缆预留量规定:

a. 接续处预留 2～3m。

b. 引入设备处预留 5m。

c. 中继站两侧引入口处各预留 3～5m。

d. 接续装置内光纤收容余长每侧不得小于 0.8m。

e. 敷设托架光缆每 200m 增加 2～3m 预留量,进出平拉隧道隔断门(或立转门)各增加 5m(或 3m)的预留量,跨越绕行增加 12m(或 2.5m)的计算长度。

f. 其他特殊情况,请按设计规定执行。

3)天棚、托架、地槽敷设电缆、光缆子目,是根据每 5m 绑扎一次综合测定的。

4)站内钉固电缆子目是按每 0.5m 钉固一次综合测定的。洞内电缆子目是按每米钉固一次敷设的,若间距小于等于 0.5m 时,可适当按照站内相应钉固子目予以调整。光缆钉固子目不分站内、洞内均按每米钉固一次综合测定。

5)安装托板托架子目是以面层镀锌工艺制作、镀层厚 4～5μm 的 6 层组合式膨胀螺栓固定的托板托架设置的,每套由 1 根托架、6 块活动托板组成。若使用 5 层一体化预埋铁螺栓紧固托板托架时,人工用量按该子目的 80%调整。

6)安装漏缆吊架(工艺要求同托架)包括安装吊架本身以及连接固定漏缆的卡扣。

7)洞内安装漏泄同轴电缆是按每米吊挂一次综合测算的。

8)光缆敷设综合考虑了仪器仪表的使用费,光缆芯数超过 108 芯以后,光缆芯数每增加 24 芯,敷设百米光缆,人工增加 0.8 个工日,仪器仪表的使用费增加 5.18 元。

9)电缆、光缆敷设的检验测试,要有完整的原始数据记录,以作为工程资料的一个组成部分。电缆、光缆在运往现场时,应按施工方案配置好顺序。隧道区间内预留的电缆、光缆必须固定在隧道壁上,以防止列车碰刷。

(2)电缆、光缆敷设及吊、托架安装工程量计算规则。

1)电缆、光缆敷设均是按照敷设方式根据电、光缆的类型、规格分别以“m”为单位计算。

2)电缆、光缆敷设计算规则:

①电缆、光缆引入设备,工程量计算到实际引入汇接处,预留量从引入汇接处起计算。

②电缆、光缆引入箱(盒),工程量计算到箱(盒)底部水平处,预留量从箱(盒)底部水平处起计算。

3)安装托板托架、漏缆吊架子目均以套为计算单位。

3. 电缆接焊、光缆接续与调试工程

(1)定额说明。

1)本章定额包括电缆接焊、电缆测试、光缆接续、光缆测试共 4 节 20 个子目,适用于地铁工程常用的电缆接焊、光缆接续与测试。

2)电缆接焊头项目,是以缆芯对数划分按前套管直通头封装方式测算的。本项目适用于常用电缆接头的芯线接续(一字型、分歧型),接头的对数为计算标准。

①纸隔与塑隔电缆的接续点按塑隔芯线计算,大小线径相接按大小线径计算。

②若为分歧接焊,在相同对数的基础上,铅套管分歧封头按相同对数铅套管直通头子目规定,人工增加 10%,分歧封头材料费按定额消耗量不变,材料单价可调整。C 型套管接续套用相同规格子目,主要材料换价计取。

3)电缆全程测试项目,是指从总配线架(或配线箱)至配线区的分线设备端子的电缆测试,包括测试中对造成的故障线路恢复,并综合考虑了相应仪器仪表的使用费。

4)光缆接续子目综合考虑了仪器仪表的使用费,光缆芯数每增加 24 芯,人工增加 8 个工日,仪器仪表的使用费增加 224.06 元。

5)光缆测试子目综合考虑了仪器仪表的使用费,光缆芯数每增加 24 芯,人工增加 4 个工日,仪器仪表的使用费增加 129.33 元。

(2)电缆焊接、光缆接续与测试工程量计算规则。

1)电缆接焊头按缆芯对数以“个”为计算单位。

2)电缆全程测试以“条”或“段”为计算单位。

3)光缆接续头按光缆芯数以“个”为计算单位。

4)光缆测试按光缆芯数以光中继“段”为计算单位。

4. 通信电源设备安装工程

(1)定额说明。

1)本章定额包括蓄电池安装及充放电、电源设备安装共 2 节 14 个子目。适用于地铁常用通信电源的安装和调试。

2)蓄电池项目,是按其额定工作电压、容量大小划分,以蓄电池组综合测算的,适用于24V、48V工作电压的常用蓄电池组安装及蓄电池组按规程进行充放电。

当蓄电池组容量超过500A时,24V蓄电池组每增加500A时,人工增加1.5工日;48V蓄电池组每增加500A时,人工增加4工日。

3)蓄电池电极连接系按电池带有紧固螺栓、螺母、垫片考虑的。定额中未考虑焊接,如采用焊接方式连接,除增加焊接材料外,人工工日不变。

4)蓄电池组容量和电压与定额所列不同时,可按相近子目套用。

5)安装调试不间断电源和数控稳压设备项目,是按额定功率划分,以台综合测算的,包括电源间与设备间进出线的连接和敷设。

6)组合电源设备的安装已包括进出线、缆的连接,但未包括进出线、缆的敷设。

7)安装调试充放电设备项目,包括监测控制设备、变阻设备、电源设备的安装、调试与连接线缆的敷设。

8)安装蓄电池机柜、架定额,是以600mm(宽)×1800mm(高)×600mm(厚)的机柜;二层总体积为2200mm(宽)×1000mm(高)×1500mm(厚)的蓄电池机架综合测定的。

9)配电设备自动性能调测子目是以台综合测算的。

10)布放电源线可参考本册导线敷设中相应子目。

(2)通信电源设备安装工程量计算规则。

1)蓄电池安装按其额定工作电压、容量大小划分,以蓄电池"组"为单位计算。

2)安装调试不间断电源和数控稳压设备定额是按额定功率划分,以"台"为单位计算。

3)安装调试充放电设备以"套"为单位计算。

4)安装蓄电池机柜、架分别以"架"为单位计算。

5)安装组合电源、配电设备自动性能调测均是以"台"为单位计算。

5. 通信电话设备安装工程

(1)定额说明。

1)本章定额包括安调程控交换机及附属设备、安调电话设备及配线装置共2节19个子目。适用于地铁工程国产和进口各种制式的程控交换机设备的硬件、软件安装、调试与开通,以及电话设备安装和调试。

2)程控交换机安装调试项目均包括硬件的安装调试和软件的安装调试,且综合考虑了仪器仪表的使用费。

程控交换机的硬件安装各子目均包括相对应的配线架(柜)的安装(配线架的容量按交换机容量1.4～1.6倍计)。工作内容还包括安插电路板及机柜部件、连接地线、电源线、柜间连线、加电检查,程控交换机至配线架(柜)横列间所有电缆的量裁、布放、绑扎、绕接(或卡接),其中主要连接线、缆敷设按程控机房、电源室、配线架的相应长度以及各种连接插件的安装按规定数量,已综合在子目内。

程控交换机软件安装包括以下内容:

①程控交换机进行系统硬件测试。

②系统配置的数据库生成,用户及中继线数据库生成,各项功能数据库的生成,列表检查核对,复制设备软盘。

3)程控交换机定额,只列出了5000门以下的交换设备。若实际设置超过5000门容量的交换设备,按超过的容量,直接套用相应子目计取。

4)安调终端及打印设备、计费系统、话务台、修改局数据、增减中继线、安装远端用户模块定额均指独立于程控交换机安装项目之外的安装调试。

5)终端及打印设备安装调试定额均包括终端设备、打印机的安装调试及随机附属线、缆的连接。

6)计费系统安装调试均包括计算机、显示器、打印机、调制解调器、电源、鼠标、键盘的安装调试及随机线缆、进出线缆的连接。

7)话务台安装调试定额均包括计算机、显示器、鼠标、键盘、ISDT设备安装调试及随机线缆、进出线缆的连接。

8)安装调试程控调度交换设备、程控调度电话、双音频电话、数字话机(或接口)均包括:设备(或装置)本身的安装调试及附属接线盒的安装和线、缆的连接。

9)安装交接箱定额是以600回线交接箱的安装综合测算的;安装卡接模块定额是以10回线模块的安装综合测算的;安装交接箱模块支架定额是以安装10×10回线的模块支架综合测定的;安装卡接保安装置定额是以安装在卡接模块每回线上的保安装置综合测算的。

10)计算机终端及打印机单独安装调测时,可按全国统一安装工程预算定额的相应子目计取。

(2)通信电话设备安装工程量计算规则。

1)程控交换机安装调试定额,按门数划分以"套"为计算单位。

2)安调终端及打印设备、计费系统、话务台、程控调度交换设备、程控调度电话、双音频电话、数字话机均以"套"为计算单位。

3)修改局数据以"路由"为计算单位。

4)增减中继线以"回线"为计算单位。

5)安装远端用户模块以"架"为计算单位。

6)安装交接箱、交接箱模块支架、卡接模块均以"个"为计算单位。

6. 无线设备安装工程

(1)定额说明。

1)本章定额包括安装电台及控制、附属设备,安装天线、馈线及场强测试,共2节11个子目,适用于车站、车场、列车电台设备的安装调试。

2)安装基地电台项目包括机架、发射机、接收机、功放单元、控制单元、转换单元、控制盒、电源的安装调试以及随机线缆安装、进出线缆的连接,且综合考虑了仪器仪表的使用。

3)安装调测中心控制台项目包括计算机、显示器、控制台、鼠标、键盘的安装调试以及随机线缆安装、进出线缆的连接。

4)安装调试录音记录设备项目、安装调试便携电台(或集群电话)均以单台综合测算的,且安装调试便携电台(或集群电话)子目还综合考虑了仪器仪表的使用费。

5)安装调测列车电台是以安装调试含有设备箱的一体化结构电台、控制盒、送受话器以及随机线缆安装、进出线缆连接综合测算的,且综合考虑了仪器仪表的使用费。

6)固定台天线是以屋顶安装方式综合测算的,采用其他形式安装时,可参考本定额另行计取。车站电台天线安装调试,可直接套用列车天线相应子目。

7)场强测试是按正线区间(1km)双隧道,并分别按照顺向、逆向、重点核查三次测试而综合测算的,且综合考虑了仪器仪表的使用费。

8)同轴软缆敷设以30m为1根计算,超过30m每增加5m为1根计算。

9)系统联调,是以包括1套中心控制设备,10套车站设备,20套列车设备为一系统综合测算的,且综合考虑了仪器仪表的使用费。

10)设备安调均以带有机内(或机间)连接线缆综合考虑,设备到端子架(箱)的连接线缆,可参照有关章节适当子目另行计取。

(2)无线设备安装工程量计算规则。

1)安装基地电台、安装调测中心控制台、安装调测列车电台，均以“套”为计算单位。

2)安装调试录音记录设备、安装调试便携电台(或集群电话)，均以“台”为计算单位。

3)固定台天线、列车电台天线以“副”为计算单位。

4)场强测试以“区间”为计算单位。

5)同轴软缆敷设均以“根”为计算单位。

6)系统联调以“系统”为计算单位。

7. 光传输、网管及附属设备安装工程

(1)光传输、网管及附属设备安装定额说明：

1)本章定额包括光传输、网管及附属设备安装，稳定观测、运行试验共 2 节 11 个子目，适用于 PCM、PDH、SDH、OTN 等制式的传输设备的安装和调试。

2)安装调试多路复用光传输设备包括端机机架、机盘、光端机、复用单元、传输及信令接口单元、光端机主备用转换单元、维护单元、电源单元的安装调试以及随机线缆安装、进出线缆的连接，且综合考虑了相应仪器仪表的使用费，但不含 UPS 电源设备的安装调试。

3)安调中心网管设备定额，安装调试车站网管设备定额，均以套综合测算。其中安装调试中心网管设备综合考虑了相应仪器仪表的使用费。

安装调试中心网管设备包括中心网管设备、计算机、显示器、鼠标、键盘的安装调试以及随机线缆的安装连接。

安装调试车站网管设备包括车站网管设备的安装调试和随机线、缆的安装连接。

4)安装光纤配线架、数字配线架、音频终端架，均以架综合测算。其中光纤配线架和音频终端架定额是以 60 芯以下配线架综合测算的。

5)放绑同轴软线以 10m 为 1 条测算，尾纤制作连接以 3m 为 1 条测算。

6)安装光纤终端盒以个综合测算。

7)传输系统稳定观测，网管系统运行试验定额，均以 10 个车站、1 个中心站为一个系统综合测算的，且综合考虑了相应仪器仪表的使用费。

8)设备安装调试均以带有机内(或机间)连接线缆综合考虑，设备到端子架(箱)的连接线缆，可参照相关章节适当子目，另行计取。

(2)光传输、网管及附属设备安装工程量计算规则：

1)安装调试多路复用光传输设备，安装调试中心网管设备，安装调试车站网管设备，均以“套”为单位计算。

2)安装光纤配线架、数字配线架、音频终端架，均以“架”为单位计算。

3)放绑同轴软线，尾纤制作连接均以“条”为单位计算。

4)安装光纤终端盒以“个”为单位计算。

5)传输系统稳定观测，网管系统运行试验均以“系统”为单位计算。

8. 时钟设备安装工程

(1)时钟设备安装定额说明：

1)本章定额包括安装调试中心母钟设备、安装调试二级母钟及子钟设备共 2 节 9 个子目，适用于计算机管理的、GPS 校准的、以中央处理器为主单元的数字化子母钟运营、管理系统的安装调测。

2)安装调试中心母钟定额,以套综合测算,且考虑了相应仪器仪表的使用费。包括:机柜、电视解调器、自动校时钟、多功能时码转换器、卫星校频校时钟、高稳定时钟(2 台)、时码切换器、时码发生器、时码中继器、中心检测接口、中心监测接口、时码定时通信器、计算机接口装置直流电源的安装调试,以及随机线缆安装、进出线缆的连接。

3)全网时钟系统调试是以 10 套二级母钟、1 套中心母钟为一系统综合测定的,且考虑了相应仪器仪表的使用费。

4)安装调试二级母钟包括机柜、高稳定时钟、车站监测接口、时码分配中继器的安装调试,以及随机线缆安装、进出线缆的连接。

5)车站时钟系统调试,是以每套二级母钟带 35 台子钟为一系统综合考虑的,且考虑了相应仪器仪表的使用费。

6)站台数显子钟以 10″双面悬挂式、发车数显子钟以 5″单面墙挂式、室内数显子钟以 3″单面墙挂式、室内指针子钟以 12″单面墙挂式综合测算的。

7)安调卫星接收天线包括天线的安装调试和 20m 同轴电缆的敷设连接。

8)电源设备、微机设备安装调试,可参考其他章节或《全国统一安装工程预算定额》相关子目。

9)设备安装调试定额均以带有机内(或机间)连接线缆综合考虑,设备到端子架(箱)的连接线缆,可参照相关章节适当子目另行计取。

(2)时钟设备安装工程量计算规则:

1)安装调试中心母钟、安装调试二级母钟均以“套”为单位计算。

2)安装调试卫星接收天线、以“副”为单位计算。

3)安装调试数显站台子钟、数显发车子钟、数显室内子钟、指针室内子钟均以“台”为单位计算。

4)车站时钟系统调试、全网时钟系统调试均以“系统”为单位计算。

9. 专用设备安装工程

(1)专用设备安装定额的说明:

1)本章定额包括安装中心广播设备、安装调试车站及车场广播设备、安调附属设备及装置共 3 节 22 个子目,适用于计算机控制管理、以中央处理器为主控制单元的各种有线广播设备的安装,以及调测和通信专用附属设备的安装、调试。

2)中心广播控制台设备是以 20 回路输出设备综合测定的,且考虑了相应仪器仪表的使用费。包括控制台、计算机、显示器、鼠标、键盘的安装调试以及随机线缆的安装连接。车站广播控制台设备,是以 10 回路输出设备综合测定的,且考虑了相应仪器仪表的使用费。包括车站控制台、话筒的安装调试,以及随机线缆安装、进出缆的连接。

3)车站功率放大设备是以输出总功率 2800W 设备综合考虑的,以“套”为单位计算。包括机架、功放单元(7 层)、变阻单元(3 层)、切换分机、功放检测分机、电源分机的安装调试,以及随机线缆安装、进出线缆的连接,且考虑了相应仪器仪表的使用费。

4)车站广播控制盒、防灾广播控制盒是以具有放音卡座及语音存储器功能的设备综合考虑的。包括控制盒和话筒的安装调试以及随机线缆安装、进出线缆的敷设连接。

5)安装调试列车间隔钟是以含有支架安装综合测算的。

6)安装调试中心广播接口设备、车站广播接口设备、扩音转接机、电视遥控电源单元、设备通电 24 小时,以及安装调试专用操作键盘,均以台综合测算。其中安装调试中心广播接口设备、安装调试车站广播接口设备子目,均考虑了相应仪器仪表的使用费。

7)安装广播分线装置、安装调试扩音通话柱、安装音箱、安装纸盆扬声器、安装吸顶扬声器、安装号码标志牌、安装隧道电话插销、安装监视器防护外罩定额，均以个综合测算。安装号筒扬声器子目以对测算。

8)安装号码标志牌，特指隧道内超运距安装。若在隧道外安装时，每个号码标志牌人工调减至0.1工日。

9)系统稳定性调试定额，是以1套中心广播设备，10套车站广播设备为一系统，稳定运行200h综合测算的，且综合考虑了相应仪器仪表的使用费。

10)设备安装调试定额均以带有机内(或机间)连接线缆综合考虑，设备到端子架(箱)的连接线缆可参照相关章节适当子目另行计取。

(2)专用设备安装工程量计算规则：

1)中心广播控制台设备、车站广播控制台设备、车站功率放大设备、车站广播控制盒、防灾广播控制盒、列车间隔钟、设备通电24h均以“套”为单位计算。

2)中心广播接口设备、车站广播接口设备、扩音转接机、电视遥控电源单元、专用操作键盘，均以“台”为单位计算。

3)广播分线装置、扩音通话柱、音箱、纸盆扬声器、吸顶扬声器、号码标志牌、隧道电话插销、监视器防护外罩，均以“个”为单位计算。

4)安装号筒扬声器子目以“对”为单位计算。

5)系统稳定性调试以“系统”为单位计算。

第四部分　信号工程

(1)本部分包括：室内设备安装，信号机安装，电动转辙装置安装，轨道电路安装，室外电缆防护、箱盒安装，基础、车载设备调试，系统调试，其他等共9章30节150个子目。

(2)本部分定额的设备、器材安装除另有规定外，均包括设备本身的安装固定及引入，引出端子板的接线、接线端子的压接全部工作量。但不包括设备引入，引出端子板以外的电缆、电线敷设及设备接地等工作内容。

(3)本定额子目内的仪器、仪表使用费均按实际测算综合了一种或多种仪器、仪表的使用费用。

(4)本定额的缺项部分，如电缆防护，电缆、电线敷设，蓄电池安装与充放电，微机安装与调试，不间断电源安装与调试等，均按《全国统一安装工程预算定额》相应子目执行。

(5)洞内通信电缆敷设由于空间有限，定额根据实际需用的轨道车运输及敷设综合考虑，按敷设每公里电缆0.5个机械台班确定。机械台班包括汽车式起重机5t，轨道车120kW，轨道平板车16t。

(6)信号电缆敷设预留长度的计算。当设计图纸注明预留长度时按设计要求计算，设计图纸未注明预留长度时按以下规定计算。

1)直埋信号电缆预留长度，按《全国统一安装工程预算定额》电气工程分册相应规则执行。

2)洞内架设信号电缆每个终端头加计3m。

3)洞内架设信号电缆每端引入设备时，按设备的半周长加计。

4)洞内架设信号电缆每端引入分线柜时，每根预留5m。

5)洞内架设信号电缆每端引入分线箱时，每根预留3m。

6)洞内架设信号电缆垂直引向水平时，每处加计0.5m。

7)洞内架设信号电缆，井内每根电缆加计2m。

8)洞内架设信号电缆，电缆的波形长度按1%计。

(7)本章定额设备包括各种单元控制台,调度集中控制台,信息员工作台,调度长工作台,调度员工作台,数字化仪工作台,应急台,电源屏,电源切换箱,电源开关柜,旁路电源柜,人工解锁按钮盘,调度集中总机柜,调度集中分机柜,中心模拟盘,微机联锁接口柜,微机联锁防雷柜,电动辙机等。其设备本身价值不含在子目内。

本部分的第一章为"室内设备安装"。包括控制台安装、电源设备安装、各种盘、架、柜安装三节。

1. 室内设备安装

(1)定额说明。

1)本章定额包括控制台安装,电源设备安装,各种盘、架、柜安装共3节52个子目。

2)本章定额不含非定型及数量不固定的器材(如组合、继电器、交流轨道电路滤波器等),编制概预算时应按设计数量另行计算其消耗量。但其安装所需要的工、料费用已综合在各有关子目中。

3)单元控制台安装(按横向单元块数分列子目),调度集中控制台安装,信息员工作台安装,调度长工作台安装,调度员工作台安装,微机连锁数字化仪工作台安装,微机连锁应急台安装,综合了室内地脚螺栓安装和地板上摆放安装所用人工、材料消耗量。

4)调度集中控制台安装,不含通信设备、微机终端设备的安装接线。

5)分线柜安装按六柱端子、十八柱端子分10组道岔以上、10组道岔以下综合测算。不包括分线柜与墙体的绝缘设置(如发生费用另计),电缆固定以及电缆绝缘测试设备的安装。

6)大型单元控制台安装(50～70块以上)及调度集中控制台安装、信息员工作台安装、调度员工作台安装、中心模拟盘安装均考虑了搬运上楼的困难因素并增加了起重机台班的消耗量,高度按20m以内确定,超过20m时应另行计算。

7)电气集中组合架安装、电气集中新型组合柜及电气集中继电器柜安装,综合了室内地脚螺栓安装和地板上摆放安装,按25组道岔以下、25组道岔以上综合测算。

8)电气集中组合架安装、电气集中新型组合柜安装及电气集中继电器柜安装,不包括熔丝报警器与其他电源装置的安装。

9)走线架及工厂化配线槽道安装,按螺栓固定安装在室内各种盘、架、柜的上部测算,包括室内设备上部安装有走线架或工厂化配线槽道的所有设备。走线架或工厂化配线槽道与机架或墙体如设计要求需加绝缘时,其人工、材料费另计。

(2)室内设备安装工程量计算规则:

1)单元控制台安装,按横向单元块数,以"台"为单位计算。

2)调度集中控制台安装、信息员工作台安装、调度长工作台安装、调度员工作台安装、微机连锁数字化仪工作台安装、微机连锁应急台安装,以"台"为单位计算。

3)电源屏安装、电源切换箱安装,以"个"为单位计算。

4)电源引入防雷箱安装,按规格类型以"台"为单位计算。

5)电源开关柜安装、熔丝报警电源装置安装、灯丝报警电源装置安装、降压点灯电源装置安装,以"台"为单位计算。

6)电气集中组合架安装、电气集中新型组合柜安装、分线盘安装、列车自动运行(ATO)架安装、列车自动防护轨道架安装、列车自动防护码发生器架安装、列车自动监控(RTU)架安装及交流轨道电路与滤波器架安装,分别以"架"为单位计算。

7)走线架安装与工厂化配线槽道安装,以"架"为单位计算。

8)电缆柜电缆固定,以"根"为单位计算。

9)人工解锁按钮盘安装、调度集中分机柜安装、调度集中总机柜安装、列车自动监控(DPU)柜安装、列车自动监控(LPU)柜安装、微机连锁接口柜安装及熔丝报警器安装,以“台”为单位计算。

10)电缆绝缘测试,以“块”为单位计算。

11)轨道测试盘,按规格型号以“台”为单位计算。

12)交流轨道电路防雷组合安装、列车自动防护(ATP)维修盘安装及微机连锁防雷柜安装,以“个”为单位计算。

13)中心模拟盘安装,以“面”为单位计算。

14)电气集中继电器柜安装,以“台”为单位计算。

2. 信号机安装

(1)信号机安装定额说明。

1)本章定额包括矮型色灯信号机安装、高柱色灯信号机安装、表示器安装、信号机托架的安装,共4节9个子目。

2)本章定额工作内容包括设备本身的安装固定,内部器材的安装、接线等全部工作内容。

3)矮型色灯信号机安装与矮型进路表示器安装,不论是洞内安装在托架上还是车场安装在混凝土基础上,均综合考虑了洞内分线箱方式配线及室外(车场)电缆盒方式配线的工作内容。

(2)信号机安装工程量计算规则:

1)矮型色灯信号机安装,高柱色灯信号机安装,分二显示、三显示,以“架”为单位计算。

2)进路表示器矮型二方向、矮型三方向、高柱二方向、高柱三方向,以“组”为单位计算。

3)信号机托架安装,以“个”为单位计算。

3. 电动道岔转辙装置安装

(1)电动道岔转辙装置安装定额说明。

1)本章定额包括各种电动道岔转辙装置的安装及四线制道岔电路整流二极管安装等5个子目。

2)电动道岔转辙装置的安装是按普通安装方式测算的。当采用三轨方式送牵引电,电动道岔转辙装置安装侵限,需对电动道岔转辙装置改形、加工时,其消耗量不得调整。

3)电动道岔转辙装置的安装包括了绝缘件安装用工,但不含转辙装置绝缘件本身价值。

(2)电动道岔转辙装置安装工程量计算规则:

1)电动道岔转辙装置单开道岔(一个牵引点)安装、电动道岔转辙装置重型单开道岔(二个牵引点)安装、电动道岔转辙装置(可动心轨)安装及电动道岔转辙装置(复式交分)安装,以“组”为单位计算。

2)四线制道岔电路整流二极管安装,以“组”为单位计算。

4. 轨道电路安装

(1)轨道电路安装定额说明。

1)本章定额包括轨道电路安装,轨道绝缘安装,钢轨接续线、道岔跳线、极性交叉回流线安装与传输环路安装共4节24个子目。

2)本章定额轨道电路安装、钢轨接续线安装焊接、道岔跳线安装焊接、极性交叉回流线安装焊接及传输环路安装子目中各种规格的电缆、导线在钢轨上焊接时,所采用的工艺方法均按北京地下铁道标准测算。

3)焊药按规格每个焊头用一管,焊接模具按每套焊接40个焊头摊销。

4)轨道电路安装含箱、盒内各种器材安装及配线。

5)钢轨接续线焊接按每点含2个轨缝,每个轨缝焊接2根钢轨接续线($95mm^2\times1.3m$、$95mm^2\times1.5m$橡套软铜线)测算。

(2)轨道电路安装工程量计算规则:

1)50Hz交流轨道电路安装,以一送一受、一送二受、一送三受划分子目,以“区段”为单位计算。

2)FS2500无绝缘轨道电路安装,以“区段”为单位计算。

3)轨道绝缘安装按钢轨重量及普通和加强型绝缘划分,以“组”为单位计算。

4)道岔连结杆绝缘安装,按“组”为单位计算。

5)钢轨接续线焊接,以“点”为单位计算。

6)单开道岔跳线、复式交分道岔跳线安装焊接,以“组”为单位计算。

7)极性交叉回流线焊接,以“点”为单位计算(每点含2根95mm的2×3.5m橡套软铜线)。

8)列车自动防护(ATP)道岔区段环路安装,按环路长度分为30m、60m、90m、120m。以“个”为单位计算。

9)列车识别(PTI)环路安装,日月检环路安装,列车自动运行(ATO)发送环路安装,列车自动运行(ATO)接收环路安装,以“个”为单位计算。

5. 室外电缆防护、箱盒安装

(1)室外电缆防护、箱盒安装定额说明。

1)本章定额包括室外电缆防护,箱盒安装,共2节18个子目。

2)箱盒安装,不含箱盒内各种器材设施的安装及配线。

(2)室外防护、箱盒安装工程量计算规则:

1)电缆过隔断门防护,以“m”为单位计算。

2)电缆穿墙管防护,以“m”为单位计算。

3)电缆过洞顶防护,以“m”为单位计算。

4)电缆梯架,以“m”为单位计算。

5)终端电缆盒安装、分向盒安装及变压器箱安装,分型号规格以“个”计算。

6)分线箱安装,按用途划分,以“个”为单位计算。

7)发车计时器安装,以“个”为单位计算。

6. 基础工程

(1)基础定额说明。

1)本章定额包括信号机、箱、盒基础及信号机卡盘、电缆和地线埋设标共2节15个子目。

2)本章定额基础混凝土均按现场浇注测算。

3)各种基础的混凝土强度等级均采用C20。

(2)基础工程量计算规则:

1)矮型信号机基础(一架用),分土、石,以“个”为单位计算。

2)变压器箱基础及分向盒基础,分土、石,以“对”为单位计算。

3)终端电缆盒基础及信号机梯子基础,分土、石,以“个”为单位计算。

4)固定连接线用混凝土枕及固定Z(X)型线用混凝土枕,以“个”为单位计算。

5)信号机卡盘、电缆或地线埋设标,分土、石,以“个”为单位计算。

7. 车载设备调试

(1)车载设备调试定额说明。

1)本章定额包括列车自动防护(ATP)车载设备调试、列车自动运行(ATO)车载设备调试、列车识别装置(PTI)车载设备调试共3节5个子目。

2)本章定额车载设备调试包括车载信号设备本身各种功能的静态调试和动态调试,不含车载设备安装及车载设备与地面其他有关设备功能的联调。

3)车载信号设备功能调试,是以北京地铁现有车载信号设备为依据编制的。本章车载设备静态调试是指列车在静止状态下,对车载信号设备各种功能及指标的调整、测试。设备动态调试是指列车在装有与车载信号设备相对应的地面设备专用线上,在动态状况下,对车载设备各种功能及指标的调整、测试。

4)车载设备调试以一列车为一车组,其一列车综合了2套车载信号设备。

(2)车载设备调试工程量计算规则:

1)列车自动防护车载设备(ATP)静态调试,以"车组"为单位计算。

2)列车自动防护车载设备(ATP)动态调试,以"车组"为单位计算。

3)列车自动运行车载设备(ATO)静态调试,以"车组"为单位计算。

4)列车自动运行车载设备(ATO)动态调试,以"车组"为单位计算。

5)列车识别装置车载设备(PTI)静态调试,以"车组"为单位计算。

8. 系统调试

(1)系统调试定额说明。

1)本章定额包括继电联锁系统调试、微机联锁系统调试、调度集中系统调试、列车自动防护(ATP)系统调试、列车自动监控(ATS)系统调试、列车自动运行(ATO)系统调试与列车自动控制(ATC)系统调试共7节11个子目。

2)本章定额信号设备系统调试指每个子系统内部各组成部分间或主设备与分设备之间的功能、指标的调整测试。

3)本章定额信号设备系统调试,是以北京地铁现有信号设备功能为依据综合测算的。

(2)系统调试工程量计算规则:

1)继电联锁及微机联锁站间联系系统调试,以"处"为单位计算。

2)继电联锁及微机联锁道岔系统调试,以"组"为单位计算。

3)调度集中系统远程终端(RTU)调试,以"站"为单位计算。

4)列车自动防护(ATP)系统联调及列车自动运行(ATO)系统调试,以"车组"为单位计算。

5)列车自动监控局部处理单元(LPU)系统调试,列车自动监控远程终端单元(RTU)系统调试及列车自动监控车辆段处理单元(DPU)系统调试,以"站"为单位计算。

6)列车自动控制(ATC)系统调试,以"系统"为单位计算。

9. 其他工程

(1)其他工程定额说明。

1)本章包括信号设备接地、信号设备加固、分界标与信号设备管、线预埋等共4节11个子目。

2)信号设备接地,只含接地连接线,不含接地装置。如需要制作接地装置,按《全国统一安装工程预算定额》相应子目执行。

3)地铁车站信号设备管、线预埋是指除土建部分应预留的孔、洞以外的信号室外电缆、电线引入机房或机房内其他部位信号设备管线的预埋,按"一般型和其他型"分别列子目。

(2)其他工程量计算规则:

1)室内设备接地连接,电气化区段室外信号设备接地,以"处"为单位计算。

2)电缆屏蔽连接,以"处"为单位计算。

3)信号机安全连接,以“根”为单位计算。

4)信号设备加固培土,信号设备干砌片石,信号设备浆砌片石,信号设备浆砌砖,以“m^3”为单位计算。

5)分界标安装,以“处”为单位计算。

6)地铁信号车站预埋(一般型),地铁信号车站预埋(其他型),以“站”为单位计算。

7)转辙机管预埋(单动),转辙机管预埋(双动),转辙机管预埋(复式交分),调谐单元管预埋,以“处”为单位计算。

第六节　市政工程定额计价

所谓“市政工程定额计价”,就是采用《全国统一市政工程预定额地区单位估价表》中的“基价”计算市政建设项目造价,也就是中华人民共和国建设部令第107号发布的《建筑工程施工发包与承包计价管理办法》第五条第一项指出的“工料单价法”计价。市政工程定额计价,按照建设项目实施阶段的不同,可以划分为初步设计单位工程计价,施工图设计单位工程计价和建设项目竣工结算计价三种类型。

一、单位工程概算的编制

单位工程概算是指在市政建设项目的初步设计阶段,设计单位根据初步设计图纸、设备材料一览表、设计文字说明,概算定额或概算指标、设备材料预算价格(或信息价格)等资料,编制出反映一个单位工程建设过程中所需专项费用(如“建筑工程费”、“设备购置费”、“设备安装费”等)的技术经济文件,称为单位工程概算。按照国家现行有关文件规定,初步设计及初步设计概算应由具有一定资质的设计单位进行设计和编制,所以实际工作中一般多称为“设计概算。”

设计概算,按照所反映内容的不同,通常分为单位工程概算、单项工程综合概算和建设项目总概算三级(图6-26)。

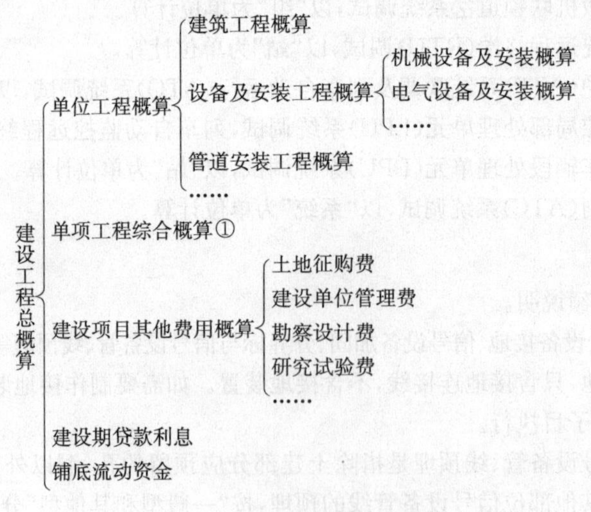

图6-26　市政建设项目概算造价分级

① 单项工程综合概算包括的内容及表格形式见表6-40。

表 6-40 **单项工程综合概算表**

建设单位名称：××市市政建设管委会第二项目部　　初步设计、施工图修正概算表

单位：元　　第　　页

工程项目负责人：＿＿＿＿＿　编制人：＿＿＿＿＿　审核人＿＿＿＿＿　　年　　月　　日

顺序号	工程和费用名称	总　值	建筑工程	设备及安装工程									合　计	
				工　艺		辅　助		电　气		自　控		工艺管道	设备	安装
				设备	安装	设备	安装	设备	安装	设备	安装			
1	2	3＝4＋13＋14＋15	4	5	6	7	8	9	10	11	12	13	14	15
	南环路东段至咸宁路西段扩建													
	快车道　碎石沥青路面 2×20m　5km		3822000											
	路灯工程　电缆 0.6/1kV　YJV22　3×35							450000	586246					
	天然气管道													
	⋮													
	合　　计	10444173.00	8816780					654284	973109				654284	973109

我国基本建设管理制度规定，凡采用两阶段设计的建设项目，初步设计阶段必须编制总概算，施工图设计阶段必须编制预算。凡采用三阶段设计的建设项目，技术设计阶段还必须编制修正总概算。建设项目总概算是初步设计文件的重要组成部分，主管单位在报批设计时，必须报批总概算。

初步设计概算的编制工作，是一项涉及面广、环节多，政策性、技术性、专业性以及知识性都很强的经济工作。通过本教材第一章的讲述可以知道，几千万、几亿直至几十亿元的投资项目，都是由单个到综合，由局部到总体，逐个编制，层层汇总而成的。建设工程总投资额形成的过程，可用程序式表示为单位工程概算值→单项工程概算值→建设项目总概算值。从程序式可以看出，一个建设项目的巨大投资额，都是由小到大一步一步形成的，但单位工程概算数值的大小，是决定总概算数值大小的基础。单位工程概算数值小，会使建设项目投资额不足；数值偏大，使建设项目概算总值偏高或过高，审查会上通不过，有可能将拟建项目拉下马，这一现象在实际工作中屡见不鲜。因此，为了掌握好初步设计概算编制的"火候"，必须做好准备工作和按照一定的编制程序进行。

(一)做好准备工作

由于市政建设项目性质的不同，因此准备工作的内容也不相同。

1. 新建项目

(1)阅读建设项目前期工作资料。建设项目的前期工作，有时造价人员参加了，有时没有参加，或者参加了，到编制初步设计文件时人员变动了。因此，造价人员应阅读建设项目前期工作的有关资料，如项目建议书、可行性研究报告等，以便了解建设项目产品、规模、生产方法、建设地

点、规划投资额以及资金来源等。

(2)随同工程项目选址组深入了解建设地点的情况,包括自然条件和社会条件,如地形、地貌、地质情况、交通运输条件以及当地的风俗习惯等。这对编制总概算时确定某些费用是必不可少的条件。

(3)收集工程所在地区的现行预概算定额、费用定额和有关工程造价管理方面的规定,制度,标准等文件以及通用图集等。

2. 扩建或技改项目

(1)阅读工程项目前期工作资料,了解新上项目与原有设施之间的关系,掌握原有系统的营运情况、建设规模、工程存在问题等有关情况。

(2)了解项目建设资金来源及落实情况。

(3)了解设备制造方案(即自行加工或委托加工);了解主要建筑材料的来源,即主管部门供给还是市场采购等。

通过上述一系列的调查研究工作之后,造价人员对已掌握的资料应进行细致的学习和消化,然后由造价项目负责人编写出该建设项目概算的编制提纲,以供参与该项目概算编制所有人员使用。

(二)编制依据

(1)设计文件,包括设计图纸、设计文字说明、设备材料清册等。

(2)市政工程概算定额(或综合预算定额或概算指标)。

(3)建筑安装工程间接费定额(又称取费标准)。

(4)建筑安装材料预算价格。

(5)工程所在地主管部门规定的有关造价管理文件等。

(6)其他,如材料手册等工具书籍。

(三)编制方法

市政建设项目单位工程概算主要有建(构)筑物工程概算和设备安装工程概算两类。类别不同,编制方法也不同。为了叙述的方便,这里以建(构)筑物概算编制方法为例进行介绍。

1. 采用概算定额编制概算

当初步设计达到规定深度、建筑结构比较明确时,则可采用概算定额或综合预算定额编制概算。采用概算定额编制概算与采用预算定额编制工程预算的方法基本相同,不同之处是某些材料(如钢筋)和构件的工程量可按定额中的附表数据计算。例如,各类构件的钢筋、预埋件、混凝土、装饰抹灰等,均可分别根据"构配件各类钢筋及预埋铁件含量参考表"、"构配件混凝土含量表"、"抹灰面积工程量计算表"等进行计算。用此种方法编制比较方便,易掌握,速度快,是采用概算定额编制初步设计单位工程概算的理想方法。其具体步骤如下:

(1)熟悉设计文件,了解设计意图。

(2)根据设计文件(图纸)和工程量计算规则计算工程量(一些零星项目的工程量可以按主要分项工程直接工程费的3%~5%计算)。

(3)根据工程量和概算定额基价计算各分项工程直接工程费用。

(4)根据定额项目直接工程费之和计算措施费。

(5)根据工程直接费(定额项目直接工程费+措施费)乘以间接费费率计算间接费用。

(6)计算各种应取费用,即直接费加间接费后的和数可分别计算出利润、税金等。

(7)计算材料价差。

(8)将直接费、间接费、利润、材料差价、税金等各项相加,计算出单位建(构)筑工程的概算总值。

(9)将概算总值除以建筑面积计算出有关技术经济指标。

上述各项费用计算可分别以计算公式表示如下:

(1)各分项工程直接工程费$(a)=\sum$(分项工程量×相应定额基价)

(2)措施费$(b)=a\times$措施费费率(%)

(3)直接费$(c)=a+b$

(4)间接费$(d)=c\times$间接费费率(%)

(5)利润$(e)=(c+d)\times$利润率(%)

(6)税金$(f)=(c+d+e)\times$综合折算税率(%)

(7)概算总值$(h)=a+b+c+d+e+f$

(8)单位工程造价$=\dfrac{h}{s}$或$\dfrac{h}{n}$

注:(1)上列计算式为一般计算式,实际工作中的具体计算方法,应按工程所在地主管部门的规定计算。

(2)上式中"S"表示建筑面积。

(3)上式中"n"表示构筑物的计量单位为"个"、"座"、"m³"、"km"等。

初步设计单位建筑工程概预算编制采用的表格,见表6-41。

表6-41　　单位概预算表

工程编号			概(预)算价值			元
工程名称			技术经济指标	数量:	m^2	m^3
项目名称				单价:	元/m^2	元/m^3
编制根据	图号	及200	年价格和定额			
顺序号	单位估价号	工程或费用名称	计算单位	数量	概预算价值(元)	
					单价	总价

编制人　　　　校核人　　　　年　　月　　日编制

2. 采用概算指标编制概算

当初步设计深度不够,不能满足计算工程量时,可以采用概算指标来编制拟建市政工程项目的概算。

建(构)筑物工程概算指标,是用建筑面积或体积为单位,以整个建筑物或构筑物为依据的定额。通常它是以整个房屋"每百平方米"建筑面积为计量单位,或按构筑物(如水塔、水池、烟囱、桥涵、隧道等)以"座"为计量单位,规定完成该房屋或构筑物的建造所耗用的人工、材料、施工机械台班数量和价值的一种标准。建筑工程概算指标的各项数据均来自己建的建筑物与构筑物的预算或决算资料,因此它比概算定额更综合和扩大,用其编制概算也就更加简化,但它的精确程度与用概算定额(或综合预算定额)编制的概算相比就较差。

采用建筑工程概算指标编制概算的步骤和方法如下:

(1)根据初步设计图纸,计算建筑面积或建筑体积。

(2)根据初步设计图纸,对拟建项目结构特征、建设规模等基本条件,选择与其完全相同或基本相同的概算指标。

(3)将计算出的建筑面积或体积乘概算指标中的 m^2 或 m^3 造价,计算出拟建项目单位工程直接工程费。

(4)计算各项有关费用(费用内容根据概算指标包括与未包括而定)。

(5)将直接费、各项应取费用相加,求出拟建项目的单位工程概算造价。

上述这种方法是指直接套用概算指标来编制建筑工程概算的方法。当初步设计对象的结构特征与概算指标有局部内容不相同时,应将概算指标不相同部分的价值进行换算后才能使用。其换算方法可用计算公式表达如下:

$$\begin{matrix}\text{概算指标}\\\text{换算单价}\end{matrix}=\begin{matrix}\text{概算指标}\\\text{单位造价}\end{matrix}+\begin{matrix}\text{换入结构}\\\text{构件单价}\end{matrix}-\begin{matrix}\text{换出结构}\\\text{构件单价}\end{matrix}$$

其中:

$$\begin{matrix}\text{换入(出)结构}\\\text{构件单价}\end{matrix}=\left(\begin{matrix}\text{换入(出)结构}\\\text{构件工程量}\end{matrix}\times\begin{matrix}\text{概算定额}\\\text{相应单价}\end{matrix}\right)\div 100$$

计算出换算的单位建筑面积的造价指标或构筑物的造价指标后,再按照上述直接套用概算指标编制建(构)筑物单位工程概算的方法计算出拟建建筑工程项目的概算造价。

【例 6-40】设某市第三污水处理站拟建 1500m^2 砖混结构职工值班休息楼一幢,鉴于四川省汶川县大地震教训,为加强建筑物防震能力,主管部分要求将该值班休息楼带形砖基础修改为 C20 钢筋混凝土基础,试计算换算后的概算指标单价。

【解】原拟直接套用概算指标直接工程费单价为 544.62 元/m^2,其中 M10 水泥砂浆砌机制砖基础为 0.543m^3/m^2,其概算单价为 119.033 元/m^3,而拟建职工值班休息楼设计变更通知单要求采用 C20 普通钢筋混凝土无梁式带形基础,其混凝土单价为 206.03 元/m^3,ϕ10 以内钢筋单价为 2627.08 元/t,ϕ10 以上钢筋单价为 2581.93 元/t。依据已知条件概算指标换算如下:

换算后单价=544.62 元/m^2+(206.03-119.033)×0.543m^3/m^2+0.01t/m^3(ϕ10 以内钢筋)×0.543m^3/m^2×2627.08 元/t+0.02t/m^3(ϕ10 以上钢筋)×0.543m^3/m^2×2581.93 元/t

=544.62 元/m^2+47.24 元/m^2+14.27 元/m^2+28.04 元/m^2

=544.62 元/m^2+89.55 元/m^2=634.17 元/m^2

通过上述计算可以看出,概算指标的调整换算十分麻烦,所以在实际工作中,当概算指标结构特征与拟建对象结构特征,若没有特别突出的差异时,应尽量不要换算。

3. 采用类似预算编制概算

所谓“类似预算”，是指拟建项目与已建或在建工程相类似，而采用其预算来编制拟建项目的概算，则称为用“类似预算”编制概算的方法。

采用“类似预算”编制初步设计概算精确程度高，但调整差异系数计算比较烦琐。调整类似预算造价的系数，通常有下列几种：

(1)综合系数法：由于拟建项目与已建或在建项目的建设地点不同，而引起人工工资、材料价格、施工机械台班价格，以及间接费率标准和其他有关应取费用项目的增加或减少等因素的不同，可采用上述各项因素占类似预算造价比重的综合系数进行调整后方可使用。综合系数的计算方法为：

$$K=A\%\times K_1+B\%\times K_2+C\%\times K_3+D\%\times K_4+E\%\times K_5+F\%\times K_6$$

式中 K——类似工程预算的综合调整系数；

$A\%$——人工费占类似预算造价的比重；

$B\%$——材料费占类似预算造价的比重；

$C\%$——机械费占类似预算造价的比重；

$D\%$——间接费占类似预算造价的比重；

$E\%$——利润占类似预算造价的比重；

$F\%$——税金占类似预算造价的比重；

K_1——人工工资标准因地区不同而产生在造价上的差别系数；

K_2——材料预算价格因地区不同而产生在造价上的差别系数，

K_3——施工机械台班单价因地区不同而产生在造价上的差别系数；

K_4——间接费费率标准因地区不同而产生在造价上的差别系数；

K_5——利润率因地区不同而产生在造价上的差别系数；

K_6——税金率因地区不同而产生在造价上的差别系数。

它们的计算方法可用计算式表示为：

$$A\%(B\%\cdots\cdots)=\frac{\text{人工费(材料费……)}}{\text{类似预算造价}}\times 100\%$$

$$K_1(K_2\cdots\cdots)=\frac{\text{工程所在地区的一级工工资标准(材料预算价格……)}}{\text{类似预算地区一级工的工资标准(材料预算价格……)}}$$

则：

$$\text{拟建项目概算造价}=\text{类似工程预算造价}\times K$$

(2)价格变动系数法：由于类似预算的编制时间与现在相隔了一定的时间距离(如2～3年或更长一些)，其中人工工资、材料价格等因政策性或其他因素的变化，必然发生了变动。现在用来编制概算，则应将类似工程预算的上述价格和费用标准与现行的价格和费用标准进行分析比较，测定出价格和费用变动幅度系数，予以适当调整。价格变动系数计算的方法为：

$$P=A\%\times p_1+B\%\times p_2+C\%\times p_3+\cdots\cdots$$

式中 P——类似预算的价格变动系数；

$A\%$、$B\%$、$C\%$……——见前式；

p_1、p_2、p_3……——工资标准、材料价格、机械台班单价因时间不同而产生的差异系数，可按下式计算：

$$p_1(p_2\cdots\cdots)=\frac{\text{现期一级工工资标准(材料价格……)}}{\text{类似预算编制期一级工资标准(材料价格……)}}$$

则：

$$拟建项目概算造价=类似工程预算造价\times p$$

(3)地区价差系数法：由于拟建项目与已建项目所在地的不同，必然出现两者直接工程费用的差异。此时，则应采用地区价差系数法对类似预算进行调整。地区价差系数计算式如下：

$$地区价差系数=\frac{拟建项目所在地直接工程费}{类似预算所在地直接工程费}$$

式中拟建项目所在地直接工程费和类似工程预算所在地区直接工程费的计算，是根据 $1000m^2$ 建筑面积工、料、机的消耗指标乘以拟建项目的建筑面积计算出工、料、机的消耗总量，然后再分别乘以不同地区相应的工、料、机单价求得。其计算方法可用计算式表示为：

$$Q_1(Q_2)=g\cdot s\cdot p_1(p_2)$$

式中　$p_1(p_2)$——拟建项目与类似项目所在地工、料、机单价；

s——拟建项目建筑面积；

g——$100m^2$ 建筑面积工、料、机消耗指标；

$Q_1(Q_2)$——拟建项目与类似项目的直接工程费用。

据此，拟建项目概算价值可按下式求得：

$$W=Q_2\cdot i+a+b+c\cdots\cdots$$

式中　W——拟建项目概算价值；

Q_2——类似预算直接工程费；

i——地区价差系数$\left(\frac{Q_1}{Q_2}\right)$；

a——拟建项目所在地间接费；

b——拟建项目所在地利润；

c——拟建项目所在地税金。

(4)结构构件差异换算法：建筑产品单件性的特点，决定了每个建设项目都有其各自的特异性，在其结构特征、材质和施工方法等方面，往往是不相一致的。因此，采用类似工程预算来编制概算，应根据其中差异部分，进行分析、比较和换算，调整其差异部分的价值，合理地确定拟建项目概算造价。采用结构构件差异换算法调整类似工程预算，可按下式进行：

$$拟建项目概算造价=类似工程预算价值-换出构件价值+换入构件价值$$

式中　换出(入)构件价值=换出(入)构件工程量×换出(入)构件相应定额单价

综上所述，本节开头已经说过，初步设计单位工程概算编制的方法多种多样。本节谈及的几种编制方法，具体采用哪一种，应视具体情况而定。实际工作中有时几种方法穿插进行，这里介绍的几种方法仅供学习。

单项工程综合概算及建设项目总概算是以单位工程概算为基础层层汇总而成的，鉴于篇幅关系，这里不再一一介绍。

二、单位工程施工图预算的编制

单位工程施工图预算是指当一个建设项目的施工图设计完成之后，造价人员按照施工蓝图规定的内容，以建筑安装工程预算定额、费用定额以及工程所在地的材料预算价格等资料为依据，按照规定步骤和方法，经过一系列计算所形成的反映一个单位工程所需全部费用数额的技术经济文件，就称为单位工程施工图预算，简称“施工图预算”。单位工程施工图预算，按照工种不同，通常划分为建筑工程预算和设备安装工程预算两大类。以一般工业与民用建设项目来说，上述两类预算包括的内容如图 6-27 所示。

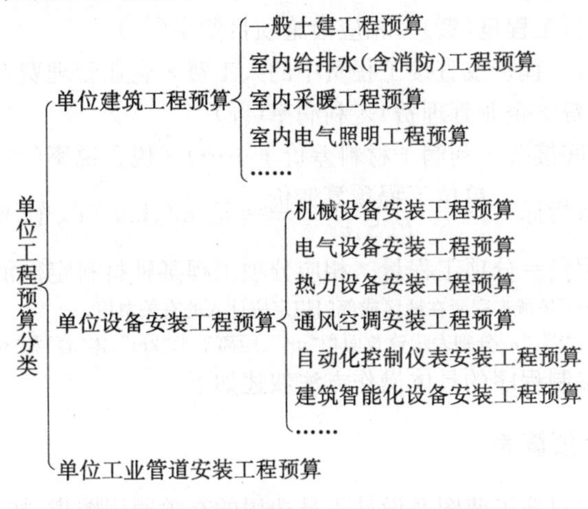

图 6-27　单位工程施工图预算分类框图

注:(1)"电气照明预算"工业建设项目划入安装工程。

(2)"通风空调预算"民用建设项目划入建筑工程。

但市政工程建设项目的单位建筑工程预算划分与一般工业与民用建设项目预算划分不完全相同,如"给水工程"、"排水工程"、"地铁工程"三个专业的单位工程预算,其中有一部分属于土建工程预算,另一部分属于安装工程预算。而实际工作中,为方便计算,对上述三专业的单位工程预算不作详细划分,统称"建筑工程预算"或"安装工程预算"。

市政工程单位工程施工图预算定额计价的步骤,就是在本章第五节中所说的各个分部分项工程量计算完成后,紧接着就是编制单位工程预算书。单位工程预算书编制的依据、步骤、程序和方法分述如下:

(1)编制依据。市政单位工程预算编制的依据主要有以下几种:

1)建设项目全套施工图纸及采用的通用图册。

2)《全国统一市政工程预算定额地区单位估价表》(或估价汇总表)。

3)建筑安装工程间接费定额。

4)建筑安装工程材料预算价格(或信息价格)。

5)工程造价动态调价文件及有关造价确定管理规定。

6)有关工具手册等。

(2)编制步骤。编制步骤可用程序式表达为:备齐各项依据→熟悉依据(主要是施工图纸和地区估价表)→计算工程量→编制单位工程预算书。

(3)编制程序。编制单位工程预算书的程序可用程序式表示如下:抄写分项工程量→选套预算单价→计算合价→计算小计→计算定额项目直接工程费合计→计算措施项目费→计算直接费→计算间接费→计算利润→计算材料差价→计算税金→计算单位工程含税总造价→计算单位(方)造价→计算主要材料使用量→编写说明→送审。

(4)费用计算。单位工程预算书中各项费用计算可用计算公式表示如下:

1)单位工程预算造价＝直接费＋间接费＋利润＋税金

式中　直接费＝定额项目直接工程费＋措施费

定额项目直接工程费＝∑(分项工程量×相应分项工程预算单价)

措施费＝∑〔措施项目工程量(费)×相应规费项目费率(%)〕

间接费＝规费＋企业管理费

规费＝∑〔规费项目工程量(费)×相应措施项目费率(%)〕

企业管理费＝直接工程费或直接工程费中的人工费×企业管理费费率(%)

利润＝(直接工程费＋企业管理费)×利润率(%)

税金＝(直接费＋间接费＋利润＋材料差价＋……)×税金税率(%)

2)计算单位技术经济指标$=\dfrac{\text{单位工程预算造价}}{F、S、n}=$元/$m^2$、km、$m^3$、个、座

3)计算主要材料使用量＝分项工程量×相应分项工程某种材料定额消耗量

注:①上述计算式中的"……"是指工程所在地区或部门规定应计人的有关费用。

②上述计算式中的"F"、"S"、"n"分别表示建筑面积"m^2"、距离千米"km"、体(容)积"m^3"以及"个"、"座"等。

上述单位工程预算编制程序的具体操作方法叙述如下:

(一)填写单位工程预算表

根据市政工程建设项目施工蓝图及设计人员选用的有关通用图集,按照《全国统一市政工程预算定额》中规定的"工程量计算规则",完成了各分部分项工程量计算并经整理汇总后,经自我复核和校审人审核无误后,就可以着手编制单位工程预算书。市政建设项目单位工程预算表见表6-42及表6-43。

以建筑工程预算为例,填写单位工程预算表的步骤和方法如下所述。

表6-42　　建筑工程预算表

××工业部 第×设计院		工程名称				凤城五路道路工程 单位预算表			编制				设计阶段				
									校核				编　号				
		项目名称							审核				第　页		共　页		
序号	定额编号	工程和费用名称	单位	数量	单位价值(元)	其中(元)				总价值(元)	其中(元)				三大材料		
						人工费	材料费	机械费	其他		人工费	材料费	机械费	其他	钢材(t)	水泥(t)	木材(m^3)

表 6-43　　　　　　　　　　　　　安装工程预算表

<table>
<tr><td rowspan="3" colspan="3">××工业部
第×设计院</td><td>工程名称</td><td colspan="2"></td><td rowspan="3" colspan="5">凤城五路路灯照明工程
单位预算表</td><td>编制</td><td></td><td>设计阶段</td><td colspan="2"></td></tr>
<tr><td rowspan="2">项目名称</td><td rowspan="2" colspan="2"></td><td>校核</td><td></td><td>编　号</td><td colspan="2"></td></tr>
<tr><td>审核</td><td></td><td colspan="3">第　页 共　页</td></tr>
<tr><td rowspan="5">序号</td><td rowspan="5">预算定额编号</td><td rowspan="5">设备及安装工程名称</td><td rowspan="5">数量及单位</td><td rowspan="2" colspan="2">质量(kg)</td><td colspan="10">预　算　价　值　(元)</td></tr>
<tr><td colspan="5">单　位　价　值</td><td colspan="5">总　价　值</td></tr>
<tr><td rowspan="3">单位质量</td><td rowspan="3">总质量</td><td rowspan="3">设备(材料)</td><td colspan="4">安　装　工　程</td><td rowspan="3">设备(材料)</td><td colspan="4">安　装　工　程</td></tr>
<tr><td rowspan="2">基价</td><td colspan="3">其　中</td><td rowspan="2">基价</td><td colspan="3">其　中</td></tr>
<tr><td>人工费</td><td>材料费</td><td>机械费</td><td>人工费</td><td>材料费</td><td>机械费</td></tr>
</table>

1. 抄写工程数量

抄写工程数量(以下简称工程量),就是按照所使用的预算定额或综合预算定额分部分项工程排列的顺序,把工程量计算表中的各分项工程名称、计量单位和工程量抄写到预算表的相应栏内。同时,把预算或综合预算定额中各相应分项工程的定额编制号填写到预算表的"定额编号"栏内,以便套用定额单价(即基价)。抄写工程量时应注意以下事项:

(1)各分部工程要按定额编排顺序填写,如《全国统一市政工程预算定额》第一册"通用项目"

中的“一、土石方工程”,“二、打拔工具桩”,“三、围堰工程”……,不得前后颠倒。

(2)各分项或子项工程的名称必须与定额相吻合。

(3)各分项或子项工程的计量单位必须与定额相一致。

(4)各分项或子项工程的定额编号切勿忘记,并按定额顺序填写,最好不要颠倒先后次序,以方便校核和避免影响成品的美观。

实际工作中,有的同志已从事概预算工作多年,职称已晋升为工程师,但对预算表的编制就没有注意到上述各点,如将分部工程次序写为:一、土石方工程,四、支撑工程,六、脚手架及其他工程,五、拆除工程……,对分项工程的编写也同样不按定额顺序而任意前后颠倒,如:1—2、1—7、1—4、1—28、1—19、1—30、1—25……,为何不写为1—2、1—4、1—7、1—19、1—25、1—28、1—30呢?这对编制人来说,是省事了(因只按计算稿抄写而不经整理),但对校核人来说,校核这样的预算十分费时费工(因为要不时地前后翻阅厚厚的定额本)。

2. 抄写定额单价

抄写定额单价,就是把预算定额或单位估价表中的有关分项或子项工程的定额单价(基价),在抄写定额编号的同时,填写到预算表中相应分项或子项工程的“单位价值”栏内,并将“三项”单价(即人工费、材料费、机械费)也抄入相应栏内。抄写定额单价时应注意以下几点:

(1)注意区分定额中哪些项目的单价可以直接套用,哪些单价必须经过换算后才能套用,如设计图纸标注的独立柱基础所用混凝土强度等级为C20,而定额标注的为C15,这时应将C15定额单价换算为C20的单价,并在预算表“定额编号”中的定额号后注明“换”或“调”字样,如“4—408换”。

(2)除定额说明中允许换算的项目外,凡不允许换算的项目单价决不得随意换算或调整。

(3)如果定额中没有所需要的单价,也没有相接近的定额可以参照使用时,则应编制补充定额。

3. 计算合价与小计

计算“合价”是指把预算表内的各分项或子项工程的工程量乘其预算单价所得积数的过程,并把各分项或子项的计算结果(积数),随即写入本工程子目的“预算合价”(表6-44为“总价值”)栏内,并同时将计算出“三项”费用的积数也填入各自的相应栏目内。其计算方法可用计算式表示为:合价=工程数量×相应项目定额单价,其中:人工费=工程数量×相应项目定额人工费单价,材料费、机械费计算方法也相同,不再详述。分项工程的合价可取整数,也可取小数点后两位,具体怎么取定,应按各单位的管理制度执行。

把一个分部工程(如土石方工程)各个分项工程的“合价”竖向相加,即可求得该分部工程的“小计”。再把各分部工程(如土石方工程、打拔工具桩工程、围堰工程、支撑工程……)的小计相加,就可以得出该单位工程的定额项目直接工程费用。定额项目直接工程费用是计算各项应取费用的基础数据,因此务必细心计算,以防发生差错。如果是计算“三项”费用的单位工程预算,直接工程费用的数值必须与人工费+材料费+机械费之和的数值相等,否则,就计算错了,应进行自我检查。

(二)计算单位工程直接工程费

单位工程直接工程费,就是指在单位工程施工过程中耗费的构成工程实体的各项费用,如城市道路工程的“路床(槽)整形”费用、“道路基层”费用、“道路面层”费用等。这些直接工程费用均由人工费、材料费、施工机械使用费三部分内容构成。前已述及,计算单位工程直接工程费就是

把一个单位工程的各个分部工程费的“小计”相加，就可以求得一个单位工程的直接工程费总和，其计算方法可用计算公式表达为

单位工程直接工程费＝∑(分部工程费小计)

式中　分部工程费小计＝∑(各分项工程合价)

分项工程合价＝分项工程量×相应分项工程定额基价

分项工程定额基价(又称“预算单价”)＝人工费＋材料费＋施工机械使用费

如果采用表6-44计算三项费用的单位工程预算，其分项工程费的计算方法是：

分项工程费＝人工费＋材料费＋施工机械使用费

其中　人工费＝分项工程量×相应分项工程定额人工费基价

材料费＝分项工程量×相应分项工程定额材料费基价

机械费＝分项工程量×相应分项工程定额机械费基价

(三)计算单位工程直接费

单位工程预算值由直接工程费和措施费两部分组成。

直接费＝直接工程费＋措施费

上式中的“直接工程费”的含义及计算方法在第“(二)”项中已作了叙述，这里不再重述，措施费的含义及构成在本书第一章也已作了介绍，这里也不再重复，这里仅将其计算方法以计算式表达如下：

措施费＝∑〔直接工程费(或人工费)×相应措施项目费费率(%)〕

【例6-41】 设某市环城高速公路第二隧道地下钢筋混凝土墙浇筑直接工程费为128563.48元，其中人工费为38569.04元，机械费为19284.52元。试计算其冬雨季、夜间施工措施费和二次倒运费。

【解】 查工程所在地2004年“市政工程参考费率”得冬雨季、夜间施工措施费率为3.82%，二次倒运费费率为2.68%，费用计算基础均为“人工费＋机械费”，故其措施费分别计算如下：

冬雨季、夜间施工措施费＝(38569.04＋19284.52)×3.82%＝2210.00(元)

二次倒运费＝(38569.04＋19284.52)×2.68%＝1550.48(元)

(四)计算单位工程间接费

不构成工程实体但有利于工程实体形成而需要支出的有关费用称作间接费。按照现行规范规定，间接费由规费和企业管理费两部分内容组成(详细内容组成见本书第一章第三节介绍)。

规费是政府和有关权力部门规定必须缴纳的有关费用，即通常所说的“硬性”费用，如工程排污费、工程定额测定费、社会保障费、住房公积金、危险作业意外伤害保险费等。这类费用因其性质是“硬性”费用，所以属于不可竞争费用，其计算方法如下：

规费＝规定计算基础×相应规定费率(%)

企业管理费是指建筑安装企业组织工程施工生产和经营管理所需支出的有关费用，如管理人员工资、办公费、固定资产使用费、劳动保险、工会经费、职工教育经费等十多项内容。企业管理费属于一种竞争性费用，即在招标投标承建制中可以自由竞争报价。企业经营管理完善、科学，其费用耗费就少，工程成本就低，反之，耗费就多，成本也多。企业管理费计算方法如下：

企业管理费＝规定计算基础×规定费率(%)

企业管理费计算费率(标准)，各省、自治区、直辖市都有现成规定，编制预算时，按工程所在地的具体规定计算即可。某省现行市政工程企业管理费费率见表6-44。

表 6-44　　某省市政工程企业管理费费率　　(单位:%)

适用项目	计算基础	参考费率
市政(建筑)工程	人工费+机械费	17.00
市政(安装)工程	人工费	32.30

(五)计算利润

建筑安装企业生产经营活动支出获得补偿后的余额称为利润。我国建筑产品价格中利润经历了法定利润、计划利润、差别利润和利润四个演变阶段。2003 年 10 月 15 日,原建设部、财政部以“建标(2003)206 号”《关于印发〈建筑安装工程费用项目组成〉的通知》指出:“为了适应工程计价改革工作的需要,按照国家有关法律、法规,并参照国际惯例,在总结原建设部、中国人民建设银行《关于调整建筑安装工程费用项目组成的若干规定》[建标(1993)894 号]执行情况的基础上”,将“原计划利润改为利润”,并自 2004 年 1 月 1 日起施行。市政建筑及安装工程造价中利润的计算方法如下:

市政(建筑)工程:　　利润=(人工费+机械费)×利润率(%)

市政(安装)工程:　　利润=人工费×利润率(%)

(六)计算税金

税金是指国家税法规定的应计入建筑安装工程造价内的营业税、城市维护建设税教育费附加等。税金额的计算方法可用计算式表达如下:

$$y=Wj$$

式中　y——应计入建筑产品价格中的税金额(元);

W——税前造价(不含税工程造价=直接费+间接费+利润+……);

j——折算综合税率(%)(表 6-45)。

表 6-45　　折 算 综 合 税 率 表　　(单位:%)

项　目	纳税人所在地		
	城市市区	县城(镇)	非市区、县城(镇)
折算综合税率(%)	3.41	3.34	3.22

注:折算综合税率计算方法是:$i=\frac{1}{1-Y}$。

式中　$Y=(3\%+3\%\times x\%+3\%\times 3\%)$。

计算式中“3%”及“$x\%$”见表 6-46。

表 6-46　　三项税税率表　　(单位:%)

税　名	纳税人工程所在地		
	市　区	县城(镇)	非市区、县城(镇)
营业税税率	3	3	3
城市维护建设税税率(表 6-47 计算中的 $x\%$)	7	5	1

（续表）

税　名	纳税人工程所在地		
	市　区	县城(镇)	非市区、县城(镇)
教育费附加率	3	3	3

注：教育费附加率自 1986 年 7 月 1 日～1990 年 7 月 31 日为 1%；1990 年 8 月 1 日～1993 年 12 月 31 日为 2%；1994 年 1 月 1 日～今为 3%。

（七）计算单位工程预算含税造价

按照上述第（一）～（六）项费用计算完毕并将各项数值相加，就可以求得一个单位工程预算含税造价的总值。但是，一个建设项目的单位工程预算造价的组成是很复杂的，即：有直接工程费、措施费、间接费、利润、税金等。在这些费用中，有的是依据设计图纸结合预算定额的项目划分计算出来的；有的是按照占直接工程费的比率计算出来的（如"措施费"等）；有的是按占直接费的比率计算出来的（如"间接费"）；有的是按照预算成本计算出来的（如"利润"）；还有的是按占上述各项费用和数的一定比率计算出来的（如"税金"）等。同时，在预算造价的各项费用中，有的费用参与有关费用的计取；有的不参与有关费用的计取，而按差价处理（如"材料差价"额不参与利润额的计算等）。因此，我们可以说：市政建筑安装产品（工程）价格的确定，比一般工业产品价格的确定，要复杂得多，因此，为了正确地确定市政建筑安装产品（工程）的预算价格，各省、自治区、直辖市和国务院各部（委），都规定有建筑安装工程造价的计算程序。为了使广大初学者能够以较快的速度掌握市政建筑工程预算造价的确定方法，在这里兹将浙江省、陕西省现行建筑安装工程预算造价的计算程序编列于下[表 6-47 及表 6-48(a)、表 6-48(b)]，以供学习参考。但应当向读者说清楚，这些程序会随着费用项目的增减和时间的转移而变化，它并非一成不变。

表 6-47　　浙江省工料单价法计价的工程费用计算程序

（人工费加机械费为计算基数的工程费用计算程序）

项次	费用项目		计　算　方　法
一	直接工程费		Σ(分部分项工程量×工料单价)
	其中	(1)人工费	
		(2)机械费	
二	施工技术措施费		Σ(措施项目工程量×工料单价)
	其中	(3)人工费	
		(4)机械费	
三	施工组织措施费		Σ[(1)+(2)+(3)+(4)]×相应费率(%)
四	综合费用		[(1)+(2)+(3)+(4)]×相应综合费费率(%)
五	规费		(一+二+三+四)×相应费率(%)
六	总承包服务费		分包项目工程造价×相应费率(%)
七	税金		(一+二+三+四+五+六)×相应税金税率(%)
八	建设工程造价		一+二+三+四+五+六+七

陕西省

表 6-48(a) 市政(建筑)工程计费程序表

序号	项目名称	计费程序或内容	合价	其中		
				人工费	材料费	机械费
1	定额项目费	$A_1+A_2+A_3$ (含定额规定调整系数)	A	A_1	A_2	A_3
2	管理费	(A_1+A_3)×费率	B	—	—	—
3	利　润	(A_1+A_3)×费率	C	—	—	—
4	风　险	(含人工、机械、材料)	D			
5	定额工程费	$A+B+C+D$	E	—	—	—
6	临时设施费	(A_1+A_3)×费率	F	—	—	—
7	冬雨季、夜间施工措施费	(A_1+A_3)×费率	G	—	—	—
8	二次倒运费	(A_1+A_3)×费率	H	—	—	—
9	检验试验及放线定位费	(A_1+A_3)×费率	K	—	—	—
10	定额措施项目费	$J_1+J_2+J_3$	J	J_1	J_2	J_3
11	管理费	(J_1+J_3)×费率	B_1	—	—	—
12	利　润	(J_1+J_3)×费率	C_1	—	—	—
13	风　险	(含人工、机械、材料)	D_1			
14	措施费用合计	$F+G+H+K+J+B_1+C_1+D_1$	M	—	—	—
15	其　他	总包服务费等	T			
16	差　价		L	—	—	—
17.1	劳保统筹基金	$(E+M+T+L)$×费率	P_1			
17.2	失业保险	$(E+M+T+L)$×费率	P_2			
17.3	医疗保险	$(E+M+T+L)$×费率	P_3			
17.4	工伤及意外伤害保险	$(E+M+T+L)$×费率	P_4			
17.5	残疾人就业保险	$(E+M+T+L)$×费率	P_5			
17.6	工程定额测定费	$(E+M+T+L)$×费率	P_6			
17	规费合计	$\sum Pi$	P			
18	安全及文明施工措施费	$(E+M+T+L)$×费率	R	—	—	—
19	不含税工程造价	$E+M+T+L+P+R$	Q	—	—	—
20	税　金	Q×税率	S	—	—	—
21	含税工程造价	$Q+S$	W			

陕西省

表 6-48(b)　安装工程、人工土方工程、市政(安装)工程、园林绿化工程计费程序表

序号	项目名称	计费程序或内容	合价	其中		
				人工费	材料费	机械费
1	定额项目费	$A_1+A_2+A_3$ (含定额规定调整系数)	A	A_1	A_2	A_3
2	管理费	A_1×费率	B	—	—	—
3	利　润	A_1×费率	C	—	—	—
4	风　险	(含人工、机械、材料)	D			
5	定额工程费	$A+B+C+D$	E	—	—	—
6	临时设施费	A_1×费率	F	—	—	—
7	冬雨季、夜间施工措施费	A_1×费率	G	—	—	—
8	二次倒运费	A_1×费率	H	—	—	—
9	检验试验及放线定位费	A_1×费率	K	—	—	—
10	定额措施项目费	$J_1+J_2+J_3$	J	J_1	J_2	J_3
11	管理费	J_1×费率	B_1	—	—	—
12	利　润	J_1×费率	C_1	—	—	—
13	风　险	(含人工、机械、材料)	D_1			
14	措施费用合计	$F+G+H+K+J+B_1+C_1+D_1$	M	—	—	—
15	其　他	总包服务费等	T			
16	差　价		L	—	—	—
17.1	劳保统筹基金	$(E+M+T+L)$×费率	P_1			
17.2	失业保险	$(E+M+T+L)$×费率	P_2			
17.3	医疗保险	$(E+M+T+L)$×费率	P_3			
17.4	工伤及意外伤害保险	$(E+M+T+L)$×费率	P_4			
17.5	残疾人就业保险	$(E+M+T+L)$×费率	P_5			
17.6	工程定额测定费	$(E+M+T+L)$×费率	P_6			
17	规费合计	$\sum Pi$	P			
18	安全及文明施工措施费	$(E+M+T+L)$×费率	R	—	—	—
19	不含税工程造价	$E+M+T+L+P+R$	Q	—	—	—
20	税　金	Q×税率	S	—	—	—
21	含税工程造价	$Q+S$	W			

(八)计算单位工程主要材料需要量

随着社会主义市场经济的深入发展,投标竞争的激烈进行;人工、材料和机械费用的政策性浮动和随行就市的浮动都很大,按照原有单位估价表单价计算出的人工费、材料费、机械费和定额项目直接费与建筑产品的实际价值差距甚大。为了按实物法对一些主要建筑材料(如钢材、木材、水泥、金属门窗等)进行单独调整差价,当单位工程预算编制出来后就必须计算主要材料耗用量,以便调整主要材料差价。主要材料耗用量计算方法可用计算式表示为:

某种材料耗用量=分项或子项工程数量×相应材料定额用量

材料耗用量应按照预算编制单位内部规定的"材料分析表"进行。

【例6-42】某市南五环路地下隧道工程现浇钢筋混凝土C30顶板120m³,板厚为0.5m以内,试计算其钢筋、模板、水泥、石子、砂子用量。

【解】(1)钢筋混凝土顶板δ=0.5m以内,应选套《全国统一市政工程预算定额》第四册第173页定额编号"4—433"号子目。

(2)钢筋、模板按定额第222页"附录一"含量计算。

(3)水泥、石子、砂子按定额第225页"附录二"配合比计算。

混凝土C30=10.15×(120÷10)=121.80(m³)

钢筋(ϕ10以内)=121.8÷10×185=2253.30(kg)

钢筋(ϕ10以上)=121.8÷10×431=5249.58(kg)

模板=121.8÷10×23.81=290.01(m²)

碎石粒径25mm=121.8×210=25578.00(kg),折17.64(m³)

中砂=121.8×832=101337.6(kg),折72.38(m³)

水泥=121.8×479=58342.2(kg)=58.34(t)

(九)编写单位工程预算编制说明

编制说明没有固定内容,应根据单位工程的实际情况编写。就一般情况来说,主要应说明单位工程的概况;编制依据;建筑面积;主要材料需要数量;单位平方米造价;材料差价处理方法以及应说明的其他有关问题等。

(十)装订、送审、复制、盖章、发送

至此,一份单位工程预算就编制完毕。

三、单位工程竣工结(决)算的编制

国家基本建设项目竣工验收制度规定,所有竣工验收的项目或单项工程,在办理验收手续之前,应认真清理所有财产和物资,编好工程竣工决算,分析预(概)算执行情况,考核投资效果,报上级主管部门审查。同时,《13计价规范》第11.1.1条强制规定:"工程完工后,发、承包双方必须在合同约定时间内办理工程竣工结算。"

工程竣工结(决)算是指一个单位或单项工程建筑、安装完毕后,经业主(建设单位)及监理单位验收并签发单位工程验收合格单后,由施工企业将施工建造活动中与原设计图纸规定相比产生的一些变化,在合同约定的前提下,按照编制施工图预算的方法与规定,逐项进行计算调整的经济文件,就称作工程竣工结(决)算。

(一)单位工程竣工结(决)算编制的原则

单位工程竣工结(决)算的编制是一项严肃而细致的核算工作,它既要正确地贯彻执行国家或地方的有关规定,又要实事求是地核算施工企业完成的工程价值。因此,承包人或受其委托具有相应资质的工程造价咨询人编制工程竣工结(决)算时,应遵循以下原则:

(1)对编制竣工结(决)算的工程项目,都要及时组织验收。经验收合格的工程项目,应由验收小组发给竣工验收报告单。

(2)对办理竣工结算的项目要进行全面的清点(包括工程数量、工程质量以及财产和物资),这些内容都必须符合设计及验收规范要求。对未完或质量不合格的工程,不能结算。需要返工的,应返工修补合格后才能结算。

(3)施工企业应以对国家负责的态度,实事求是的精神,正确地确定工程最终造价,反对巧立名目、高估乱要的不正之风。

(4)严格按照国家或地区的定额、取费标准、调价系数以及工程合同(或协议书)的要求,编制结算书。

(5)编制竣工结算书应按编制程序和方法进行。

(二)单位工程竣工结算编制的依据

(1)工程竣工报告和工程竣工验收单。

(2)工程承包合同或施工协议书。

(3)施工图预算及修正预算书。

(4)设计变更通知书及现场施工变更签证。

(5)合同中规定的预算定额,间接费定额,材料预算价格,构件、成品价格,以及国家或地区新颁发的有关规定。

(6)其他有关技术资料及现场记录。

(三)单位工程竣工结算编制的步骤

(1)收集、整理上述各项依据。

(2)进一步审查、复核各项依据。

(3)按照竣工图及上述依据计算增减工程量或有关费用额。

(4)依据增减工程量选套定额单价计算直接工程费。

(5)计算各项应取费用。

(四)单位工程竣工结算编制的方法

随着社会主义市场经济体制的完善和发展,工程建设的招标投标承建制、发包承建制,以工程量清单综合单价计价和定额工料单价计价的同时存在,单位工程竣工结算编制方法目前主要有预算结算方式和包干承包结算方式两种。

1. 预算结算方式

即根据在审定的施工图预算的基础上,凡承包合同和文件规定允许调整,在施工活动中发生的而原施工图预算未包括的工程项目或费用,依据原始资料的计算,经建设单位审核签认的,在原施工图预算上做出调整。调整的内容一般有下列几个方面:

(1)工程量差。是指由于设计变更或设计漏项而发生的增减工程量;设计标高与现场实际标高不符而产生的土方挖、填增减量;预见不到的增加量,如施工中出现的古墓坑问题,土挖填以及管路、线路敷设数量的增多或减少等;预算编制人员的疏忽造成的工程量差错等。这些量差应按合同的规定,根据建设单位与施工单位双方签证的现场记录进行调整。

(2)价差。是指由于材料代用或材料价差等原因形成的价差。如有些地区规定地方材料和市场采购材料由施工单位按预算价格包干,建设单位供应材料按预算价格划拨给施工单位的,在工程结算时不调整材料价差的,其价差由建设单位单独核算,在工程竣工决算时摊入工程成本;由施工单位采购国拨、部管材料价差,应按承包合同和现行文件规定办理。

(3)费用调整。是指由于工程量的增减,要相应地调整应取的各项费用。

2. 包干承包结算方式

由于招投标承包制的推行,工程造价一次性包干、概算包干、施工图预算加系数包干、房屋建筑平方米造价包干等结算方式逐步代替了长期按预算结算的方式。包干承包结算方式只需根据承包合同规定的“活口”,允许调整的进行调整,不允许调整的不得调整。这种结算方式大大简化了工程竣工结算手续,同时,也克服了长期以来甲、乙双方在竣工结算编制中争多论少的“扯皮”现象。

1. 何谓工程定额,在社会主义市场经济条件下和实行工程量清单计价的前提下,市政建设工程定额管理可否削弱?为什么?

2. 在我国社会主义市场经济条件下建设工程定额的法令性性质是否还有必要?为什么?

3. 目前,我国已发布了哪几个专业的《全国统一市政工程预算定额》?《全国统一市政工程预算定额》第一册“通用项目”的含义是什么?

4. 何谓“全统定额地区单位估价表”?地区单位估价表与定额是什么关系?凡带有“基价”的概预算定额可否称为“单位估价表”?为什么?

5.《全国统一市政工程预算定额》、《全国统一安装工程预算定额》等都带有“基价”,各地区(含北京市)为什么还要编制地区单位估价表?

6. 何谓“建筑安装工程材料预算价格”,它由哪几项费用构成?在市场经济条件下的“材料原价”怎样确定?材料原价与供应价有何区别?

7. 建筑安装工程消耗量定额与预算定额有何区别?其特点是什么?

8. 市政建设项目“工程量清单计价”与“定额计价”的主要区别是什么?

9. 市政建设项目实行工程量清单计价和招标投标承建制后,是否还要编制竣工项目结(决)算?为什么?

第七章 市政建设工程造价审查与管理

为了提高工程造价编制质量，充分发挥投资效果，核实工程项目造价和节约并合理地使用建设资金，保证建设项目投资计划的实现，促进建设单位、施工单位加强经济核算，降低工程成本，提高建设工程质量，深入贯彻落实科学发展观，高举中国特色社会主义伟大旗帜，为早日全面建成具有中国特色的“小康”社会，我们从事建设工程造价确定与管理工作的人员，必须认真做好建设项目造价的审查，使有限的建设资金得到有效合理地运用，以达到建设资金不沉淀、不浪费的目的。

第一节 市政建设工程造价审查

一、审查的意义

工程造价审查是对已经确定好的单位工程概预算造价、单项工程概预算造价和建设项目总造价进行复查、复核和更改的全过程，就称为工程造价的审查。

工程造价文件编制是一项政策性、法规性、技术性都很强的技术经济工作。一个建设项目的造价少则几百万、几千万，多则几亿、几十亿元人民币。工程造价确定是否正确和合理，不仅关系到国民经济建设发展的速度，而且关系到多方面的经济利益和经济效益。工程造价文件编制的不准确、不合理，将会造成工程投资额的失实，影响国家建设资金的合理运用。因此，一个建设项目的投资估算造价、初步设计概算造价、施工图预算造价、竣工结算造价文件编制完成后，都必须进行认真审查。大家知道，建筑安装工程施工图预算的编制是一项十分烦琐而又必须十分细致地去对待的技术与经济相结合的计算工作，它不仅要求编制人员要具有一定的专业技术知识，而且还具有较高的概预算业务素质和相应的法律法规、方针政策知识。但是，在当前的实际工作中，“高水平”者也好，“低水平”者也好，总是难免会出现一些这样、那样的差错。因此，加强工程造价的审查，对于提高造价的编制质量、正确贯彻执行党和国家工程建设方面的方针政策、降低工程成本和合理运用建设资金等都具有重要的政治和经济意义。

(1)有利于促进设计的技术先进性和经济的合理性。

(2)有利于促进概预算编制单位严格执行国家有关工程造价文件编制规定和各项应计取费用标准。

(3)有利于合理确定工程造价、合理分配建设资金和有效控制建设资金的浪费。

(4)有利于促进设计人员树立经济观念，加强设计方案经济比较，不搞脱离国情的超前设计。

(5)有利于促进建筑市场的合理竞争和施工企业提高经营管理水平。

(6)有利于积累和分析技术经济指标，不断提高设计水平。

二、审查的内容

工程造价级别、种类不同，审查的内容就不相同，如估算造价、概算造价、预算造价、结算造价审查的内容各异；单位工程造价、单项工程造价、建设项目总造价审查的内容也各异。为了方便起见，这里以市政单位工程施工图预算为例，对审查的内容作以说明。

(一)审查工程量计算

工程量是市政建设项目单位工程预算文件的重要组成内容之一,应逐项进行审查。审查的内容主要是审查各分部分项工程量计算尺寸与图示尺寸是否相同,计算方法是否符合工程量计算规则的规定,计算项目有无漏算、重算和错算等多计少算的现象。审查工程量要抓住那些数量大、单位价值高的分项工程,如市政工程预算定额通用项目中的土石方工程、打拔工具桩工程、围堰工程等;道路工程中的道路基层、道路面层等;市政管网工程中的管道安装、阀门、管件安装、给排水构筑物工程、给排水机械设备安装、燃气用设备、器具安装,以及桥涵隧道工程中的混凝土及钢筋混凝土结构工程等等,都应进行详细审查。同时,要注意各分项工程的材料标准、构配件数量、计量单位、工程内容是否符合设计要求和定额规定等。

(二)审查定额单价套用

定额单价(基价)是一定计量单位分项工程或结构构件所需消耗工、料、机实物量的货币形式的标准,是确定工程费用的主要因素。定额单价套用审查,就是审查定额单价(基价)套用及换算是否正确,有没有套错或换算错定额预算单价。如果定额单价套错、换算错,就会使直接工程费用偏高或偏低,从而造成工程预算造价的不实。定额单价与定额计量单位有关,审查分项工程定额单价套用的过程中,还得看一看计量单位是否与定额相一致,计量单位如果写错了,其单价就要相差10倍、100倍。同时,也要注意定额单价的小数点有没有前后错位等。审查市政建设项目单位建筑安装工程造价时,应着重注意以下几点:

(1)是否有错列已包括在定额内的项目。

(2)定额不允许换算的内容是否进行了换算。

(3)定额允许换算的内容其换算方法是否正确,如市政建筑工程中的门窗玻璃厚度的换算方法是从定额单价中扣去定额考虑的厚度价值,增加实际使用的厚度价值,其计算方法可用公式表示如下:

换算后的单价=定额预算单价-定额材料价值+实际使用材料价值

式中 定额材料价值=定额材料消耗数量×定额相应材料预算价格

实际使用材料价值=某种材料定额消耗数量×实际使用材料单价

上述计算式也可简化为下式计算:

换算后的单价=定额预算单价±定额中某种材料消耗数量×(定额相应材料预算单价-实际使用材料单价)

(三)审查直接工程费

审查直接工程费,就是检查根据已审查过的分项工程量和定额套用单价两者相乘之积以及各个积数相加之和[$\sum$(工程数量×定额单价)]是否正确。直接工程费(或者其中的工人费)是计算措施费等相关费用的基础,审查人员务必细心、认真地逐项检查复核。

鉴于职业关系,这里应当附带强调一下"直接费"、"直接工程费"等几项费用名称的称呼问题。1993年12月30日"建标(1993)894号"文件规定:"建筑安装工程费由直接工程费、间接费、计划利润、税金等四个部分组"。

"一、直接工程费,由直接费、其他直接费、现场经费组成"。

"(一)直接费,是指施工过程中耗费的构成工程实体和有助于工程形成的各项费用,包括人工费、材料费、施工机械使用费"。

2003年10月15日"建标(2003)206号"文件指出:"为了适应工程计价改革工作的需要,按照国家有关法律、法规,并参照国际惯例,在总结建设部、中国人民建设银行《关于调整建筑安装工程费用项目组成的若干规定》(建标[1993]894号)执行情况的基础上,我们制定了《建筑安装工程费用项目组成》(以下简称《费用项目组成》),现印发给你们。……

一、《费用项目组成》调整的主要内容:

(一)建筑安装工程费由直接费、间接费、利润和税金组成。

(二)为适应建筑安装工程招标投标竞争定价的需要,将原其他直接费和临时设施费以及原直接费中属工程非实体消耗费用合并为措施费。……

(三)将原其他直接费项下对建筑材料、构件和建筑安装物进行一般鉴定、检查所发生的检验试验费列入材料费。

(四)将原现场管理费、企业管理费、财务费和其他费用合并为间接费。……

(五)原计划利润改为利润。

二、……

三、《费用项目组成》自2004年1月1日起施行。原建设部、中国人民建设银行《关于调整建筑安装工程费用项目组成的若干规定》(建标[1993]894号)同时废止。"

(四)审查各项应取费用

应取费用是指按照规定计算基础和比率计算出应列入单位工程造价内的有关费用,如措施费、企业管理费、利润、规费等。这些费用在一个单位工程造价中占有较大比重,是单位工程造价的重要组成内容,所以审查各项应取费用项目时,应注意下列几点:

(1)计费基础是否完备和正确。所谓"完备"是指应包括在计算基础中费用是否都计列进去了,所谓"正确"是指基础数值计算有无差错。

(2)采用的费用计算标准是否正确。

(3)有无多列或漏列计费项目现象等,如早已被取消了的"远地施工增加费"、"供电贴费"在有些工程造价中仍有列入。

(五)审查利润计算

审查利润计算,就是审查利润的计算基础和选用的比率是否符合工程所在地的规定。市政工程项目利润计算基础分为"人工费+机械费"及"人工费"两种,计取比率各地都有现成规定,应按规定执行。例如浙江省规定利润的计算方法是按工程专业类别——道路工程、桥梁工程、隧道工程……及费率种类——一类、二类、三类进行计算,即利润=(人工费+机械费)×规定费率,而陕西省规定是按市政建筑工程、市政安装工程分别计算利润,即利润(建筑工程)=(人工费+机械费)×规定利润率(%);利润(安装工程)=人工费×规定利润率(%)。利润率各地规定不同,是审查的重心,如浙江省规定"给排水、燃气工程"一、二、三类利润率分别为"人工费+机械费"的35%～26%、31%～23%、26%～19%,审查时就要着重于利润等级类别的取定是否正确等。

(六)审查税金计算

税金是国家凭借其政治权力,按照法律法规的规定,强制地、无偿地取得财政收入的一种形式,体现了以国家为主体的一种再分配关系。国家规定,从1987年1月1日起,对建筑安装企业承包工程的收入征收营业税,同时,以计征的营业税额为依据征收城市维护建设税和教育费附加。鉴于城市维护建设税和教育费附加均以计征的营业税额为计征依据,并同时缴纳,其计算方法是按建筑安装工程造价计算程序计算出完整工程造价后(即“直接费＋间接费＋利润＋材料差价”)作为基数乘以综合折算税率。由于城市维护建设税纳税地点不同，计算程序复杂，审查时应注意以下几点：

(1)计算基数是否完整。

(2)纳税人所在地是否确定，如某施工企业建制常驻地在徐州市，承包工程在陕西省安康市(地级)某县城，则纳税人所在地应为安康市某县，而不应确定为徐州市。

(3)计税税率选用是否正确，即纳税人所在地在市区的税费率为3.413%；在县城(镇)的为3.348%；不在市区、县城(镇)的为3.22%。但也有的地区规定的税费率分别为纳税人所在地在市区的为3.51%；在县城(镇)的为3.44%；不在市区、县城(镇)的为3.32%，这是因为上述税费率中含有0.1%的地方税费。

(七)审查单位工程造价

市政建设项目单位建筑安装工程造价＝直接费＋间接费＋利润＋税金。

三、审查的方法

市政建设项目工程造价按照实施阶段不同，主要包括投资估算造价、初步设计概算造价、施工图预算造价和竣工项目结算造价。工程造价类别不同，层次不同，内容不同，其审查的方法也不同。为了缩短篇幅和方便叙述，这里均以单位工程概算、单位工程施工图预算、竣工项目结算为对象，对市政建设项目的造价审查方法进行介绍。

(一)初步设计单位工程概算审查

1. 审查内容

(1)审查单位工程概算编制依据的时效性和合法性。

(2)审查单位工程概算编制深度是否符合国家或部门的规定。

(3)审查单位工程概算编制的内容是否完整，有无漏算、多算、重算，各项费用取定标准、计算基础、计算程序、计算结果等是否符合规定和正确等。

(4)审查单位工程概算各项应取费用计取有无高抬“贵手”、带“水分”，打“埋伏”或“短斤少两”的现象等。

2. 审查方法

初步设计概算审查可以分为编制单位内部审查和主管上级部门初步设计审查会审查两个方面，这里说的审查是指概算编制单位内部的审查方法。概算编制单位内部的审查方法主要有下述几种：

(1)编制人自我复核。

(2)审核人审查，包括定额、指标的选用，指标差异的调整换算，分项工程量计算，分项工程合价，分部工程直接工程费小计，以及各项应取费用计算是否正确等。在编制单位内部审核人审查这一环节中，是一个至关重要的审查环节，审核人应根据被审核人的业务素质，选择全面审查法、重点审查法和抽项(分项工程)审查法等进行审查。

(3)审定人审查，是指由造价工程师、主任工程师或专业组长等对本单位所编概算的全面审查，包括概算的完整性、正确性、政策性等方面的审查和核准。

3. 注意事项

(1)编制概算采用的定额、指标、价格、费用标准是否符合现行规定。

(2)如果概算造价是采用概算指标编制的，应审查所采用的指标是否恰当，结构特征是否与设计符合；应换算的分项工程和构件是否已经换算，换算方法是否正确。

(3)如果概算造价是采用概算定额(或综合预算定额)编制的，应着重审查工程量和单价。

(4)如果是依据类似工程预算编制时，应重点审查类似预算的换算系数计算是否正确，并注意所采用的预算与编制概算的设计内容有无不符之处。

(5)注意审查材料差价。近年来，建筑材料(特别是木材、钢材、水泥、玻璃、沥青、油毡等)价格基本稳定，没有什么大的波动，而有的地区的材料预算价格未作调整，或随市场因素的影响，各地区的材料预算价格差异调整步距也很不统一，所以审查概算时务必注意这个问题。

(6)注意概算造价所反映的建设规模、建筑结构、建筑面积、建筑标准等是否符合设计规定。

(7)注意概算造价的计算程序是否符合规定。

(8)注意审查各项技术经济指标是否先进合理。可用综合指标或单项指标与同类型工程的技术经济指标对比，分析造价高低的原因。

(9)注意审查概算造价编制中是否实事求是，有无弄虚作假，高估多算，硬留“活口”的现象。

(二)施工图设计单位工程预算审查

审查施工图设计单位工程预算应根据工程项目规模大小、繁简程度以及编制人员的业务熟练程度决定。审查方法有全面审查、重点审查、指标审查和经验审查法等方法。

1. 全面审查法

全面审查法是指根据施工图纸的内容，结合预算定额各分部分项中的工程子目，一项不漏地逐一地全面审查的方法，其具体方法和审查过程就是从工程量计算、单价套用到计算各项费用，求出预算造价。

全面审查法的优点是全面、细致，能及时发现错误，保证质量；其缺点是工作量大，在任务重、时间紧、预算人员力量薄弱的情况下一般不宜采用。

全面审查法，对一些工程量较小、结构比较简单的工程，特别是由乡镇建筑队承包的工程，由于预算技术力量差，技术资料少，所编预算差错率较大，应尽量采用这种方法。

2. 重点审查法

重点审查法是相对全面审查法而言，即只审查预算书中的重点项目，其他不审。所谓重点项目，就是指那些工程量大、单价高、对预算造价有较大影响的项目。在工程预算中什么是结构，什么就是重点，如砖木结构的工程，砖砌体和木作工程就是重点；砖混结构工程，砖砌体和混凝土工程就是重点；框架结构，钢筋混凝土工程就是重点；城市(镇)道路建设项目的路床整形、道路基层、道路层等就是重点。重点与非重点，是相对而言，不能绝对化。审查预算时，要根据具体情况灵活掌握，重点范围可大可小，重点项目可多可少。

对各种应取费用和取费标准及其计算方法(以什么作为计算基础)等，也应重点审查。由于施工企业经营机制改革，有的费用项目被取消，费用划分内容变更，新费用项目出现，计算基础改变等，因此各种应取费用的计算比较复杂，往往容易出现差错。

重点审查法的优点是对工程造价有影响的项目得到了审查，预算中的主要问题得到了纠正；缺点是未经审查的那一部分项目中的错误得不到纠正。

3. 指标审查法

指标审查法就是把被审查预算书的造价及有关技术经济指标和以前审定的标准施工图或复用施工图的预算造价及有关技术经济指标相比较。如果出入不大，就可以认为本工程预算编制质量合格,不必再作审查;如果出入较大,即高于或低于已审定的标准设计施工图预算的10%,就需通过按分部分项工程进行分解,边分解边对比,哪里出入大,就进一步审查哪部分。对比时,必须注意各分部工程项目内容及总造价的可比性。若有不可比之处,应予剔除,经这样对比分析后,再将不可比因素加进去,就找到了出入较大的可比因素与不可比因素。

指标审查法的优点是简单易行,速度快,效果好,适用于规模小、结构简单的一般民用住宅工程等,特别适用于一个地区或民用建筑群采用标准施工图或复用施工图的工程;缺点是虽然工程结构、规模、用途、建筑等级、建筑标准相同,但由于建设地点不同,运输条件不同,能源、材料供应等条件不同,施工企业性质及级别的不同,其有关费用计算标准等都会有所不同,这些差别最终必然会反映到工程预算造价中来。因此,用指标法审查工程预算,有时虽与指标相符合,但不能说明预算编制无问题;有出入,也不一定不合理。所以,指标审查法,对某种情况下的工程预算审查质量是有保证的;在另一种情况下,只能作为一种先行方法,即先用它匡算一下,根据匡算的结果,再决定采用哪种方法继续审查。

4. 经验审查法

经验审查法是指根据以往的实践经验,审查那些容易产生差错的分项工程的方法。

市政建设项目中,易产生差错的分项工程如下:

(1)室内回填土方漏计。

(2)砖基础大放脚的工程量漏计。

(3)砖外墙工程量漏扣嵌入墙身的柱、梁、过梁、圈梁和壁龛的体积。

(4)道路、管沟、管道等未按中心线长度计算;砖内墙未按净长线计算工程量。

(5)框架间砌墙未按净空面积计算(往往以两框架柱的中心线长度计算)。

(6)框架结构的现浇楼板的长度与宽度未按净长、净宽计算。

(7)基础圈梁错套为基础梁定额单价。

(8)框架式设备基础未按规定分解为基础、柱、梁、板、墙等分别套用相应定额单价。

(9)外墙面装修工程量。

(10)各项应取费用的计算基础及费率。

……

综上所述,审查工程预算同编制工程预算一样,也是一项即复杂又细致的工作。对某一具体工程项目,到底采用哪种方法,应根据预算编制单位内部的具体情况综合考虑确定。一般原则是重点、复杂,采用新材料、新技术、新工艺较多的工程要细审;对从事造价编制工作时间短、业务比较生疏的造价人员所编造价要细审;反之,则可粗略一些。

施工图单位工程造价审查方法除上述几种外,尚有分组计算审查法、筛选审查法、分解对比法等,这里不再一一介绍。

市政工程建设项目单位工程造价审查的步骤,可用程序式表达为:做好审查准备工作(包括熟悉有关资料——图纸、定额等)→确定审查法→进行审查→调整造价数值→返回编制人(包括审查交底)。

(三)竣工项目单位工程结(决)算审查

工程竣工结算简称"工程结算",它是指当一个建设项目的单位建筑、安装工程竣工后,承包人根据原施工图预算,加上补充修改预算向建设单位(业主)办理工程价款的结算文件,单位工程竣工结算是调整工程计划,确定工程进度,考核工程建设投资效果和进行成本分析的依据,也是了结甲、乙双方合同关系的依据。因此,将单位工程竣工结算的审查要求、审查方法、审查内容、审查时效等分述如下：

1. 审查要求

单位工程项目竣工结算审查的要求在某些方面与单位工程预算审查恰好相反，具体要求如下：

(1)严禁采取抽样审查、重点审查、分析对比审查和经验审查的方法，避免审查疏漏现象发生。

(2)审查结算文件和结算有关资料的完整性和符合性。

(3)按照施工合同约定的计价标准或计价方法进行审查，对合同中未作约定或约定不明确的，可参照签订合同时当地建设行政主管部门发布的计价标准进行审查。

(4)对工程结算中多计、重列的项目应予以扣减；对少计、漏列的项目应予以调增。

(5)对工程结算与设计图纸或现场实际施工做法事实不符的内容，应在掌握工程事实和真实情况的基础上进行调整。工程造价咨询单位在工程结算审查时发现的工程结算与设计图纸或事实不符的内容应约请各方履行完善的确认手续。

(6)对由总承包人分包的工程结算，其内容与总承包合同主要条款不相符的，应按总承包合同约定的原则进行审查。

(7)工程结算审查文件应采用书面形式，且应符合"《建设项目工程结算编审规程》(CECA/GC3—2007)"的规定，有电子文本要求的应采用与书面形式内容一致的电子版本。

(8)工程结算审查应按准备、审查、审定三个工作阶段进行，并实行编制人、校对人和审核人分别署名和盖执行专用章确认的内部审核制度。

2. 审查方法

市政建设项目单位建筑安装工程结算的审查应根据施工发承包合同约定的结算方法进行，按照施工发承包合同类型，采用下列不同方法：

(1)采用总价①合同的，应在合同价的基础上对设计变更、工程洽商以及工程索赔等合同约定可以调整的内容进行审查。

(2)采用单价②合同的，应审查施工图以内的各个分部分项工程量，依据合同约定的方式审查分部分项工程价格，并对设计变更、工程洽商、工程索赔等调整内容进行审查。

(3)采用成本加酬金③合同的，应依据合同约定的方法审查各个分部分项工程以及设计变更、工程洽商等内容的工程成本，并审查酬金及有关税费的取定。

注：①采用总价是指采用固定价。固定价是指在实施期间不因价格变化而调整。

②采用单价是指采用可调价。可调价是指在实施期间可随价格变化而调整。

③成本加酬金是指按现行规定计算出工程成本(直接费＋间接费)后，再以工程成本为基数乘以双方约定的比率计算出的金额与成本相加的和数，则称为"成本加酬金"。

工程结算中涉及工程单价调整时，应遵循以下原则：

——合同中已有适用于变更工程、新增工程单价的，按已有的单价结算。

——合同中有类似变更工程、新增工程单价的，可以参照类似单价作为结算依据。

——合同中没有适用或类似变更工程、新增工程单价的，结算编制受托人可以商洽承包人或发包人提出适当的价格，经双方确认后作为结算依据。

除非已有约定，对已被列入审查范围的内容，结算应采用全面审查的方法。

3. 审查时限

单位或单项工程竣工后，承包人应在提交竣工验收报告的同时，向发包人递交竣工结算报告及完整的结算资料,发包人应按表7-1规定的审查时限进行核对(审查),并提出审查意见。

表7-1　　工程竣工项目结算审查时限

工程结算报告金额	审查时间
500万元以下	从接到竣工结算报告和完整的竣工结算资料之日起20天
500万元～2000万元	从接到竣工结算报告和完整的竣工结算资料之日起30天
2000万元～5000万元	从接到竣工结算报告和完整的竣工结算资料之日起45天
5000万元以上	从接到竣工结算报告和完整的竣工结算资料之日起60天

发包人收到竣工结算报告及完整的结算资料后,应按表7-1规定的审查时限(合同约有期限的,从其约定)对结算报告及资料未提出意见,则视同认可。

承包人如未在规定时间内提供完整的结算资料,经发包人催促后14天内仍未提供或没有明确答复,发包人有权依据现有资料进行审查,责任由承包人自负。

根据确认的竣工结算报告,发包人应按约定时限向承包人支付工程价款并保留5%左右的质量保证(保修)金。发包人超过约定的支付时间未支付工程结算款时,承包人应及时向发包人发出要求付款通知书。发包人应在收到催款通知15天支付工程结算款,到期仍没有支付的应承担违约责任。

工程结算审查不仅是给建筑安装产品进行最终定价,而且涉及甲乙双方切身经济利益的问题,所以发包人或受托人,在审查乙方提供的结算资料时,应特别注意严格把好下列几项关:

(1)注意把好工程量计算审核关。工程量是编制工程项目竣工结算的基础,是实施竣工结算审核的"重头戏",建筑工程工程量计算比较复杂,是竣工结算审核中工作量最大的一项工作。因此,审核人员不仅要具有较多的业务知识,而且要有认真负责和细致的工作态度,在审核中必须以竣工图及施工现场签证等为依据,严格按照清单项目计算规则或定额工程量计算规则逐项进行核对检查。看看有无多算、重算、冒算和错算现象。近年来,施工企业在工程竣工结算上以虚增工程量来提高工程造价的现象普遍存在,已引起建设单位的极大关注,很重要的一个原因就是建设单位审核人员疏忽导致了造价的失真,使施工企业有机可乘。他们在竣工结算中只增项不减项或只增项少减项,特别是少数私营建筑安装企业和城镇街道建筑安装企业在这方面尤为突出。他们抱着侥幸心理,一旦建设单位查到了就核减,没查到就获利,由于想多获利,在竣工结算中能算尽量多算,不能算也要算,鱼目混珠,给工程量审核工作带来了很多的困难。所以,审核人员必须注意到把竣工图等依据上的"死数据"与施工现场调查了解的"活资料"进行对比分析,找出差距,挤出工程量中的"水分",确保竣工结算造价的真实性和可靠性。

(2)注意把好现场签证审核关。所谓现场签证是指施工图中未能预料到而在实际施工过程中出现的有关问题的处理,而需要建设、施工、设计三方进行共同签字认可的一种记事凭证,它是编制竣工结算的重要基础依据之一。现场签证通常是引起工程造价增加的主要原因。有些现场施工管理人员怕麻烦或责任心不强,随意办理现场签证,而签证手续并不符合管理规定;使虚增工程内容或工程量扩大了工程造价。所以,在审核竣工结算时,要认真审核各种签证的合理性、完备性、准确性和规范性——看现场三方代表(设计、施工、监理)是否签字,内容是否完备和符合实际,业主是否盖章,承包方的公章是否齐全,日期是否注明,有无涂改等。具体方法是先审核落实情况,判定是否应增加;先判定是否该增加费用,然后再审定增加多少。

办理现场签证应根据各建设单位或业主的管理规定进行,一般来说,办理现场签证必须具备下列四个条件:

1)与合同比较是否已造成了实际的额外费用增加。

2)造成额外费用增加的原因不是由于承包方的过失。

3)按合同约定不应由承包方承担的风险。

4)承包方在事件发生后的规定时限内提出了书面的索赔意向通知单。

符合上述条件的,均可办理签证结算,否则不予办理。

(3)注意把好定额套用审核关。市政工程预算定额是计算定额项目直接工程费的依据。由于《全国统一市政工程预算定额》不仅有工、料、机消耗指标,而且还有基价,同时各地区还编有单位估价表,所以,在审核竣工结算书工程子目套用地区单位估价表基价时,由于地区估价表中的“基价”具有地区性特点,所以,应注意估价表的适用范围及使用界限的划分,分清哪些费用在定额中已作考虑,哪些费用在定额中未作考虑,需要另行计算等。以防止低费用套高基价定额子目或已综合考虑在定额中的内容,却以“整”化“零”的办法又划分成几个子目重复计算等。因此,审查定额基价套用,掌握设计要求,了解现场情况等,对提高竣工结算的审核质量,具有重要指导意义。

(4)注意严格把好取费标准审核关。取费标准,又称应取费用标准。何谓应取费用?应取费用的含义是:建筑安装企业为了生产建筑安装工程产品,除了在该项产品上直接耗费一定数量的人力、物力外,为组织管理工程施工也需要耗用一定数量的人力和物力,这些耗费的货币表现就称为应取费用。按照应取费用的性质和用途的不同,它划分为措施费、间接费、利润和税金等。这些费用是建筑安装工程产品价格构成的重要组成部分,因此在审核建筑安装工程(产品)最终造价时,必须对这些构成费用计算进行严格审核把关。建筑安装工程造价中的应取费用计算不仅有取费标准的不同,而且还有一定的计算程序,如果计算基础或计算先后程序错了,其结果也就必然错了。同时,应计取费用的标准是与该结算所使用的预算定额相配套的,采用谁家的定额编制结(决)算,就必须采用谁家的取费标准,不能互相串用,反之,应予纠正。

综上所述,工程竣工结算的审核工作具有政策性、技术性、经济性强、可变性、弹塑性大,涉及面广等特点,同时,又是涉及业主和承包商切身利益的一项工作。所以,承担工程结算审核的人员,应具有思想和业务素质高,敬业奉献精神强;具有经济头脑和信息技术头脑;具有较强的法律观念和较高的政策水平,能够秉公办事;掌握工程量计算规则,熟悉定额子目的组成内容和套用规定;掌握工程造价的费用构成、计算程序及国家政策性、动态性调价和取费标准等,才能胜任工程竣工结算的审核工作。这并非苛刻要求或者说竣工结算多么神秘等,而是由于工程项目施工时涉及面广、影响因素多、环境复杂、施工周期长、政策性变化大、材料供应市场波动大等因素给工程竣工结算带来一定困难。所以,建设单位或各有关专业审核机构,都应选派(指定)和配备职业道德过硬、业务水平高、有奉献精神和责任心强的专业技术人员担负工程竣工结算的审核工作,让人为的失误造成的损失减少到零,准确地确定出建筑工程产品的最终实际价格。

四、结算审核单位和审核人员的执业与职业道德行为准则

(一)工程造价咨询单位执业行为准则

为了规范工程造价咨询单位执业行为,保障国家与公众利益,维护公平竞争秩序和各方合法权益,具有工程造价咨询资质的企业法人在执业活动中均应遵循以下执业行为准则:

(1)要执行国家的宏观经济政策和产业政策,遵守国家和地方的法律、法规及有关规定,维护国家和人民的利益。

(2)接受工程造价咨询行业自律组织业务指导,自觉遵守本行业的规定和各项制度,积极参

加本行业组织的业务活动。

(3)按照工程造价咨询单位资质证书规定的资质等级和业务范围开展业务,只承担能够胜任的工作。

(4)要具有独立执业的能力和工作条件,竭诚为客户服务,以高质量的咨询成果和优良服务,获得客户的信任和好评。

(5)要按照公平、公正和诚信的原则开展业务,认真履行合同,依法独立自主开展经营活动,努力提高经济效益。

(6)靠质量、靠信誉参加市场竞争,杜绝无序和恶性竞争;不得利用与行政机关、社会团体以及其他经济组织的特殊关系搞垄断。

(7)要"以人为本",鼓励员工更新知识,掌握先进的技术手段和业务知识,采取有效措施,组织、督促员工接受继续教育。

(8)不得在解决经济纠纷的鉴证咨询业务中分别接受双方当事人的委托。

(9)不得阻挠委托人委托其他工程造价咨询单位参与咨询服务;共同提供服务的工程造价咨询单位之间应分工明确,密切协作,不得损害其他单位的利益和信誉。

(10)有义务保守客户的技术和商务秘密,客户事先允许和国家另有规定的除外。

(二)造价工程师职业道德行为准则

(1)遵守国家法律、法规和政策,执行行业自律规定,珍惜职业声誉,自觉维护国家和社会公共利益。

(2)遵守"诚信、公正、敬业、进取"的原则,以高质量的服务和优秀的业绩,赢得社会和客户对造价工程师职业的尊重。

(3)勤奋工作,独立、客观、公正、正确地出具工程造价文件,使客户满意。

(4)诚实守信,尽职尽责,不得有欺诈、伪造、作假等行为。

(5)尊重同行,公平竞争,搞好同行之间的关系,不得采取不正当的手段损害、侵犯同行的权益。

(6)廉洁自律,不得索取、收受委托合同约定以外的礼金和其他财物,不得利用职务之便谋取其他不正当的利益。

(7)造价工程师与委托方有利害关系的应当回避,委托方有权要求其回避。

第二节 工程合同价款约定、支付与结算

合同又称契约。广义指发生一定权利义务的协议;狭义专指双方或多方当事人关于订立、变改、终止民事法律关系的协议。我国《民法通则》第八十五条规定:"合同当事人之间设立、变更、终止民事关系的协议",第二条规定:"中华人民共和国民法调整平等主体的公民之间、法人之间、公民和法人之间的财产关系和人身关系";而《合同法》则规定:"合同是平等主体的自然人、法人、其他组织之间设立、变更、终止民事权利义务关系的协议。"两部法律对合同概念的确定虽然不尽相同,但含义是一致的。建设工程合同作为发包人和承包人之间的协议,不仅明确了建设双方享有的权利和承担的义务,而且为建设活动的履行提供了标准和依据。

建设工程合同作为民事法律关系的一种协议,必然由三个不可分的部分组成,即权利的主体、权利的客体和内容。在建设工程合同中,承包人的主要义务是按照合同约定进行工程建设,即进行工程的勘察、设计、施工等工作;发包人的最基本义务是向承包人支付相应的工程价款。

一、工程合同价款的约定

《13 计价规范》第 7.1.1 条指出："实行招标的工程合同价款应在中标通知书发出之日起 30 天内，由发承包双方依据招标文件和中标人的投标文件在书面合同中约定。"第 7.1.2 条指出："不实行招标的工程合同价款，应在发承包双方认可的工程价款基础上，由发承包双方在合同中约定。"类似上述内容的规定在我国《招标投标法》、原建设部令第 107 号文件以及"财建[2004] 369 号"文件中均有规定，但由于诸多原因的存在致使上述规定在实际工作中未能兑现，从而造成了业主恶意拖欠工程价款和承包商拖欠农民工工资的现象时有发生或大量存在。

实行招标的工程，合同约定不得违背招、投标文件中关于工期、造价、质量等方面的实质性内容。招标文件与中标人投标文件不一致的地方，应以投标文件为准。

实行工程量清单计价的工程，应采用单价合同；建设规模较小，技术难度较低，工期较短，且施工图设计已审查批准的建设工程合同可采用总价合同；紧急抢险、救灾以及施工技术特别复杂的建设工程可采用成本加酬金合同。合同应包括下列内容：

(1)预付工程款的数额、支付时间及抵扣方式。

(2)安全文明施工措施的支付计划，使用要求等。

(3)工程计量与支付工程进度款的方式、数额及时间。

(4)工程价款的调整因素、方法、程序、支付及时间。

(5)施工索赔与现场签证的程序、金额确认与支付时间。

(6)承担计价风险的内容、范围以及超出约定内容、范围的调整方法。

(7)工程竣工价款结算编制与核对、支付及时间。

(8)工程质量保证金的数额、预留方式及时间。

(9)违约责任以及发生工程价款争议的解决方法及时间。

(10)与履行合同、支付价款有关的其他事项等。

发承包双方在合同中没有约定或约定不明的，由双方协商确定；协商不能达成一致的，应按照《13 计价规范》以及《招标投标法》、《合同法》、建标[1999]1 号文件、财建[2004]369 号文件等有关条款执行。

二、工程价款的支付

中华人民共和国建设部"建标[1999]1 号"文件指出："坚持实施预付款制度。甲方应按施工合同条款的约定时间和数额，及时向乙方支付工程预付款，开工后按合同条款约定的扣款办法陆续扣回。"《13 计价规范》也对工程预付款的用途、支付比例、支付前提、支付时限、未按约定支付预付款的后果、预付款的扣回、预付款保函的期限等事项进行了规定。据此，这里将工程价款的结算方式、工程预付款的计算、工程进度款的支付等分别加以介绍。

(一)工程价款主要结算的方式

根据我国工程价款结算管理制度规定，工程价款结算的方式主要有以下两种：

(1)按月结算与支付。即实行按月支付进度款，竣工后清算的办法。合同工期在两个年度以上的工程，在年终进行工程盘点，办理年度结算。

(2)分段结算与支付。即当年开工、当年不能竣工的工程按照工程形象进度，划分不同阶段支付工程进度款。具体划分在合同中明确。

除上述两种主要方式，还可以双方约定的其他结算方式。

(二)工程价款结算的依据

工程价款结算应按建设工程施工合同约定办理,合同未作约定或约定不明的,发、承包双方应依照下列规定与文件协商处理:

(1)国家有关法律、法规和规章制度。

(2)国务院建设行政主管部门,省、自治区、直辖市或有关部门发布的工程造价计价标准、计价办法等有关规定。

(3)建设项目的合同、补充协议、变更签证和现场签证,以及经发、承包人认可的其他有效文件。

(4)其他可依据的材料。

(三)工程预付款及其计算

施工企业承包工程,一般都实行包工包料,这就需要有一定数量的备料周转金。在工程承包合同条款中,一般要明文规定发包人在开工前拨付给承包人一定限额的工程预付款。此预付款构成施工企业为该承包工程项目储备主要材料、结构件所需的流动资金。

按照《13计价规范》的相关规定,承包人应在签订合同或向发包人提供与预付款等额的预付款保函(如有)后向发包人提交预付款支付申请;发包人应在收到支付申请的7天内进行核实,向承包人发出预付款支付证书,并在签发支付证书后的7天内向承包人支付预付款;发包人没有按合同约定按时支付预付款的,承包人可催告发包人支付;发包人在预付款期满后的7天内仍未支付的,承包人可在付款期满后的第8天起暂停施工,发包人应承担由此增加的费用和延误的工期,并应向承包人支付合理利润;当承包人取得相应的合同价款时,预付款应从每一个支付期应支付给承包人的工程进度款中扣回,直到扣回的金额达到合同约定的预付款金额为止;承包人的预付款保函(如有)的担保金额根据预付款扣回的数额相应递减,但在预付款全部扣回之前一直保持有效;发包人应在预付款扣完后的14天内将预付款保函退还给承包人。

工程预付款仅用于承包人支付施工开始时与本工程有关的动员费用。如承包人滥用此款,发包人有权立即收回。

1. 工程预付款的数额

按照财政部、原建设部印发的《建设工程价款结算暂行办法》的相关规定,《13计价规范》中对预付款的支付比例进行了约定:包工包料工程的预付款的支付比例不得低于签约合同价(扣除暂列金额)的10%,不宜高于签约合同价(扣除暂列金额)的30%。预付款的总金额,分期拨付次数,每次付款金额、付款时间等应根据工程规模、工期长短等具体情况,在合同中约定。

在实际工作中,工程预付款的数额,要根据各工程类型、合同工期、承包方式和供应体制等不同条件而定。例如,工业项目中钢结构和管道安装占比重较大的工程,其主要材料所占比重比一般安装工程要高,因而工程预付款数额也要相应提高;工期短的工程比工期长的要高,材料由承包人自购的比由建设发包人提供主要材料的要高。

对于只包定额工日(不包材料定额,一切材料由发包人供给)的工程项目,则可以不预付备料款。

工程预付款数额计算可用计算式表达如下:

$$工程预付款的金额=\frac{工程造价\times材料费比重}{合同工期}\times材料储备天数$$

式中　材料储备的天数可近似按下式计算:

$$某种材料储备天数=\frac{经常储备量+安全储备量}{平均日需用量}$$

【例 7-1】 设某市地铁二号线工程普通硅酸盐水泥 P·O42.5R 经常储备量为 100t，安全储备量为经常储量的 20%，根据统计资料显示，P·O42.5R 水泥平均日用量为 70t，试计算P·O42.5R 水泥的储天数。

【解】 依上述计算公式及已知条件，P·O42.5R 水泥的储备天数计算如下：

$$\frac{100+100\times20\%}{70}=\frac{120}{70}=1.71\approx2(天)$$

计算出各种材料的储备天数后，取其中最大值，作为工程预付款金额公式中的材料储备天数。在实际工作中，为了简化计算，工程预付款金额，可用工程总造价乘以工程预付款额度求得，即：

$$工程预付款的金额=工程总造价\times工程预付款额度$$

【例 7-2】 设某市汉城路立交桥施工图预算总造价 800 万元，试计算应付工程预付款。

【解】 按照前述"包工包料工程的预付款的支付比例不得低于签约合同价(扣除暂列金额)的10%，不宜高于签约合同价(扣除暂列金额)的 30%"的规定，经发、承包双方商定，该工程按 20% 支付工程预付款，并写入工程合同。据此，其工程预付款计算如下：

$$800\times20\%=160(万元)$$

发包单位拨付给承包单位的工程预付款属于预支性质，到了工程实施后，随着工程所需主要材料储备的逐步减少，发包单位应以抵充工程价款的方式陆续扣回，抵扣方式必须在合同中约定。对于工程预付款的扣回首先应解决工程预付款的起扣造价和起扣时间两个问题。

(1)工程预付款的起扣造价。工程预付款的起扣造价是指工程预付款起扣时的工程造价。也就是说工程累计进行到什么时候就应该开始起扣工程预付款。由于随着工程所需主要材料储备量的减少，所以，当未完工程所需主要材料的价值等于或基本等于工程预付款额时，即可开始扣还。即：

$$预付工程款=(合同造价-已完工程价款)\times材料费占造价的比重$$

式中　材料费占造价的比重=未完工程造价÷工程合同造价

上式经变换，则为：

$$预付工程款的起扣造价=\left(1-\frac{工程预付的额度}{材料费占造价的比}\right)\times100\%$$

【例 7-3】 设【例 7-2】中的材料费占造价的比重为 70%，试计算工程合同价 800 万元的 20% 预付工程款的起扣造价。

【解】 依据上述计算公式及已知条件，其起扣造价分步计算如下：

a. 已完工程造价　(1 − 20% ÷ 70%) × 100% = (1 − 0.2857) × 100% = 71.43%(即571.44 万元)

b. 未完工程造价　100%−71.43%=28.57%(即 228.56 万元)

所以，该工程预付款的起扣造价当工程施工进度达到 70%～80%，或者说工程价款支付到 560 万元～640 万元时，就应该开始扣回预付工程款。

(2)工程预付款的起扣时间。所谓"起扣时间"是指工程施工进度达到何种程度时，就应该进行扣回预付工程款。关于这一问题，上面已经述及，这里可用计算公式表示如下：

$$预付工程款的起扣时间(进度)=\frac{预付工程款的起扣造价}{合同约定工程总造价}\times100\%$$

【例 7-4】 设某施工企业承包某市永宁路 E 段天然气管道工程，合同约定造价为 500 万元，工程预付款额为 18%，工程进度达到 65%时，开始起扣工程预付款。根据现场工程进度统计显示，该工程已完成了 310 万元，试计算该工程预付款起扣时间(进度)。

【解】 310÷500×100%=62%

实际工作中,对于工程预付款的扣回点和扣回时间,按照管理制度规定在工程合同中都有规定,不需另行计算,但作为一名造价工作者,对于预付工程款扣回起点的确定方法必须掌握。同时,原建设部《招标文件范本》中规定,在承包人完成金额累计达到合同总价的10%后,由承包人开始向发包人还款,发包人从每次应付给承包人的金额中扣回工程预付款,发包人至少在合同规定的完工期前三个月将工程预付款的总计金额按逐次分摊的办法扣回。当发包人一次付给承包人的余额少于规定扣回的金额时,其差额应转入下一次支付中作为债务结转。

在实际经济活动中,情况比较复杂,有些工程工期较短,就无须分期扣回。有些工程工期较长,如跨年度施工,工程预付款可以不扣或少扣,并于次年按应付工程预付款调整,多退少补。具体地说,跨年度工程,预计次年承包工程价值大于或相当于当年承包工程价值时,可以不扣回当年的工程预付款,如小于当年承包工程价值时,应按实际承包工程价值进行调整,在当年扣回部分工程预付款,并将未扣回部分,转入次年,直到竣工年度,再按上述办法扣回。总之,由于工程规模大小、繁简程度、施工周期长短等的不同而各异,但大多数大、中型建设项目预付工程款的起扣点为70%~80%。

3. 工程价款支付账单

发承包双方办理工程预支款项,不得以打借条、收条等方式进行现金支与收,而必须按照金融机构规定的"工程价款预支账单"的统一格式(表7-2)通过银行办理。其具体做法是承包方预支工程款时,应根据合同约定或工程进度填写"工程价款预支账单"一式两份,分别送交发包单位和经办银行各一份办理付款手续。

表 7-2　　　　　　　　　　工程价款预支账单

建设单位名称:　　　　　　　　　　年　月　日　　　　　　　　　　(单位:元)

单项工程项目名称	合同预算价值	本旬(或半月)完成数	本旬(或半月)预支工程款	本月预支工程款	应扣预收款项	实支款项	说明
1	2	3	4	5	6	7	8

施工企业:________(盖章)　　　　　　　　　　财务负责人:________(盖章)

说明:(1)本账单由承包单位在预支工程款时编制,送建设单位和经办银行各一份。

(2)承包单位在旬末或月中预支款项时,应将预支数额填入第4栏内;所属按月预支、竣工后一次结算的,应将每次预支款额填入第5栏内。

(3)第6栏"应扣预支款项"包括备料预支款。

三、工程进度款的支付

工程进度款是建设单位(业主)按照工程施工进度和合同规定,按时向施工单位(承包方)支付的工程价款。

工程进度款支付又称中间结算。以按月结算为例,工程进度款的支付步骤如图7-1所示。

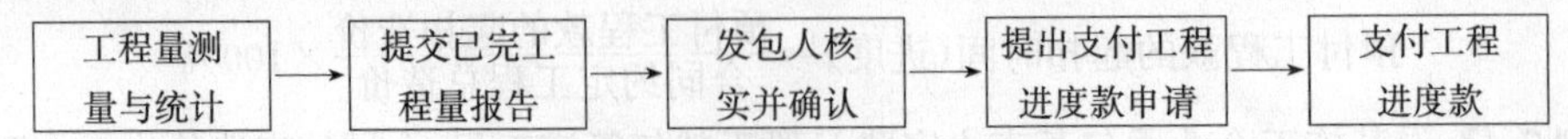

图 7-1　工程进度款支付步骤

工程进度款的支付,一般是本月初支付上月(期)完成的工程进度款,此进度款额应等于施工图预算中所完成分项工程项目费之和或实际完成分项工程量×预算单价之和。当完成分项工程项目费用总和达到扣还工程预付款的起扣造价时，就要从每期工程进度款中减去应扣还的数额。其方法按下式计算：

$$P=Q_e-i$$

式中　P——本期应支付的工程进度款额；

Q_e——本期完成分项工程费用总和[∑(分项工程量×单价※)]；

i——本期分项工程费用中材料费。

注：上式中"※"表示可为综合单价或工料单价。

【例 7-5】如前所述某市汉城路立交桥施工图预算总造价 800 万元，经测算，主材费比重为 65%，永通工程公司 2009 年每月完成工程费用见表 7-3。试计算该工程的工程进度款。

表 7-3　　汉城路立交桥完成工作量统计表

月　份 完成工作量万元	一月	二月	三月	四月
	200.00	240.00	260.00	100.00

【解】该项目预付工程款在"【例 7-2】"已计算为 160 万元，按照前述有关计算公式，该工程的工程进度款支付应作下列计算后确定。

未完工程造价$=\dfrac{160}{65\%}=246.15$(万元)

预付款起扣造价=800－246.15=553.85(万元)

每月工程进度款按以下数字支付：

一月份：200 万元

二月份：240 万元

三月份：113.85(553.85－200－240)+146.15(260－113.85)－146.15×65%

=260－94.9975(≈95)=165(万元)

或　　260－146.15(260－113.85)×65%=260－95=165(万元)

四月份：100－100×65%=35(万元)

实行工程预付款结算，承包人应按照合同约定，向发包人递交已完工程量报告，已完工程报告可参考表 7-4 编制。发包人应在接到报告后 14 天内核实已完工程量，并在核实前一天通知承包人，承包人应提供条件并派人参加核实，承包人收到通知后不参加核实，以发包人核实的工程量作为工程价款支付的依据。

表 7-4　　已完工程月报表

建设单位名称：　　　　年　月　日　　　　(单位：元)

单项工程项目名称	施工图预算(或计划投资额)	建筑面积	开竣工日期		实际完成数		说　明
			开工日期	竣工日期	至上月止已完工程累计	本月份已完工程	
1	2	3	4	5	6	7	8

施工企业：　　　　(签章)　　　　编制日期　　　　年　月　日

说明：本表作为本月份结算工程价款的依据，送建设单位和经办行各一份。

工程进度款的支付，按照现行规定，承包人向发包人提出支付工程进度款申请 14 天内，发包人应按不低于工程价款的60%，不高于工程价款的90%向承包人支付工程进度款。发包人超过约定的支付时间不支付工程进度款，承包人应及时向发包人发出要求付款的通知，发包人收到承包人通知后仍不能按要求付款，可与承包人协商签订延期付款协议，经承包人同意后可延期支付，协议应明确延期支付的时间和从工程计量结果确认后第15天起计算应付款的利息(利率按同期银行贷款利率计)。发包人不按合同约定支付工程进度款，双方又未达成延期付款协议，导致施工无法进行，承包人可停止施工，由发包人承担违约责任。

四、工程竣工结算

工程完工后，发承包双方必须在合同约定时间内办理工程竣工结算。合同中没有约定或约定不清的，按《13计价规范》中有关规定处理。竣工结算，是指建设项目完工并经验收合格后，对所完成的建设项目进行的全面的工程结算。工程竣工结算分为单位工程竣工结算、单项工程竣工结算和建设项目总结算。笔者所说工程竣工结算，主要是指单位工程竣工结算。工程竣工结算与工程竣工决算含义不同，不得混淆。

(一)工程结算的作用

单位工程竣工结算由承包人或受其委托具有相应资质的工程造价咨询人编制，由发包人或受其委托具有相应资质的工程造价咨询人审查同意后，按照合同规定签章认可，然后通过经办银行办理工程价款的拨付。

工程竣工结算的主要作用如下：

(1)工程竣工结算是承包人核算生产成果和考核工程成本的依据。

(2)工程竣工结算是承、发包双方通过银行办理工程价款(拨付)的依据，同时，也是双方了结合同关系和经济关系的依据。

(3)工程竣工结算是发包人编制建设项竣工决算和考核投资效果的依据。

(二)工程结算文件组成

承包人办理工程竣工结算时，应填写下列各种表格：

(1)竣工结算封面，见表7-5。

(2)竣工结算扉页，见表7-6。

(3)竣工结算总说明，见表5-3。

(4)建设项目竣工结算汇总表，见表7-7。

(5)单项工程竣工结算汇总表，见表7-8。

(6)单位工程竣工结算汇总表，见表7-9。

(7)分部分项工程和单价措施项目清单与计价，见表5-4。

(8)综合单价分析表，见表5-22。

(9)综合单价调整表，见表7-10

(10)总价措施项目清单与计价表，见表5-5。

(11)其他项目清单与计价汇总表，见表5-6。

(12)规费、税金项目清单与计价表，见表5-12。

(13)工程款支付申请(核准)表,见表 7-11。

表 7-5　　竣工结算书封面

______工程

竣工结算书

发　包　人:　×××
(单位盖章)

承　包　人:　×××
(单位盖章)

造价咨询人:　×××
(单位盖章)

××××年××月××日

表7-6　　竣工结算总价扉页

______________工程

竣工结算总价

签约合同价(小写):______________　(大写):______________

竣工结算价(小写):______________　(大写):______________

发　包　人:　×××　　承　包　人:　×××　　造价咨询人:　×××
(单位盖章)　　(单位盖章)　　(单位资质专用章)

法定代表人
或其授权人:　×××　　法定代表人
或其授权人:　×××　　法定代表人
或其授权人:　×××
(签字或盖章)　　(签字或盖章)　　(签字或盖章)

编　制　人:　×××　　核　对　人:　×××
(造价人员签字盖专用章)　　(造价工程师签字盖专用章)

编 制 时 间:××××年××月××日　　核对时间:××××年××月××日

表 7-7 **建设项目竣工结算汇总表**

工程名称： 第 页共 页

序 号	单项工程名称	金额(元)	其 中	
			安全文明施工费(元)	规费(元)
1				
合 计				

表 7-8 **单项工程竣工结算汇总表**

工程名称： 第 页共 页

序 号	单项工程名称	金额(元)	其 中	
			安全文明施工费(元)	规费(元)
1				
合 计				

表 7-9 **单位工程竣工结算汇总表**

工程名称： 标段： 第 页共 页

序号	汇 总 内 容	金 额(元)
1	分部分项工程	
1.1	土石方工程	
1.2	道路工程	
1.3	桥涵工程	
1.4	隧道工程	
1.5	管网工程	
1.6	水处理工程	
1.7	生活垃圾处理工程	
1.8	路灯工程	
1.9	钢筋工程	
1.10	拆除工程	
2	措施项目	

(续表)

序号	汇 总 内 容	金 额(元)
2.1	其中:安全文明施工费	
3	其他项目	
3.1	其中:专业工程结算价	
3.2	其中:计日工	
3.3	其中:总承包服务费	
3.4	其中:索赔与现场鉴证	
4	规费	
5	税金	
竣工结算总价合计=1+2+3+4+5		

注:如无单位工程划分,单项工程也使用本表汇总。

表 7-10 **综合单价调整表**

工程名称: 标段: 第 页共 页

序号	项目编码	项目名称	已标价清单综合单价(元)					调整后综合单价(元)				
			综合单价	其中				综合单价	其中			
				人工费	材料费	机械费	管理费和利润		人工费	材料费	机械费	管理费和利润
造价工程师(签章): 发包人代表(签章): 日期:								造价人员(签章): 承包人代表(签章): 日期:				

注:综合单价调整应附调整依据。

表 7-11

工程款支付申请(核准)表

工程名称：　　　　　　　　　　　　标段：　　　　　　　　　　　　编号：

致：＿＿＿＿＿＿＿＿＿＿＿＿＿＿＿＿＿＿＿＿＿＿＿＿＿＿＿＿＿＿（发包人全称）

我方于＿＿＿＿＿至＿＿＿＿＿期间已完成了＿＿＿＿＿工作，根据施工合同的约定，现申请支付本期的工程款额为(大写)＿＿＿＿＿(小写＿＿＿＿＿＿)，请予核准。

序号	名　　　称	金　额　(元)	备　　注
1	累计已完成的工程价款		
2	累计已实际支付的工程价款		
3	本周期已完成的工程价款		
4	本周期完成的计日工金额		
5	本周期应增加和扣减的变更金额		
6	本周期应增加和扣减的索赔金额		
7	本周期应抵扣的预付款		
8	本周期应扣减的质保金		
9	本周期应增加或扣减的其他金额		
10	本周期实际应支付的工程价款		

承包人(章)

承包人代表＿＿＿＿

日　　期＿＿＿＿

复核意见：

□与实际施工情况不相符，修改意见见附件。

□与实际施工情况相符，具体金额由造价工程师复核。

监理工程师＿＿＿＿

日　　期＿＿＿＿

复核意见：

你方提出的支付申请经复核，本期间已完成工程款额为(大写)＿＿＿＿(小写＿＿＿＿)，本期间应支付金额为(大写)＿＿＿＿(小写＿＿＿＿)。

造价工程师＿＿＿＿

日　　期＿＿＿＿

审核意见：

□不同意。

□同意，支付时间为本表签发后的 15 天内。

发包人(章)

发包人代表＿＿＿＿

日　　期＿＿＿＿

注：1. 在选择栏中的“□”内做标识“√”。

2. 本表一式四份，由承包人填报，发包人、监理人、造价咨询人、承包人各存一份。

(三)工程竣工价款拨付

(1)承包人应根据办理的竣工结算文件向发包人提交竣工结算款支付申请。申请应包括下列内容:

1)竣工结算合同价款总额。

2)累计已实际支付的合同价款。

3)应预留的质量保证金。

4)实际应支付的竣工结算款金额。

(2)发包人应在收到承包人提交竣工结算款支付申请后7天内予以核实,向承包人签发竣工结算支付证书。

(3)发包人签发竣工结算支付证书后的14天内,应按照竣工结算支付证书列明的金额向承包人支付结算款。

(4)发包人在收到承包人提交的竣工结算款支付申请后7天内不予核实,不向承包人签发竣工结算支付证书的,视为承包人的竣工结算款支付申请已被发包人认可;发包人应在收到承包人提交的竣工结算款支付申请7天后的14天内,按照承包人提交的竣工结算款支付申请列明的金额向承包人支付结算款。

(5)工程竣工结算办理完毕后,发包人应按合同约定向承包人支付工程价款。发包人按合同约定应向承包人支付而未支付的工程款视为拖欠工程款。根据《最高人民法院关于审理建设工程施工合同纠纷案件适用法律问题的解释》(法释[2004]14号)第十七条:"当事人对欠付工程价款利息计付标准有约定的,按照约定处理;没有约定的,按照中国人民银行发布的同期同类贷款利率信息。发包人应向承包人支付拖欠工程款的利息,并承担违约责任。"和《中华人民共和国合同法》第二百八十六条:"发包人未按照合同约定支付价款的,承包人可以催告发包人在合理期限内支付价款。发包人逾期不支付的,除按照建设工程的性质不宜折价、拍卖的以外,承包人可以与发包人协议将该工程折价,也可以申请人民法院将该工程依法拍卖。建设工程的价款就该工程折价或者拍卖的价款优先受偿。"等规定,"13计价规范"中指出:"发包人未按照上述第(3)条和第(4)条规定支付竣工结算款的,承包人可催告发包人支付,并有权获得延迟支付的利息。发包人在竣工结算支付证书签发后或者在收到承包人提交的竣工结算款支付申请7天后的56天内仍未支付的,除法律另有规定外,承包人可与发包人协商将该工程折价,也可直接向人民法院申请将该工程依法拍卖。承包人应就该工程折价或拍卖的价款优先受偿。"

所谓优先受偿,最高人民法院在《关于建设工程价款优先受偿权的批复》(法释[2002]16号)中规定如下:

1)人民法院在审理房地产纠纷案件和办理执行案件中,应当依照《中华人民共和国合同法》第二百八十六条的规定,认定建筑工程的承包人的优先受偿权优于抵押权和其他债权。

2)消费者交付购买商品房的全部或者大部分款项后,承包人就该商品房享有的工程价款优先受偿权不得对抗买受人。

3)建筑工程价款包括承包人为建设工程应当支付的工作人员报酬、材料款等实际支出的费用,不包括承包人因发包人违约所造成的损失。

4)建设工程承包人行使优先权的期限为6个月,自建设工程竣工之日或者建设工程合同约定的竣工之日起计算。

(四)工程质量保证(保修)金

根据《建设工程质量保证金管理暂行办法》(建质[2005]7号),建设工程质量保证金(保修金）（以下简称保证金）是指发包人与承包人在建设工程承包合同中约定，从应付的工程款中预留，用以保证承包人在缺陷责任期内对建设工程出现的缺陷进行维修的资金。

1. 缺陷和缺陷责任期

（1）缺陷。缺陷是指建设工程质量不符合工程建设强制性标准、设计文件，以及承包合同的约定。

（2）缺陷责任期。缺陷责任期一般为6个月、12个月或24个月，具体可由发、承包双方在合同中约定。缺陷责任期从工程通过竣（交）工验收之日起计。由于承包人原因导致工程无法按规定期限进行竣（交）工验收的，缺陷责任期从实际通过竣（交）工验收之日起计。由于发包人原因导致工程无法按规定期限进行竣（交）工验收的，在承包人提交竣（交）工验收报告90天后，工程自动进入缺陷责任期。

2. 保证金的预留和返还

（1）承发包双方的约定。发包人应当在招标文件中明确保证金预留、返还等内容，并与承包人在合同条款中对涉及保证金的下列事项进行约定：

1）保证金预留、返还方式。

2）保证金预留比例、期限。

3）保证金是否计付利息，如计付利息，利息的计算方式。

4）缺陷责任期的期限及计算方式。

5）保证金预留、返还及工程维修质量、费用等争议的处理程序。

6）缺陷责任期内出现缺陷的索赔方式。

（2）保证金的预留。建设工程竣工结算后，发包人应按照合同约定及时向承包人支付工程结算价款并预留保证金。全部或者部分使用政府投资的建设项目，按工程价款结算总额5%左右的比例预留保证金。社会投资项目采用预留保证金方式的，预留保证金的比例可参照执行。

（3）保证金的返还缺陷责任期内，承包人认真履行合同约定的责任，到期后，承包人向发包人申请返还保证金。发包人在接到承包人返还保证金申请后，应于14日内会同承包人按照合同约定的内容进行核实。如无异议，发包人应当在核实后14日内将保证金返还给承包人，逾期支付的，从逾期之日起，按照同期银行贷款利率计付利息，并承担违约责任。发包人在接到承包人返还保证金申请后14日内不予答复，经催告后14日内仍不予答复，视同认可承包人的返还保证金申请。

3. 保证金的管理及缺陷修复

（1）保证金的管理。缺陷责任期内，实行国库集中支付的政府投资项目，保证金的管理应按国库集中支付的有关规定执行。其他的政府投资项目，保证金可以预留在财政部门或发包方。缺陷责任期内，如发包人被撤销，保证金随交付使用资产一并移交使用单位管理，由使用单位代行发包人职责。社会投资项目采用预留保证金方式的，发、承包双方可以约定将保证金交由金融机构托管；采用工程质量保证担保、工程质量保险等其他保证方式的，发包人不得再预留保证金，并按照有关规定执行。

（2）缺陷责任期内缺陷责任的承担。缺陷责任期内，由承包人原因造成的缺陷，承包人应负责维修，并承担鉴定及维修费用。如承包人不维修也不承担费用，发包人可按合同约定扣除保证金，并由承包人承担违约责任。承包人维修并承担相应费用后，不免除对工程的一般损失赔偿责任。由他人原因造成的缺陷，发包人负责组织维修，承包人不承担费用，且发包人不得从保证金中扣除费用。

五、工程竣工结算与工程竣工决算的区别

这里，首先对工程预算、结算、决算的含义重复说明后，再说明结算与决算的区别。

工程预算，是根据施工图纸所确定的分部分项工程数量，选套相应的预算定额单价及有关的应取费用标准，预先计算建设工程项目计划价格的文件。它由发包人或受其委托具有相应资质的工程造价咨询人以及承担项目设计的设计单位编制，作为业主控制投资、编制年度建设计划和招标工程制定标底价的依据。

工程结算，是指工程项目在整个工程施工中，由于设计图纸变更以及现场的各种签证，必然会引起施工图预算的变更和调整。工程竣工时，最后一次施工图调整预算，便是竣工结算。将各个专业单位工程竣工结算按单项工程归并汇总，即可获得某个单项工程的综合竣工结算。再将各个单项工程综合竣工结算汇总，即可成为整个建设项目的竣工结算。工程竣工结算由承包人或受其委托具有相应资质的工程造价咨询人编制，经发包人或受其委托具有相应资质的工程造价咨询人审核同意后，按合同规定签章认可。最后，通过建设银行办理工程价款的结算。因此，它是拨付工程价款的依据和了结甲、乙双方经济关系的依据。

工程决算，是指建设项目或工程项目(又称“单项工程”)竣工后由业主编制出综合反映建设项目或工程项目实际造价和建设成果的文件。工程竣工决算，包括从工程项目立项到竣工验收交付使用所支出的全部费用。它是建设项目主管上级部门考核建设工程成果和新增固定资产核算的依据。

根据有关文件规定，建设项目的竣工决算是以它的所有工程项目的竣工结算以及其他有关费用支出为基础进行编制的。建设项目或工程项目竣工决算和工程项目或单位工程的竣工结算的区别主要表现在以下几个方面：

(1)编制单位不同。竣工结算由施工单位编制，而竣工决算由建设单位(业主)编制。

(2)编制范围不同。竣工结算一般主要是以单位工程或单项工程为单位进行编制，而竣工决算是以一个建设项目(如一个化工厂、一个装置、一所学校、一条公路等)为单位进行编制的，只有在整个建设项目所有的工程项目全部竣工后才能进行编制。

(3)费用构成不同。工程竣工结算费用仅包括发生在单位工程或单项工程以内的各项费用，而建设项目竣工决算包括该项目从开始筹建到全部竣工验收过程中所发生的一切费用(即有形资产费用和无形资产费用两大部分)。

(4)用途作用不同。工程竣工结算是建设单位(业主)与施工单位结算工程价款的依据，是核定施工企业生产成果、考核工程成本的依据，是施工企业确定经营活动最终收益的依据，也是建设单位检查计划完成情况和编制竣工决算的依据。而建设项目竣工决算是建设单位(业主)考核工程建设投资效果、正确确定有形资产价值和正确计算投资回收期的依据，同时，也是建设项目竣工验收委员会或验收小组对建设项目进行全面验收、办理固定资产交付使用的依据。

(5)文件组成不同。建设项目单位或单项工程竣工结算，按《13计价规范》规定，由表5-3～表5-6、表5-12、表5-22及表7-5～表7-11组成。而建设项目竣工决算，按照国家财政部“财建(2002)394号”文《关于印发＜基本建设财务管理规定＞的通知》、原国家计委“计建设(1990)1215号”文颁发的《建设项目(工程)竣工验收办法》和原国家建委“建施字(1982)50号”文颁发的《编制基本建设工程竣工图》的几项暂行规定，竣工决算文件的内容包括财务决算说明书、建设项目竣工财务决算审批表、建设项目概况表、建设项目竣工财务决算表、工程竣工图和工程造价对

比分析表等。关于大、中型建设项目竣工决算的有关表格，见表 7-12～表 7-17。

表 7-12　　建设项目竣工财务决算审批表

建设项目法人（建设单位）		建设性质	
建设项目名称		主管部门	
开户银行意见： （盖章） 年　月　日			
专员办审批意见： （盖章） 年　月　日			
主管部门或地方财政部门审批意见： （盖章） 年　月　日			

表 7-13　　　　　　　　大、中型建设项目竣工工程概况表

建设项目（单项工程）名称			建设地址						项目		概算	实际	主要指标
主要设计单位			主要施工企业					基建支出	建筑安装工程				
占地面积	计划	实际	总投资（万元）	设计		实际			设备、工具器具				
				固定资产	流动资产	固定资产	流动资产		待摊投资 其中：建设单位管理费				
新增生产能力	能力（效益）名称		设计	实际					其他投资				
									待核销基建支出				
									非经营项目转出投资				
建设起、止时间	设计		从　年　月开工至　年　月竣工						合　计				
	实际		从　年　月开工至　年　月竣工					主要材料消耗	名称	单位	概算	实际	
设计概算批准文号									钢材	t			
完成主要工程量	建筑面积（m^2）		设备（台、套、t）						木材	m^3			
	设计	实际	设计		实际				水泥	t			
收尾工程	工程内容		投资额		完成时间			主要技术经济指标					

表 7-14　　　　　　　　大、中型建设项目竣工财务决算表　　　　　　　　(单位:元)

资金来源	金额	资金占用	金额	补充资料
一、基建拨款		一、基本建设支出		1. 基建投资借款期末余额
1. 预算拨款		1. 交付使用资产		
2. 基建基金拨款		2. 在建工程		2. 应收生产单位投资借款期末余额
3. 进口设备转账拨款		3. 待核销基建支出		
4. 器材转账拨款		4. 非经营项目转出投资		3. 基建结余资金
5. 煤代油专用基金拨款		二、应收生产单位投资借款		
6. 自筹资金拨款		三、拨款所属投资借款		
7. 其他拨款		四、器材		

（续表）

资金来源	金额	资金占用	金额	补充资料
二、项目资本金		其中：待处理器材损失		
1. 国家资本		五、货币资金		
2. 法人资本		六、预付及应收款		
3. 个人资本		七、有价证券		
三、项目资本公积金		八、固定资产		
四、基建借款		固定资产原值		
五、上级拨入投资借款		减：累计折旧		
六、企业债券资金		固定资产净值		
七、待冲基建支出		固定资产清理		
八、应付款		待处理固定资产损失		
九、未交款				
1. 未交税金				
2. 未交基建收入				
3. 未交基建包干节余				
4. 其他未交款				
十、上级拨入资金				
十一、留成收入				
合　计		合　计		

表 7-15　　大、中型建设项目交付使用资产总表　　（单位：元）

单项工程项目名称	总计	固定资产					流动资产	无形资产	其他资产
		建筑工程	安装工程	设备	其他	合计			
1	2	3	4	5	6	7	8	9	10

支付单位盖章　　年　　月　　日　　　　　　接收单位盖章　　年　　月　　日

表 7-16　　　　建设项目交付使用资产明细表

单位工程项目名称	建筑工程			设备、工具、器具、家具					流动资产		无形资产		其他资产	
	结构	面积(m^2)	价值(元)	规格型号	单位	数量	价值(元)	设备安装费(元)	名称	价值(元)	名称	价值(元)	名称	价值(元)
合计														

支付单位盖章　　年　　月　　日　　　　　　　　接收单位盖章　　年　　月　　日

表 7-17　　　　小型建设项目竣工财务决算总表

建设项目名称		建设地址					
初步设计概算批准文号							
占地面积	计划	实际	总投资(万元)	计划		实际	
				固定资产	流动资金	固定资产	流动资金
新增生产能力	能力(效益)名称	设计	实际				
建设起止时间	计划	从　年　月开工 至　年　月竣工					
	实际	从　年　月开工 至　年　月竣工					
基建支出	项　目	概算(元)	实际(元)				
	建筑安装工程						
	设备、工具、器具						
	待摊投资 其中：建设单位管理费						
	其他投资						
	待核销基建支出						
	非经营性项目转出投资						
	合　计						

资金来源 项目	金额(元)	资金运用 项目	金额(元)
一、基建拨款 其中：预算拨款		一、交付使用资产	
		二、待核销基建支出	
二、项目资本		三、非经营项目转出投资	
三、项目资本公积金			
四、基建借款		四、应收生产单位投资借款	
五、上级拨入借款			
六、企业债券资金		五、拨付所属投资借款	
七、待冲基建支出		六、器材	
八、应付款		七、货币资金	
九、未付款 其中：未交基建收入 未交包干收入		八、预付及应收款	
		九、有价证券	
		十、原有固定资产	
十、上级拨入资金			
十一、留成收入			
合　计		合　计	

第三节　市政建设工程造价管理

工程造价管理是指运用科学、技术原理和方法，在统一目标、各负其责的原则下，为确保建设工程的经济效益和有关各方面的经济权益而对建设工程造价及建筑安装工程价格所进行的全过程、全方位的，符合政策、法律法规和客观规律的全部业务行为和组织活动。具体地讲，市政建设工程造价管理，就是对工程项目的投资和工程造价的计价与确定进行预测、计划、控制、反馈、审查等一列的管理活动。工程造价管理是工程项目管理科学中很重要的组成内容之一。

一、工程造价的相关概念

(一)投资与工程投资的概念

投资，是指投资主体为获得预期效益，投入一定量货币而不断转化为资产的经济活动。

工程投资，是指投资主体为建设一项工程预期开支或实际开支的全部固定资产费用。包括有形资产费用、无形资产费用和其他费用等。

(二)静态投资与动态投资的概念

静态投资是指以某基准年、月的建设产品要素的单位价格为依据计算出建设项目投资的时值。它包括了因工程量误差而引起的造价增减，而不包括尔后年、月因三要素（人工、材料、机械台班）价格上涨等风险要素而增加的费用，以及因时间迁移而发生的贷款利息支出。在我国价格稳定的计划经济时期，所确定的投资就是静态投资，在那时确定的建设项投资额中，除包括因量差所引起的差价和不可预见费之外，再不包括任何费用。

动态投资是指为完成一个建设项目预计投资需要量的和数。它除包括静态投资所包含内容（即直接费、间接费、利润、税金和量差价增减）之外，还包括了价格上涨等风险因素而需要的投资以及预计所需建设期贷款利息、涨价预备费等。动态投资适应了市场价格运行机制的要求，使投资的计划、估价、控制更加符合社会主义市场经济的经济规律。我国工程造价的动态计价，从20世纪的70年代末期已经开始实施。因此，可以说，当今所确定的工程建设项目投资（造价）就是动态投资。

静态投资和动态投资的构成内容虽然有区别，但二者有密切的联系，即：动态投资包含静态投资，静态投资是动态投资最主要的组成部分，也是动态投资的计算基础。

为加深读者对静态、动态投资的理解，对二者的区别见表7-18。

表7-18　　静态、动态投资内容对照表

静态投资内容组成	动态投资内容组成
工程费用（建筑工程费＋安装工程费＋设备购置费）＋其他费用＋不可预见工程费（又称“基本预备费”）	工程费用（建筑工程、安装工程费＋设备购置费）＋其他费用＋不可预见费＋价差预备费＋建设期贷款利息＋……

(三)工程造价的概念

工程造价是通称、泛指，在不同场合，含义不同，可以指建设工程造价和建筑安装工程造价，也可以指其他相应含义。关于工程造价的具体含义，见本教材第一章第三节介绍。

二、工程造价管理的概念和内容

关于工程造价管理的概念之说,在本节“开场白”中已作了描述。按照对工程造价管理概念的描述,工程造价管理可以划为两种范畴——一是建设工程投资费用管理;二是建设工程价格管理。除此之外,还有工程造价计价依据的管理以及工程造价专业队伍建设的管理等,后两种管理是为前两种管理服务的。或者说前两种管理是目标,后两种管理是手段。

建设工程投资费用管理是指为了实现投资的预期目标,在拟定的规划、设计方案的条件下,预测、确定和监控工程造价及其变动规律,达到节约投资、控制造价、追求效益的投资费用管理目标。建设工程投资费用管理属于投资管理范畴,它既涵盖了微观层次的项目投资费用管理,又涵盖了宏观层次的投资费用管理。

建设工程价格管理属于价格管理范畴。价格是价值的货币表现,价值是决定价格的基础。在社会主义市场经济条件下,价格管理分为微观管理和宏观管理两个层次。在微观层次上,是指建筑安装生产企业在掌握市场价格信息的基础上,为实现管理目标而进行的成本控制、计价、定价和竞价的系统活动。在宏观层次上,是指政府根据社会经济发展的要求,利用法律、经济和行政的手段对价格进行管理和调控,以及通过市场管理规范市场主体价格行为的系统活动。例如,某计划单列市,为了有利于增强人们的节水意识;为了有利于建立水价的成本补偿机制;为了有利于提高城市污水处理能力;为了有利于水资源的节约与有效利用;为了有利于阶梯式水价尽快实现,决定从2007年4月1日起调整自来水价格,平均提高幅度为22%。据有关专家研究表明,发展中国家用水需求的价格弹性系数一般为0.10～0.45,即水价每提高10%,需水量将下降1%～4.5%。除此之外,还有土地开发挂牌限价转让等。这都是在宏观层次上的价格管理行为。

工程建设关系国计民生,同时,政府投资的公共、公益性项目今后仍然会有相当份额。因此,国家对工程造价的管理,不仅承担一般商品价的调控职能,而且在政府投资项目上也承担着微观主体的管理职能。这种双重角色的双重管理职能,是工程造价管理的一大特色。

工程造价管理的内容,归结起来主要是合理地确定工程造价和有效地控制工程造价两个方面。合理地确定工程造价,就是在工程建设基本工作程序的各个阶段,合理地确定投资估算造价、初步设计概算造价、施工图预算造价、招标工程标底价、投标报价、工程竣工结(决)算价等。所谓“合理确定”,就是在建设项目的各个实施阶段,要根据工程设计的深度和内容,严格执行国家有关的方针、政策和制度,实事求是地对工程所在地的建设条件,包括自然条件、施工条件等可能影响造价的各种因素,进行认真的调查研究,在此基础上正确选用指标、定额、费用标准和价格等各项编制依据。同时,要根据有关部门发布的价格调整指数,考虑建设期间价格变动等因素,做到估算价、概算价、预算价能够完整地反映设计内容,合理地反映工程所在地的经济条件、施工条件等,准确地确定出建设项目的工程造价。

有效控制工程造价,就是在优化建设方案、设计方案的基础上,在工程建设工作程序的各个阶段,采用一定的方法和措施把工程造价的发生控制在合理的范围和经核定的造价限额以内。因此,市政建设工程造价管理的内容主要有以下几点:

(1)在建设项目前期工作阶段对建设方案要认真优选评价,编好投资估算,考虑各种风险因素,打足投资。

(2)做好建设项目的招标工作,从中优选设计单位、承建单位、监理单位、设备材料供应单位。

(3)合理选定工程项目的建设标准、设计标准、节能措施、防震抗震措施,贯彻执行国家的建设方针和相应法律法规及制度。

(4)积极、合理地采用新技术、新工艺、新材料、新设备,优化设计方案,编好初步设计概算,定好投资最高限额。

(5)按照就近就地取材的原则，择优采购设备及建筑安装材料，从而达到节约运杂费用的目的。

(6)协调好与各方面的关系，合理处理配套工作(包括拆迁、征地、赔偿、安置等)中的经济关系。

(7)严格按照批准的初步设计概算内容和范围编好施工图预算，用好、管好建设资金，保证资金合理、有效地使用。

(8)严格合同管理，做好工程索赔价款结算工作。

(9)强化工程项目法人责任制，落实项目法人对工程造价管理的主体地位，在项目法人组织内建立与造价紧密结合的经济责任制。

(10)造价部门要强化服务意识，强化基础工作(定额、指标、价格、工程量、造价等信息资料)的建设，为建设工程造价的合理确定提供动态的可靠依据。根据原建设部关于《开展建筑工程实物工程量与建筑工种人工成本信息测算和发布工作》的通知要求，目前有些省、区、市已经进行了此项工作。例如，某省辖市 2008 年一季度建筑、装饰工程普工月工资为 942 元，而二季度则为 1042 元，则增长了 10.62%。

(11)完善造价工程师执业资格考试、注册、执业、监督管理及继续教育制度，促进工程造价管理人员素质和工作水平的不断提高。

三、工程造价管理的目标、任务和分工

(一)工程造价管理的目标

市政建设工程造价管理和控制贯穿于建设项目的全过程，即建设项目的决策阶段、设计阶段、施工招标与施工阶段和竣工阶段。市政工程造价管理的目标就是按照经济规律的要求，根据社会主义市场经济的发展形势，利用科学管理方法和先进管理手段，合理地确定造价和控制造价，以提高投资效果和建筑安装企业经营效益。

市政建设工程造价管理是为确保控制的目标服务的。目标的设置应是严肃的，应具有科学依据。投资目标的设置是随着工程建设进程的不断深入而分段设置，具体地讲，投资估算造价应是市政建设工程项目前期阶段项目决策的投资管理目标；设计概算应是进行初步或扩大初步设计阶段方案、流程选择的管理控制目标；施工图设计预算或工程承包合同价则应是项目施工阶段投资管理控制目标。

综上所述，市政建设项目造价管理的目标，从投资估算造价、设计概算造价、施工图设计预算造价、中标合同价以及竣工结(决)算价，整个过程是一个由粗到细、由浅到深，最后确定工程造价的有机联系过程。在这一过程中各个实施阶段的管理目标相互制约，相互补充，前者制约后者，后者补充前者，共同组成市政建设工程造价管理的目标系统。但工程造价构成的内容实质却是相同的，即：它们都是由“$c+v+m$”组成。

(二)工程造价管理的任务

建设项目工程造价管理工作虽然千头万绪，但归结起来我国现阶段工程造价管理的任务主要是：加强工程造价的全过程动态管理，强化工程造价的约束机制，维护各有关方面的经济利益，规范建设市场，规范价格行为，进一步开放建设市场，完善《建设工程工程量清单计价规范》，完善工程建设各类工程定额，促进微观效益和宏观效益的统一，达到“政府宏观调控、企业自主报价、市场形成价格”管理目标的实现。

(三)工程造价管理的分工

我国工程造价管理的组织分工,是指为了实现工程造价管理目标而进行的有效组织活动,以及与造价管理功能相关的有机群体。它是工程造价动态的组织活动过程和相对静态的造价管理部门的统一。具体地讲,主要是指国家、地方(部门)和基层之间管理权限和职责范围的划分。从目前来说,我国建设工程造价管理的组织可以分为如图 7-3 所示三级。

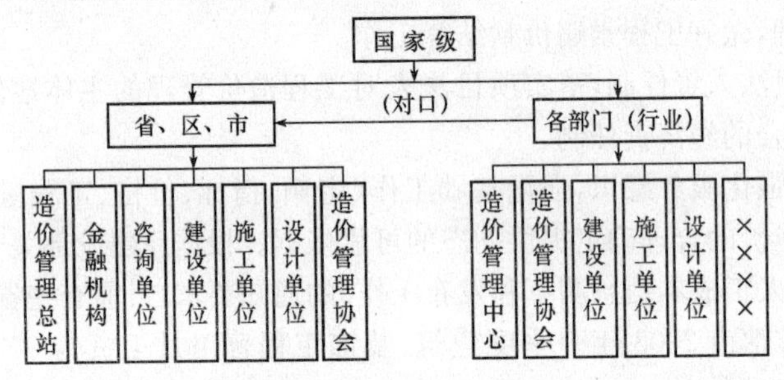

图 7-3 建设工程造价管理分工示意图

按照我国实行的"集中领导、分级管理"原则,以及我国地域辽阔,东西南北各地经济发展差异的存在,工程造价管理方面的方针、政策、标准、规范、规程、规定、条例、办法等,由国家工程建设主管部门制定、批准、发布;省、自治区、直辖市和国务院其他主管部门的造价管理机构在其管辖范围内行使相应的管理职能。这一级管理属于政府管理系统。政府在工程造价管理中既是宏观管理主体,也是政府投资项目的微观管理主体。基层设计、建设、施工、金融、咨询等单位,在国家宏观政策指导下,认真、负责地做好工程造价的确定、控制和信息资料等的积累工作,以及工程造价队伍的建设培养与继续教育等工作。这样,就形成了我国工程建设管理中的上下、左右相互联系、相互区别,既有集中,又有分散;既有宏观,又有微观的工程造价管理体系。

1. 做好市政建设工程造价审查的意义是什么?
2. 单位工程造价审查的主要内容是什么?
3. 单位工程竣工结算审查的要求是什么?
4. 单位工程竣工结算审查的方法有哪几种?
5. 何谓工程造价管理?造价管理的内容是什么?

参考文献

[1] 中华人民共和国住房和城乡建设部．GB 50500—2013 建设工程工程量清单计价规范[S]．北京：中国计划出版社，2013.

[2] 中华人民共和国住房和城乡建设部．GB 50857—2013 市政工程工程量计算规范[S]．北京：中国计划出版社，2013.

[3] 建设工程工程量清单计价规范编制组．2013 建设工程计价计量规范辅导[M]．北京：中国计划出版社，2013.

[4] 全国造价工程师执业资格考试培训教材编审委员会．建设工程计价[M]．2013 年版．北京：中国计划出版社，2013.

[5] 全国造价工程师执业资格考试培训教材编审委员会．工程造价计价与控制[M]．北京：中国计划出版社，2006.

中国建材工业出版社
China Building Materials Press